新・明解 C++ 入門

柴田望洋
BohYoh Shibata

SB Creative

はじめに

こんにちは。

本書『新・明解C++入門』は、多くのプログラマによって世界中で広く使われている**プログラミング言語C++**の入門書です。

C言語を大幅に拡張して作られたC++は、とても幅広い用途で利用されています。たとえば、Windowsなどのオペレーティングシステムや、ワープロや表計算などのアプリケーションソフトウェア、さらには市販のゲームなど、みなさんが利用しているソフトウェアの多くがC++で作られています。

C++は数百万人ものプログラマに利用され、数百億行のC++コードが現場で動作しています。

多くのプログラマがC++を利用するのは、プログラムが作りやすいことに加えて、改良や拡張が行いやすく、完成したソフトウェアが高速に実行できる、といった特徴があるからです。

その一方で、規模が大きいC++は、習得が難しい言語であるといわれています。そこで、本書は、以下の二点をバランスよく学習できるように配慮しました。

- C++という言語の基礎
- プログラミングの基礎

これらを語学の学習にたとえると、前者は『基礎的な文法や単語』に相当します。また、後者は『簡単な文書を書くことや会話をすること』に相当します。

文法や単語だけを知っていても、プログラムを組み立てることはできません。また、たとえ他のプログラミング言語に精通していても、C++の文法や単語を知らなければ、やはりC++のプログラムを組み立てることはできません。言語とプログラミングの両方ともが重要です。

難解な概念や文法を視覚的に理解して学習できるように、本書では245点もの図表を示していますので、安心して学習に取り組みましょう。

例題として示すプログラムリストは307編にも及びます。プログラム数が多いことを語学のテキストにたとえると、例文や会話文がたくさん示されていることに相当します。数多くのプログラムに触れてC++のプログラムになじみましょう。

本書の全編が語り口調です。長年の教育経験をもとに、初心者が理解しにくい点・勘違いしやすい点を丁寧に解説しています。私の講義を受講しているような感じで、全14章におつき合いいただければ幸いです。

2017年11月
柴田 望洋

本書の構成

本書は、プログラミング言語C++と、そのC++を用いたプログラミングを学習するための入門書です。章の構成は、以下のようになっています。

第１章　画面への出力とキーボードからの入力
第２章　プログラムの流れの分岐
第３章　プログラムの流れの繰返し
第４章　基本的なデータ型
第５章　配列
第６章　関数の基本
第７章　ポインタ
第８章　文字列とポインタ
第９章　関数の応用
第10章　クラスの基本
第11章　単純なクラスの作成
第12章　変換関数と演算子関数
第13章　静的メンバ
第14章　配列クラスで学ぶクラスの設計

基本的なところから始まって少しずつ難しくなっていきます。各章を確実に学習してから、次の章へと進むようにしましょう。

なお、p.493の『おわりに』では、このような章構成となっている理由や、本書で学習する内容についての補足解説を行っています。こちらを先に読まれてもよいでしょう。

なお、本文の補足的なことや応用的なことをまとめた **“Column”** は、高度な内容のものもありますので、難しく感じるのであれば、いったん飛ばしておいて、後から読んでも構いません。

日頃から手の届くところにおいて、ご愛用いただけると幸いです。

＊

以下、本書を読み進める上で、注意すべきことをまとめています。

▪ コンピュータ関連の基礎用語について

本書では、たとえば《メモリ》や《記憶域》といった、コンピュータの一般的な基礎用語の解説は行っていません。というのも、それらの用語を解説すると、その分だけ分量（ページ数）が増えてしまいますし、知識をおもちの読者の方にとっては無駄なものとなってしまうからです。

これらの用語については、インターネット上の情報や、他の書籍などで学習しましょう。

▪ 数字文字ゼロの表記について

数字のゼロは、中に斜線が入った文字"0"で表記して、アルファベット大文字の"O"と区別しやすくしています。ただし、章・節・図表・ページなどの番号や年月表示などのゼロは、斜線のない0で表記しています。

▪ 逆斜線記号\と円記号¥の表記について

C++のプログラムで用いられる逆斜線記号\は、環境によっては円記号¥に置きかえられます。要注意です（第1章で改めて学習します）。

▪ ソースプログラムについて

本書は、307編のプログラムを参照しながら学習を進めていきます。ただし、掲載しているプログラムを少し変更しただけのプログラムなど、一部のものについては掲載を割愛しています。具体的には、本書内には270編のみを示し、37編は割愛しています。

すべてのソースプログラムは、以下のホームページからダウンロードできます。

柴田望洋後援会オフィシャルホームページ　　http://www.bohyoh.com/

なお、掲載を割愛しているプログラムリストに関しては、（"chap99/****.cpp"）という形式で、フォルダ名を含むファイル名のみを本文中に示しています。

▪ C言語の標準ライブラリ関数について

本書に示すプログラムの一部は、乱数を生成するための**rand**関数、現在の時刻を取得するための**time**関数など、C言語の標準ライブラリ関数を利用しています。これらの関数については、本文中でも解説していますが、詳細かつ完全な仕様を上記のホームページで公開しています。プログラミングや情報処理技術に関する膨大な情報を提供しています。

▪ 索引について

私の他の本と同様に、充実した索引を用意しています。たとえば、『静的メンバ関数』は、以下のいずれでも引けるようになっています。

か　関数
　… 中略 …
　随伴～
　静的メンバ～
　テンプレート～

せ　静的
　… 中略 …
　～データメンバの初期化
　～メンバ関数
　精度

め　メンバ
　… 中略 …
　クラス～アクセス演算子 .
　静的～関数
　静的データ～

※上記のホームページでは、本書の『索引』をPDF形式の文書ファイルとして公開しています。おもちのプリンタで印刷してお手元に置いていただくと、本書内の調べものがスムーズに行えるようになります（本文と索引を行き来するためにページをめくらなくてすみます）。

目次

第1章

画面への出力とキーボードからの入力

画面に表示を行ったりキーボードから数値や文字を読み込んだりするプログラムを通じて、C++に慣れましょう。

- C++の歴史
- ソースプログラムとコンパイル／リンク／実行
- #include指令によるヘッダのインクルード
- using指令とstd名前空間
- main関数と文
- コメント（注釈）
- 自由形式記述とインデント
- <iostrem>ヘッダと入出力ストリーム
- coutへの<<による挿入／cinからの>>による抽出
- 改行\nと警報\a
- 型（int型／double型／char型）
- <string>ヘッダと文字列とstring型
- 文字列リテラル／整数リテラル／浮動小数点リテラル
- 変数の宣言
- 初期化と代入
- 定値オブジェクト
- 演算子とオペランド
- 算術演算子
- 乱数の生成

1-1 C++の歴史

まずは、C++の歴史を簡単に学習しましょう。

C++の歴史

1979年、AT&Tベル研究所のBjarne Stroustrup博士が事象駆動型のシミュレーションの記述のために、C言語を拡張したプログラミング言語を作りました。それは、**クラス付きのC**（*C with classes*）と呼ばれる言語であり、Simula67から取り入れたオブジェクト指向の基礎となる**クラス**の概念や、強力な**関数引数型チェック**などの機能をもっていました。後にC++と呼ばれることになるこの言語は、C言語とSimula67を両親とする言語であるといえます（**Fig.1-1**）。

Fig.1-1　C++とその両親

1983年には、**仮想関数**や**演算子多重定義**などの機能が導入されました。1983年には、Rick Mascittiによって、**C++**（シープラスプラス）という名称が与えられます。これは、もとになった言語の名前Cの後ろに++という記号を付加したものです。ちなみに、++は、C言語の演算子の一つであり、以下の機能をもちます（第3章で学習します）。

値を1単位だけ増やす。

“D”などといったネーミングに比べると、C++という名称は控え目です。C言語を拡張したものであって、まったく異なる言語ではないことを示しています。Stroustrup博士が、C言語に対して敬意を払っていることの表れであるとも考えられます。

さて、現実のC++には多くのバージョンが存在します。1983年にはC++の大学への頒布が始まり、1985年に商業ベースのRelease 1.0の販売が開始されます。

Stroustrup博士自身が1986年に出版した

The C++ Programming Language*

は、そのRelease 1.0に相当するC++の解説書です。このバージョンに対して、**限定公開部**などを導入し、若干の改良を施したRelease 1.1や1.2などが相次いで発表されます。

その後、**多重継承**などが追加されて、大幅な改良が行われます。これがRelease 2.0です。

Stroustrup博士は、1990年にMargaret A. Ellisとの共著で

The Annotated C++ Reference Manual**

を発表しました。この書はC++の完全な文法書であり、Release 2.1 に相当します。ここではテンプレートと例外処理が、今後追加されるであろう試行的な機能であると紹介されています。Release 3.0 では、テンプレートが正式に導入されました。

Stroustrup 博士は、1997 年に、

The C++ Programming Language Third Edition***

において、新しいC++を解説しています。

Stroustrup 博士ら多くの人々の努力によって《標準規格》が制定されるとともに、改訂を続けています。正式には、『第１版』、『第２版』、…ですが、一般的には、制定された西暦年の下２桁を付して、『C++98』、『C++03』、『C++11』、『C++14』、『C++17』、…と呼ばれています。

▶ C言語やC++などのプログラミング言語の国際的な規格や各国の国内規格は、以下の機関で《標準規格》として制定されています。

- 国 際 規 格 ：国際標準化機構（ISO：International Organization for Standardization）
- 米国の規格：米国国内規格協会（ANSI：American National Standards Institute）
- 日本の規格：日本工業規格（JIS：Japanese Industrial Standards）

体裁などの細かい点が異なることを除くと、これらは（基本的には）同一のものです。

第２版の『C++03』は、第１版の『C++98』のマイナーチェンジ版です。

なお、親言語であるC言語も、『C89』、『C99』、『C11』、…と呼ばれています。

2013 年に Stroustrup 博士が出版した

The C++ Programming Language Fourth Edition****

では、C++11 のすべてが詳細に解説されています。

▶ クラス付きのCの初期の時点で、クラス、クラスの派生、アクセス制御、コンストラクタ、デストラクタ、関数引数型チェックなどの、核となる機能をもっていました。

仮想関数、多重定義、演算子多重定義、参照、入出力ストリームライブラリ、複素数ライブラリが加えられ、名称がC++へと変更されました。

その後、テンプレートを用いたジェネリックプログラミング、例外処理、名前空間、動的キャスト、汎用コンテナ・アルゴリズムライブラリなどが追加されてC++98 が完成しました。

C++11 では、統一形式の初期化構文、ムーブの概念、可変個引数テンプレート、ラムダ式、型別名、並行処理に適したメモリモデル、スレッドライブラリ、ロックライブラリなどが追加されています。

なお、本書はC++03 をベースにしており、C++11 の新機能などは補足的に解説しています。

*　邦訳：斎藤信男訳『プログラミング言語C++』，トッパン，1988

**　邦訳：足立高徳ら訳『注解C++リファレンスマニュアル』，トッパン，1992

***　邦訳：㈱ロングテール／長尾高弘訳『プログラミング言語C++第３版』，アジソンウェスレイパブリッシャーズジャパン，1998

****　邦訳：柴田望洋訳『プログラミング言語C++第４版』，ＳＢクリエイティブ，2015

1-2 まずは画面に表示

本節では、コンソール画面への表示を行って、コンピュータから人間に情報を伝える方法を学習します。

コンソール画面への出力

最初に作るのは、コンソール画面に表示を行うプログラムです。

テキストエディタなどを使って、**List 1-1** のプログラムを打ち込みましょう。**大文字と小文字、半角文字と全角文字は区別されます**ので、ここに示すとおりにします。

▶ 本書に示すプログラムは、ホームページからダウンロードできます（p.v）。各プログラムリストの右上に示しているのは、ディレクトリ（フォルダ）名を含むファイル名です。

List 1-1 chap01/list0101.cpp

```
// 画面への出力を行うプログラム

#include <iostream>

using namespace std;

int main()
{
    cout << "初めてのＣ++プログラム。\n";
    cout << "画面に出力しています。\n";
}
```

実行結果

```
初めてのＣ++プログラム。
画面に出力しています。
```

▶ 本書では、みなさんが読みやすく理解しやすくなるよう、色文字、*斜体字*、**太字**、***太斜体字***などを使い分けてプログラムを表記しています。
　余白の部分は、スペース・タブ・リターン（エンター）のキーを使って打ち込みます。余白や " などの記号文字を全角文字で打ち込まないよう注意しましょう。

C++ のプログラムは、アルファベット・数字・記号などで構成されます。こんなに短いプログラムですが、/, \, #, {, }, <, >, (,), ", ; と数多くの記号が使われています。

▶ C++ のプログラムで利用する記号文字の読み方は、p.11 の **Table 1-1** にまとめています。なお、逆斜線＝バックスラッシュ \ の代わりに円記号 ¥ を使う日本独自の文字コード体系が採用されている環境があります。みなさんの環境に応じて、必要ならば読みかえましょう。

ソースプログラムとソースファイル

私たち人間は、プログラムを《**文字の並び**》として作成します。このようなプログラムを**ソースプログラム**（*source program*）と呼び、ソースプログラムを格納したファイルのことを**ソースファイル**（*source file*）と呼びます。

▶ source は、『もとになるもの』という意味です。そのため、ソースプログラムは、**原始プログラム**とも呼ばれます。

打ち込んだソースファイルは、list0101.cppという名前で保存します。ただし、ソースファイルの拡張子(かくちょうし)が.cppではなく、.cや.ccや.Cでなければならない処理系もあります。みなさんの環境に応じて変更しましょう。

▶ 処理系は、C++プログラムの開発に必要なソフトウェアです。Microsoft Visual C++、GNU C++など数多くの処理系があります。

プログラムの実行

コンピュータは、C++のソースプログラムを直接理解・実行することはできません。私たち人間が読み書きする《**文字の並び**》を、コンピュータが理解できる0と1の並びである《**ビットの並び**》に変換する必要があります。

そこで、**Fig.1-2**に示すように、ソースプログラムをコンパイル（翻訳(ほんやく)）したり、リンク（結合(けつごう)）したりする作業を行って、実行プログラムを作成します。

▶ ビット（*bit*）は、binary digit（2進数字）の略であり、0または1の値をもつデータ単位です。1ビットでは、0と1の2種類の数を表せます（10進数の1桁では0, 1, 2, …, 9の10種類の数を表せます。それが0と1だけに限定されています）。

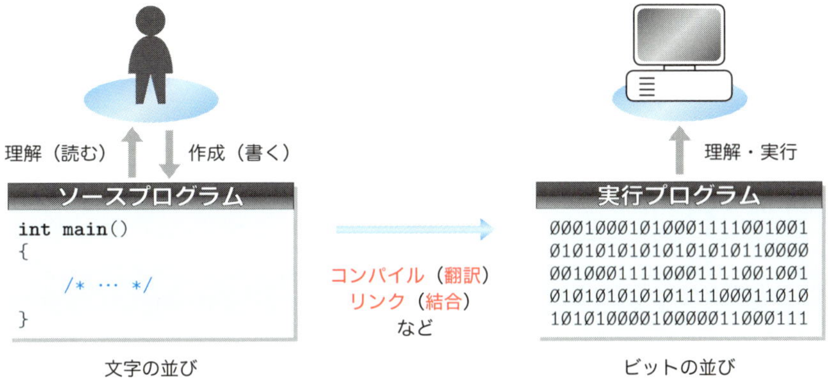

Fig.1-2 プログラムの作成から実行まで

コンパイルの手順やプログラムの実行方法は処理系によって異なりますので、マニュアルなどを参照して作業を行いましょう。

▶ ソースプログラムに綴(つづ)り間違いなどがあると、コンパイルエラーが発生し、その旨の診断メッセージ（*diagnostic message*）が表示されます。その際は、打ち込んだプログラムをよく読み直して、ミスを取り除いた上で、再度コンパイル・リンクの作業を試みます。

コンパイルが完了したらプログラムを実行します。そうすると、実行結果（左ページのプログラムリスト内）に示すように、コンソール画面への出力が行われます。

コメント（注釈）

```
// 画面への出力を行うプログラム
```

まずはプログラムの先頭行に着目します。連続する２個のスラッシュ記号 // は、

この行のこれ以降は、プログラムの《読み手》に伝えることです。

という表明です。すなわち、プログラムそのものというよりも、プログラムに対するコメント（*comment*）すなわち注釈（ちゅうしゃく）です。

コメントの有無や内容は、プログラムの動作に影響を与えません。作成者自身を含めて、プログラムの読み手に伝えたいことを、日本語や英語などの簡潔な言葉で記述します。

他人が作成したプログラムに適切なコメントが書かれていれば、読むときに理解しやすくなります。また、自分が作ったプログラムのすべてを永遠に記憶することなど不可能ですから、コメントの記入は作成者自身にとっても重要です。

重要 ソースプログラムには、作成者自身を含めた《読み手》に伝えるべきコメントを簡潔に記入しよう。

```
/*
    画面への出力を行うプログラム
*/
```

コメントには、/* と */ とで囲む記述法もあります。開始を表す /* と終了を表す */ とが**同一行になくてもよい**ため、右のように複数行にわたるコメントの記述に効果的です。

▶ この記述法を使う場合は、コメントを閉じるための */ を、/* と書き間違えたり、書き忘れたりしないよう注意が必要です。なお、本書では、コメントを色のついた文字で表記します。

```
A /* 複数行にまたがることが可能な注釈 */
B // その行の終端までが注釈
```

Aは、C言語から引き継がれた形式のコメントです。Bは、C言語の祖先であるBCPLで利用されていた形式のコメントです。C言語では長いあいだ採用されていませんでしたが、C言語の誕生から30年近くたったC99で復活採用されました。

＊

形式Aを《入れ子》にする（コメントの中にコメントを入れる）ことはできません。そのため、以下のコード（プログラム）は、コンパイルエラーとなります。

```
/*  /* このようなコメントは駄目!! */    */
```

というのも、最初の */ がコメントの終了とみなされるからです。

＊

形式Aのコメントの中では // を自由に使えますし、形式Bのコメントの中では /* や */ を自由に使えます（特別扱いされずに、注釈として書かれた文字とみなされます）。以下に示すのは、いずれも正しいコメントであり、コンパイルエラーにはなりません。

```
A /* // このコメントはＯＫ!! */
B // /* このコメントもＯＫ!! */
```

なお、コメントは、プログラムがコンパイルされる最初のほうの段階で、**1個の空白文字**に置換されます（p.13）。

ヘッダとインクルード

```
#include <iostream>
```

コメントの次の行は、#で始っています。これは、以下の表明です。

画面やキーボードなどに対する入出力を行うためのライブラリ（処理実現のための部品群）に関する情報が格納されている <iostream> の内容を取り込みます。

Fig.1-3 に示すように、この **#include 指令**の行は、**<iostream>** の中身とそっくり入れかえられて、入出力ライブラリの利用に必要な情報が埋め込まれます。

<iostream> の他にも、<string> などが提供され、これらは**ヘッダ**（*header*）と呼ばれます。< > の中の iostream や string がヘッダ名です。

なお、ヘッダの内容を“取り込む”ことを、**インクルード**（*include*）といいます。

重要 ヘッダにはライブラリに関する重要な情報が格納されている。プログラムで利用するライブラリに関する情報が格納されているヘッダをインクルードしよう。

#include <iostream> を削除すると、プログラムはコンパイルできなくなります。確かめてみましょう（"chap01/list0101a.cpp"）。

▶ ヘッダファイルではなく、単に**ヘッダ**と呼ぶのは、個々のヘッダが、単独のファイルとして提供されるとは限らないからです。さらに、文字の並びであるテキストファイルではなく、コンパイルずみの特殊な形式でヘッダを提供する処理系もあります。

std 名前空間の利用

```
using namespace std;
```

#include の次の行は、**using 指令**と呼ばれる指令であり、以下のことを表明します。

std という名前空間（*name space*）を使います。

名前空間は第9章で学習しますので、C++ が提供する標準ライブラリの利用に必要な“決まり文句”として覚えておきましょう（std は standard（標準）の略です）。

using namespace std; の指令は削除可能です。ただし、削除する場合は、プログラム中のすべての cout を std::cout に変更する必要があります（"chap01/list0101b.cpp"）。

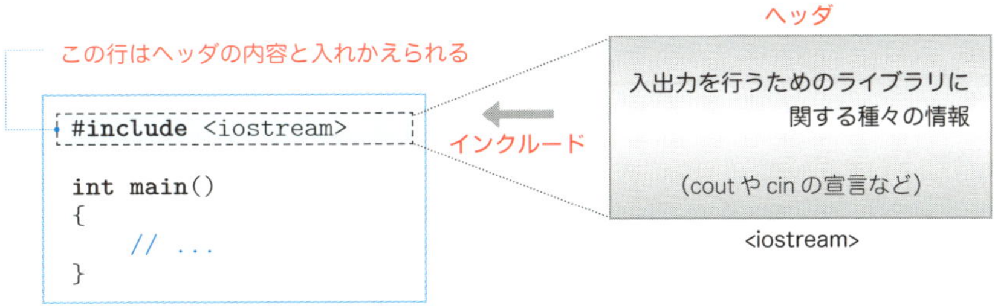

Fig.1-3 #include 指令によるヘッダのインクルード

コンソール画面への出力とストリーム

コンソール画面への出力を行っている箇所を理解しましょう。

```
cout << "初めてのC++プログラム。\n";
cout << "画面に出力しています。\n";
```

Fig.1-4 に示すように、コンソール画面などの外部への入出力には、**ストリーム** (*stream*) を利用します。ストリームは、文字が流れる"川"のようなものです。

重要 外部への**入出力**は、文字が流れる川である**ストリーム**を経由して行う。

cout は、コンソール画面と結び付くストリームであって、**標準出力ストリーム** (*standard output stream*) と呼ばれます。

ストリームへの出力は、文字の**挿入**によって行います。それを指示するのが、左向きの不等号 < が二つ並んだ << です。この記号は、**挿入子** (*inserter*) と呼ばれます。

▶ < と < のあいだにスペースやタブを入れてはなりません。

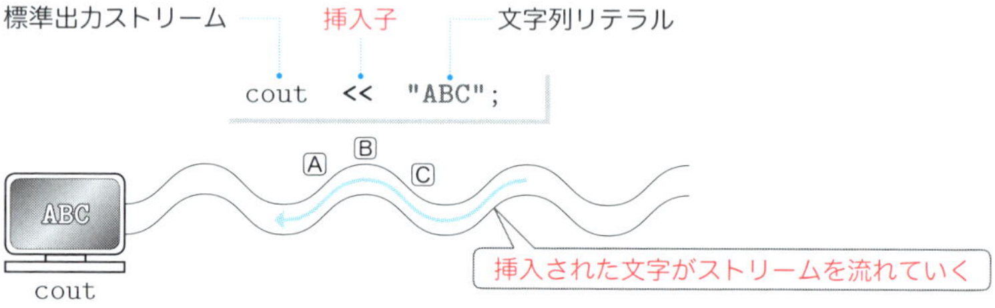

Fig.1-4 コンソール画面への出力とストリーム

▶ 以下、コンソール画面のことを、単に「画面」と呼びます。
iostream は**入出力ストリーム** (*input-output stream*) の略で、cout は、character out の略です。
cout は"シーアウト"と発音します。cont とか count と書き間違えないようにしましょう。

文字列リテラル

"初めてのC++プログラム。\n" や "ABC" のように、二重引用符 " で囲んだ文字の並びは、**文字列リテラル** (*string literal*) と呼ばれ、《**文字の並び**》を表します。

▶ リテラルとは、『文字どおりの』『文字で表された』という意味です。本書では、文字列リテラルを "少し薄い文字" で表記します。二重引用符 " は、文字列リテラルの開始と終了を表す記号です。cout に挿入したときに画面に " が表示されることはありません。

改行

文字列リテラル中の \n は**改行文字**を表します。改行文字を出力すると、それに続く表示は、**次の行の先頭**から行われます。そのため、まず『初めてのC++プログラム。』が表示され、それから行を改めて『画面に出力しています。』が表示されます。

▶ 二つの文字 \ と n が表すのは、《改行文字》という**単一の**文字です。このように、目に見える文字として表記が不可能あるいは困難な文字は、\ で始まる**拡張表記**によって表します（第3章）。

main 関数と文

プログラムの本体となる部分を抜き出したのが **Fig.1-5** です。

この部分は **main 関数**（*main function*）と呼ばれます。プログラムを起動して実行すると、main 関数中の**文**（*statement*）が順次実行されます。

重 要 C++ のプログラムの本体は **main 関数**であり、プログラムを起動すると main 関数中の文が順次実行される。

▶ int main() や { } は、後の章で学習しますので、いずれも“決まり文句”として覚えましょう。なお、《関数》については、第 6 章以降で詳しく学習します。

main 関数

main 関数内の文が順次実行される

```
int main()
{
  ① cout << "初めてのC++プログラム。\n";
  ② cout << "画面に出力しています。\n";
}
```

Fig.1-5 プログラムの実行と main 関数

文はプログラムの実行単位です。日本語の文の末尾に句点 。を置くのと同様で、C++ の文の末尾にはセミコロン **;** が必要です（例外もあります）。

重 要 **文**は、原則としてセミコロンで終わる。

▶ 文のセミコロンが欠如していると、プログラムはコンパイルできなくなります。確かめてみましょう（"chap01/list0101c.cpp"）。なお、コメントは文ではありません。《コメント文》といった文は C++ には存在しません。

List 1-2 に示すのは、画面への出力を一つの文にまとめたプログラムです。

List 1-2 chap01/list0102.cpp

```
// 文字列リテラル内の改行文字\nの働きを確認

#include <iostream>

using namespace std;

int main()
{
    cout << "初めてのC++プログラム。\n画面に出力しています。\n";
}
```

実行結果

```
初めてのC++プログラム。
画面に出力しています。
```

『初めての C++ プログラム。』の後ろに置かれた改行文字によって、『画面に出力しています。』が次の行に表示されます。

▶ これ以降、以下のように表現します。
- 最後に改行文字を出力する場合は　“『ABC』と表示”と表現します。
- 最後に改行文字を出力しない場合は“「ABC」と表示”と表現します。

ストリームへの連続した出力

List 1-3 は、二つの挨拶を連続して表示するプログラムです。

出力ストリーム cout に対して、複数個の挿入子 **<<** を連続して適用しています。このような場合、**先頭側（左側）から順に出力されます**。

List 1-3 chap01/list0103.cpp

```
// 挿入子<<を連続適用して画面に出力

#include <iostream>

using namespace std;

int main()
{
    cout << "\aはじめまして。" << "こんにちは。\n";
}
```

警報（\a）　改行（\n）

実行結果

♪はじめまして。こんにちは。

警報

文字列リテラル中の \a は警報を表す拡張表記です。cout に対して警報文字を挿入すると、視覚的あるいは聴覚的な注意を促せるようになっており、ほとんどの実行環境では、いわゆる“ビープ音”が鳴ります（画面が点滅するような実行環境もあります）。

▶ 本書の実行例では、警報を ♪ で表記します。

インデント

main 関数の中の文は、すべて左から数えて 5 桁目から記述されています。

{ } は、ひとまとまりの文をくくったものであり、日本語での“段落”のようなものです（詳細は次章で学習します）。段落中の記述を右に数桁ずらして書くと、プログラムの構造がはっきりします。そのための余白のことをインデント（段付け／字下げ）といい、インデントを用いて記述することをインデンテーションと呼びます。

本書のプログラムは、4 桁ごとのインデントを与えて表記しています（**Fig.1-6**）。

階層の深さに応じてインデント（段付け／字下げ）する

```
int main()
{
    for (int i = 1; i <= 9; i++) {
        for (int j = 1; j <= 9; j++)
            cout << setw(3) << i * j;
        cout << '\n';
    }
}
```

これは、第 3 章で学習する **List 3-14**（p.98）の一部です。
《九九の表》を出力します。

▶ インデントは、タブキーとスペースキーのいずれでもタイプできます。
ただし、エディタやその設定によっては、タブをタイプした文字と、保存したソースファイル上の文字とが一致しないことがあります。

Fig.1-6 ソースプログラム中のインデント

記号文字の読み方

C++ で利用する記号文字の読み方を、俗称（ぞくしょう）を含めてまとめたのが **Table 1-1** です。

Table 1-1 記号文字の読み方

記号	読み方
+	プラス符号、正符号、プラス、たす
-	マイナス符号、負符号、ハイフン、マイナス、ひく
*	アステリスク、アスタリスク、アスター、かけ、こめ、ほし
/	スラッシュ、スラ、わる
\	逆斜線、バックスラッシュ、バックスラ、バック　※JIS コードでは ¥
¥	円記号、円、円マーク
%	パーセント
.	ピリオド、小数点文字、ドット、てん
,	コンマ、カンマ
:	コロン、ダブルドット
;	セミコロン
'	単一引用符、一重引用符、引用符、シングルクォーテーション
"	二重引用符、ダブルクォーテーション
(	左括弧、開き括弧、左丸括弧、始め丸括弧、左小括弧、始め小括弧、左パーレン
)	右括弧、閉じ括弧、右丸括弧、終り丸括弧、右小括弧、終り小括弧、右パーレン
{	左波括弧、左中括弧、始め中括弧、左ブレイス、左カーリーブラケット、左カール
}	右波括弧、右中括弧、終り中括弧、右ブレイス、右カーリーブラケット、右カール
[	左角括弧、始め角括弧、左大括弧、始め大括弧、左ブラケット
]	右角括弧、終り角括弧、右大括弧、終り大括弧、右ブラケット
<	小なり、左アングル括弧、左向き不等号
>	大なり、右アングル括弧、右向き不等号
?	疑問符、はてな、クエッション、クエスチョン
!	感嘆符、エクスクラメーション、びっくりマーク、びっくり、ノット
&	アンド、アンパサンド
~	チルダ、チルド、なみ、にょろ　※JIS コードでは ‾（オーバライン）
‾	オーバライン、上線、アッパライン
^	アクサンシルコンフレックス、ハット、カレット、キャレット
#	シャープ、ナンバー
_	下線、アンダライン、アンダバー、アンダスコア
=	等号、イクオール、イコール
|	縦線

注意 !!

▶ 注意：日本語版の MS-Windows などでは、逆斜線 \ の代わりに円記号 ¥ を使います。たとえば、**List 1-3** の表示を行う文は、以下のようになります。

```
cout << "¥aはじめまして。" << "こんにちは。¥n";
```

みなさんの環境が ¥ を使う環境であれば、本書のすべての \ を ¥ と読みかえてください。

自由形式記述

List 1-4 に示すプログラムを見てください。このプログラムは、**List 1-1**（p.4）と本質的には同等であり、実行結果も同じです。

List 1-4 chap01/list0104.cpp

```
/*
    画面への出力を行うプログラム      */

#include <iostream>

using
namespace std;

int main(
                                                    ) {
cout << "初めてのC++プログラム。\n";   cout
<< "画面に出力しています。\n"
    ;
           }
```

実行結果

```
初めてのC++プログラム。
画面に出力しています。
```

読みにくいけれども正しいプログラム

一部のプログラミング言語は『プログラムの各行を、ある決められた桁位置から記述せねばならない。』などの制約を課します。しかし、C++ のプログラムは、そのような制約は受けません。自由な桁位置にプログラムを記述できる**自由形式**（*free formatted*）が採用されています。

このプログラムは、思いきり自由に（？）記述した例です。もっとも、いくら自由であるとはいっても、いくつかの制約があります。

①単語の途中に空白類文字を入れてはならない

int, **main**, cout, <<, //, /*, */ などは、それぞれが《単語》です。これらの途中に**空白類文字**（ホワイトスペース）（空白文字・改行文字・水平タブ文字・垂直タブ文字・書式送り文字）を入れることはできません。

```
ma
    in
```
✕

②文字列リテラルの途中で改行してはならい

文字の並びを二重引用符 " で囲んだ文字列リテラル "…" も、一種の単語ですので、左下に示すように、途中での改行は不可能です。

プログラム中に長い文字列リテラルを記述する必要がある場合は、文字列リテラルを区切って、それぞれを " " で囲みます。すなわち、右下に示すように記述します。

```
cout << "初めての
         C++プログラム。\n";
```
✕

```
cout << "初めての"
        "C++プログラム。\n";
```
○

このように、**空白類文字をはさんで隣接している文字列リテラルは、連結されて単一の文字列リテラルとみなされます。**

List 1-5 のプログラムで確認しましょう。

List 1-5 chap01/list0105.cpp

```
// 空白類をはさむ文字列リテラルが連結されることの確認

#include <iostream>

using namespace std;

int main()
{
    cout << "ABCDEFGHIJKLMNOPQRSTUVWXYZ"      // 空白類をはさんで並んだ
            "abcdefghijklmnopqrstuvwxyz\n";   // 文字列リテラルは連結される
}
```

実行結果

```
ABCDEFGHIJKLMNOPQRSTUVWXYZabcdefghijklmnopqrstuvwxyz
```

文字列リテラル `"ABCDEFGHIJKLMNOPQRSTUVWXYZ"` と `"abcdefghijklmnopqrstuvwxyz\n"` が連結されて 1 個の文字列リテラルとなることが、実行結果からも分かります。

なお、本プログラムのように、二つの文字列リテラルのあいだには注釈（コメント）があっても構いません。プログラムをコンパイルする最初のほうの段階で、注釈が 1 個の空白文字に置換されるからです。

なお、空白類文字と注釈の総称が、**空白類**（ホワイトスペース）（*white space*）です。

> **重要** 長い文字列リテラルは、空白類（空白類文字と注釈）をはさんで、分割して表記できる。

▶ 連結される文字列リテラルは 2 個に限られるわけではありません。たとえば、空白類をはさんだ 3 個の文字列リテラル `"ABCD" "EFGH" "IJKL"` も、きちんと連結されて 1 個の文字列リテラル `"ABCDEFGHIJKL"` となります。

③前処理指令の途中で改行してはならない

先頭が **#** 文字で始まる **#include** などの指令は**前処理指令**（まえしょり）（*preprocessing directive*）と呼ばれます。前処理指令は、単一行で書くのが原則です。途中で改行する必要がある場合は、行末に逆斜線 \ を書きます。

```
#include
 <iostream>
```
✕

```
#include \
 <iostream>
```
○

なお、前処理指令には、**#include** 指令の他にも、後の章で学習する **#define** 指令や **#if** 指令などがあります。

▶ 逆斜線文字と改行文字が連続していると、コンパイルの最初の段階で、それらの 2 文字が取り除かれます（その結果、次の行とつながります）。そのため、逆斜線 \ は、改行文字の直前に置かなければなりません。

1-3 変数

画面への出力法が分かりましたので、単純な計算を行って、その結果を表示するプログラムを作りましょう。

演算結果の出力

足し算を行って、その結果を表示するプログラムを作りましょう。**List 1-6** に示すのは、二つの整数値 18 と 63 の和を求めて表示するプログラムです。

List 1-6 chap01/list0106.cpp

```
// 二つの整数値18と63の和を求めて表示

#include <iostream>

using namespace std;

int main()
{
    cout << "18と63の和は" << 18 + 63 << "です。\n";
}
```

実行結果

```
18と63の和は81です。
```

整数リテラル

18 や 63 のように、整数を表す定数のことを**整数リテラル**（*integer literal*）と呼びます。

▶ 整数リテラル 18 は単一の数値 18（じゅうはち）で、文字列リテラル "18" は 2 個の文字 1（いち）と 8（はち）が並んだものです。整数リテラルの詳細は、第 4 章で学習します。

演算結果の出力

本プログラムでの出力の様子を示したのが **Fig.1-7** です。

cout に挿入されている二つの文字列リテラル "18と63の和は" と "です。\n" は、画面にそのまま表示されます（ただし \n は《改行文字》として出力されます）。

一方、文字列リテラルでは**ない** 18 + 63 は、そのまま表示されるのではなく、整数と整数を加算した結果である「81」として表示されます。

演算結果が表示される

```
cout << "18と63の和は" << 18 + 63 << "です。\n";
```

18と63の和は**81**です。

Fig.1-7 ストリームへの文字列リテラルと整数値の出力

変数

このプログラムは、18と63以外の数値の和を求められません。数値を変更する際は、プログラムに手を加えた上に、コンパイル・リンクの作業も必要です。値を自由に出したり入れたりできる《変数》を使うと、そのような煩（わずら）わしさから解放されます。

変数の宣言

変数とは、数値を格納するための《箱》のようなものです。いったん箱に値を入れておけば、その箱が存在する限り**値が保持されます**。また、値を書きかえるのも取り出すのも自由です。

プログラム中に複数の箱があると、どれが何のための箱なのかが分からなくなってしまいます。箱には《**名前**》がないと困ります。

そのため、変数を使うには、箱を作るとともに、名前を与える宣言（*declaration*）が必要です。

xという名前の変数を宣言する宣言文（*declaration statement*）は、次のようになります。

```
int x;                 // xという名前をもつint型変数の宣言
```

int（イント）は《**整数**》という意味の語句integerの略です。この宣言によって、名前がxである変数（箱）が作られます（**Fig.1-8**）。

重要 変数を使うときは、まず宣言をして名前を与えよう。

変数xが保持できる値は整数に限られます。たとえば3.5といった小数部をもつ実数値は扱えません。これは、intという型（*type*）の性質です。

intは型であり、その型から作られた変数xがint型の実体です。

▶ int以外にもたくさんの型が提供されます。型に関する詳細は第4章以降で学習します。また、名前の与え方に関する規則は次章で学習します。

なお、二つ以上の変数を一度にまとめて宣言することもできます。以下のようにコンマ文字,で区切って宣言します。

```
int x, y;              // int型の変数xとyをまとめて宣言
```

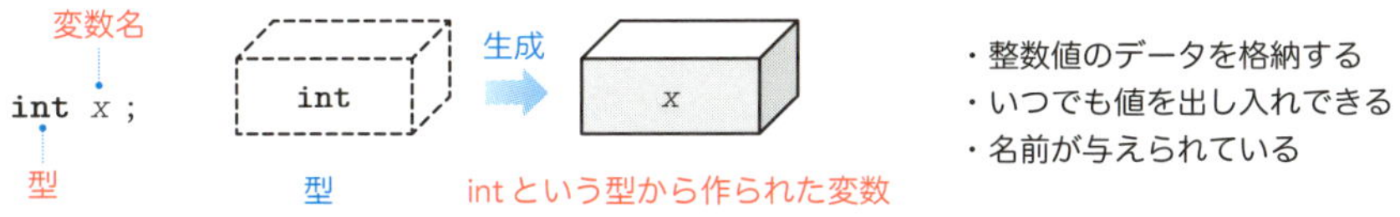

Fig.1-8 変数と宣言

二つの変数 x と y に値 63 と 18 を代入して、その合計と平均を表示するプログラムを作りましょう。**List 1-7** に示すのが、そのプログラムです。

List 1-7 chap01/list0107.cpp

```
// 二つの変数xとyの合計と平均を表示

#include <iostream>

using namespace std;

int main()
{
    int x;      // xはint型の変数
    int y;      // yはint型の変数

    x = 63;     // xに63を代入
    y = 18;     // yに18を代入

    cout << "xの値は" << x << "です。\n";            // xの値を表示
    cout << "yの値は" << y << "です。\n";            // yの値を表示
    cout << "合計は" << x + y << "です。\n";          // xとyの合計を表示
    cout << "平均は" << (x + y) / 2 << "です。\n";    // xとyの平均を表示
}
```

実行結果

```
xの値は63です。
yの値は18です。
合計は81です。
平均は40です。
```

▶ 二つの変数を1行にまとめて `int x, y;` と宣言せず、個別に宣言しています。こうすると、個々の宣言に対するコメントが記入しやすくなるだけでなく、宣言の追加や削除も容易になります（ただしプログラムの行数は増えてしまいます）。

代入演算子

二つの変数に値を入れる**1**に着目しましょう。ここで使われている **=** は、右辺の値を左辺に代入するように指示する記号であり、**代入演算子**（*assignment operator*）と呼ばれます。**Fig.1-9** に示すように、変数 x に 63 が代入され、変数 y に 18 が代入されます。

Fig.1-9　代入演算子による変数への値の代入

代入演算子は、数学のように「x と 63 が等しい」とか「y が 18 と等しい」と解釈されるのでは**ありません**。

▶ 演算子については、p.20 で学習します。なお、代入演算子には、演算と代入を同時に行う複合形式のものもあります。

変数の値の表示

変数に格納されている値は、いつでも取り出せます。**2**では、変数の値を取り出して表示しています。変数 x の値を表示する様子を示したのが **Fig.1-10** です。

▶ cout に挿入する x は文字列リテラルではありませんので、画面に表示されるのは、変数名である「x」ではなく、その値である「63」です。

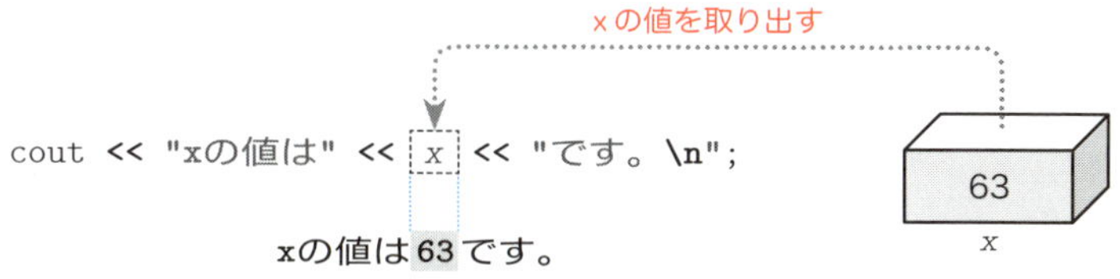
xの値を取り出す
cout << "xの値は" << x << "です。\n";
xの値は63です。
63
x

Fig.1-10　変数の値の取出しとストリームへの出力

算術演算子と演算のグループ化

3で表示しているのは、x と y の合計 x + y と、平均 (x + y) / 2 です。

平均を求める計算では、式 x + y が ( ) で囲まれています。この ( ) は、優先的に演算を行うための記号です。**Fig.1-11** **a**に示すように、まず x + y の加算が行われ、それから 2 で割る除算が行われます。スラッシュ記号 / は除算を行う記号です。

もしも図**b**のように、( ) がなく x + y / 2 となっていれば、x と y / 2 との和が求められます。私たちが日常行っている計算と同じで、**加減算よりも乗除算のほうが優先されるからです。**

▶ すべての演算子と優先順位は、**Table 2-10**（p.70）で学習します。

a xとyの平均を求める
(x + y) / 2
加算が先に行われる ①
②
除算が後で行われる
b xに y/2 を加える
x + y / 2
① 除算が先に行われる
②
加算が後で行われる

Fig.1-11　( ) による演算順序の変更

なお、“整数 / 整数” の演算では、**小数部（小数点以下の部分）が切り捨てられます。** そのため、63 と 18 の平均値は 40.5 ではなく 40 となります。

変数と初期化

前のプログラムから、変数に値を代入する**1**の部分を削除するとどうなるかを実験してみます。**List 1-8** を実行しましょう。

List 1-8 chap01/list0108.cpp

```
// 二つの変数xとyの合計と平均を表示（変数は不定値）

#include <iostream>

using namespace std;

int main()
{
    int x;        // xはint型の変数（不定値となる）
    int y;        // yはint型の変数（不定値となる）

    cout << "xの値は" << x << "です。\n";              // xの値を表示
    cout << "yの値は" << y << "です。\n";              // yの値を表示
    cout << "合計は" << x + y << "です。\n";           // xとyの合計を表示
    cout << "平均は" << (x + y) / 2 << "です。\n";     // xとyの平均を表示
}
```

実行結果一例

```
xの値は6936です。
yの値は2358です。
合計は9294です。
平均は4647です。
```

変数 x と y が妙な値となっていることが実行結果から分かります。

▶ この値は、実行環境や処理系によって異なります（実行時エラーが発生して、プログラムの実行が中断される場合もあります）。また、同一環境であっても、プログラムを実行するたびに値が異なる可能性もあります。

変数が生成される際は、**不定値**すなわち**ゴミの値**が入れられます。そのため、値が設定されていない変数から値を取り出して演算を行うと、思いもよらぬ結果となるのです。

▶ ただし、静的記憶域期間をもつ変数に限っては、その生成時に自動的に 0 が入れられることが保証されます。詳しくは第 6 章（p.224）で学習します。

初期化を伴う宣言

変数に入れる値が事前に分かっていれば、その値を最初から変数に入れておくべきです。そのように修正したプログラムが **List 1-9** です。

網かけ部の宣言によって、変数 x と変数 y は 63 と 18 という値で**初期化**（*initialize*）されます。**Fig.1-12** に示すように、変数の宣言における = 記号以降の部分は、変数の生成時に入れる値を指定するものであり、**初期化子**（*initializer*）と呼ばれます。

重要 変数の宣言時には、初期化子を与えて確実に初期化しよう。

▶ 標準 C++ では、= 記号を含めた = 63 が初期化子と呼ばれ、= 記号より右側の 63 が初期化子節（*initializer clause*）と呼ばれます。

ただし、C 言語を含めた、他のプログラミング言語では、後者を初期化子と呼ぶのが一般的です。本書でも、文法的な厳密性が要求されない文脈では、後者のことを初期化子と呼びます。

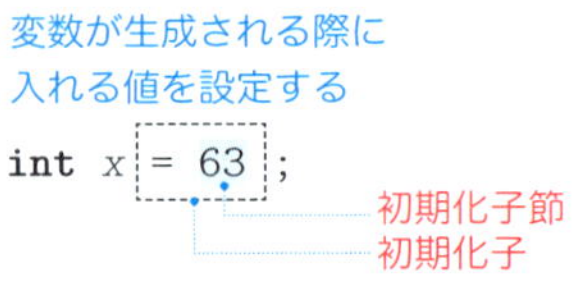
変数が生成される際に
入れる値を設定する
int x = 63 ;
初期化子節
初期化子

Fig.1-12 初期化を伴う宣言

List 1-9 chap01/list0109.cpp

```
// 二つの変数xとyの合計と平均を表示（変数を明示的に初期化）

#include <iostream>

using namespace std;

int main()
{
    int x = 63;     // xはint型の変数（63で初期化）
    int y = 18;     // yはint型の変数（18で初期化）

    cout << "xの値は" << x << "です。\n";                // xの値を表示
    cout << "yの値は" << y << "です。\n";                // yの値を表示
    cout << "合計は" << x + y << "です。\n";             // xとyの合計を表示
    cout << "平均は" << (x + y) / 2 << "です。\n";       // xとyの平均を表示
}
```

実行結果

```
xの値は63です。
yの値は18です。
合計は81です。
平均は40です。
```

初期化と代入

本プログラムで行っている《初期化》と、**List 1-7**（p.16）で行った《代入》は、値を入れるタイミングが異なります。以下のように理解しましょう（**Fig.1-13**）。

- **初期化**：変数を生成するときに値を入れること。
- **代　入**：生成ずみの変数に値を入れること。

▶ ここに示したような、短く単純なプログラムでは、代入と初期化の違いは大きくありません。ただし、第10章以降の《クラス》を用いたプログラムでは、その違いが明確になります。

なお、本書では、初期化を指定する記号 = を細字で示し、代入演算子 **=** を**太字**で示すことで区別しやすくしています。

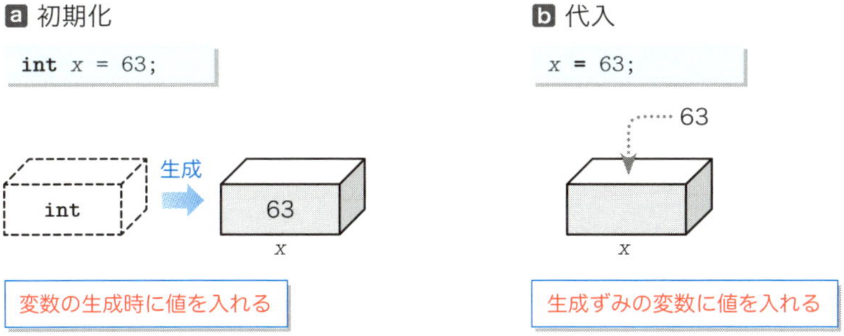

Fig.1-13　初期化と代入

▶ なお、以下の形式の初期化も行えます。

```
int x(63);
int x{63};        // この形式の宣言はC++11以降
int x = {63};     // この形式の宣言はC++11以降
```

1-4 キーボードからの入力

変数を使うことの最大のメリットは、自由に値を入れたり出したりできることです。本節では、キーボードから読み込んだ値を変数に入れる方法などを学習します。

キーボードからの入力

キーボードから二つの整数値を読み込んで、それらに対して加減乗除の算術演算を行った結果を表示しましょう。そのプログラムを **List 1-10** に示します。

キーボードから入力された数値を変数に格納するのが網かけ部です。

初登場の **cin**（一般に“シーイン”と発音します）は、キーボードと結び付いた**標準入力ストリーム**（*standard input stream*）です。そして、その cin に対して適用している **>>** は、入力ストリームから文字を取り出す**抽出子**（ちゅうしゅつし）（*extractor*）です。

入力ストリーム cin から流れてくる文字を数値として**抽出**して、その値を変数に格納する様子を示したのが **Fig.1-14** です。

▶ int 型では無限に大きな（あるいは小さな）値は表現できず、キーボードから入力する値は **List 4-1**（p.121）の実行によって得られる範囲に収まっていなければなりません。また、アルファベットや記号文字など数字以外の文字を入力しないようにしましょう。

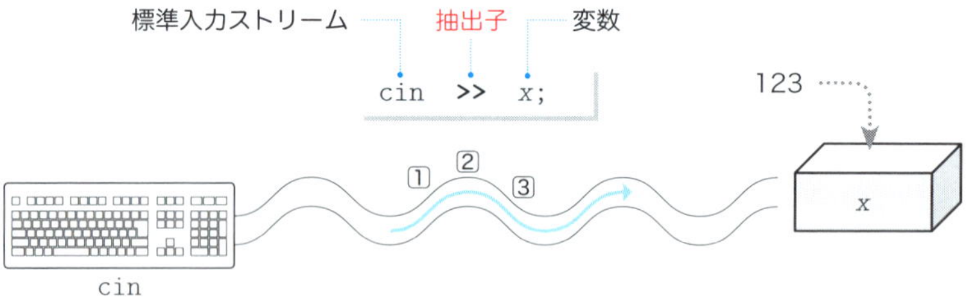

Fig.1-14 キーボードからの入力とストリーム

演算子とオペランド

本プログラムで初めて使っているのが、減算を行う **-**、乗算を行う *****、除算の《**剰余**》すなわち《**あまり**》を求める **%** です。演算を行う + や - などの記号を**演算子**（えんざんし）（*operator*）と呼び、演算の対象となる式のことを**オペランド**（*operand*）と呼びます。

たとえば、x と y の和を求める式 x + y において、演算子は + であって、オペランドは x と y の二つです（**Fig.1-15**）。

本プログラムで利用している演算子 +, -, *, /, % の概略をまとめたのが、**Table 1-2** と **Table 1-3** です。なお、これらの演算子は、一般に**算術演算子**（*arithmetic operator*）と呼ばれます。

List 1-10 chap01/list0110.cpp

```
// 二つの整数値を読み込んで加減乗除した値を表示

#include <iostream>

using namespace std;

int main()
{
    int x;       // 加減乗除する値
    int y;       // 加減乗除する値

    cout << "xとyを加減乗除します。\n";

    cout << "xの値：";   // xの値の入力を促す
    cin >> x;            // xに整数値を読み込む

    cout << "yの値：";   // yの値の入力を促す
    cin >> y;            // yに整数値を読み込む

    cout << "x + yは" << x + y << "です。\n";    // x + yの値を表示
    cout << "x - yは" << x - y << "です。\n";    // x - yの値を表示
    cout << "x * yは" << x * y << "です。\n";    // x * yの値を表示
    cout << "x / yは" << x / y << "です。\n";    // x / yの値を表示（商）
    cout << "x % yは" << x % y << "です。\n";    // x % yの値を表示（剰余）
}
```

実行例

```
xとyを加減乗除します。
xの値：7
yの値：5
x + yは12です。
x - yは2です。
x * yは35です。
x / yは1です。
x % yは2です。
```

いずれも２個のオペランドをもつ演算子です。このような演算子は、**２項演算子**（*binary operator*）と呼ばれます。

２項演算子のほかに、オペランドが１個の**単項演算子**（*unary operator*）と、オペランドが３個の**３項演算子**（*ternary operator*）とがあります。

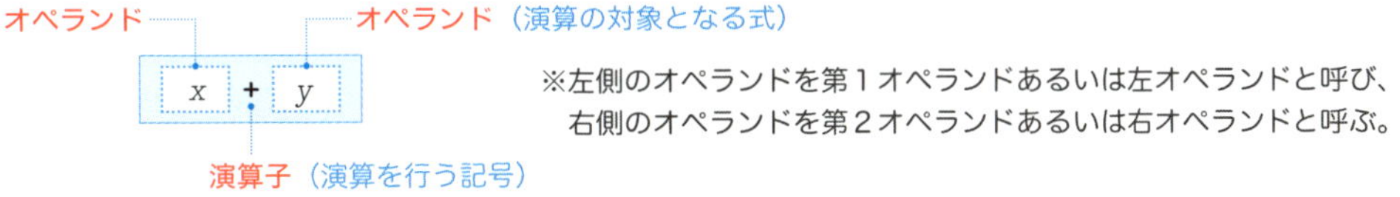
オペランド
オペランド（演算の対象となる式）
x + y
演算子（演算を行う記号）
※左側のオペランドを第１オペランドあるいは左オペランドと呼び、
右側のオペランドを第２オペランドあるいは右オペランドと呼ぶ。

Fig.1-15 演算子とオペランド

Table 1-2 加減演算子（additive operator）

x + y	xにyを加えた結果を生成。
x - y	xからyを減じた結果を生成。

Table 1-3 乗除演算子（multiplicative operator）

x * y	xにyを乗じた積を生成。
x / y	xをyで割った商を生成（x, yともに整数であれば小数点以下は切り捨てる）。
x % y	xをyで割った剰余を生成（x, yともに整数でなければならない）。

値の連続した読込み

抽出子 >> を cin に対して連続適用すると、複数の変数の値を一度に読み込めます。それを利用して書きかえたプログラムを **List 1-11** に示します。

List 1-11 chap01/list0111.cpp

```
// 二つの整数値を読み込んで加減乗除した値を表示

#include <iostream>

using namespace std;

int main()
{
    int x;      // 加減乗除する値
    int y;      // 加減乗除する値

    cout << "xとyを加減乗除します。\n";

    cout << "xとyの値：";   // xとyの値の入力を促す
    cin >> x >> y;          // xとyに整数値を読み込む

    cout << "x + yは" << x + y << "です。\n";   // x + yの値を表示
    cout << "x - yは" << x - y << "です。\n";   // x - yの値を表示
    cout << "x * yは" << x * y << "です。\n";   // x * yの値を表示
    cout << "x / yは" << x / y << "です。\n";   // x / yの値を表示（商）
    cout << "x % yは" << x % y << "です。\n";   // x % yの値を表示（剰余）
}
```

実行例

```
xとyを加減乗除します。
xとyの値：7 5↵
x + yは12です。
x - yは2です。
x * yは35です。
x / yは1です。
x % yは2です。
```

二つの変数 x と y への読込みを行うのが網かけ部です。このように抽出子 >> を連続適用した場合は、**先頭側（左側）の変数から順に値が読み込まれます**。

抽出子 >> を使った入力では、**スペース・タブ・改行などの空白文字が読み飛ばされます**。ここに示す《実行例》では、二つの整数値 7 と 5 のあいだにスペース文字を入れています。そのため、7 が x に入力され、5 が y に入力されます。

右のように、7 の前、7 と 5 のあいだ、5 の後のいずれにも（1 個以上の）スペースを入れることが可能です。

```
  7  5  ↵
```

また、改行文字が読み飛ばされることを利用して、右のように、数値ごとにエンターキー（リターンキー）を打ち込むこともできます。

```
7↵
5↵
```

▶ 負の値に / 演算子や % 演算子を適用した演算結果は処理系に依存します（次ページで学習します）。

単項の算術演算子

整数値を読み込んで、その値の符号を反転した値を表示するプログラムを作りましょう。**List 1-12** に示すのが、そのプログラムです。

変数 b を宣言する **1** に着目しましょう。変数 b は -a で初期化されています。ここでの - 演算子は単項演算子であり、**オペランドの符号を反転した値**を生成します（**Table 1-4**）。

List 1-12 chap01/list0112.cpp

```
// 整数値を読み込んで符号を反転した値を表示

#include <iostream>

using namespace std;

int main()
{
    int a;                    // 読み込む値

    cout << "整数値：";       // 値の入力を促す
    cin >> a;                 // aに整数値を読み込む

    int b = -a;               // aの符号を反転した値でbを初期化   ❶
    cout << +a << "の符号を反転した値は" << b << "です。\n";        ❷
}
```

実行例1

```
整数値：7
7の符号を反転した値は-7です。
```

実行例2

```
整数値：-15
-15の符号を反転した値は15です。
```

演算子 + にも単項演算子版があります。❷の +a は a の値そのものを表します。

Table 1-4 単項の算術演算子（正符号演算子と負符号演算子）

+x	x そのものの値を生成。
-x	x の符号を反転した値を生成。

❶の宣言に戻りましょう。この宣言は、main 関数の途中にあります。このように、（たとえ main 関数の途中であっても）必要になった箇所で変数を宣言するのが原則です。

重要 変数は必要になった時点で宣言しよう。

▶ 除算を行う / 演算子と % 演算子の演算結果は、処理系によって異なります。

- オペランドが両方とも正符号

すべての処理系で、商も剰余も正の値となります。例を示します。

		x / y	x % y
正 ÷ 正	例 x = 22 で y = 5	4	2

- オペランドの少なくとも一方が負符号

/ 演算子の結果が《代数的な商以下の最大の整数》と《代数的な商以上の最小の整数》のいずれとなるのかは、処理系に依存します。以下に例を示します。

		x / y	x % y	
負 ÷ 負	例 x = -22 で y = -5	4	-2	どちらになるかは処理系依存
		5	3	
負 ÷ 正	例 x = -22 で y = 5	-4	-2	どちらになるかは処理系依存
		-5	3	
正 ÷ 負	例 x = 22 で y = -5	-4	2	どちらになるかは処理系依存
		-5	-3	

※ x と y の符号とは無関係に（y が 0 でない限り）、(x / y) * y + x % y の値は、x と一致します。

実数値の読込み

整数を表す int 型が、小数部をもつ実数を扱えないことを p.15 で学習しました。実数は、double という型で扱えます。

List 1-13 に示すのが、二つの実数値を読み込んで加減乗除するプログラムです。

List 1-13 chap01/list0113.cpp

```
// 二つの実数値を読み込んで加減乗除した値を表示

#include <iostream>

using namespace std;

int main()
{
    double x;           // 加減乗除する値
    double y;           // 加減乗除する値

    cout << "xとyを加減乗除します。\n";

    cout << "xの値：";          // xの値の入力を促す
    cin >> x;                   // xに実数値を読み込む

    cout << "yの値：";          // yの値の入力を促す
    cin >> y;                   // yに実数値を読み込む

    cout << "x + yは" << x + y << "です。\n";    // x + yの値を表示
    cout << "x - yは" << x - y << "です。\n";    // x - yの値を表示
    cout << "x * yは" << x * y << "です。\n";    // x * yの値を表示
    cout << "x / yは" << x / y << "です。\n";    // x / yの値を表示
}
```

実行例

```
xとyを加減乗除します。
xの値：7.5
yの値：5.25
x + yは12.75です。
x - yは2.25です。
x * yは39.375です。
x / yは1.42857です。
```

▶ 小数部のない値を打ち込む際は、小数点を含めて、それ以降は省略できます。たとえば5.0は、5とも、5.0とも、5.とも入力できます。

本プログラムでは剰余を求めていません。Table 1-3（p.21）に示すように、**剰余を求める%演算子のオペランドは整数型でなければならないからです。**

重要 実数型のオペランドには%演算子は適用できない。

もし本プログラムに、以下の文を追加すると、コンパイルエラーとなります。

```
cout << "x % yは" << x % y << "です。\n";    // コンパイルエラー
```

これ以降、原則として、整数は int 型の変数で表し、実数は double 型の変数で表します。

▶ 実数の剰余を求める方法は、List 2-17（p.61）で学習します。また、実数を表すための浮動小数点型に関する詳細は、第4章で学習します。

Column 1-1 デバッグとコメントアウト

プログラムの欠陥や誤りのことを**バグ**（*bug*）といいます。また、バグを見つけたり、その原因を究明したりする作業が、**デバッグ**（*debug*）です。

デバッグの際に、『この部分が間違っているかもしれない。もしこの部分がなかったら、実行時の挙動はどう変化するだろうか。』と試しながらプログラムを修正することがあります。その際に、プログラムの該当部を削除してしまうと、もとに戻すのが大変です。

そこで、よく使われるのが**コメントアウト**という手法です。コメントとしてではなくプログラムとして記述されている部分を、コメントにしてしまうのです。

List 1-1 のプログラムを以下のように書きかえて実行してみましょう。色つき文字の部分がコメントとみなされますから、『初めての C++ プログラム。』が表示されなくなります。

List 1C-1 chap01/list01c01.cpp

```
// 画面への出力を行うプログラム

#include <iostream>

using namespace std;

int main()
{
//  cout << "初めてのC++プログラム。\n";
    cout << "画面に出力しています。\n";
}
```

実行結果

```
画面に出力しています。
```

行の先頭に2個のスラッシュ記号 // を書くだけで、その行全体をコメントアウトできるわけです。プログラムをもとに戻すのも簡単です。// を消すだけです。

なお、複数行にわたってコメントアウトする際は、以下に示すように /* … */ 形式を使うとよいでしょう。

List 1C-2 chap01/list01c02.cpp

```
// 画面への出力を行うプログラム

#include <iostream>

using namespace std;

int main()
{
/*
    cout << "初めてのC++プログラム。\n";
    cout << "画面に出力しています。\n";
*/
}
```

実行結果

```
何も表示されません。
```

なお、コメントアウトされたプログラムは、読み手にとって紛らわしく、誤解されやすいものとなります。というのも、コメント化の根拠が、その部分が不要になったためなのか、何らかのテストを目的とするものなのか、などが分からないからです。

コメントアウトの手法は、あくまでもその場しのぎのための一時的な手段と割り切って使いましょう。

なお、#if 指令を用いると、よりよい方法でのコメントアウトが実現できます。**Column 11-7**（p.401）で学習します。

定値オブジェクト

円の半径をキーボードから読み込んで、その円の“円周の長さ”と“面積”を求めて表示するプログラムを作りましょう。**List 1-14** に示すのが、そのプログラムです。

List 1-14 chap01/list0114.cpp

```
// 円周の長さと円の面積を求める（その１：円周率を浮動小数点リテラルで表す）

#include <iostream>

using namespace std;

int main()
{
    double r;                  // 半径

    cout << "半径：";           // 半径の入力を促す
    cin >> r;                  // 半径を読み込む

    cout << "円周の長さは" << 2 * 3.14 * r << "です。\n";    // 円周
    cout << "面積は" << 3.14 * r * r << "です。\n";          // 面積
}
```

実行例

```
半径：7.2⏎
円周の長さは45.216です。
面積は162.778です。
```

本プログラムでは、公式どおりに、円周の長さと面積を求めています（半径 r の円周の長さは $2\pi r$ で、面積は πr^2 です）。

円周率 π を表す網かけ部の3.14のように、小数部をもつ実数を表す定数のことを**浮動小数点リテラル**（*floating-point literal*）と呼びます。

＊

さて、円周率は3.14ではなくて、3.1415926535…と無限に続く値です。

円周の長さと面積をより正確に求めるために円周率を3.1416にするのであれば、２箇所の網かけ部を3.1416に変更します。

本プログラムでは、変更は２箇所だけです。ただし、大規模な数値計算プログラムであれば、プログラム中に3.14が数百箇所あるかもしれません。

エディタの《置換》機能を使えば、すべての3.14を3.1416に変更するのは容易です。とはいえ、円周率ではない値として、たまたま3.14を使っている箇所がプログラム中にあるかもしれません。そのような箇所は、置換の対象から外す必要があります。**すなわち、選択的な置換が要求されます。**

＊

このようなケースで効力を発揮するのが、**定値オブジェクト**（*const object*）です。定値オブジェクトを用いて書きかえたプログラムが **List 1-15** です。

宣言に付いている `const` によって、変数 *PI* は3.1416で初期化された定値オブジェクトになります。**定値オブジェクトの値を書きかえることはできません。**

▶ 《オブジェクト》については、第４章で学習します。現時点では、《変数》を意味する専門用語である、と理解しておくとよいでしょう。

List 1-15 chap01/list0115.cpp

```
// 円周の長さと円の面積を求める（その２：円周率を定値オブジェクトで表す）

#include <iostream>

using namespace std;

int main()
{
    const double PI = 3.1416;     // 円周率
    double r;                     // 半径

    cout << "半径：";             // 半径の入力を促す
    cin >> r;                     // 半径を読み込む

    cout << "円周の長さは" << 2 * PI * r << "です。\n";     // 円周
    cout << "面積は" << PI * r * r << "です。\n";           // 面積
}
```

実行例

```
半径：7.2⏎
円周の長さは45.239です。
面積は162.861です。
```

本プログラムでは、円周率が必要な計算では、変数*PI*の値を利用しています。定値オブジェクトを利用するメリットは、以下のとおりです。

①値の管理を一箇所に集約できる

円周率の値3.1416は、変数*PI*の初期化子として与えられています。もし他の値（たとえば3.14159）に変えるとしても、プログラムの変更は一箇所だけですみます。

タイプミスやエディタ上での置換操作の失敗などによって、たとえば3.1416と3.14159とを混在させてしまう、といったミスを防げます。

②プログラムが読みやすくなる

プログラムの中では、数値ではなく変数名*PI*で円周率を参照できますので、プログラムが読みやすくなります。

重要 プログラム中に埋め込まれた数値は、何を表すのかが理解しにくい。**定値オブジェクト**として宣言して名前を与えよう。

本プログラムのように、定値オブジェクトの変数名は大文字にします。constでない普通の変数と見分けやすくなるからです。

▶ プログラム中に埋め込まれた、意図が分かりにくい数値は、**マジックナンバー**（*magic number*）と呼ばれます。定値オブジェクトを導入すると、マジックナンバーを除去できます。

＊

定値オブジェクトの宣言時には必ず初期化子を与えなければなりません。右下のコードはコンパイルエラーとなります。

```
const double PI = 3.1416;     ○
```

```
const double PI;
PI = 3.1416;                  ×
```

▶ constは、オブジェクトの型の属性を指定する**cv修飾子**の一つです。cv修飾子には、constの他にvolatileがあります。

乱数の生成

キーボードから値を読み込むのではなく、コンピュータに値を作ってもらうことができます。その方法を、**List 1-16** に示すプログラムで学習しましょう。

List 1-16 chap01/list0116.cpp

```
// 0〜9のラッキーナンバーを乱数で生成して表示

#include <ctime>                                      ←1
#include <cstdlib>
#include <iostream>

using namespace std;

int main()
{
    srand(time(NULL));              // 乱数の種を設定  ←2

    int lucky = rand() % 10;        // 0〜9の乱数      ←3

    cout << "今日のラッキーナンバーは" << lucky << "です。\n";
}
```

実行例

```
今日のラッキーナンバーは7です。
```

このプログラムは、0 から 9 までの数値の一つを《ラッキーナンバー》として生成して表示します。

コンピュータが生成するランダムな値のことを**乱数**（らんすう）と呼びます。1と2と3は、乱数の生成に必要な"決まり文句"です。

▶ 2は必ず3より前に置く必要があります。

肝心なのは3です。*rand()* と書かれた部分は、**0 以上のランダムな整数値である乱数となります**（負にはなりません）。

生成される乱数は大きな値となる可能性がありますので、本プログラムは 10 で割った剰余をラッキーナンバーとして求めています。非負の整数値を 10 で割った剰余を求めるのですから、*lucky* の値は必ず 0 以上 9 以下の整数値となります。

▶ 実行例では、乱数を 10 で割った剰余が 7 の例を示しています。乱数によって実行結果が変わる数値や、実行結果が処理系に依存する数値などは、*青の斜め文字*で表します。

*

生成する乱数の範囲を変えてみましょう。いくつかの例を示します。

```
1 + rand() % 9          //  1〜 9の乱数を生成
1 + rand() % 10         //  1〜10の乱数を生成
rand() % 100            //  0〜99の乱数を生成
10 + rand() % 90        // 10〜99の乱数を生成
```

▶ C++11 以降では、より高性能で高機能な <random> ヘッダによるライブラリが提供されます。

Column 1-2 乱数の生成について

乱数の生成に必要な**1**、**2**、**3**は、現時点では理解する必要はありません。後半の章まで学習が進んでから本 Column を読むとよいでしょう。

乱数を生成する ***rand* 関数**が返却するのは、0 以上 **RAND_MAX** 以下の値です。**<cstdlib> ヘッダ**で定義される **RAND_MAX** の値は処理系に依存しますが、少なくとも 32,767 であることが保証されます。

さて、以下に示すのは、乱数を2個生成するプログラム部分です（"chap01/column0102a.cpp"）。

```
#include <cstdlib>
using namespace std;
// … 中略 …
int x = rand();            // 0以上RAND_MAX以下の乱数を生成
int y = rand();            // 0以上RAND_MAX以下の乱数を生成
cout << "xの値は" << x << "で、yの値は" << y << "です。\n";
```

このプログラムを実行すると、*x* と *y* は異なる値として表示されます。ところが、このプログラムを何度実行しても、常に同じ値が表示されます。

このことは、生成される乱数の系列、すなわちプログラム中で1回目に生成される乱数、2回目に生成される乱数、3回目に生成される乱数、… が決まっていることを示しています。たとえば、ある処理系では、常に以下の順で乱数が生成されます。

16,838 ⇨ 5,758 ⇨ 10,113 ⇨ 17,515 ⇨ 31,051 ⇨ 5,627 ⇨ …

というのも、*rand* 関数は《種(たね)》を利用した計算によって乱数を生成しているからです。《種》の値が *rand* 関数の中に埋め込まれているため、毎回同じ系列の乱数が生成されるのです。

種の値を変更するのが ***srand* 関数**です。たとえば、*srand*(50) とか *srand*(23) と呼び出すだけで、種の値を変更できます。

もっとも、このように定数を渡して *srand* 関数を呼び出しても、その後に *rand* 関数が生成する乱数の系列は決まったものとなってしまいます。先ほど例を示した処理系では、種を 50 に設定すると、生成される乱数は以下のようになります。

22,715 ⇨ 22,430 ⇨ 16,275 ⇨ 21,417 ⇨ 4,906 ⇨ 9,000 ⇨ …

そのため、*srand* 関数に与える引数は、乱数でなければなりません。しかし、『乱数を生成する準備のために乱数が必要である。』というのも、おかしな話です。

そこで、**よく使われる手法の一つが、*srand* 関数に対して《現在の時刻》を与える方法です。プログラムは以下のようになります**（"chap01/column0102b.cpp"）。

```
#include <ctime>
#include <cstdlib>
using namespace std;
// … 中略 …
srand(time(NULL));         // 現在の時刻から種を決定
int x = rand();            // 0以上RAND_MAX以下の乱数を生成
int y = rand();            // 0以上RAND_MAX以下の乱数を生成
cout << "xの値は" << x << "で、yの値は" << y << "です。\n";
```

***time* 関数**が返却するのは **time_t 型**で表現された《**現在の時刻**》です。プログラムを実行するたびに時刻は変わるわけですから、その値を種にすると、生成される乱数の系列もランダムになります（*time* 関数については、Column 11-4（p.390）で学習します）。

なお、*rand* 関数が生成するのは、**擬似乱数**と呼ばれる乱数です。擬似乱数は、乱数のように見えますが、ある一定の規則に基づいて生成されます。擬似乱数と呼ばれるのは、次に生成される数値の予測がつくからです。本当の乱数は、次に生成される数値の予測がつきません。

文字の読込み

文字を読み込むプログラムを作りましょう。文字を1文字だけ読み込んで、それを反復して表示するプログラムを **List 1-17** に示します。

List 1-17 chap01/list0117.cpp

```
// 文字を読み込んで表示

#include <iostream>

using namespace std;

int main()
{
    char c;        // 文字

    cout << "文字を入力してください：";        // 文字の入力を促す
    cin >> c;                                  // 文字を読み込む

    cout << "打ち込んだ文字は" << c << "です。\n";        // 表示
}
```

実行例

```
文字を入力してください：X
打ち込んだ文字はXです。
```

文字を表すのは char 型です。抽出子 >> がスペースや改行などの空白文字を読み飛ばすため（p.22）、キーボードから入力された空白文字は変数には格納されません。変数 *c* に読み込まれるのは、空白以外の最初の文字です。

▶ char 型の詳細は、第4章で学習します。

文字列の読込み

次に、文字列（文字の並び）を読み込むプログラムを作りましょう。名前を文字列として読み込んで、挨拶するプログラムを **List 1-18** に示します。

List 1-18 chap01/list0118.cpp

```
// 名前を読み込んで挨拶する

#include <string>
#include <iostream>

using namespace std;

int main()
{
    string name;      // 名前

    cout << "お名前は：";          // 名前の入力を促す
    cin >> name;                  // 名前を読み込む（スペースは無視）

    cout << "こんにちは" << name << "さん。\n";        // 挨拶する
}
```

実行例1

```
お名前は：福岡五郎
こんにちは福岡五郎さん。
```

実行例2

```
お名前は：福岡　五郎
こんにちは福岡さん。
```

文字列を扱うのは *string* 型です。この型の利用時は、<string> ヘッダのインクルードが不可欠です。

▶ もしプログラム冒頭に "**using namespace** std;" の指令がなければ、プログラム中のすべての ***string*** を std::***string*** に変更する必要があります（cout と同じです：p.7）。

抽出子 **>>** による読込みでは、空白文字が読み飛ばされます。そのため、文字列の途中にスペース文字を入れて入力する実行例②では、"福岡" のみが *name* に読み込まれます。

*

スペースも含めて 1 行分全体を読み込むプログラムを **List 1-19** に示します。

List 1-19 chap01/list0119.cpp

```
// 名前を読み込んで挨拶する（スペースも読み込む）

#include <string>
#include <iostream>

using namespace std;

int main()
{
    string name;     // 名前

    cout << "お名前は：";          // 名前の入力を促す
    getline(cin, name);            // 名前を読み込む（スペースも読み込む）

    cout << "こんにちは" << name << "さん。\n";      // 挨拶する
}
```

実行例1

```
お名前は：福岡五郎⏎
こんにちは福岡五郎さん。
```

実行例2

```
お名前は：福岡　五郎⏎
こんにちは福岡　五郎さん。
```

スペースを含めた文字列の読込みを行うのが、getline(cin, **変数名**) です。リターン（エンター）キーより前に打ち込んだすべての文字が、文字列型の変数に格納されます。

*

List 1-20 に示すのは、***string*** 型の変数の初期化と代入を行うプログラム例です。

List 1-20 chap01/list0120.cpp

```
// 文字列の初期化と代入

#include <string>
#include <iostream>

using namespace std;

int main()
{
    string s1 = "ABC";          // 初期化
    string s2 = "XYZ";          // 初期化

    s1 = "FBI";                 // 代入（値を書きかえる）

    cout << "文字列s1は" << s1 << "です。\n";        // 表示
    cout << "文字列s2は" << s2 << "です。\n";        // 表示
}
```

実行結果

```
文字列s1はFBIです。
文字列s2はXYZです。
```

変数 *s1* は、いったん "ABC" で初期化された後に、"FBI" が代入されています。表示されるのは、代入後の文字列です。

まとめ

- C++ は、C 言語と Simula 67 をもとにして作られた、オブジェクト指向プログラミングをサポートするプログラミング言語である。

- ソースプログラムは、文字の並びとして作成する。ソースプログラムのままでは実行できないので、コンパイルやリンクを行って、実行できる形式に変換する。

- C++ のプログラムは自由形式である。スペースやタブによってインデントを与えて読みやすいものとし、作成者自身を含めた読み手に伝えるべき適切な注釈(コメント)を記入するとよい。

- 標準ライブラリの利用にあたっては、該当するヘッダを #include 指令によってインクルードしなければならない。using namespace std; の指令を行うと使いやすくなる。

- C++ のプログラムを起動すると、main 関数内に置かれた文が順次実行される。原則として文の終端はセミコロン ; である。

- 文字の流れる川であるストリームへの入出力に関するヘッダは <iostream> である。画面と結び付いた標準出力ストリーム cout への出力は、挿入子 << で行う。キーボードと結び付いた標準入力ストリーム cin からの入力は、抽出子 >> で行う。

- 値の性質を表すのが型である。整数、実数、文字は、それぞれ int 型、double 型、char 型で表せる。

- 文字列を表すのは *string* 型である。*string* 型の利用にあたっては、<string> ヘッダのインクルードが不可欠である。

- 整数の定数は整数リテラルで表し、実数の定数は浮動小数点リテラルで表す。また、文字の並びは二重引用符で囲んだ文字列リテラル "…" で表す。空白類(ホワイトスペース)をはさんで隣接した文字列リテラルは連結される。

- 改行文字は \n で表し、警報文字（一般にはビープ音）は \a で表す。

- 数値などのデータを自由に出し入れできる変数は、型から作られた実体である。変数を使うには、型と名前を与えた宣言文によって、必要になった時点で宣言する。

- 変数を生成する際に値を入れるのが初期化であり、生成ずみの変数に値を入れるのが代入である。明示的に初期化しない変数は、原則として不定値となる。

- const 付きで宣言された変数は、値を変更できない定値オブジェクトとなる。定数に対して名前を与えるのに有効である。

- 演算を行うための + や * などの記号が演算子であり、演算の対象がオペランドである。オペランドの個数に応じて、単項演算子、２項演算子、３項演算子がある。

- 演算子によって**優先度**が異なる。( ) で囲まれた演算は優先的に実行される。

- **商**を求める / 演算子と**剰余**を求める % 演算子は、オペランドの一方でも負であれば演算結果が処理系に依存する。"整数 / 整数" の演算で得られる商は、小数部が切り捨てられた値である。% 演算子のオペランドは整数でなければならない。

- 非負のランダムな値である**乱数**は、**rand 関数**で生成できる。

注釈（コメント）
/* 複数行にわたれる */
// その行の行末まで

加減演算子	x + y	x - y	
乗除演算子	x * y	x / y	x % y
単項の算術演算子	+x	-x	

#include 指令：インクルードするヘッダの内容と置きかわる

chap01/summary.cpp

```
/*
    サンプル・プログラム
*/

#include <ctime>        ← 乱数の生成に必要
#include <cstdlib>      ← 乱数の生成に必要
#include <string>       ← 文字列の利用に必要
#include <iostream>     ← ストリーム入出力に必要

using namespace std;   ← using 指令

int main()
{
    int a;                  // aはint型の変数
    a = 1;                  // 代入（生成ずみの変数に値を入れる）
    int b = 5;              // 初期化（変数の生成時に値を入れる）

    srand(time(NULL));      // 乱数の種を設定
    int lucky = rand() % 10;    // 0～9の乱数
    cout << "今日のラッキーナンバーは" << lucky << "です。\n";
    cout << "２で割った商は" <<   lucky / 2 << "です。\n";
    cout << "２で割った剰余は" << lucky % 2 << "です。\n";

    // 定値オブジェクト（値を書きかえられない変数）
    const double PI = 3.14;
    double r;
    cout << "半径：";
    cin >> r;
    cout << "半径" << r << "の円の面積は"
         << (PI * r * r) << "です。\n";

    string name;        // 名前

    cout << "お名前は：";    // 入力を促す
    cin >> name;            // 読み込む（空白は読み飛ばす）

    cout << "\aこん"  "にちは" << name << "さん。\n";
}
```

- 型 ／ 変数名 ／ 初期化子（int b = 5;）
- 乱数生成の準備（srand(time(NULL));）
- 0 以上 RAND_MAX 以下の乱数（rand()）
- オペランド ／ 演算子 ／ オペランド（lucky % 2）
- 警報（\a）
- 改行（\n）
- 空白類をはさむ文字列リテラルは連結される
- 各文が順次実行される

整数リテラル	5
浮動小数点リテラル	3.14
文字列リテラル	"半径："

実行例

```
今日のラッキーナンバーは5です。
２で割った商は2です。
２で割った剰余は1です。
半径：4.5⏎
半径4.5の円の面積は63.585です。
お名前は：Fukuoka Gorou⏎
♪こんにちはFukuokaさん。
```

第2章

プログラムの流れの分岐

本章では、数多くの演算子とともに、プログラムの流れを分岐するための選択文である if 文と switch 文を学習します。

- 真 true と偽 false
- 関係演算子
- 等価演算子
- 論理演算子
- 論理否定演算子
- 条件演算子
- コンマ演算子
- 式と評価
- 短絡評価
- 式文と空文
- ブロック（複合文）
- 選択文（if 文と switch 文）
- break 文
- ラベル
- 構文と構文図
- アルゴリズム
- 二値の交換／二値のソート
- 演算子の優先順位と結合性
- キーワード／識別子／区切り子

2-1 if文

ある条件が成立するかどうかによって、行うべき処理を選択的に決定するのがif文です。本節では、if文とともに、基本的な演算子を学習します。

if文（その1）

キーボードから数値を読み込んで、それが0より大きければ、『その値は正です。』と表示するプログラムを作りましょう。List 2-1に示すのが、そのプログラムです。

List 2-1 chap02/list0201.cpp

```
// 読み込んだ整数値は正の値か？

#include <iostream>

using namespace std;

int main()
{
    int n;

    cout << "整数値：";
    cin >> n;

    if (n > 0)
        cout << "その値は正です。\n";
}
```

if文：if（条件）文

条件n > 0が真のときに実行される

実行例1
```
整数値：15⏎
その値は正です。
```

実行例2
```
整数値：-5⏎
```

キーボードから読み込んだ整数値は変数*n*に格納します。

その*n*の値の判定と、判定結果の表示を行うのが、プログラムの網かけ部です。この部分の**構文**（文法上の構造）は、次のようになっています。

if（条件）文

この構文をもつ文は**if文**（*if statement*）と呼ばれ、( )の中の**条件**（*condition*）が成立して《**真**》となったときにのみ文を実行します（もちろん、先頭のifは『もしも～』という意味です）。

本プログラムの《条件》は*n* > 0です。演算子>は、左オペランドの値が右オペランドより大きければ**真**（true）を、そうでなければ**偽**（false）を生成します。

なお、trueとfalseは、**真理値リテラル**（*boolean literal*）と呼ばれる**bool型**の定数値です。

▶ bool型や真理値リテラルに関する詳細は、第4章で学習します。

Fig.2-1に示すのは、本プログラムのif文の処理の流れを表したフローチャート（流れ図）です。

▶ フローチャートの記号は、p.81でまとめて学習します。

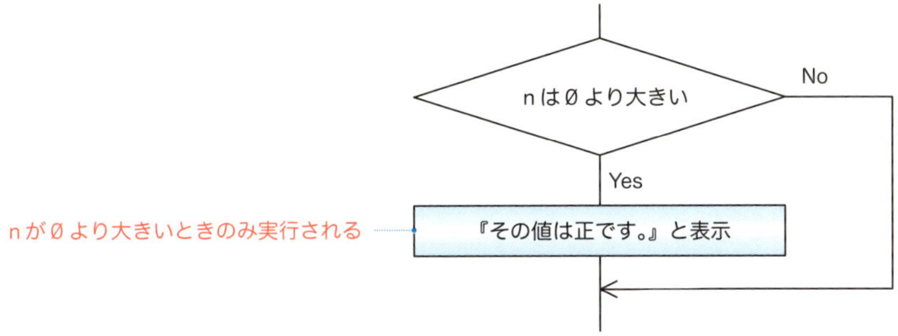

Fig.2-1 List 2–1 のif文のフローチャート

実行例①のように、*n*が0より大きければ、条件*n* > 0の値は**true**となります。そのため、以下の文が実行されて、『その値は正です。』と表示されます。

```
cout << "その値は正です。\n";
```

なお、実行例②に示すように、*n*に入力された値が0以下であれば、この文は実行されず、**画面には何も表示されません。**

重要 ある条件が成立したときに行うべきことがあれば、**if 文**で実現しよう。

関係演算子

演算子 > のような、左右のオペランドの値の**大小関係を判定する**演算子は、**関係演算子**（*relational operator*）と呼ばれます。**Table 2-1** に示す4種類があります。

Table 2-1 関係演算子

x < *y*	*x*が*y*より小さければ**true**を、そうでなければ**false**を生成。
x > *y*	*x*が*y*より大きければ**true**を、そうでなければ**false**を生成。
x <= *y*	*x*が*y*より小さいか等しければ**true**を、そうでなければ**false**を生成。
x >= *y*	*x*が*y*より大きいか等しければ**true**を、そうでなければ**false**を生成。

演算子 <= と >= の等号 = を左側にもってきて、=< あるいは => とすることはできません。また、不等号と等号のあいだにスペースを入れて < = あるいは > = とすることもできません。間違えないように注意しましょう。

▶ 関係演算子は2項演算子ですから、たとえば「変数aの値が1以上3以下であるか」は、

```
1 <= a <= 3            // 駄目！
```

では判定できません。p.48 で学習する論理演算子を用いて、以下のようにします。

```
a >= 1 && a <= 3       // ＯＫ！（“aは1以上”かつ“aは3以下”によって判定）
```

if文（その2）

前のプログラムは、正でない値を読み込むと何も表示しないため、少々そっけなく感じられます。正でない場合は『その値は0か負です。』と表示するように変更しましょう。

List 2-2 に示すのが、そのプログラムです。

List 2-2 chap02/list0202.cpp

```
// 読み込んだ整数値は正の値か／そうでないか？

#include <iostream>

using namespace std;

int main()
{
    int n;

    cout << "整数値：";
    cin >> n;

    if (n > 0)
        cout << "その値は正です。\n";        // 条件 n > 0 が真のときに実行される
    else
        cout << "その値は0か負です。\n";     // 条件 n > 0 が偽のときに実行される
}
```

if文：if（条件）文 else 文

実行例1

```
整数値：15
その値は正です。
```

実行例2

```
整数値：-7
その値は0か負です。
```

今回の **if** 文は、以下の構文となっています。

if（条件）文 else 文

もちろん **else**（エルス）は『～でなければ』という意味です。条件が **true** であれば先頭側の文が実行され、そうでなければ（条件が **false** であれば）後ろ側の文が実行されます。

そのため、**Fig.2-2** に示すように、*n* が正であるかどうかで異なる処理が行われます。

重要 条件の真偽によって異なる処理を行う場合は、**else** 部付きの **if** 文で実現しよう。

▶ この形式の **if** 文では、二つの文のいずれか一方が実行されます。両方とも実行されない、あるいは、両方とも実行される、ということはありません。

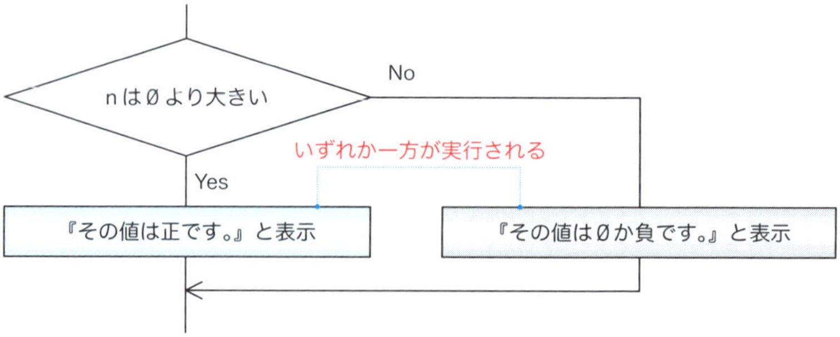

Fig.2-2 List 2–2 の if 文のフローチャート

二つの形式の **if** 文を学習しました。**Fig.2-3** に示すのが、**if** 文の構文図です（二つの形式が一つの図としてまとめられています：**Column 2-1**）。

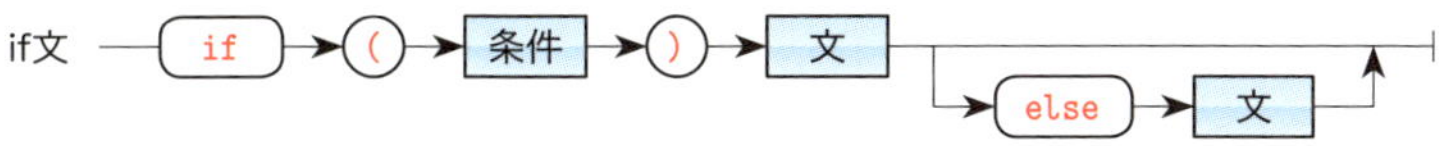

Fig.2-3　if 文の構文図

この構文にそぐわないものは決して許されません。たとえば、以下に示すプログラムは、コンパイルエラーとなります。

```
if a < b  cout << "aはbより小さいです。";         // 条件を囲む()が欠如
if (c > d) else b = 3;                            // elseの前の文が欠如
```

Column 2-1　構文図について

本書で使用する構文図は、要素を矢印で結んだものです。

▪ 要素について

構文図の要素には、丸囲みのものと、角囲みのものとがあります。

- ▫ **丸囲み**　“**if**” などの**キーワード**や “(” などの**区切り子**は、綴りどおりでなければならず、勝手に “もし” や “「” に変更することはできません。このようなものを丸囲みで表します。
- ▫ **角囲み**　“条件” や “文” は、そのままではなく、“*n* > 0” や “a = 0;” といった具体的な式や文として記述します。このように、そのまま記述できないものを角囲みで表します。

▪ 構文図の読み方

構文図を読むときは、矢印の方向にしたがって進みます。左端からスタートして、ゴールは右端です。分岐点は、どちらに進んでも構いません。

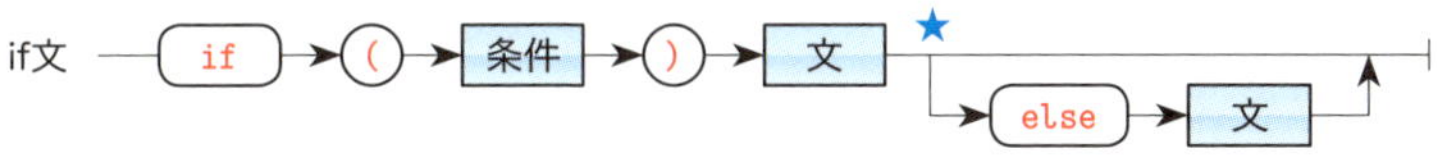

★は分岐点ですから、**if** 文の構文図を左端から右端までたどっていくルートは、以下の二つがあります。

if (条件) 文
if (条件) 文 else 文

これが **if** 文の形式すなわち構文を表しています。たとえば、**List 2-1** の **if** 文は、

```
if (n > 0) cout << "その値は正です。\n";
if (条件)              文
```

ですし、**List 2-2** の **if** 文は、次のようになります。

```
if (n > 0) cout << "その値は正です。\n"; else cout << "その値は0か負です。\n";
if (条件)              文                else              文
```

いずれも構文図の形式にのっとっています。

等価演算子

キーボードから読み込んだ二つの整数値が等しいかどうかを判定して表示するプログラムを作りましょう。それが、**List 2-3** に示すプログラムです。

List 2-3 chap02/list0203.cpp

```
// 読み込んだ二つの整数値は等しいか

#include <iostream>

using namespace std;

int main()
{
    int a, b;

    cout << "整数a：";   cin >> a;
    cout << "整数b：";   cin >> b;

    if (a == b)
        cout << "二つの値は等しいです。\n";
    else
        cout << "二つの値は等しくありません。\n";
}
```

実行例1

```
整数a：15
整数b：15
二つの値は等しいです。
```

実行例2

```
整数a：15
整数b：47
二つの値は等しくありません。
```

変数 *a* と *b* に整数値を読み込んで、それらの値の等価（とうか）性を判定します。

if 文の条件の **==** は、左右のオペランドが“**等しいかどうか**”を判定する演算子です。この演算子と、“**等しくないかどうか**”を判定する **!=** 演算子の総称が**等価演算子**（*equality operator*）です。

Table 2-2 に示すように、両演算子とも、条件が成立すれば **true** を生成し、成立しなければ **false** を生成します。

Table 2-2 等価演算子

x **==** *y*	*x* と *y* が等しければ **true** を、そうでなければ **false** を生成。
x **!=** *y*	*x* と *y* が等しくなければ **true** を、そうでなければ **false** を生成。

なお、**!=** 演算子を使うと、**if** 文は以下のように実現できます（"chap02/list0203a.cpp"）。

```
if (a != b)
    cout << "二つの値は等しくありません。\n";
else
    cout << "二つの値は等しいです。\n";
```

二つの文の順序が入れかわることに注意しましょう。

▶ 等価演算子は２項演算子なので、たとえば「変数 *a* と変数 *b* と変数 *c* の値が等しいかどうか」を *a* **==** *b* **==** *c* といった式で判定することは**できません**。
　p.48 で学習する論理演算子を用いて *a* **==** *b* **&&** *b* **==** *c* とします。

論理否定演算子

List 2-4 に示すのは、キーボードから読み込んだ値が0であるかどうかを判定して表示するプログラムです。

List 2-4 chap02/list0204.cpp

```
// 読み込んだ整数値はゼロか

#include <iostream>

using namespace std;

int main()
{
    int n;

    cout << "整数値：";
    cin >> n;

    if (!n)
        cout << "その値はゼロです。\n";            ←1
    else
        cout << "その値はゼロではありません。\n";  ←2
}
```

実行例1

```
整数値：0↵
その値はゼロです。
```

実行例2

```
整数値：27↵
その値はゼロではありません。
```

本プログラムで利用している単項演算子 **!** は、オペランドの真と偽を反転させた値を得る**論理否定演算子**（*logical negative operator*）です。**Table 2-3** に示すように、オペランドの値が **false** であれば **true** を生成し、**true** であれば **false** を生成します。

Table 2-3 論理否定演算子

!x	x が **false** であれば **true** を、**true** であれば **false** を生成。

"0 は false とみなされて、0 以外の数値は true とみなされる" という規則（詳細は p.140 で学習します）に基づいて、*n* が0のときには1が実行され、*n* が0でないときには2が実行されます。

本プログラムの **if** 文は、以下のようにも実現できます（"chap02/list0204a.cpp"）。

```
if (n)
    cout << "その値はゼロではありません。\n";
else
    cout << "その値はゼロです。\n";
```

二つの文の順序が入れかわることに注意しましょう。

▶ なお、等価演算子 **==** を利用すれば、以下のように実現できます（"chap02/list0204b.cpp"）。

```
if (n == 0)
    cout << "その値はゼロです。\n";
else
    cout << "その値はゼロではありません。\n";
```

入れ子となったif文

List 2-5 に示すのは、キーボードから読み込んだ整数値の符号（正であるか／負であるか／0であるか）を判定して表示するプログラムです。

List 2-5 chap02/list0205.cpp

```
// 読み込んだ整数値の符号（正／負／0）を判定して表示

#include <iostream>

using namespace std;

int main()
{
    int n;

    cout << "整数値：";
    cin >> n;

    if (n > 0)
        cout << "その値は正です。\n";        ―1
    else if (n < 0)
        cout << "その値は負です。\n";        ―2
    else
        cout << "その値は0です。\n";         ―3
}
```

実行例1
整数値：37⏎
その値は正です。

実行例2
整数値：-5⏎
その値は負です。

実行例3
整数値：0⏎
その値は0です。

if （ 条件 ） 文
if （ 条件 ） 文 else 文

既に学習したように、**if** 文には、右に示す二つの形式があります。

このプログラムには “**else if** … ” とありますが、そのような特別な構文はありません。**if** 文は名前のとおり “一種の” 文ですから、**else** が制御する文は、当然 **if** 文であってもよいのです。

プログラム網かけ部の構造を **Fig.2-4** に示しています。**if** 文の中に **if** 文が入っている《入れ子》の構造です。

▶ 最後の **else** を **else if** (n == 0) と変更しても、プログラムの動作は変わりません（ただし、無駄な判定を行ってしまうことになります）。

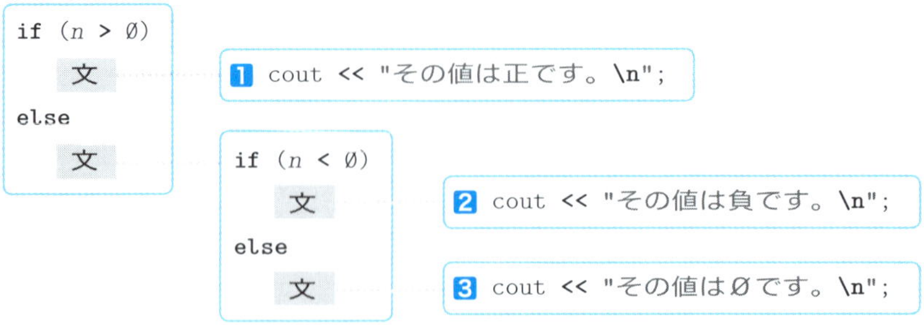

if (n > 0)
文
else
文
1 cout << "その値は正です。\n";
if (n < 0)
文
else
文
2 cout << "その値は負です。\n";
3 cout << "その値は0です。\n";

Fig.2-4 入れ子となったif文（その1）

次に学習するのは、**List 2-6** のプログラムです。 **List 2-5** と同様に、入れ子の **if** 文を利用しているのですが、構造が異なります。

List 2-6 chap02/list0206.cpp

```
// 読み込んだ整数値が正であれば偶数／奇数の別を判定して表示

#include <iostream>

using namespace std;

int main()
{
    int n;

    cout << "整数値：";
    cin >> n;

    if (n > 0)
        if (n % 2 == 0)
            cout << "その値は偶数です。\n";          ←1
        else
            cout << "その値は奇数です。\n";          ←2
    else
        cout << "\a正でない値が入力されました。\n";   ←3
}
```

実行例1

```
整数値：38⏎
その値は偶数です。
```

実行例2

```
整数値：15⏎
その値は奇数です。
```

実行例3

```
整数値：0⏎
♪正でない値が入力されました。
```

読み込んだ整数値が正であれば、偶数／奇数のいずれであるのかを表示して、そうでなければ、その旨のメッセージを警報とともに表示します。**Fig.2-5** に示すのが、網かけ部の構造です。

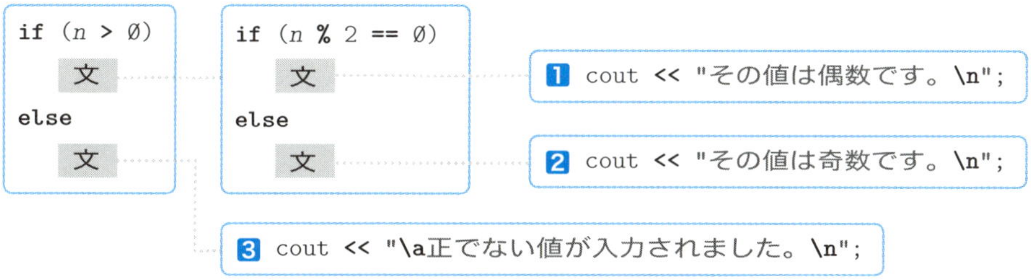
if (n > 0)
文
else
文
if (n % 2 == 0)
文
else
文
1 cout << "その値は偶数です。\n";
2 cout << "その値は奇数です。\n";
3 cout << "\a正でない値が入力されました。\n";

Fig.2-5 入れ子となったif文（その2）

Column 2-2 等価演算子を代入演算子に間違えたら…

初心者は、*n* が 0 と等しいかどうかを判定する **if** (*n* **==** 0) を間違えて、

```
if (n = 0) 文        // nの値にかかわらず文は決して実行されない
```

することがあります。こうすると、*n* がいかなる値であっても、何も実行されません（決して文は実行させません）。それればかりか、*n* の値が 0 になってしまいます。

※この後で学習しますが、式 *n* **=** 0 の値（代入式 *n* **=** 0 を評価した値）が 0 であり、それが **false** とみなされます。

式と評価

《式》と《評価》についてきちんと理解しましょう。

式

これまでに、**式**（*expression*）という用語を頻繁に使ってきました。厳密な定義ではないのですが、式は、右の三つの総称です。

- **変数**
- **リテラル**
- **変数やリテラルを演算子で結んだもの**

たとえば、"*no* + 135" を考えましょう。

変数 *no*、整数リテラル 135、それらを + 演算子で結んだ *no* + 135 のいずれも式です。

なお、**"○○演算子" とオペランドが結合した式は、"○○式" と呼ばれます。**

たとえば、代入演算子によって *x* と *no* + 135 とが結びついた式 *x* = *no* + 135 は、**代入式**（*assignment expression*）です。

評価

式には、基本的に《**型**》と《**値**》があります。その値は、プログラム実行時に調べられます。式の値を調べることを、**評価**（*evaluation*）といいます。

評価のイメージの具体例を示したのが、**Fig.2-6** です。

ここで、変数 *no* は `int` 型で値が 52 であるとします。

変数 *no* の値が 52 ですから、式 *no*, 135, *no* + 135 を評価した値は、それぞれ 52, 135, 187 となります。もちろん、三つの値の型はいずれも `int` 型です。

本書では、ディジタル温度計のような図で評価値を示します。左側の小さな文字が《**型**》で、右側の大きな文字が《**値**》です。

重要 式には型と値がある。プログラムの実行時に、式の値が評価される。

各オペランドと式の型が同一であるとは限りません。たとえば、`int` 型変数 *n* の値が 52 のときに、式 *no* > 13 の評価によって得られるのは、`bool` 型の `true` です。

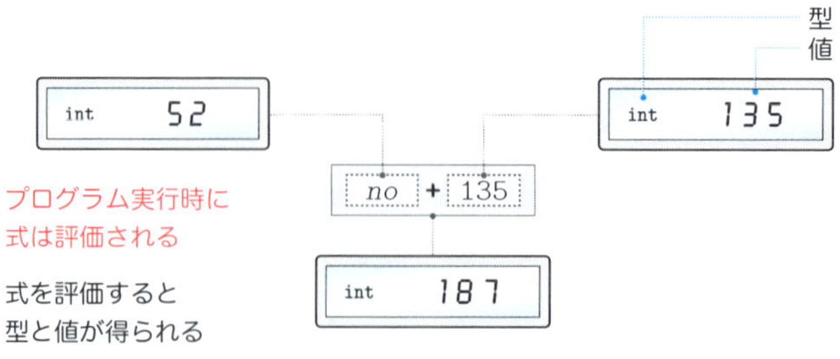

Fig.2-6 式と評価（その1）

代入式の評価

原則として《式》は、その値を評価できますので、代入式であっても、その評価を行えます。ここで、次のことを必ず覚えましょう。

重 要 代入式を評価すると、代入後の左オペランドの型と値が得られる。

まずは、**int** 型変数 *x* に対する次の代入式を考えてみます。

```
x = 2.95          // この代入式を評価するとint型の2が得られる
```

整数 *x* は、小数部を格納できないため、代入後の値は 2.95 ではなく 2 です。

そのため、代入式 *x* = 2.95 を評価して得られるのは、代入後の左オペランド *x* の型と値である“**int** 型の 2”です。

次に、変数 *a* と *b* が **int** 型であるとして、以下の式を考えましょう。

```
a = b = 5          // 変数aとbの両方に5を代入
```

代入演算子は右結合（p.69）ですから、以下のように解釈されます（**Fig.2-7**）。

a = b = 5 ➡ a = (b = 5)　　※代入演算子 = は右結合

まず、代入式 *b* = 5 によって *b* に 5 が代入されます（図①）。その後、代入式 *b* = 5 を評価した値（代入後の *b* の値）である“**int** 型の 5”が *a* に代入されます（図②）。

その結果、*a* と *b* の両方に 5 が代入されます。

代入式の評価によって得られるのは、代入後の左オペランドの型と値

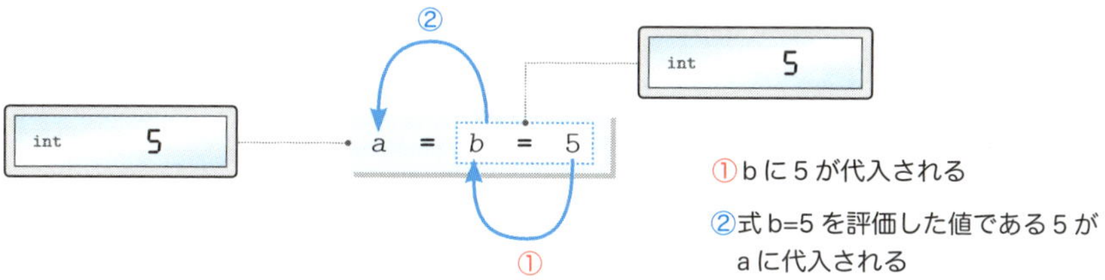
②
int 5
int 5
a = b = 5
①
①bに5が代入される
②式b=5を評価した値である5が
aに代入される

Fig.2-7　代入式の評価

▶ 以上は、代入の話であって、初期化を伴う宣言には適用されません。すなわち、以下のように宣言して、*a* と *b* という二つの変数を 5 で初期化することはできません。

```
int a = b = 5;          // コンパイルエラー
```

以下のいずれかで宣言します。

```
a int a = 5, b = 5; // コンマで区切って宣言
b int a = 5;        // 別々に宣言
  int b = 5;
```

式文と空文

第1章で学習したように、文の末尾には原則としてセミコロン ; が必要です。たとえば、代入式 a = c + 32 にセミコロンを付けると文になります。

```
a = c + 32;            // 式文（代入式 a = c + 32 にセミコロンが付いている）
```

このように、式の後ろにセミコロンを置いた文が、**式文**（*expression statement*）です。**Fig.2-8** に示すのが、その構文図です。

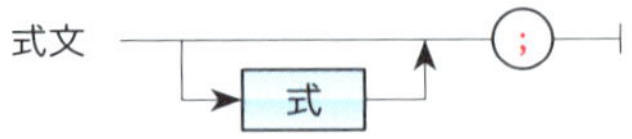

Fig.2-8 式文の構文図

この構文図が示すように、式は省略可能です。すなわち、式がないセミコロン ; だけでも、立派な《式文》であり、そのような文は**空文**（くうぶん）（*null statement*）と呼ばれます。

重要 式にセミコロンを付けると**式文**になる。セミコロンだけだと**空文**となる。

本章の最初で学習した **List 2-1**（p.36）の **if** 文を、空文を使って書きかえると以下のようになります（"chap02/list0201a.cpp"）。

```
if (n > 0)
    cout << "その値は正です。\n";
else
    ;                           // 空文：nが正でなければ何もしない
```

網かけ部が空文であり、空文を実行しても何も行われません。

＊

次は、以下に示す **if** 文の動作を考えましょう（"chap02/list0201b.cpp"）。

```
if (n > 0);
    cout << "その値は正です。\n";
```

この **if** 文を実行すると、*n* がどんな値であっても（正でも負でも 0 でも）、『その値は正です。』と表示されます。そうなる原因は、(*n* > 0) の後ろに置かれた空文 ; です。プログラムは、

おそらくタイプミスによるセミコロン

```
if (n > 0) ;                     // if文：n>0であれば空文を実行(何もしない)
cout << "その値は正です。\n";    // if文とは無関係：必ず実行される式文
```

と解釈されます。

重要 **if** 文の (条件) の後ろに、誤って空文を置かないように注意しよう。

Column 2-3　if 文の構文に関する補足

以下に示す **if** 文において、文$_1$と文$_2$が実行されるのが、どのような条件であるのかを考えていきましょう。

```
if (x == 1)
    if (y == 1)
        文1
else
    文2
```

おそらく、二つの文が実行される条件は **Table 2C-1** のようになっている、と感じられるのではないでしょうか。

Table 2C-1　条件A

文	実行される条件
文$_1$	x が 1 であり y も 1 であるとき
文$_2$	x が 1 でないとき

しかし、そうではありません。**このような if 文における else は、最も近い if と対応するという規則があるから**です。すなわち、上の **if** 文の **else** は、**if** (x == 1) に対応するのではなく、**if** (y == 1) に対応するのです。

この **if** 文のインデントは“嘘をついている”、といっていいでしょう。以下のように記述すると、紛らわしさがなくなります。

```
if (x == 1)
    if (y == 1)
        文1
    else
        文2
```

x が 1 のときに実行される文（if 文）

二つの文が実行される条件は、**Table 2C-2** であることが明確になります。x の値が 1 でなければ、何も実行されないことに注意しましょう。

Table 2C-2　条件B

文	実行される条件
文$_1$	x が 1 であり y も 1 であるとき
文$_2$	x が 1 であり y が 1 でないとき

なお、**Table 2C-1** に示した《条件A》に基づいて二つの文を実行するのであれば、p.56 で学習する**ブロック**を導入して、以下のように実現しなければなりません。

```
if (x == 1) {
    if (y == 1)
        文1
} else
    文2
```

x が 1 のときに実行される文（ブロック）

x が 1 でないときに実行される文

論理演算子

整数値を読み込んで、ゼロなのか／1桁の値なのか／それ以上の桁数の値なのかを判定して表示するプログラムを作りましょう。それが List 2-7 に示すプログラムです。

List 2-7　chap02/list0207.cpp

```
// 読み込んだ整数値の桁数（ゼロ／1桁／2桁以上）を判定

#include <iostream>

using namespace std;

int main()
{
    int n;

    cout << "整数値：";
    cin >> n;

    if (n == 0)                                  // ゼロ
        cout << "その値はゼロです。\n";
    else if (n >= -9 && n <= 9)                  // 1桁
        cout << "その値は1桁です。\n";
    else                                         // 2桁以上
        cout << "その値は2桁以上です。\n";
}
```

実行例1

```
整数値：0⏎
その値はゼロです。
```

実行例2

```
整数値：5⏎
その値は1桁です。
```

実行例3

```
整数値：-25⏎
その値は2桁以上です。
```

論理積演算子 &&

読み込んだ値が1桁かどうかの判断を行うのが、網かけ部の制御式です。

この式で利用している && 演算子は、Fig.2-9 ⓐに示す《論理積》の演算を行う**論理積演算子**（*logical AND operator*）です。この演算子を用いた式 *x* && *y* を評価すると、*x* と *y* がともに true であれば true が得られ、そうでなければ false が得られます。Table 2-4 に示すように、日本語での『*x* かつ *y*』に相当します。

本プログラム網かけ部の条件が true と評価されるのは、*n* が -9 以上でかつ 9 以下のときです。

▶ *n* が 0 のときは、『その値はゼロです。』と表示されて if 文が終了します。そのため、『その値は1桁です。』と表示されるのは、*n* の値が -9, -8, …, -2, -1, 1, 2, …, 8, 9 のいずれかのときです。

ⓐ 論理積　両方とも真であれば真

x	*y*	*x* && *y*
true	true	true
true	false	false
false	true	false
false	false	false

ⓑ 論理和　一方でも真であれば真

x	*y*	*x* || *y*
true	true	true
true	false	true
false	true	true
false	false	false

Fig.2-9　論理積と論理和の真理値表

論理和演算子 ||

図**b**の論理演算である《論理和》を求めるのが、**論理和演算子**（*logical OR operator*）と呼ばれる || 演算子です。論理積演算子 && と論理和演算子 || の総称が**論理演算子**（*logical operator*）です。

論理和演算子を利用したプログラムを **List 2-8** に示します。読み込んだ値が２桁以上かどうかを判定して表示します。

List 2-8 chap02/list0208.cpp

```
// 読み込んだ整数値の桁数（２桁以上かどうか）を判定

#include <iostream>

using namespace std;

int main()
{
    int n;

    cout << "整数値：";
    cin >> n;

    if (n <= -10 || n >= 10)                // ２桁以上
        cout << "その値は２桁以上です。\n";
    else                                    // ２桁未満
        cout << "その値は２桁未満です。\n";
}
```

実行例1
```
整数値：-15↵
その値は２桁以上です。
```

実行例2
```
整数値：7↵
その値は２桁未満です。
```

図**b**に示すように、式 x || y を評価すると、x と y の一方でも true であれば true が得られ、そうでなければ false が得られます。日本語での『x または y』に近いニュアンスです。

▶ 日本語で、『僕または彼が行くよ。』といった場合、“僕” か “彼” のいずれか一方のみというニュアンスですが、|| 演算子は、どちらか一方でもという意味であることに注意しましょう。

そのため、変数 n の値が -10 以下**または** 10 以上の値であるときにのみ、網かけ部の条件が true と評価されて『その値は２桁以上です。』と表示されます。

論理和演算子 || は連続する縦線記号です。小文字の l（エル）と間違えないようにしましょう。

Table 2-4 論理演算子

x && y	x と y の両方が true であれば true を、そうでなければ false を生成。
x || y	x と y の一方でも true であれば true を、そうでなければ false を生成。

▶ && 演算子は、x を評価した値が false であれば y の評価を省略します。また、|| 演算子は、x を評価した値が true であれば y の評価を省略します。
　以上のことを**短絡評価**（たんらくひょうか）といいます。p.51 で学習します。

季節の判定

論理積演算子 && と論理和演算子 || を利用して、1 〜 12 の月の値から季節を判定するプログラムを作りましょう。そのプログラムが **List 2-9** です。

List 2-9 chap02/list0209.cpp

```
// 読み込んだ月の季節を表示

#include <iostream>

using namespace std;

int main()
{
    int month;

    cout << "季節を求めます。\n何月ですか：";
    cin >> month;

    if (month >= 3 && month <= 5)          // 3月・4月・5月
        cout << "それは春です。\n";
    else if (month >= 6 && month <= 8)     // 6月・7月・8月
        cout << "それは夏です。\n";
    else if (month >= 9 && month <= 11)    // 9月・10月・11月
        cout << "それは秋です。\n";
    else if (month == 12 || month == 1 || month == 2)   // 12月・1月・2月
        cout << "それは冬です。\n";
    else
        cout << "\aそんな月はありませんよ。\n";
}
```

実行例1

```
季節を求めます。
何月ですか：3
それは春です。
```

実行例2

```
季節を求めます。
何月ですか：7
それは夏です。
```

実行例3

```
季節を求めます。
何月ですか：1
それは冬です。
```

▪ 春・夏・秋の判定

春・夏・秋の判定は、論理積演算子 && を使って、以下の要領で行っています。

- 春 … *month* が 3 以上 かつ *month* が 5 以下
- 夏 … *month* が 6 以上 かつ *month* が 8 以下
- 秋 … *month* が 9 以上 かつ *month* が 11 以下

▶ 関係演算子は 2 項演算子ですから、たとえば《春》であるかどうかの判定を、以下のように行うことはできません。

```
3 <= month <= 5          // 駄目！
```

▪ 冬の判定

冬の判定を行う網かけ部では、論理和演算子 || が多重に用いられています。

一般に、加算式 a + b + c が (a + b) + c とみなされるのと同様、論理式 a || b || c は (a || b) || c とみなされます。そのため、a, b, c のいずれか一つでも **true** であれば、式 a || b || c を評価した値は **true** となります。

▶ たとえば、*month* が 1 であれば、式 *month* == 12 || *month* == 1 を評価した値は **true** となります。したがって、網かけ部全体は、**true** と *month* == 2 の論理和を調べる演算 **true** || *month* == 2 となりますから、その結果も **true** です。

短絡評価

if 文で最初に行われるのが、季節が《春》であるかどうかの判定です。ここで、変数 *month* の値が2であるとして、以下の式の評価を考えましょう。

```
month >= 3 && month <= 5            // monthは3以上 かつ monthは5以下
```

左オペランドの *month* **>=** 3 は **false** です。そうすると、右オペランドの式 *month* **<=** 5 を調べなくても、式全体が **false** となる（春でない）ことは自明です。

そのため、**&& 演算子の左オペランドを評価した値が false であれば、右オペランドの評価は省略されます。**

＊

|| 演算子はどうでしょう。ここでは、季節が《冬》であるかどうかを判定する式に着目して考えていくことにします。

```
month == 12 || month == 1 || month == 2
```

もし *month* が12であれば、1月や2月の可能性を調べるまでもなく、式全体が **true** となる（冬である）ことが分かります。

そのため、**|| 演算子の左オペランドを評価した値が true であれば、右オペランドの評価は省略されます。**

▶ たとえば *month* が12であるとします。式 *month* **==** 12 **||** *month* **==** 1 は、左オペランドが **true** であるため、右オペランドを調べることなく **true** と評価されます。そのため、網かけ部全体は **true** と *month* **==** 2 の論理和を調べる **true** **||** *month* **==** 2 となります。この式も、左オペランドが **true** であるため、右オペランドを調べることなく **true** と評価されます。

＊

論理演算式の評価結果が、左オペランドの評価の結果のみで明確になる場合に、右オペランドの評価が省略されることを、短絡評価（*short circuit evaluation*）と呼びます。

重要 論理積演算子 && と論理和演算子 || の評価では、短絡評価が行われる。

＊

本プログラムの **if** 文は、以下のようにも実現できます（"chap02/list0209a.cpp"）。

```
if (month < 1 || month > 12)
    cout << "\aそんな月はありませんよ。\n";
else if (month <= 2 || month == 12)        // 12月・ 1月・ 2月
    cout << "それは冬です。\n";
else if (month <= 5)                       //  3月・ 4月・ 5月
    cout << "それは春です。\n";
else if (month <= 8)                       //  6月・ 7月・ 8月
    cout << "それは夏です。\n";
else                                       //  9月・10月・11月
    cout << "それは秋です。\n";
```

論理和演算子 || を利用するのが2回限りである上に、各季節の判定も単純です。

条件演算子

List 2-10 は、二つの値を読み込んで小さいほうの値を表示するプログラムです。

List 2-10 chap02/list0210.cpp

```
// 読み込んだ二つの整数値の小さいほうの値を表示（その１：if文）

#include <iostream>

using namespace std;

int main()
{
    int a, b;

    cout << "整数a："; cin >> a;
    cout << "整数b："; cin >> b;

    int min;            // 小さいほうの値
    if (a < b)
        min = a;
    else
        min = b;

    cout << "小さいほうの値は" << min << "です。\n";
}
```

実行例1

```
整数a：29↵
整数b：52↵
小さいほうの値は29です。
```

実行例2

```
整数a：31↵
整数b：15↵
小さいほうの値は15です。
```

変数a, bに読み込んだ値を比較して、aのほうがbより小さければ変数minにaを代入し、そうでなければ変数minにbを代入します。その結果、**if**文の実行終了時の変数minには小さいほうの値が入っています。

▶ aとbの値が同じであれば、minに代入されるのはbの値です。

条件演算子

このプログラムは、**if**文を用いずに実現できます。そのプログラムが **List 2-11** です。

青網部で使用している３項演算子 **?:** は、**Table 2-5** の**条件演算子**（*conditional operator*）です。この演算子を用いた**条件式**（*conditional expression*）で行われる評価の様子をまとめたのが、**Fig.2-10** です。

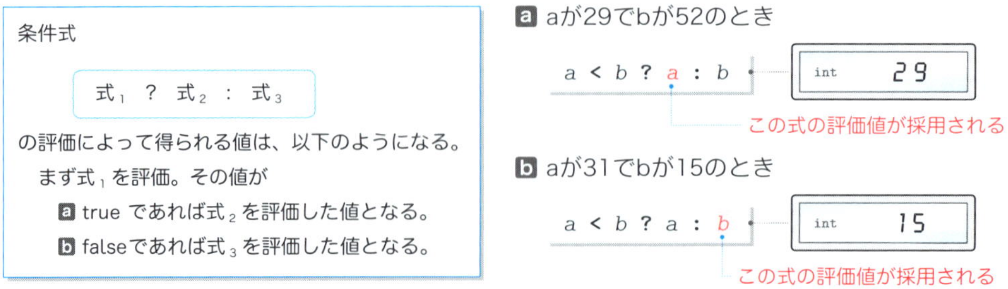

Fig.2-10 条件演算子の評価

List 2-11 chap02/list0211.cpp

```
// 読み込んだ二つの整数値の小さいほうの値を表示（その２：条件演算子）

#include <iostream>

using namespace std;

int main()
{
    int a, b;

    cout << "整数a："; cin >> a;
    cout << "整数b："; cin >> b;

    int min = a < b ? a : b;             // 小さいほうの値

    cout << "小さいほうの値は" << min << "です。\n";
}
```

実行例1
```
整数a：29
整数b：52
小さいほうの値は29です。
```

実行例2
```
整数a：31
整数b：15
小さいほうの値は15です。
```

変数*min*に入れられる初期値は、*a*が*b*より小さければ*a*の値、そうでなければ*b*の値となります。

なお、赤網部を以下のようにすれば、変数*min*は不要です（"chap02/list0211a.cpp"）。

```
cout << "小さいほうの値は" << (a < b ? a : b) << "です。\n";
```

このとき、条件式を囲む( )は省略できません（その理由はp.69で学習します）。

＊

条件式は、if文を凝縮したようなものであり、C++のプログラムでは好んで使われます。

▶ **List 2-10**と比べると、**List 2-11**は簡潔であることに加え、変数*min*を宣言時に初期化しているという点でも優れています。

Table 2-5 条件演算子

x ? *y* : *z*	*x*を評価した値が**true**であれば*y*を評価した値を、そうでなければ*z*を評価した値を生成。

▶ 条件演算子は、唯一の３項演算子です（他の演算子は単項もしくは２項の演算子です）。
　なお、*x*を評価した値が**true**であれば式*z*の評価は省略されますし、**false**であれば式*y*の評価は省略されます。すなわち、短絡評価が行われます。

差を求める

本プログラムを少し書きかえるだけで、《二つの整数値の差》を求めるプログラムとなります（"chap02/list0211b.cpp"）。

```
cout << "差は" << (a < b ? b - a : a - b) << "です。\n";
```

大きいほうの値から小さいほうの値を引くと、差が求められます。

三値の最大値

List 2-12 に示すのは、三つの変数 a, b, c に整数値を読み込んで、その最大値を求めて表示するプログラムです。

List 2-12 chap02/list0212.cpp

```
// 三つの整数値の最大値を求める

#include <iostream>

using namespace std;

int main()
{
    int a, b, c;

    cout << "整数a : ";   cin >> a;
    cout << "整数b : ";   cin >> b;
    cout << "整数c : ";   cin >> c;

1   int max = a;
2   if (b > max) max = b;
3   if (c > max) max = c;

    cout << "最大値は" << max << "です。\n";
}
```

実行例 1

```
整数a : 1↵
整数b : 3↵
整数c : 2↵
最大値は3です。
```

実行例 2

```
整数a : 3↵
整数b : 1↵
整数c : 1↵
最大値は3です。
```

三値の最大値を求める手順は、次のとおりです。

1. *max* を a の値で初期化する。
2. b の値が *max* よりも大きければ、*max* に b の値を代入する。
3. c の値が *max* よりも大きければ、*max* に c の値を代入する。

このように《処理の流れ》を表した規則を**アルゴリズム**（*algorithm*）と呼びます。三値の最大値を求めるアルゴリズムを表したフローチャートが **Fig.2-11** です。

実行例①の場合、プログラムの流れはフローチャート上の青い線の経路をたどり、変数 *max* の値は、**Fig.2-12 a**に示すように変化します。

*

これ以外の値を想定してフローチャートをなぞってみましょう。

たとえば、変数 a, b, c の値が 1, 2, 3 や 3, 2, 1 であっても、正しく最大値を求められます。もちろん、5, 5, 5 と三つすべてが等しかったり、1, 3, 1 と二つが等しくても、正しく最大値を求められます。

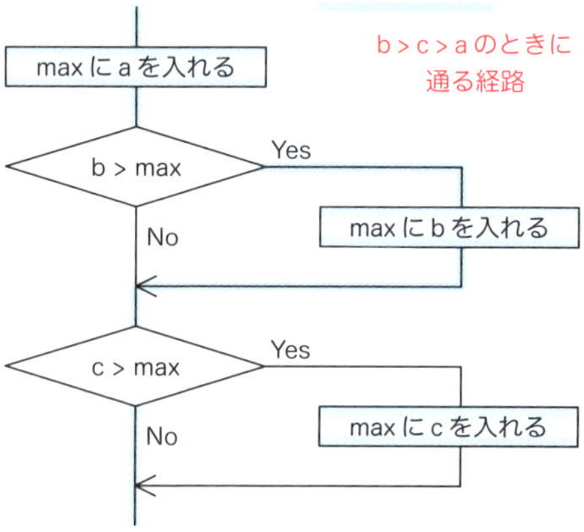

Fig.2-11 三値の最大値を求めるフローチャート

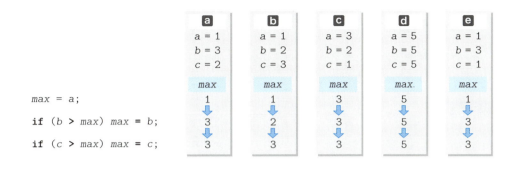

```
max = a;
if (b > max) max = b;
if (c > max) max = c;
```

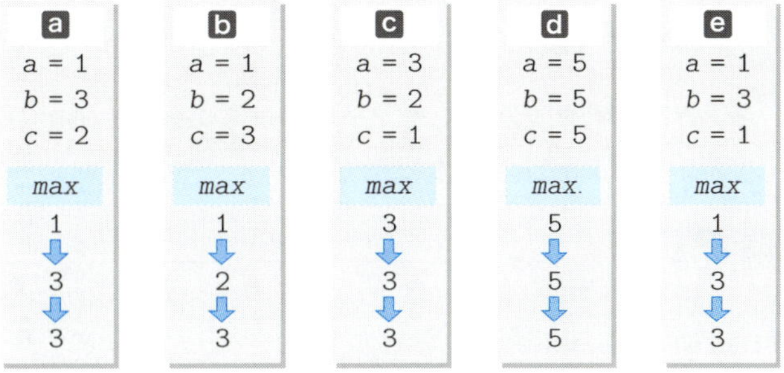

Fig.2-12　三値の最大値を求める過程での変数 max の変化

『アルゴリズム』という用語は、JIS X0001 で以下のように定義されています。

問題を解くためのものであって、明確に定義され、順序付けられた有限個の規則からなる集合。

もちろん、たとえ曖昧さのないように記述されていても、変数の値によって、問題が解けたり解けなかったりするのでは、正しいアルゴリズムとはいえません。

Column 2-4　構文図の読み方

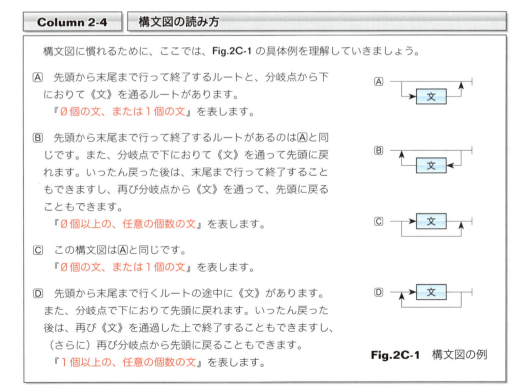

構文図に慣れるために、ここでは、**Fig.2C-1** の具体例を理解していきましょう。

Ⓐ　先頭から末尾まで行って終了するルートと、分岐点から下におりて《文》を通るルートがあります。
『Ø 個の文、または 1 個の文』を表します。

Ⓑ　先頭から末尾まで行って終了するルートがあるのはⒶと同じです。また、分岐点で下におりて《文》を通って先頭に戻れます。いったん戻った後は、末尾まで行って終了することもできますし、再び分岐点から《文》を通って、先頭に戻ることもできます。
『Ø 個以上の、任意の個数の文』を表します。

Ⓒ　この構文図はⒶと同じです。
『Ø 個の文、または 1 個の文』を表します。

Ⓓ　先頭から末尾まで行くルートの途中に《文》があります。また、分岐点で下におりて先頭に戻れます。いったん戻った後は、再び《文》を通過した上で終了することもできますし、(さらに) 再び分岐点から先頭に戻ることもできます。
『1 個以上の、任意の個数の文』を表します。

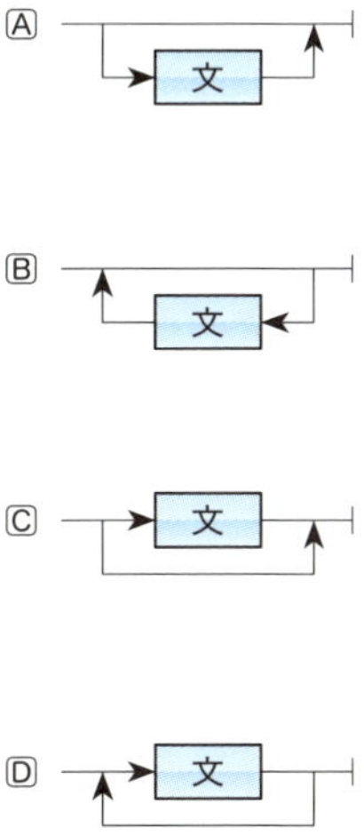

Fig.2C-1　構文図の例

ブロック（複合文）

二つの整数値を読み込んで、小さいほうの値と大きいほうの値の両方を求めましょう。そのプログラムを List 2-13 に示します。

List 2-13 chap02/list0213.cpp

```
// 二つの整数値の小さいほうの値と大きいほうの値を求めて表示

#include <iostream>

using namespace std;

int main()
{
    int a, b;

    cout << "整数a："; cin >> a;
    cout << "整数b："; cin >> b;

    int min, max;          // 小さいほうの値／大きいほうの値

    if (a < b) {           // aがbより小さければ
        min = a;           ❶
        max = b;
    } else {               // そうでなければ
        min = b;           ❷
        max = a;
    }

    cout << "小さいほうの値は" << min << "です。\n";
    cout << "大きいほうの値は" << max << "です。\n";
}
```

実行例❶

```
整数a：32↵
整数b：15↵
小さいほうの値は15です。
大きいほうの値は32です。
```

実行例❷

```
整数a：5↵
整数b：10↵
小さいほうの値は5です。
大きいほうの値は10です。
```

if 文は、*a* が *b* より小さければ❶を実行し、そうでなければ❷を実行します。

❶と❷は、二つの文が { } で囲まれています。

このように、文の並びを { } で囲んだものを**ブロック**（*block*）あるいは**複合文**（*compound statement*）と呼びます（Fig.2-13）。

▶ 前ページの Column 2-4 をよく読めば、この構文図が理解できます。

ブロック（複合文）

Fig.2-13 ブロック（複合文）の構文図

{ } 中の文の個数は任意であり、0 個でも構いません。すなわち、以下に示すものは、すべてブロックです。

```
{ }                                      { }
{ cout << "ABC"; }                       { 文 }
{ x = 15; cout << "ABC"; }               { 文 文 }
{ x = 15; y = 30; cout << "ABC"; }       { 文 文 文 }
```

ブロックは、構文上は**単一の文とみなされます**。そのため、本プログラムの **if** 文は、以下のように解釈されます。

```
if (a < b) { min = a; max = b; } else { min = b; max = a; }
if ( 条件 )         文            else         文
```

```
if ( 条件 ) 文
if ( 条件 ) 文 else 文
```

ここで、if文の構文を思い出しましょう。右に示すいずれかの形式でした。

すなわち、if文が制御する文は**1個だけ**です（else以降も**1個だけ**です）。そのため、本プログラムのif文は、この構文にきちんとのっとっていることになります。

このif文から二つの{}を削除したらどうなるかを検討してみましょう。

```
      if文              式文        ↓理解不能!!
if (a < b) min = a;   max = b;   else  min = b;   max = a;      ×
if ( 条件 )    文        式;               式;          式;
```

if文とみなされるのは青網部であり、続くmax = b;は式文です。その後ろのelseはifとは対応していません。そのためコンパイルエラーとなります。

> **重要** 単一の文が要求される箇所で、複数の文を実行せねばならないときは、それらをまとめて**ブロック**（**複合文**）として実現しよう。

1個の文を{}で囲んだものも、単一の文とみなされるブロックとなるため、**List 2-10**（p.52）のif文は、右のようにも実現できます（"chap02/list0210a.cpp"）。

```
if (a < b) {
    min = a;
} else {
    min = b;
}
```

コンマ演算子

ブロックを用いずに、本プログラムを実現したのが右のコードです。**Table 2-6**に示す**コンマ演算子**（*comma operator*）を使っています（"chap02/list0213a.cpp"）。

```
if (a < b)
    min = a, max = b;
else
    min = b, max = a;
```

コンマ演算子を利用したコンマ式x, yは、式xとyが順に評価されます。**左側の式**xは評価だけが行われて、その値は切り捨てられます。そして、**右側の式**yの評価によって得られる型と値が、コンマ式x, y全体の型と値になります。

▶ たとえば、iの値が3でjの値が5のときに、右の文を実行すると、右側の式を評価した値である5がxに代入されます。

```
x = (i, j);
```

Table 2-6 コンマ演算子

x , y	xとyを順番に評価して、yを評価した値を生成。

式を演算子で結合したものは式です（p.44）から、式min = aと式max = bをコンマで結合したmin = a, max = bは、**単一の式**である《コンマ式》です。そして、その式の後ろに ; が付いているmin = a, max = b;は**単一の文**である《式文》とみなされます。

▶ 上に示したif文では、コンマで並べられた二つの式が**単一の式**とみなされることのみを利用しており、コンマ演算子が生成する値を切り捨てて“無視”しています。

二値のソート

List 2-14 に示すのは、二つの変数 a と b に整数値を読み込んで、昇順（しょうじゅん）（小さい順）、すなわち a≦b となるようにソートする（*sort*：並べかえる）プログラムです。

List 2-14 chap02/list0214.cpp

```
// 二つの変数を昇順（小さい順）にソート

#include <iostream>

using namespace std;

int main()
{
    int a, b;

    cout << "変数a："; cin >> a;
    cout << "変数b："; cin >> b;

    if (a > b) {            // aがbより大きければ
        int t = a;          // それらの値を交換
        a = b;
        b = t;
    }
    cout << "a≦bとなるようにソートしました。\n";
    cout << "変数aは" << a << "です。\n";
    cout << "変数bは" << b << "です。\n";
}
```

実行例1

```
変数a：57
変数b：13
a≦bとなるようにソートしました。
変数aは13です。
変数bは57です。
```

実行例2

```
変数a：0
変数b：1
a≦bとなるようにソートしました。
変数aは0です。
変数bは1です。
```

ソートは、変数 a と b の値を交換することで行います。ただし、交換を行うのは、a の値が b の値より大きいときのみです。

変数 a と b の値を交換する網かけ部のブロックを理解しましょう。

最初の文は、変数 t の宣言文です。この変数は、二つの変数値の交換過程で必要となる作業用の変数です。**ブロックの中で宣言された変数が使える範囲は、そのブロックに限られます**。そのため、以下のような方針をとるのが、基本です。

重要 ブロック内でのみ利用する変数は、そのブロックの中で宣言しよう。

▶ 変数の通用する範囲に関する詳細は、第６章で詳しく学習します。

さて、ブロック内で行っている《二値の交換》の手順を示したのが、**Fig.2-14** です。

1. a の値を t に保存しておく。
2. b の値を a に代入する。
3. t に保存していた最初の a の値を b に代入する。

▶ 二値の交換を次のように行ってはいけません。二つの変数 a と b の両方の値が、代入前の b の値となってしまうからです。

```
a = b;    b = a;        // 駄目！
```

このプログラムを以下のように変更しましょう。

- 昇順ソートではなく、降順（こうじゅん）（大きい順）とする。
- a と b の値が等しいときは、ソートは行わずに、その旨を表示する。

List 2-15 に示すのが、そのプログラムです。

List 2-15 chap02/list0215.cpp

```
// 二つの変数を降順（大きい順）にソート

#include <iostream>

using namespace std;

int main()
{
    int a, b;

    cout << "変数a："; cin >> a;
    cout << "変数b："; cin >> b;

    if (a == b) {
        cout << "二つの値は同じです。\n";
    } else {
        if (a < b) {        // aがbより小さければ
            int t = a;      // それらの値を交換
            a = b;
            b = t;
        }
        cout << "a>bとなるようにソートしました。\n";
        cout << "変数aは" << a << "です。\n";
        cout << "変数bは" << b << "です。\n";
    }
}
```

実行例1

```
変数a：57↵
変数b：57↵
二つの値は同じです。
```

実行例2

```
変数a：0↵
変数b：1↵
a>bとなるようにソートしました。
変数aは1です。
変数bは0です。
```

プログラムの構造が複雑になっています。**else** の制御する文が、ブロックとなっており、**ブロックの中にブロックが入る構造**です。

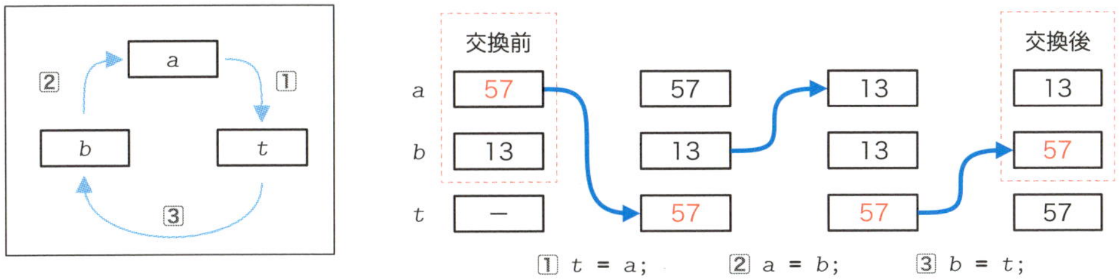

Fig.2-14 二値の交換手順

条件における宣言

if 文の ( ) 中の《条件》は、単なる式でなく、変数の宣言であってもよいことになっています。それをうまく利用したプログラム例を **List 2-16** に示します。

List 2-16 chap02/list0216.cpp

```
// 読み込んだ整数値は10で割り切れるか

#include <iostream>

using namespace std;

int main()
{
    int n;

    cout << "整数値：";
    cin >> n;

    if (int mod = n % 10) {
        cout << "その値は10で割り切れません。\n";   ┐1
        cout << "最下位桁は" << mod << "です。\n"; ┘
    } else {
        cout << "その値は10で割り切れます。\n";     ←2
    }
}
```

実行例1
```
整数値：57↵
その値は10で割り切れません。
最下位桁は7です。
```

実行例2
```
整数値：50↵
その値は10で割り切れます。
```

本プログラムは、変数 *n* に読み込んだ整数値が 10 で割り切れるかどうかを判定して、割り切れなければ最下位桁すなわち *n* を 10 で割った剰余を表示します。

網かけ部では、変数 *mod* を宣言すると同時に、*n* を 10 で割った剰余で初期化していますので、*mod* の値が 0 でなければ1が実行され、そうでなければ2が実行されます。

▶ 0 以外の数値は **true** とみなされて、0 は **false** とみなされる（p.41）からです。

なお、**if** 文の条件部で宣言された変数は、その **if** 文の中でのみ利用できます。

重要 if 文の中でのみ利用する分岐判定のための変数は、条件部で宣言しよう。

この後で学習する **switch** 文、**while** 文、**for** 文でも同様です。条件部で変数を宣言することができますし、宣言された変数は、その文の中でのみ利用できます。

▶ 初期の C++ では、条件部で変数を宣言することはできませんでした。

実数の剰余

このプログラムの実数版を作りましょう。剰余を求める演算子 **%** は、両方のオペランドが整数の場合にしか利用できません（**Table 1-3** ：p.21）。そのため、ちょっとしたテクニックを使う必要があります。**List 2-17** に示すのが、そのプログラムです。

浮動小数点数（実数）の剰余を求めるために利用しているのが、標準ライブラリである *fmod* 関数です。

List 2-17 chap02/list0217.cpp

```
// 読み込んだ実数値は10で割り切れるか

#include <cmath>
#include <iostream>

using namespace std;

int main()
{
    double x;

    cout << "実数値：";
    cin >> x;

    if (double m = fmod(x, 10)) {
        cout << "その値は10で割り切れません。\n";
        cout << "剰余は" << m << "です。\n";
    } else {
        cout << "その値は10で割り切れます。\n";
    }
}
```

実行例1

```
実数値：57.3↵
その値は10で割り切れません。
剰余は7.3です。
```

実行例2

```
実数値：50↵
その値は10で割り切れます。
```


一般に、式 ***fmod***(a, *b*) を評価すると、a の値を *b* の値で割った剰余が実数値として得られます（**Column 2-5**）。

Column 2-5 浮動小数点数の剰余

浮動小数点数の剰余を求めるのが標準ライブラリ ***fmod*** **関数**です。関数については第６章以降で学習しますので、後半の章の学習が終了した後に、この **Column** を読むとよいでしょう。

＊

fmod 関数は <cmath> ヘッダ内で宣言されていますので、***fmod*** 関数を利用するプログラムでは、そのインクルードが必要です。

```
#include <cmath>
```

fmod 関数は、第１引数 *x* を第２引数 *y* で割ることによって得られる剰余を返します。返される値は以下のようになります。

- *y* が 0 でないとき … *x* と同じ符号で、*y* の絶対値より小さい絶対値をもつ値。
- *y* が 0 のとき … 処理系に依存した値。

この関数は、以下の３種類が**多重定義**されています（引数と返却値の型が異なります）。

```
float fmod(float x, float y);                         // float 型版
double fmod(double x, double y);                      // double 型版
long double fmod(long double x, long double y);       // long double 型版
```

なお、C89 では、**double** 型の ***fmod*** 関数のみが提供されます。また、C99 では、**double** 版が ***fmod*** 関数、**float** 版が ***fmodf*** 関数、**long double** 版が ***fmodl*** 関数です（C 言語では多重定義ができないため、名前の異なる関数を使い分ける必要があります）。

2-2 switch 文

if 文は、ある条件の判定結果に応じて、プログラムの流れを二つに分岐する文でした。本節で学習する switch 文を用いると、一度に複数に分岐できます。

switch 文

List 2-18 に示すのは、キーボードから入力された値に応じてジャンケンの《手》を表示するプログラムです。0 であれば『グー』、1 であれば『チョキ』、2 であれば『パー』と表示します。

List 2-18 chap02/list0218.cpp

```
// 読み込んだ値に応じてジャンケンの手を表示

#include <iostream>

using namespace std;

int main()
{
    int hand;

    cout << "手を選んでください（0…グー／1…チョキ／2…パー）：";
    cin >> hand;

    switch (hand) {
     case 0 : cout << "グー\n";     break;
     case 1 : cout << "チョキ\n";   break;
     case 2 : cout << "パー\n";     break;
    }
}
```

switch 文

ここの空白は省略可能

ここの空白は省略不可（省略すると、case2 という識別子＝名前とみなされる）

実行例

```
手を選んでください（0…グー／1…チョキ／2…パー）：0↵
グー
```

本プログラムで利用している **switch 文**（*switch statement*）は、ある単一の式を評価した値によってプログラムの流れを複数に分岐させる文です。その名のとおり、《切替えスイッチ》のようなものです。

switch 文は、**Fig.2-15** に示す構文をもっています。なお、( ) で囲まれた条件の型は整数でなければなりません（実数や文字列などは許されません）。

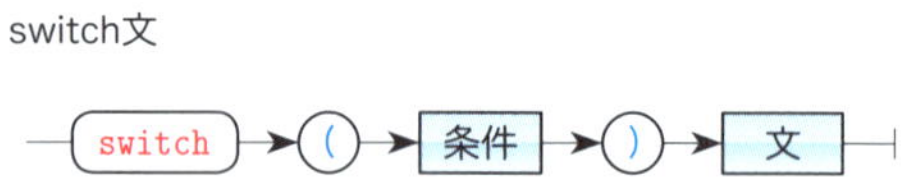

Fig.2-15 switch 文の構文図

ラベル

もし条件である *hand* の値が 1 であれば、プログラムの流れは、“case 1 :” と書かれた目印へと一気に移ります（**Fig.2-16**）。

case 1: のように、プログラムの飛び先を示す目印のことを**ラベル**（*label*）といいます。

▶ 1 と : のあいだは空白を入れても入れなくても構いません。ただし、case と 1 のあいだには空白が必要です。空白を入れずに case1 とすることはできません。

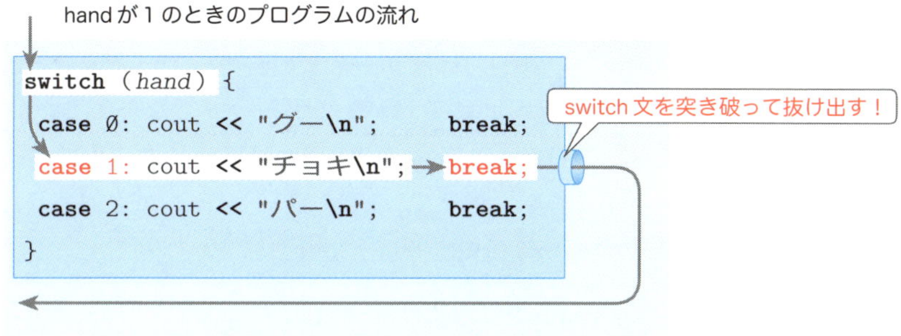
handが１のときのプログラムの流れ
switch (hand) {
case 0: cout << "グー\n"; break;
case 1: cout << "チョキ\n"; break;
case 2: cout << "パー\n"; break;
}
switch 文を突き破って抜け出す！

Fig.2-16 switch 文のプログラムの流れ

ラベルの値は《定数》でなければならず、変数は許されません。また、複数のラベルが同じ値をもつことは許されません。

プログラムの流れがラベルに飛んだ後は、その後ろに置かれた文が順次実行されます。 したがって、*hand* が１の場合は、まず以下の文が実行されます。

```
cout << チョキ\n";                // handが1のときに実行される文
```

これで画面に『チョキ』と表示されます。

break 文

プログラムの流れが、**Fig.2-17** の構文をもつ **break 文**（*break statement*）すなわち

```
break;                           // break文：switch文を抜け出る
```

に出会うと、**switch** 文の実行を終了します。break は、『破る』『抜け出る』という意味の語句です。**break** 文が実行されると、プログラムの流れは、それを囲んでいる **switch** 文を突き破って抜け出ます。

重要 break 文を実行すると、プログラムの流れは switch 文から抜け出す。

そのため、*hand* の値が１のときには、画面には『チョキ』とだけ表示されます。その下に置かれている『パー』を表示する文は実行されません。

▶ *hand* が 0 であれば『グー』とだけ表示され、２であれば『パー』とだけ表示されます。

break 文によって抜け出た後は、**switch** 文の次に置かれた文が実行されます。

本プログラムの場合は、**switch** 文の後ろには文がありませんので、プログラムの実行が終了します。

なお、変数 *hand* の値が 0，1，2 以外の値であれば、一致するラベルがありません。そのため、**switch** 文は実質的に素通りされ、画面には何も表示されません。

break文
break
;

Fig.2-17 break 文の構文図

■ 最後のケースに置かれた break 文

case 2: の箇所には、『パー』の表示の後に break 文が置かれています。これを削除してもプログラムの動作は変わりません。この break 文があってもなくても、switch 文は終了するからです。それでは、この break 文は、何のために置いてあるのでしょうか。

ここで、ジャンケンの手が4種類に増えて、値が3の『プー』が追加されたとします。その場合、switch 文を以下のように変更することになります。

```
switch (hand) {
 case 0 : cout << "グー\n";    break;
 case 1 : cout << "チョキ\n";  break;
 case 2 : cout << "パー\n";    break;
 case 3 : cout << "プー\n";    break;
}
```

追加するのは黒網部です。今回の switch 文では、case 2: の青網部の break 文が省略できないことは、いうまでもありません。

もし変更前プログラムの case 2: に青網部の break 文がなければ、

ラベルの追加に伴って必要になる break 文の追加を忘れてしまう。

というミスを犯すかもしれません。最後の break は、ラベルの追加に伴うプログラムの変更を確実かつ容易にすることが分かりました。

重要 case の追加や削除に柔軟に対応できるよう、switch 文内の最後のラベル部の末尾にも break 文を置こう。

default ラベル

switch 文における、ラベルと break 文の働きについて詳しく理解しましょう。ここでは、List 2-19 のプログラムを例に考えていきます。

今回の switch 文には、前のプログラムにはなかった

```
default:          // どのラベルとも一致しないときの飛び先を表すラベル
```

というラベルがあります。分岐のための条件を評価した値が、どの case とも一致しないときは、プログラムの流れは、この **default ラベル**へと飛びます。

switch 文内のプログラムの流れを示したのが、Fig.2-18 です。break 文がない箇所では、プログラムの流れが次の文へと "**落ちていく**" ことが分かります。

switch 文内のラベルの出現順序を変えると実行結果も変わります。switch 文を利用するときは、ラベルの順序に配慮が必要です。

選択文

if 文と switch 文は、プログラムの流れを選択的に分岐させるという点で共通です。これら二つをまとめて**選択文**（*selection statement*）と呼びます。

List 2-19　chap02/list0219.cpp

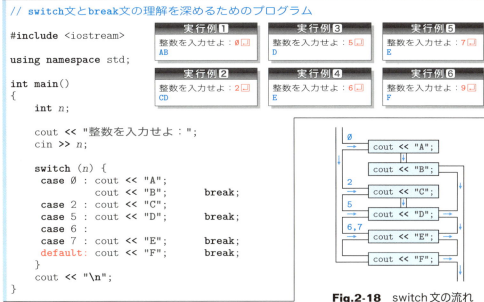

```
// switch文とbreak文の理解を深めるためのプログラム

#include <iostream>

using namespace std;

int main()
{
    int n;

    cout << "整数を入力せよ：";
    cin >> n;

    switch (n) {
     case 0 : cout << "A";
              cout << "B";        break;
     case 2 : cout << "C";
     case 5 : cout << "D";        break;
     case 6 :
     case 7 : cout << "E";        break;
     default: cout << "F";        break;
    }
    cout << "\n";
}
```

実行例1
```
整数を入力せよ：0
AB
```

実行例2
```
整数を入力せよ：2
CD
```

実行例3
```
整数を入力せよ：5
D
```

実行例4
```
整数を入力せよ：6
E
```

実行例5
```
整数を入力せよ：7
E
```

実行例6
```
整数を入力せよ：9
F
```

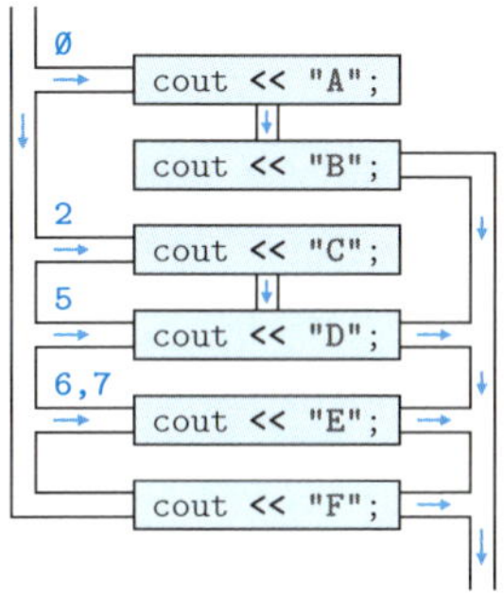

Fig.2-18　switch文の流れ

if 文と **switch** 文のどちらを使っても実現できる分岐は、**switch** 文を利用して実現したほうが読みやすくなる傾向があります。そのことを、**Fig.2-19** に示す二つのコードで考えましょう。

まずは、**if** 文をじっくり読んでみましょう。先頭三つの **if** は *p* の値を調べ、最後の **if** は *q* の値を調べています。変数 *c* に 88 が代入されるのは、*p* が 1, 2, 3 のいずれでもなく、かつ *q* が 4 であるときです。

連続した **if** 文において、分岐のための比較対象が必ずしも**単一の式であるとは限りません**。最後の判定は、**if** (*p* == 4) と読み間違えられたり、**if** (*p* == 4) の書き間違いではないかと誤解されたりする可能性があります。

その点、**switch** 文のほうは、全体の見通しがよいため、プログラムを読む人が、そのような疑念(ぎねん)を抱(いだ)くことが少なくなります。

> **重要**　単一の式の値によるプログラムの流れの分岐は、**if**文ではなくて**switch**文によって実現したほうがよい場合が多い。

```
if (p == 1)
    c = 11;
else if (p == 2)
    c = 22;
else if (p == 3)
    c = 55;
else if (q == 4)
    c = 88;
```

```
// 左のif文を書き直したswitch文

switch (p) {
 case 1  : c = 11;  break;
 case 2  : c = 22;  break;
 case 3  : c = 55;  break;
 default : if (q == 4) c = 88;  break;
}
```

Fig.2-19　等価な if 文と switch 文

2-3 プログラムを構成する字句要素

本章では、式文・if 文・switch 文とともに、数多くの演算子を学習しました。本節では、プログラムの構成要素を学習します。

キーワード

C++ では、**if** や **else** といった語句に特別な意味が与えられています。このような語句は**キーワード**（*keyword*）と呼ばれ、プログラム作成者が変数などの名前として利用することができません。**Table 2-7** に示すのが、C++ のキーワードです。

Table 2-7　キーワードの一覧

alignas	alignof	asm	auto	bool	break
case	catch	char	char16_t	char32_t	class
const	constexpr	const_cast	continue	decltype	default
delete	do	double	dynamic_cast	else	enum
explicit	export	extern	false	float	for
friend	goto	if	inline	int	long
mutable	namespace	new	noexcept	nullptr	operator
private	protected	public	register	reinterpret_cast	return
short	signed	sizeof	static	static_assert	static_cast
struct	switch	template	this	thread_local	throw
true	try	typedef	typeid	typename	union
unsigned	using	virtual	void	volatile	wchar_t
while					

▶ 赤文字は、C++11 で新規導入されたキーワードです。

この他に、キーワードに準ずる**代替表現**（*alternative representation*）があります。その一覧が **Table 2-8** です。

たとえば、論理積演算子 && の代わりに and を用いたり、論理和演算子 || の代わりに or を用いたりできます。

代替表現を用いたプログラムを **List 2-20** に示します。これは、キーボードから読み込んだ年が閏年であるかどうかを判定して表示するプログラムです。

▶ 閏年については、**Column 11-1**（p.369）で詳しく学習します。
　なお、お使いの処理系が代替表現をサポートしていなければ、<ciso646> ヘッダのインクルードを行う指令を追加してみましょう。このヘッダでは、マクロという手法で代替表現が提供されている可能性があります。

Table 2-8　代替表現

代替表現	本来の字句
and	&&
and_eq	&=
bitand	&
bitor	|
compl	~
not	!
not_eq	!=
or	||
or_eq	|=
xor	^
xor_eq	^=

List 2-20 chap02/list0220.cpp

```
// 閏年かどうかを調べる
#include <iostream>

using namespace std;

int main()
{
    int y;

    cout << "年を入力せよ：";
    cin >> y;

    cout << "その年は閏年";
    if (y % 4 == 0 and y % 100 != 0 or y % 400 == 0)
        cout << "です。\n";
    else
        cout << "ではありません。\n";
}
```

実行例

```
年を入力せよ：2024⏎
その年は閏年です。
```

区切り子

キーワードは、一種の《単語》です。その単語を区切るために使われる記号が**区切り子**（*punctuator*）です。区切り子の一覧を **Table 2-9** に示します。

▶ これらの記号文字を利用できない環境では、**二つ組**あるいは、**三つ組**による代替表現を利用することになります。次章で学習します（p.111）。

Table 2-9 区切り子の一覧

[	]	(	)	{	}	*	,	:	=	;	...	#

リテラル

整数リテラル・浮動小数点リテラル・文字列リテラルなどの**リテラル**（*literal*）も、プログラムを構成する要素の一つです。

▶ 整数リテラルと浮動小数点リテラルは第４章で、文字列リテラルは第８章で学習します。

Column 2-6 前処理指令

これまでのすべてのプログラムには、以下の指令がありました。

```
#include <iostream>
```

キーワードの一覧表である **Table 2-7** には、`#include` が含まれていません。`#include` は、**前処理指令**を行うための特別な字句であるため、キーワードではないのです。なお、`#` と `include` は、独立した字句です。そのため、`#` と `include` は必ずしもくっつける必要はありません。すなわち、これらのあいだにスペースやタブを入れても構わないことになっています。

なお、前処理指令については、**Column 11-6**（p.399）で学習します。

識別子

識別子（*identifier*）とは、変数・関数（第6章）・クラス（第10章）などに与えられる名前です。

▶《識別子》は、読んで字のごとく、他と“識別”できるように与えられなければなりません。未来世界を描いたSF映画では、すべての人間にID番号が割り振られていたりします。この番号は、個人特有のものであり、他の人間が同じ番号をもつということはあり得ません。
　いわゆる《名前》も、各個人に与えられるものですが、他の人間が同じ名前を使わないという保証はありません。すなわち、同姓同名の可能性があります。
　プログラムの変数名に同姓同名のものがあると困ります。したがって、専門用語としては《名前》よりも《識別子》のほうがピッタリするわけです。

Fig.2-20に示すのが、識別子の構文図です。

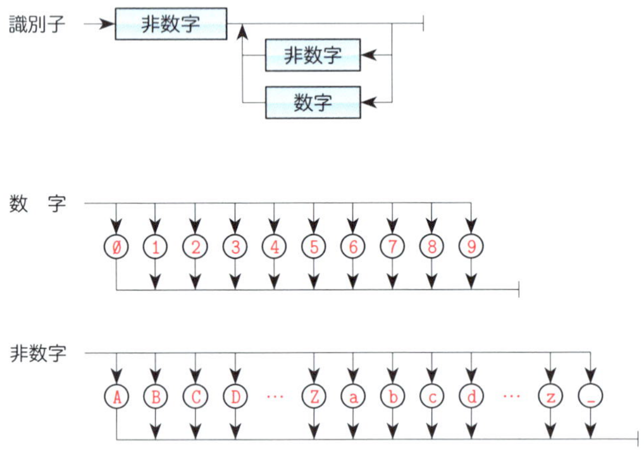

Fig.2-20　識別子の構文図

先頭の文字は《非数字》で、2文字目以降は《非数字》または《数字》です。文字数に制限はありません。なお、アルファベットの大文字と小文字は区別されますので、*ABC*, *abc*, *aBc*は別の識別子として扱われます。

識別子として正しい例と間違った例を示します。

- 正しい例　*a*　*x1*　*__y*　*abc_def*　*max_of_group*　*xyz*　*Ax3*　*If*　*iF*　*IF*　*if3*
- 間違った例　*if*　*123*　*98pc*

▶《非数字》としては、アルファベットと下線に加えて、**国際文字名**（*universal character name*）も利用できます。ただし、たとえば日本語のカタカナなどが、他言語の環境で利用できるとは限らないことからも分かるように、あまり利用されていません。

演算子

本章では数多くの**演算子**（*operator*）を学習しました。C++ の全演算子をまとめた表が、次ページの **Table 2-10** です。

優先度

演算子の一覧表では、**優先度**（*precedence*）が高い演算子から低い演算子へと並んでいます。

▶ 左端の欄の 1 ～ 17 の数値が優先度（優先順位）です。優先度 1 が最も高い優先度です。

乗除算を行う * と / が、加減算を行う + や - より優先度が高いことは、前章でも学習しました。

▶ そのため、たとえば a + b * c は、(a + b) * c ではなくて、a + (b * c) と解釈されます。+ のほうが前（左）にあるにもかかわらず、後ろ（右）にある * の演算が優先されます。

挿入子 << や抽出子 >> よりも優先度が低い演算子を入出力で使うときには、( ) が必要です。以下に例を示します。

```
cout << a + b << "\n";            // +  は<<より優先度が高いので( )は不要
cout << (a > b ? a : b) << "\n";   // ?: は<<より優先度が低いので( )が必要
```

結合規則

同じ優先度の演算子が連続するときに左右どちらの演算を先に行うかを示すのが、**結合規則**（*associativity*）です。すなわち、2 項演算子を○と表した場合、式 a ○ b ○ c を

(a ○ b) ○ c　　※左結合

とみなすのが左結合の演算子であり、

a ○ (b ○ c)　　※右結合

とみなすのが右結合の演算子です。

たとえば、減算を行う 2 項 - 演算子は左結合ですから、

5 - 3 - 1 ➡ (5 - 3) - 1　　※2 項 - 演算子は左結合

です。もし右結合だったら、5 - (3 - 1) と解釈され演算結果も違ってきます。

▶ p.45 では、a = b = 5 によって、a と b の両方に 5 が代入されることを学習しました。このような連続代入が行えるのは、代入演算子が右結合だからです。
　なお、変数 a が **double** 型で、変数 b が **int** 型であれば、a = b = 1.5 の代入によって、a と b の両方に 1 が代入されます。

Table 2-10 全演算子の一覧

優先順位	演算子	形式	名称	結合規則
1	::	::*x*	有効範囲解決演算子	左
		x::*y*		
2	[ ]	*x*[*y*]	添字演算子	左
	( )	*x*(arg_{opt})	関数呼出し演算子	左
	( )	*type*(*x*)	キャスト演算子（関数的記法）	左
	.	*x*.*y*	クラスメンバアクセス演算子	左
	->	*x*->*y*		
	++	*x*++	後置増分演算子	左
	--	*x*--	後置減分演算子	左
	dynamic_cast	dynamic_cast<*type*>(*x*)	動的キャスト演算子	左
	static_cast	static_cast<*type*>(*x*)	静的キャスト演算子	左
	reinterpret_cast	reinterpret_cast<*type*>(*x*)	強制キャスト演算子	左
	const_cast	const_cast<*type*>(*x*)	定値性キャスト演算子	左
	typeid	typeid()	typeid 演算子	左
3	++	++*x*	前置増分演算子	右
	--	--*x*	前置減分演算子	右
	*	**x*	間接演算子	右
	&	&*x*	アドレス演算子	右
	+	+*x*	単項 + 演算子（正符号演算子）	右
	-	-*x*	単項 - 演算子（負符号演算子）	右
	!	!*x*	論理否定演算子	右
	~	~*x*	補数演算子	右
	sizeof	sizeof *x*	sizeof 演算子	右
		sizeof(*type*)		
	new	new *type*(expr-list)	new 演算子	右
		new (expr-list)*type*		
		new (expr-list)*type*(expr-list)		
	delete	delete *x*	delete 演算子	右
	delete[]	delete[] *x*	delete[] 演算子	右
	( )	(*type*)*x*	キャスト演算子（キャスト記法）	左
4	.*	*x*.**y*	メンバポインタ演算子	左
	->*	*x*->**y*		
5	*	*x* * *y*	乗除演算子	左
	/	*x* / *y*		
	%	*x* % *y*		
6	+	*x* + *y*	加減演算子	左
	-	*x* - *y*		

7	<<	*x* << *y*	シフト演算子		左
	>>	*x* >> *y*			
8	<	*x* < *y*	関係演算子		左
	>	*x* > *y*			
	<=	*x* <= *y*			
	>=	*x* >= *y*			
9	==	*x* == *y*	等価演算子		左
	!=	*x* != *y*			
10	&	*x* & *y*	ビット積演算子		左
11	^	*x* ^ *y*	ビット差演算子		左
12	|	*x* | *y*	ビット和演算子		左
13	&&	*x* && *y*	論理積演算子		左
14	||	*x* || *y*	論理和演算子		左
15	? :	*x* ? *y* : *z*	条件演算子		右
16	=	*x* = *y*	単純代入演算子	代入演算子	右
	*=	*x* *= *y*	複合代入演算子		
	/=	*x* /= *y*			
	%=	*x* %= *y*			
	+=	*x* += *y*			
	-=	*x* -= *y*			
	<<=	*x* <<= *y*			
	>>=	*x* >>= *y*			
	&=	*x* &= *y*			
	^=	*x* ^= *y*			
	|=	*x* |= *y*			
17	,	*x* , *y*	コンマ演算子		左

▶ 代入演算子 **=** は、次章で学習する ***=** や **+=** などの複合代入演算子（p.91）と区別するために、**単純代入演算子**（*simple assignment operator*）と呼ばれます。

まとめ

- 式とは、“変数”、“リテラル”、“変数やリテラルを演算子で結合したもの” である。式には《型》と《値》があり、それらはプログラム実行時の評価によって得られる。

- 関係演算子・等価演算子・論理否定演算子・論理演算子を用いた式を評価すると、bool 型の値が生成される。生成される値は、真 true あるいは偽 false である。なお、0 以外の数値は true とみなされて、0 は false とみなされる。

- 論理演算子を用いた論理式は短絡評価されるため、左オペランドの評価結果によっては、右オペランドの評価が省略される。

- 式の後ろにセミコロンが置かれた文は、式文である。セミコロンだけの式文は、空文である。二つの式をコンマ演算子 , で結んだコンマ式は、構文上は単一の式とみなされる。

- if 文を利用すると、ある条件が成立するかどうかに応じて異なる処理が行える。

- 単一の式を評価した値に基づいてプログラムの流れを複数に分岐するには、switch 文を利用する。プログラムの流れがラベルに飛んだ後は、break 文に出会うまで文が実行される。どの case とも一致しない場合の飛び先は default ラベルである。switch 文の最後のラベル部にも break 文を置くべきである。

- if 文と switch 文の総称が選択文である。if 文と switch 文の条件部では、変数を宣言できる。宣言された変数は、その宣言を含む選択文の中でのみ利用できる。

- 0 個以上の文の並びを { } で囲んだ文がブロック（複合文）であり、構文上は単一の文とみなされる。ブロックの中でのみ利用する変数は、そのブロックで宣言するのが原則である。

- ３項演算子である条件演算子 ? : を用いれば、if 文の働きを単一の式に凝縮できる。第１オペランドの評価結果に基づいて、第２・第３オペランドの一方のみが評価される。

- 複数の演算子が並ぶ場合は、優先度の高い演算子の演算が優先される。同一優先度の演算子が連続する場合は、結合規則に基づいて左もしくは右から演算が行われる。

- 代入演算子は右結合である。代入式を評価して得られるのは、代入後の左オペランドの型と値である。

- if や int などの特別な意味が与えられた語句はキーワードである。

- 演算子 && や ! などの代わりに and や not などの代替表現が利用できる。

- 変数・関数・クラスなどの名前が識別子である。先頭文字としては、アルファベットと下線が利用できる。それらに数字文字を加えた文字が２文字目以降に使える。アルファベットの大文字と小文字とは区別される。

if文

```
if (条件)
    文
```

条件を評価した値が true であれば文を実行

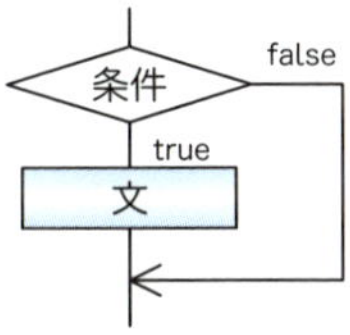

if文（else部あり）

```
if (条件)
    文1
else
    文2
```

条件を評価した値が true であれば文$_1$を実行して、false であれば文$_2$を実行

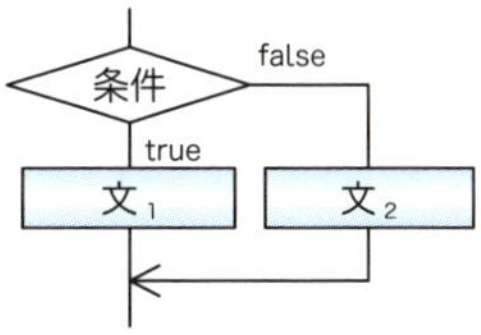

switch文

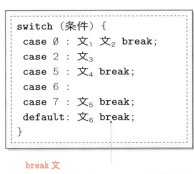

```
switch (条件) {
 case 0 : 文1 文2 break;
 case 2 : 文3
 case 5 : 文4 break;
 case 6 :
 case 7 : 文5 break;
 default: 文6 break;
}
```

break文
… 実行されると、switch文を終了する

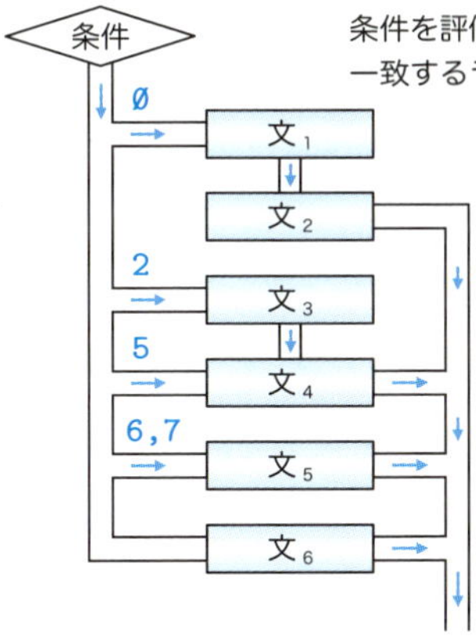

条件を評価した値に応じて、一致するラベルに分岐

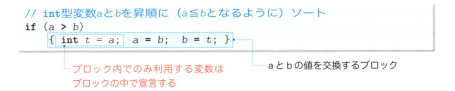

ブロック（複合文）

```
{ 文 文 … }
```

任意の個数の文を { } で囲んだもの（0個でも可）

```
// int型変数aとbを昇順に（a≦bとなるように）ソート
if (a > b)
    { int t = a;  a = b;  b = t; }
```

ブロック内でのみ利用する変数はブロックの中で宣言する

a と b の値を交換するブロック

式には型と値がある
それらは、"評価" によって得られる

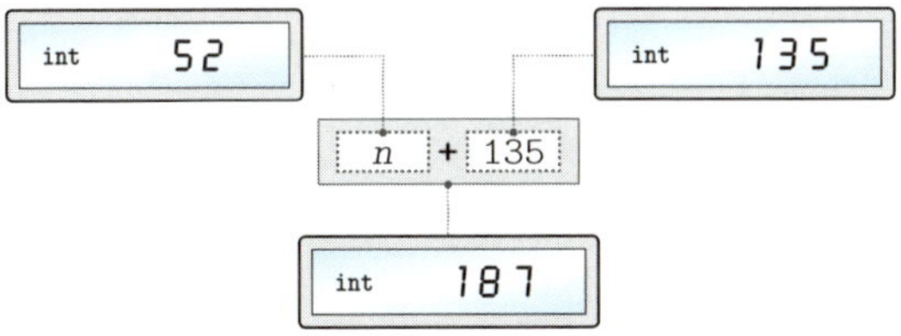

関係演算子	x < y	x > y
	x <= y	x >= y
等価演算子	x == y	x != y
論理否定演算子	!x	
論理演算子	x && y	x || y
条件演算子	x ? y : z	

第3章

プログラムの流れの繰返し

本章では、プログラムの流れを繰り返す繰返し文（do文・while文・for文）とプログラムの流れに変化をもたせるbreak文・continue文・goto文を学習します。

- 繰返しとループ
- 多重ループ
- 前判定繰返しと後判定繰返し
- 繰返し文
- do文
- while文
- for文
- break文／continue文／goto文
- ラベル付き文
- ド・モルガンの法則
- 前置と後置の増分演算子++と減分演算子--
- 左辺値式と右辺値式
- 複合代入演算子
- 文字リテラル
- 拡張表記
- 操作子と<iomanip>ヘッダ
- 二つ組と三つ組
- フローチャート

3-1 do 文

本節で学習するのはdo文です。そのdo文を使うと、ある条件が成立するあいだ、処理を何度も繰り返せるようになります。

do 文

前章で学習した入力された月の季節を表示するプログラム（**List 2-9**：p.50）は、入力と表示が1回に限られています。好きなだけ何回でも入力・表示を繰り返せるようにしましょう。**List 3-1** が、そのプログラムです。

List 3-1 chap03/list0301.cpp

```
// 入力された月の季節を表示（好きなだけ繰り返せる）
#include <string>
#include <iostream>

using namespace std;

int main()
{
    string retry;           // もう一度？

    do {
        int month;
        cout << "季節を求めます。\n何月ですか：";
        cin >> month;

        if (month >= 3 && month <= 5)           // 3月・ 4月・ 5月
            cout << "それは春です。\n";
        else if (month >= 6 && month <= 8)      // 6月・ 7月・ 8月
            cout << "それは夏です。\n";
        else if (month >= 9 && month <= 11)     // 9月・10月・11月
            cout << "それは秋です。\n";
        else if (month == 12 || month == 1 || month == 2) // 12月・1月・2月
            cout << "それは冬です。\n";
        else
            cout << "\aそんな月はありませんよ。\n";

        cout << "もう一度？ Y…Yes／N…No：";
        cin >> retry;
    } while (retry == "Y" || retry == "y");
}
```

do文 ／ do文で繰り返されるループ本体

実行例

```
季節を求めます。
何月ですか：11
それは秋です。
もう一度？ Y…Yes／N…No：Y
季節を求めます。
何月ですか：6
それは夏です。
もう一度？ Y…Yes／N…No：N
```

main 関数の大部分が、**do**（ドゥー）と **while**（ホワイル）で囲まれています。**do** と **while** で文を囲む構造の文を、**do 文**（*do statement*）と呼びます（構文図は **Fig.3-1** です）。

do は『実行せよ』という意味で、while は『〜のあいだ』という意味です。**Fig.3-2** に示すように、do 文は、式を評価した値が **true** である限り文を繰り返し実行します。

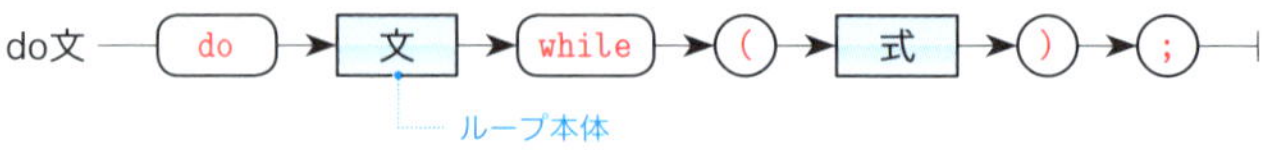

Fig.3-1 do 文の構文図

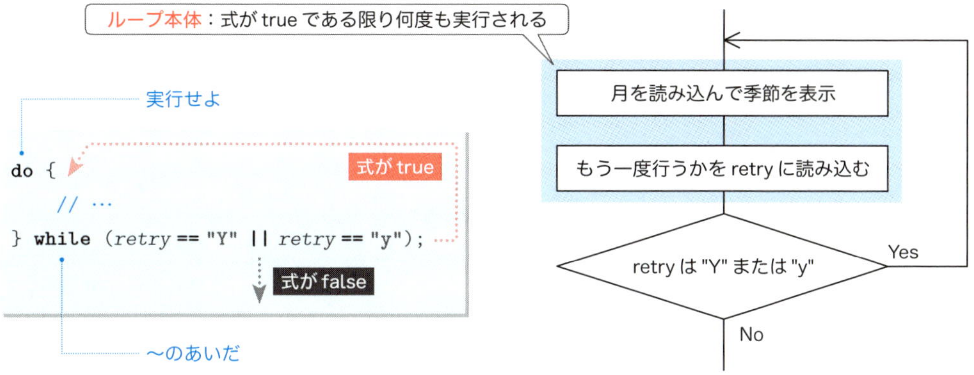

Fig.3-2 List 3-1 の do 文のフローチャート

さて、《繰返し》は**ループ**（*loop*）と呼ばれますので、do 文が繰返しの対象とする文のことを、本書では**ループ本体**（*loop body*）と呼びます。

▶ この後で学習する while 文と for 文が繰り返す文も《ループ本体》と呼びます。

本プログラムの do 文のループ本体は、青網部のブロックです。このブロックの中身は **List 2-9** とほぼ同じであり、月を読み込んで季節を表示します。

*

do 文が繰返しを続けるかどうかを判定するための《式》に着目しましょう。

```
retry == "Y" || retry == "y"          // retryは"Y"もしくは"y"か？
```

変数 *retry* に読み込まれた文字列が "Y" もしくは "y" であれば、この式は true と評価されます。その結果、ループ本体であるブロックが再び実行されます。

▶ すなわち、true と判定された場合は、プログラムの流れがいったんブロックの先頭へと戻ります。それから、再度ブロックが実行されます。

変数 *retry* に "Y" あるいは "y" 以外の文字列が読み込まれた場合は、《式》を評価した値が false となるため、do 文の実行は終了します。

▶ 本プログラムは、再び続けるかどうかの確認の際に、"Y", "y", "N", "n" 以外の文字列も受け付けます（そのため "Yes" と入力した場合、"Y" や "y" とは等しくないため、do 文の繰返しが行われません）。文字列の入力を上記の四つに制限させるには、読込み部（すなわちブロック内の最後の２行）を以下のように変更します（"chap03/list0301a.cpp"）。

```
do {
    cout << "もう一度？ Y…Yes／N…No：";
    cin >> retry;
} while (retry != "Y" && retry != "y" && retry != "N" && retry != "n");
```

これで、四つ（"Y", "y", "N", "n"）以外の文字列が入力された場合は、再入力が促されます。なお、このように実現すると、do 文の中に do 文が入る構造となります（本章の後半で学習しますが、そのような構造のループは、**多重ループ**と呼ばれます）。

一定範囲の値の読込み

前章で学習した **List 2-18**（p.62）は、入力された 0，1，2 の値に応じてジャンケンの手である『グー』『チョキ』『パー』のいずれかを表示するプログラムでした。プログラムを実行して 0，1，2 以外の値を入力すると、**何も表示されません**。

do 文を用いれば、読み込む値として 0，1，2 のみを受け付けるように制限を加えられます。そのように書きかえたプログラムが **List 3-2** です。

List 3-2 chap03/list0302.cpp

```
// 読み込んだ値に応じてジャンケンの手を表示（0，1，2のみを受け付ける）

#include <iostream>

using namespace std;

int main()
{
    int hand;

    do {
        cout << "手を選んでください（0…グー／1…チョキ／2…パー）：";
        cin >> hand;
    } while (hand < 0 || hand > 2);

    switch (hand) {
     case 0: cout << "グー\n";    break;
     case 1: cout << "チョキ\n";  break;
     case 2: cout << "パー\n";    break;
    }
}
```

do 文終了時の hand は必ず 0,1,2 のいずれかになる

実行例

```
手を選んでください（0…グー／1…チョキ／2…パー）：3↵
手を選んでください（0…グー／1…チョキ／2…パー）：-2↵
手を選んでください（0…グー／1…チョキ／2…パー）：1↵
チョキ
```

0,1,2 以外は受け付けない

まずは実行してみましょう。手の値として 3 や -2 などの“不正な値”を入力すると、再び入力するように促されます。

＊

do 文の繰返しの継続を判定する《式》は、次のようになっています。

```
hand < 0 || hand > 2            // handが0～2の範囲外か？
```

変数 *hand* の値が不正な値（0 より小さいか**または** 2 より大きい値）であれば、この式を評価した値は **true** です。

もし *hand* が 0，1，2 以外の 3 や -2 などの不正な値であれば、ループ本体であるブロックが実行されます。すなわち、再び

```
手を選んでください（0…グー／1…チョキ／2…パー）：
```

と表示されて、入力が促されます。そのため、do 文が終了したときの *hand* の値は、必ず 0，1，2 のいずれかとなります。

▶ do 文の後ろに置かれた **switch** 文では、変数 *hand* の値に応じてジャンケンの手を表示します。この部分は、**List 2-18** と同じです。

ド・モルガンの法則と繰返し

再び、do 文の繰返しの継続を判定する式に着目します。

同じ

```
1 hand < 0 || hand > 2          // 継続条件
```

この式を、論理否定演算子 ! を用いて書きかえてみましょう。そうすると、次のようになります（"chap03/list0302a.cpp"）。

```
2 !(hand >= 0 && hand <= 2)     // 終了条件の否定
```

『各条件の否定をとって、論理積・論理和を入れかえた式』の否定が、もとの条件と同じになることは、**ド・モルガンの法則**（*De Morgan's theorem*）と呼ばれます。

この法則を一般的にまとめると、次のようになります。

- *x* && *y* と !(!*x* || !*y*) は等しい。
- *x* || *y* と !(!*x* && !*y*) は等しい。

Fig.3-3 **a** に示すように、式 **1** は繰返しを続けるための《継続条件》です。

一方、論理否定演算子 ! を使って書きかえた式 **2** は、図 **b** に示すように、繰返しを終了するための《終了条件》の否定です。

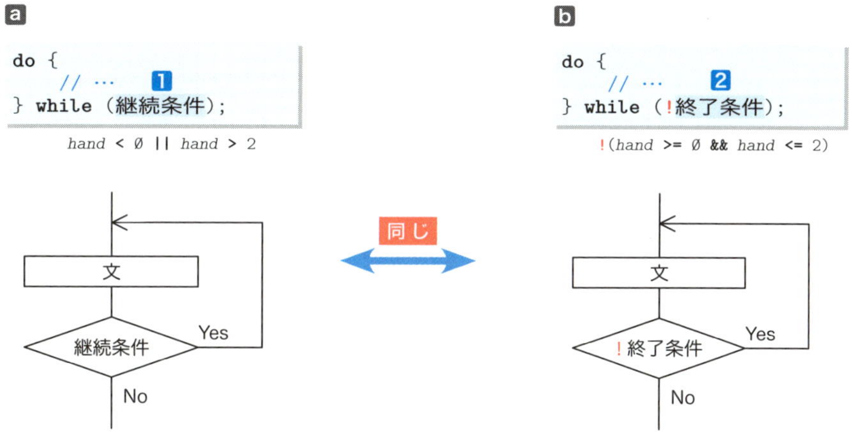
a
do {
// … 1
} while (継続条件);
hand < 0 || hand > 2
文
継続条件
Yes
No
同じ
b
do {
// … 2
} while (!終了条件);
!(hand >= 0 && hand <= 2)
文
!終了条件
Yes
No

Fig.3-3 do 文の継続条件と終了条件

▶ 変数（*hand*）に読み込む値を制限する、他の例をいくつか学習しましょう（以下に示すのは、do 文の継続条件の式です）。

```
hand < 0                // handに読み込む値を0と正に制限
hand <= 0               //        〃        正に制限
hand > 0                //        〃        0と負に制限
hand >= 0               //        〃        負に制限
hand < 1 || hand > 9    //        〃        1～9に制限
```

数当てゲーム

これまで学習した乱数・**if** 文・**do** 文を応用して、《数当てゲーム》を作りましょう。そのプログラムが **List 3-3** です。

List 3-3 chap03/list0303.cpp

```
// 数当てゲーム（0～99を当てさせる）

#include <ctime>
#include <cstdlib>
#include <iostream>

using namespace std;

int main()
{
    srand(time(NULL));          // 乱数の種を設定

    int no = rand() % 100;      // 当てるべき数：0～99の乱数を生成
    int x;                      // キーボードから読み込んだ値

    cout << "数当てゲーム開始!!\n";
    cout << "0～99の数を当ててください。\n";

    do {
        cout << "いくつかな：";          ← 1
        cin >> x;

        if (x > no)                      ← 2
            cout << "\aもっと小さな数だよ。\n";
        else if (x < no)
            cout << "\aもっと大きな数だよ。\n";
    } while (x != no);       ← 不正解であれば繰り返す

    cout << "正解です。\n";
}
```

実行例

```
数当てゲーム開始!!
0～99の数を当ててください。
いくつかな：50
♪もっと大きな数だよ。
いくつかな：75
♪もっと小さな数だよ。
いくつかな：62
正解です。
```

変数 *no* が《当てるべき数》です。その値は、0 以上 99 以下の乱数として生成します。

1 「いくつかな：」と数値の入力を促して、変数 *x* に値を読み込みます。

2 読み込んだ *x* の値が *no* より大きければ『もっと小さな数だよ。』と表示し、*x* の値が *no* より小さければ『もっと大きな数だよ。』と表示します。

▶ この時点では、*x* と *no* の値が等しければ、何も表示しません。

それから **do** 文の繰返しを継続するかどうかの判定を行います。継続条件の式が、

```
x != no             // 読み込んだxと当てるべき数noが等しくないか？
```

ですから、読み込んだ *x* の値が、当てるべき数 *no* と**等しくないあいだ**、**do** 文が繰り返されます。

数が当たったら（読み込んだ *x* が、当てるべき数 *no* と等しくなったら）、**do** 文は終了します。『正解です。』と表示してプログラムを終了します。

フローチャート

ここでは、フローチャート（流れ図）と、その記号について学習します。

▪ 流れ図の記号

問題の定義、分析、解法の図的表現である**フローチャート**（*flowchart*）と、その記号は、以下の規格で定義されています。

JIS X0121『情報処理用流れ図・プログラム網図・システム資源図記号』

ここでは、基礎的な用語と記号を学習します。

▪ プログラム流れ図（*program flowchart*）

プログラム流れ図は、以下のもので構成されます。

- 実際に行う演算を示す記号。
- 制御の流れを示す線記号。
- プログラム流れ図を理解し、かつ作成するのに便宜を与える特殊記号。

▪ データ（*data*）

媒体を指定しないデータを表します。

▪ 処理（*process*）

任意の種類の処理機能を表します。たとえば、情報の値・形・位置を変えるように定義された演算もしくは演算群の実行、または、それに続くいくつかの流れの方向の一つを決定する演算もしくは演算群の実行を表します。

▪ 定義ずみ処理（*predefined process*）

サブルーチンやモジュールなど、別の場所で定義された一つ以上の演算または命令群からなる処理を表します。

▪ 判断（*decision*）

一つの入り口といくつかの択一的な出口をもち、記号中に定義された条件の評価にしたがって、唯一の出口を選ぶ判断機能またはスイッチ形の機能を表します。

想定される評価結果は、経路を表す線の近くに書きます。

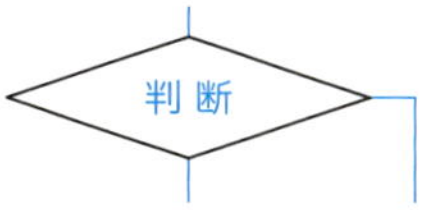

▪ ループ端（*loop limit*）

二つの部分から構成され、ループの始まりと終わりを表します。記号の二つの部分には、同じ名前を与えます。

ループの始端記号（前判定繰返しの場合）またはループの終端記号（後判定繰返しの場合）の中に、初期化・増分・終了条件を表記します。

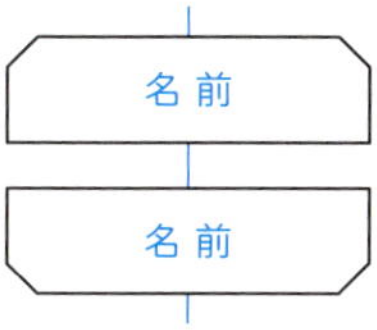

▪ 線（*line*）

制御の流れを表します。

流れの向きを明示する必要があるときは、矢先を付けなければなりません。

なお、明示の必要がない場合も、見やすくするために矢先を付けても構いません。

▪ 端子（*terminator*）

外部環境への出口、または外部環境からの入り口を表します。たとえば、プログラムの流れの開始もしくは終了を表します。

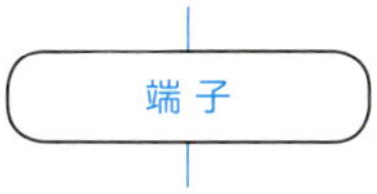

この他に、並列処理、破線などの記号があります。

3-2 while 文

ある条件が成立するあいだ処理を実行する繰返しは、do 文だけでなく while 文によっても実現できます。本節で学習するのは while 文です。

while 文

正の整数値を読み込んで、その値を 0 までカウントダウンする様子を表示するプログラムを作りましょう。それが **List 3-4** に示すプログラムです。

List 3-4 chap03/list0304.cpp

```
// 正の整数値を0までカウントダウン（その１）

#include <iostream>

using namespace std;

int main()
{
    int x;

    cout << "カウントダウンします。\n";
    do {
        cout << "正の整数値：";          // 1 do文
        cin >> x;
    } while (x <= 0);
    // do文終了時のxは必ず正の値となる

    while (x >= 0) {
        cout << x << "\n";   // xの値を表示          // 2 while文
        x--;                 // xの値をデクリメント（値を一つ減らす）
    }
}
```

実行例

```
カウントダウンします。
正の整数値：-10↵
正の整数値：5↵
5
4
3
2
1
0
```

まずは 1 の do 文に着目します。x に読み込んだ値が 0 以下である限り繰り返されますので、この do 文が終了したときの x は必ず**正の値**となります。

*

変数 x に読み込んだ値を 0 までカウントダウンする過程を表示するのが、2 です。これは do 文ではなく、**Fig.3-4** の構文をもつ **while 文**（*while statement*）です。

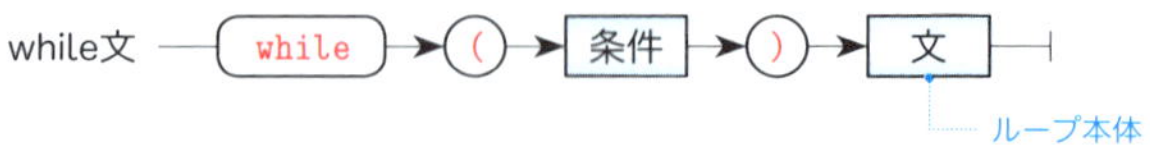

Fig.3-4 while 文の構文図

while 文は、条件を評価した値が true であるあいだ文を繰り返し実行します。そのため、本プログラムの while 文の流れは **Fig.3-5** のようになります。

▶ do 文の ( ) の中が《式》であるのとは異なり、while 文の ( ) の中は《条件》です。そのため、if 文や switch 文と同じように、while 文の ( ) の中には変数の宣言を置けます。

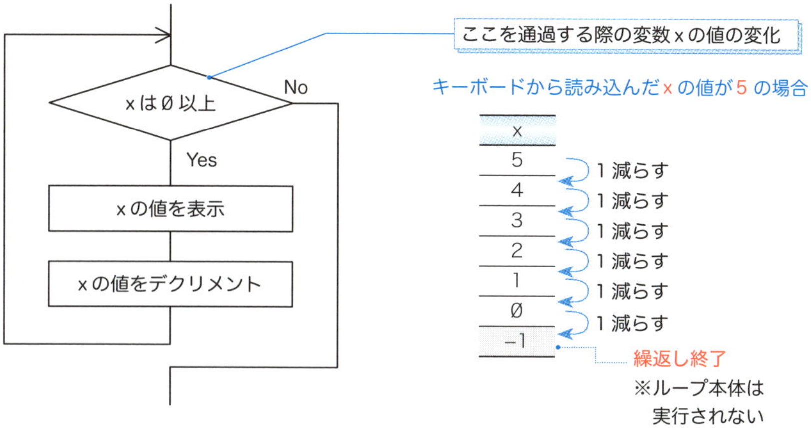

Fig.3-5 List 3-4 の while 文のフローチャート

繰返しを行うかどうかの判定のタイミングが **do** 文とは異なります。**do** 文がループ本体を実行した**後**に判定を行う**後判定繰返し**であるのに対し、**while** 文はループ本体を実行する**前**に判定を行う**前判定繰返し**です（p.88）。

増分演算子と減分演算子

カウントダウンのために利用しているのが、変数の値を一つ減らす演算子 **--** です。

後置増分演算子と後置減分演算子

単項演算子である減分演算子 **--** は、オペランドの値を**デクリメントする**（値を一つだけ減らす）演算子です。たとえば、x の値が 5 であれば、式 x-- の評価・実行によって x の値は 4 に更新されます。

そのため、本プログラムの **while** 文は、x が 0 以上のあいだ、以下に示す二つの処理を実行するループ本体を繰り返します。

- x の値を表示。
- x の値をデクリメント。

図に示すように、x の値として 0 が表示され、その後に x の値がデクリメントされて -1 になってから **while** 文が終了します。すなわち、画面に表示される最後の数値は 0 ですが、**while** 文終了時の x の値は 0 ではなく -1 です。**2** の **while** 文の後ろに

```
cout << x << "\n";   // xの値を表示
```

を追加してみましょう（"**chap03/list0304a.cpp**"）。そうすると『-1』と表示されます。

演算子 -- とは逆に、オペランドの値をインクリメントする（一つだけ増やす）のが、増分演算子 ++ です。これらの演算子の概略を Table 3-1 に示します。

Table 3-1　後置増分演算子と後置減分演算子

x++	x の値をインクリメントする（一つ増加させる）。生成するのは増加前の値。
x--	x の値をデクリメントする（一つ減少させる）。生成するのは減少前の値。

式 x++ と x-- が生成するのは、インクリメント／デクリメント**前**の値です。x の値が 5 のときに、以下の代入を行ったらどうなるかを考えましょう。

まったく異なる

```
y = x++;      // yに代入されるのはインクリメント前のxの値である5
```

式 x++ を評価して得られるのはインクリメント**前**の値です。そのため、y に代入されるのは 5 です（もちろん代入完了後の x の値は 6 です）。

オペランドの値の更新のタイミングについては減分演算子も同様です。式 x-- の評価によって得られるのは、デクリメント**前**の値です。

このことを利用すると、前のプログラムは、List 3-5 のように簡潔になります。

List 3-5　chap03/list0305.cpp

```
// 正の整数値を0までカウントダウン（その2）

#include <iostream>

using namespace std;

int main()
{
    int x;

    cout << "カウントダウンします。\n";
    do {
        cout << "正の整数値：";
        cin >> x;
    } while (x <= 0);

    while (x >= 0)
        cout << x-- << "\n";     // xの値を表示してデクリメント ─1
}
```

List 3-4 の while 文と等価

実行例

```
カウントダウンします。
正の整数値：-10
正の整数値：5
5
4
3
2
1
0
```

たとえば、x の値が 5 であれば、1で表示されるのは、デクリメント**前**の値である 5 です（もちろん、表示の直後に x の値はデクリメントされて 4 となります）。

ここで学習した後置増分演算子（*postfix increment operator*）と後置減分演算子（*postfix decrement operator*）の**後置**は、オペランドの**後ろ**（右側）に演算子を置くことに由来します。

前置増分演算子と前置減分演算子

増分演算子 ++ と減分演算子 -- には、**前置**版、すなわちオペランドの前（左側）に演算子を置く形式の**前置増分演算子**（*prefix increment operator*）と、**前置減分演算子**（*prefix decrement operator*）があります。その概略を示したのが **Table 3-2** です。

Table 3-2　前置増分演算子と前置減分演算子

++x	x の値をインクリメントする（一つ増加させる）。生成するのは増加後の値。
--x	x の値をデクリメントする（一つ減少させる）。生成するのは減少後の値。

式 ++x と --x が生成するのは、インクリメント／デクリメント後の値です。x の値が 5 のときに、以下の代入を行ったらどうなるかを考えましょう。

```
y = ++x;      // yに代入されるのはインクリメント後のxの値である6
```

式 ++x を評価して得られるのはインクリメント後の値です。そのため、y に代入されるのは 6 です（もちろん代入完了後の x の値も 6 です）。

重要 後置（前置）の増分演算子／減分演算子を適用した式を評価して得られるのは、インクリメント／デクリメントを行う前（後）の値である。

▶ いうまでもなく、C++ という名称は、C に対して後置増分演算子 ++ を適用したものです。もし、C の値が 5 であれば、式 C++ を評価した値も 5 です。一方、前置増分演算子を適用した式 ++C を評価した値は 6 です。p.2 で、C++ というネーミングが "控え目である" と表現した理由が分かりました。

式の値の切捨て

List 3-4（p.82）の while 文に戻りましょう。このプログラムでは、式 x-- を評価した値を使っていません。

演算を行った結果は、無視しても構わないのです。

```
while (x >= 0) {
    cout << x << "\n";
    x--;
}
```

重要 式（演算結果）の値は、使わずに切り捨ててもよい。

式を評価した値を切り捨てる文脈では、前置形式の増分／減分演算子を使っても、後置形式の増分／減分演算子を使っても、同じ結果が得られます。

```
while (x >= 0) {
    cout << x << "\n";
    --x;
}
```
同じ

▶ **List 3-5** では、式 x-- の値を切り捨てることなく利用していますので、この式を --x に置きかえることはできません（以下のようにすると、動作が変わってしまいます）。

✕
```
while (x >= 0)
    cout << --x << "\n";     // xの値をデクリメントして表示
```

*

次ページの **List 3-6** に示すのは、アステリスク記号 * を好きな個数だけ連続して表示するプログラムです。このプログラムは、while 文と増分演算子 ++ を組み合わせて繰返しを制御します。

▶ 変数 n に読み込んだ値が正の値のときにのみ表示を行います。

List 3-6 chap03/list0306.cpp

```
// 読み込んだ個数だけ*を表示

#include <iostream>

using namespace std;

int main()
{
    int n;
    cout << "何個表示しますか：";
    cin >> n;

    if (n > 0) {
        int i = 0;
        while (i < n) {
            cout << '*';
            i++;
        }
        cout << '\n';
    }
}
```

実行例1

```
何個表示しますか：12↵
************
```

実行例2

```
何個表示しますか：-5↵
```

別解 chap03/list0306a.cpp

```
int i = 1;
while (i <= n) {
    cout << '*';
    i++;
}
```


文字リテラル

本プログラムでcoutに挿入しているのは'*'と'\n'です。このような、文字を単一引用符'で囲んだ式は、**文字リテラル**（*character literal*）と呼ばれます。通常は、**単一の文字の表記**に利用します。

文字リテラル'*'と文字列リテラル"*"の違いは、以下のとおりです。

- **文字リテラル** '*' … **単一の文字** * を表す。
- **文字列リテラル** "*" … 文字 * だけで構成される**文字列（文字の並び）**を表す。

なお、本プログラムでcoutに挿入している文字リテラル'*'と'\n'を、文字列リテラル"*"と"\n"に変更しても、同じ結果が得られます。

▶ 文字列リテラル"*"を出力するよりも、文字リテラル'*'を出力するほうが、（わずかな差ではあるものの）プログラムがコンパクトになって実行速度が上がることが期待できます。

while文は0で初期化された変数 *i* の値をインクリメントしていきます。最初の'*'の表示後にインクリメントされた *i* の値は1となり、2個目の表示後では2となります。

n 個目の表示後にインクリメントされた *i* の値は *n* と等しくなりますので、その時点でwhile文による繰返しが終了します。

なお、インクリメントを行う式 *i*++ を評価した値は利用せずに切り捨てていますので、この式を ++*i* に変更しても、同じ結果が得られます。

＊

網かけ部は【別解】のようにも実現できます。*i* の値を1から始めてインクリメントしながら、その値が *n* 以下のあいだ繰り返しますので、繰返しの回数は *n* 回です。

while文を使った『*n* 回の繰返し』を実現するパターンをまとめたものが、**Fig.3-6**です。

▶ 図aと図bの式 *i*++ は、前置形式の ++*i* に書きかえても同じ動作をします。

a
```
i = 0;
while (i < n) {
    文
    i++;
}
```
繰返し終了時の i の値は n
n の値は変化しない

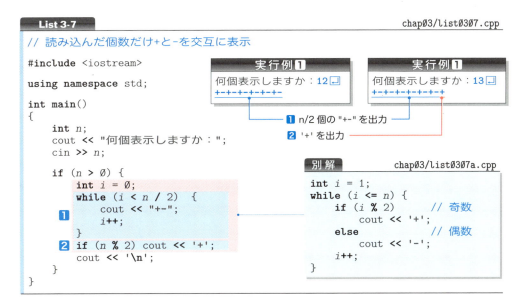

b
```
i = 1;
while (i <= n) {
    文
    i++;
}
```
繰返し終了時の i の値は n+1
n の値は変化しない

c
```
while (n-- > 0)
    文
```
繰返し終了時の n の値は 0

d
```
while (--n >= 0)
    文
```
繰返し終了時の n の値は -1

Fig.3-6 while 文による n 回の繰返し

これらのパターンは《**定石**》です。ただし、図cと図dの **while** 文が利用できるのは、*n* の値を書きかえてもよい文脈に限られます。

＊

次は、読み込んだ値の個数だけ記号文字 + と - を交互に表示するプログラムを作りましょう。**List 3-7** に示に示すのが、そのプログラムです。

List 3-7 chap03/list0307.cpp

```
// 読み込んだ個数だけ+と-を交互に表示

#include <iostream>

using namespace std;

int main()
{
    int n;
    cout << "何個表示しますか：";
    cin >> n;

    if (n > 0) {
        int i = 0;
        while (i < n / 2)  {       // 1
            cout << "+-";
            i++;
        }
        if (n % 2) cout << '+';    // 2
        cout << '\n';
    }
}
```

実行例1
```
何個表示しますか：12
+-+-+-+-+-+-
```

実行例1
```
何個表示しますか：13
+-+-+-+-+-+-+
```

1 n/2 個の "+-" を出力
2 '+' を出力

別解 chap03/list0307a.cpp
```
int i = 1;
while (i <= n) {
    if (i % 2)       // 奇数
        cout << '+';
    else             // 偶数
        cout << '-';
    i++;
}
```

1 **while** 文は、"+-" の出力を *n* / 2 回繰り返します。出力回数は、もし *n* が 12 であれば 6 回、*n* が 11 であれば 5 回です。そのため、**n が偶数のときの表示が完了します**。

2 *n* が奇数であれば '+' を出力します。これで、**n が奇数のときの表示が完了します**。

▶ 本プログラムは、奇数の判定を行うのが 1 回のみです。別解のプログラムは、**while** 文による繰返しが行われるたびに、**if** 文が実行されます。そのため、*i* が偶数か奇数であるかの判定が *n* 回行われます。

do 文と while 文

```
int i = 0;
while (i < n) {
    cout << '*';
    i++;
}
```

右に示すコードを考えましょう。もし n の値が 0 もしくは負であれば、**while** 文の継続条件 i < n の評価結果が **false** となるため、**ループ本体は 1 回も実行されません**。

これは、**do** 文とは大きく異なる **while** 文の特徴です。

重要 do 文のループ本体は少なくとも 1 回は実行されるのに対し、while 文のループ本体は 1 回も実行されない可能性がある。

Fig.3-7 に示すように、繰返しを継続するかどうかの判定のタイミングが、**do** 文と **while** 文とでまったく異なります。

- **a** **do** 文 … 後判定繰返し：ループ本体を実行した**後**に判定を行う。
- **b** **while** 文… 前判定繰返し：ループ本体を実行する**前**に判定を行う。

▶ 次節で学習する **for** 文は、前判定繰返しです。

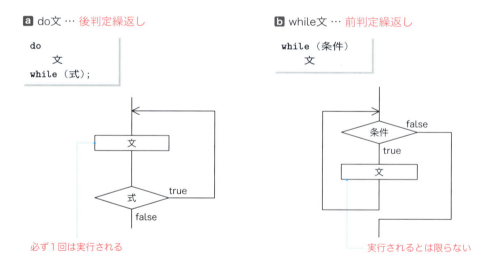

a do文 … 後判定繰返し

```
do
    文
while (式);
```

b while文 … 前判定繰返し

```
while (条件)
    文
```

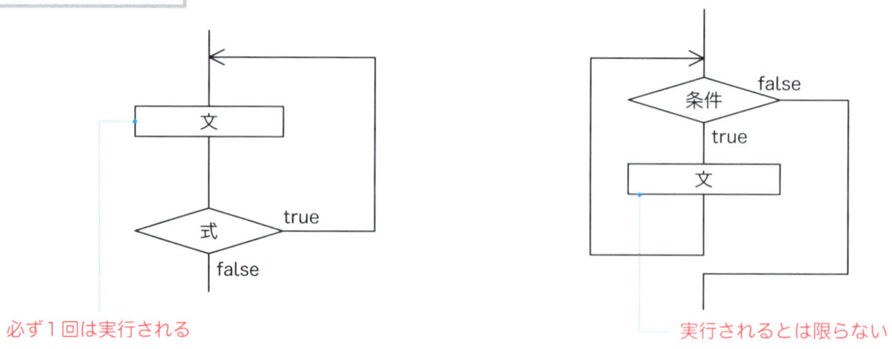

Fig.3-7 do 文と while 文

もっとも、**do** 文と **while** 文は、キーワード **while** を使うという点で共通です。そのため、プログラム中の **while** が、"**do** 文の一部なのか"、それとも "**while** 文の一部なのか" が、見分けにくくなることもあります。

そのことを **Fig.3-8** **a** のコードで考えましょう（最初の **while** は "**do** 文の一部" で、2 番目の **while** は "**while** 文の一部" です）。

▶ まず最初に変数 x に 0 が代入されます。その後、**do** 文によって x が 5 になるまで値がインクリメントされます。続く **while** 文では、x の値をデクリメントしながら表示します。

a do文のループ本体は単一の文

```
x = 0;
do
    x++;
while (x < 5);
while (x >= 0)
    cout << --x;
```

二つの while が
- do 文の while なのか
- while 文の while なのか

が見分けにくい

do 文のループ本体を { } で囲んでブロックにする

b do文のループ本体はブロック

```
x = 0;
do {
    x++;
} while (x < 5);
while (x >= 0)
    cout << --x;
```

行の先頭で do 文と while 文を見分ける
- 先頭が } であれば do 文の while
- 先頭が } でなければ while 文の while

Fig.3-8 do 文と while 文

do 文の繰返し対象であるループ本体を、{ } で囲んでブロックにしてみましょう。図**b**のようになって、行の先頭だけで見分けがつきます。

} **while**	…	行の先頭に } がある	⇨	**do** 文の一部
while	…	行の先頭に } がない	⇨	**while** 文の一部

以下の教訓が得られます。

重要 **do** 文のループ本体は、たとえ単一の文であっても { } で囲んでブロックにしておけば、プログラムが読みやすくなる。

左辺値と右辺値

代入の左辺にも右辺にも置ける式を**左辺値**（*lvalue*）**式**と呼び、左辺には置けない式を**右辺値**（*rvalue*）**式**と呼びます。たとえば、変数 *n* は左辺値式です。しかし、それに加算を行う２項 **+** 演算子を適用した *n* **+** 2 は右辺値式であり、代入の左辺には置けません。

増分演算子を適用した式はどうでしょうか。**List 3-8** のプログラムで確認しましょう。

前置の **++** あるいは **--** 演算子を適用した式は**左辺値式**で、**後置**の **++** あるいは **--** 演算子を適用した式は**右辺値式**です。そのため、網かけ部はコンパイルエラーとなります。

List 3-8 chap03/list0308.cpp

```
// 前置形式++xは《左辺値式》で後置形式x++は《右辺値式》であることを確認

#include <iostream>

using namespace std;

int main()
{
    int x = 0;

    ++x = 5;                        // ＯＫ：前置形式は左辺に置ける
    cout << "xの値は" << x << "です。\n";

    x++ = 10;                       // エラー：後置形式は左辺に置けない
    cout << "xの値は" << x << "です。\n";
}
```

実行結果
コンパイルエラーとなるため
実行できません。

複合代入演算子

List 3-9 に示すのは、読み込んだ正の整数値の数字の並びを反転する（逆から表示する）プログラムです。たとえば1254が入力されると、4521と表示します。

List 3-9 chap03/list0309.cpp

```
// 正の整数値を読み込んで逆から表示

#include <iostream>

using namespace std;

int main()
{
    int x;

    cout << "正の整数値を逆から表示します。\n";
    do {
        cout << "正の整数値：";
        cin >> x;
    } while (x <= 0);

    cout << "逆から読むと";
    while (x > 0) {
        cout << x % 10;            // xの最下位桁を表示   ―❶
        x /= 10;                   // xを10で割る         ―❷
    }
    cout << "です。\n";
}
```

実行例

```
正の整数値を逆から表示します。
正の整数値：0⏎
正の整数値：-5⏎
正の整数値：1254⏎
逆から読むと4521です。
```

正の整数値の反転

while 文のループ本体で行うのは、以下の二つのことです。**Fig.3-9** を見ながら理解していきましょう。

❶ xの最下位桁の表示

xの最下位桁の値である x % 10 を表示します。たとえば、xが1254であれば、表示するのは10で割った剰余である**4**です。

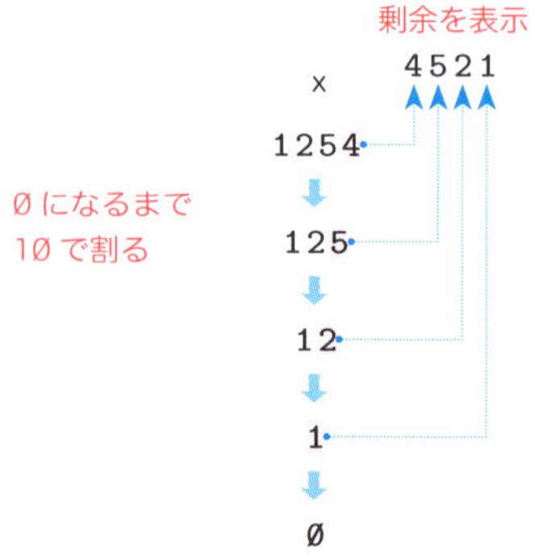

Fig.3-9 正の整数値の反転

❷ xを10で割る

表示後に行うのは、xを10で割ることです。

初登場の演算子 **/=** は、左オペランドの値を右オペランドの値で割ります。xが1254であれば、その値は125となります（整数どうしの演算ですから剰余は切り捨てられます）。

▶ 最下位桁を弾（はじ）き飛ばすわけです。

以上の処理を繰り返してxの値が0になると while 文は終了です。

▶ なお、while 文の繰返しの回数は、xの桁数と一致します。

演算子 *, /, %, +, -, <<, >>, &, ^, | に対しては、その直後に = を付けた演算子も提供されます。もとの演算子が @ であれば、式 a @= b と a = a @ b は、ほぼ同じです。

これらの演算子は、演算と代入の両方の働きをもつため、**複合代入演算子**（*compound assignment operator*）と呼ばれます。**Table 3-3** が、その一覧です。

▶ 複合代入演算子と区別するために、通常の = 演算子は、**単純代入演算子**（*simple assignment operator*）と呼ばれます（p.71）。

Table 3-3　複合代入演算子の一覧

*=	/=	%=	+=	-=	<<=	>>=	&=	^=	|=

▶ 演算子の途中に空白を入れて + = や >> = などとすることはできません。なお、いずれの演算子も、代入後の左オペランドの型と値を生成するのは、単純代入演算子 = と同様です（p.45）。

x を 10 で割る**2**は、以下のように、演算子 / と = の両方を使っても実現できます。

```
x = x / 10;            // xを10で割る（xを10で割った商をxに代入）
```

複合代入演算子を使うのは、以下のメリットがあるからです。

■ 行うべき演算を簡潔に表す

「x を 10 で割った商を x に代入する」よりも「x を 10 で割る」のほうが、簡潔である上に、私たち人間にとっても自然に受け入れられる表現です。

■ 左辺の変数名を書くのが 1 回ですむ

変数名が長い場合や、後の章で学習する配列やクラスを用いた複雑な式である場合は、タイプミスの可能性が少なくなり、プログラムも読みやすくなります。

■ 左辺の評価が 1 回限りである

複合代入演算子を利用する最大のメリットは、**左辺の評価が行われるのが 1 回のみであること**です。

特に、ある程度複雑なプログラでは、このメリットは大きなものとなります。たとえば、

```
computer.memory[vec[++i]] += 10;     // まずiを増やしてから10を加える
```

では、*i* の値がインクリメントされるのは 1 回限りです。複合代入演算子を用いずに実現するのであれば、以下のように文を二つに分けなければなりません。

```
++i;                                                   // まずiを増やす
computer.memory[vec[i]] = computer.memory[vec[i]] + 10;  // 10を加える
```

▶ ここで利用した演算子 [ ] は第 5 章で学習し、演算子 . は第 10 章で学習します。

整数の和を求める

複合代入演算子を用いた別のプログラム例を **List 3-10** に示します。これは、1 から n までの和を求めるプログラムです。たとえば、読み込んだ正の整数値 n の値が 5 であれば、求めるのは 1 + 2 + 3 + 4 + 5 の値である 15 です。

List 3-10 chap03/list0310.cpp

```
// 1からnまでの和を求める
#include <iostream>
using namespace std;

int main()
{
    int n;

    cout << "1からnまでの和を求めます。\n";
    do {
        cout << "nの値：";
        cin >> n;
    } while (n <= 0);

    int sum = 0;         // 合計            ←1
    int i = 1;

    while (i <= n) {
        sum += i;        // sumにiを加える  ←2
        i++;             // iをインクリメント
    }
    cout << "1から" << n << "までの和は" << sum << "です。\n";
}
```

実行例

```
1からnまでの和を求めます。
nの値：5
1から5までの和は15です。
```

1と2の箇所のフローチャートを **Fig.3-10** に示しています。この部分のプログラムの動作を理解していきましょう。

1 和を求めるための前準備です。和を格納する変数 sum の値を 0 にして、繰返しを制御する変数 i の値を 1 にします。

2 変数 i の値が n 以下である限り、i の値をインクリメントしながらループ本体を繰り返し実行します。繰り返すのは n 回です。

i が n 以下かどうかを判定する **while** 文の条件（フローチャートの◇）を通過する際の変数 i と sum の値は、図内に示す表のように変化します。プログラムと表を見比べながら理解していきましょう。

制御式を初めて通過する際の変数 i と sum の値は1で設定した値です。その後、繰返しが行われるたびに変数 i の値はインクリメントされて一つずつ増えていきます。

変数 sum に入っている値は《**現時点までに求められた和**》であり、変数 i に入っている値は《**次に加える値**》です。たとえば、i が 5 のときの変数 sum の値 10 は《1 から 4 までの和》です（すなわち変数 i の値である 5 が加算される前の値です）。

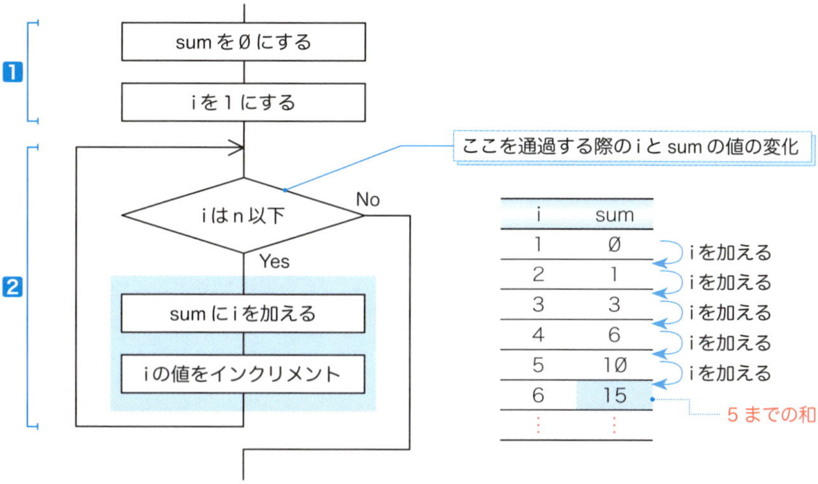

i	sum
1	0
2	1
3	3
4	6
5	10
6	15
⋮	⋮

Fig.3-10 1からnまでの和を求めるフローチャート

なお、*i*の値が*n*を超えたときに**while**文の繰返しが終了するため、最終的な*i*の値は、*n*ではなく*n* + 1です。

▶ 表に示すように、*n*が5であれば、**while**文終了時の*i*は6で*sum*は15です。

Column 3-1 条件におけるコンマ演算子の活用

while文の《条件》を通過する際の*i*と*sum*の値を表示するには、どうすればよいでしょうか。以下に示すのが、そのプログラム例です（"chap03/list0310a.cpp"）。

```
while (i <= n) {
    cout << "i = " << i << " sum = " << sum << '\n';  ←1
    sum += i;
    i++;
}
cout << "i = " << i << " sum = " << sum << '\n';  ←2
```

実行例

```
i = 1 sum = 0
i = 2 sum = 1
i = 3 sum = 3
i = 4 sum = 6
i = 5 sum = 10
i = 6 sum = 15
```

while文のループ本体の先頭で変数の値を表示します（1）。これだけでは、最後に《条件》を通過する際の変数の値を表示できません（ループ本体が実行されないからです）。そこで、**while**文終了後に再び変数の値を表示しています（2）。

もし表示形式などを変える場合、1と2の両方に対する同一の変更が余儀なくされます。

p.57で学習したコンマ演算子 **,** を利用すると、以下のように画面への表示を1箇所に集約できます（"chap03/list0310b.cpp"）。

```
while (cout << "i = " << i << " sum = " << sum << '\n', i <= n) {
    sum += i;
    i++;
}
```

プログラムの流れが条件部を通過するたびに、コンマ演算子 **,** の左オペランドが評価・実行され、右オペランドの評価によって得られる値が繰返しを続けるかどうかの判定のために使われます。

3-3 for 文

本節では、定型的な繰返しを while 文よりも簡潔に実現する for 文を学習します。

for 文

List 3-6（p.86）は、読み込んだ個数だけ＊を表示するプログラムでした。**while** 文ではなく、**for 文**（*for statement*）と呼ばれる文で書きかえたのが、**List 3-11** のプログラムです。

▶ for には、『～のあいだ』という意味があります。

List 3-11 chap03/list0311.cpp

```
// 読み込んだ個数だけ*を表示（for文）

#include <iostream>

using namespace std;

int main()
{
    int n;
    cout << "何個*を表示しますか：";
    cin >> n;

    if (n > 0) {
        for (int i = 0; i < n; i++)
            cout << '*';
        cout << '\n';
    }
}
```

実行例

```
何個*を表示しますか：12↵
************
```

別解 chap03/list0311a.cpp

```
for (int i = 1; i <= n; i++)
    cout << '*';
```

for 文の構文は **Fig.3-11** であり、**for** に続く（）の中は、三つの部分Ⓐ・Ⓑ・Ⓒで構成されます。

▶ 文であるⒶ部が末尾に；を含んでいるため、構文上はⒶ部とⒷ部とのあいだに；はありません。

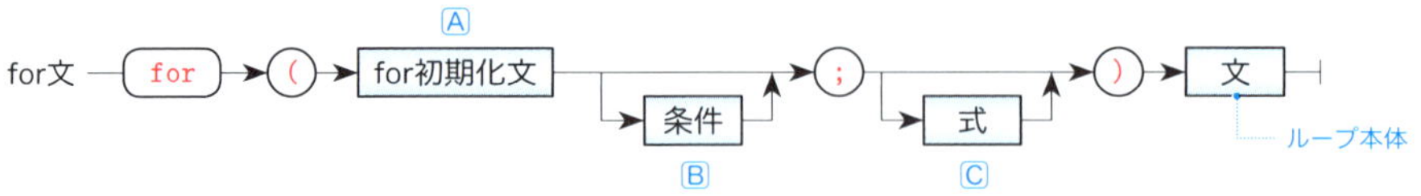

Fig.3-11 for 文の構文図

構文図を見ると、少し複雑に感じられるでしょう。しかし、**for** 文に慣れてしまうと、**while** 文よりも直感的に分かりやすいものとなります。何よりも、**while** 文よりも手短に記述できます。

本プログラムの **for** 文が、**while** 文を書きかえて作ったものであることからも分かるように、**for** 文と **while** 文は相互に置きかえられます。**Fig.3-12** に示す **for** 文と **while** 文は、ほぼ同等です。

```
for ( Ⓐ  Ⓑ; Ⓒ )
    文
```

ほぼ同じ

```
Ⓐ
while ( Ⓑ ) {
    文
    Ⓒ;
}
```

Fig.3-12 等価なfor文とwhile文

すなわち、**for**文のプログラムの流れは、以下のようになります。

- まず《**前処理**》ともいうべきⒶ部が評価・実行される。
- 《**継続条件**》であるⒷ部の条件が**true**である限り、文が実行される。
- 文の実行後に、《**後始末的な処理**》または《**次の繰返しのための準備**》であるⒸ部が評価・実行される。

継続条件Ⓑの評価が行われるのは、ループ本体である文を実行する前です。すなわち、**for**文の繰返しは、前判定繰返しです。

本プログラムの**for**文は、以下のように読めます。

変数*i*を0から始めて一つずつ増やしながら*n*回ループ本体を繰り返す。

Fig.3-13に示すのが、フローチャートです。最初に0で初期化された変数*i*は、*n*回インクリメントされます。

なお、この**for**文は【別解】のようにも実現できます。

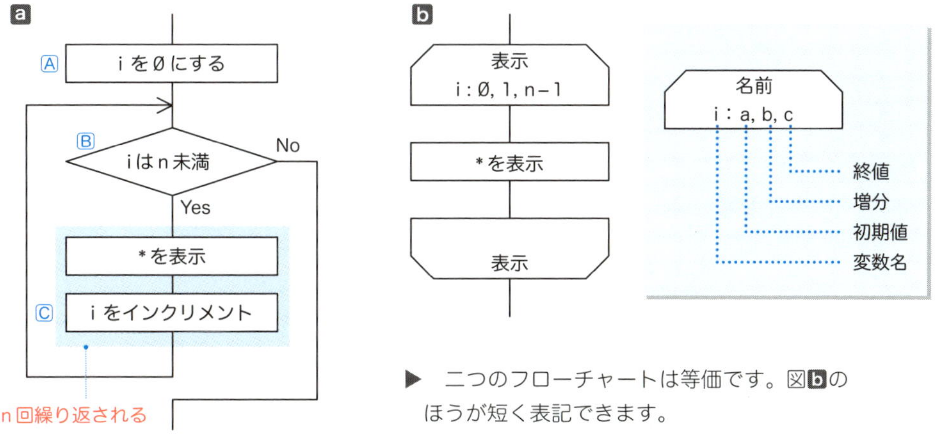

▶ 二つのフローチャートは等価です。図**b**のほうが短く表記できます。

Fig.3-13 List 3−11のfor文のフローチャート

A～Cの各部に関する細かい規則を学習していきましょう。

A for初期化文

A部には宣言文を置けます（本プログラムもそうなっています）。

なお、**ここで宣言された変数が使えるのは、そのfor文の中に限られます**。異なるfor文で同一名の変数を使う場合は、以下に示すように、各for文ごとに宣言が必要です。

```
for (int i = 0; i < 5; i++)
    cout << '*';

for (int i = 0; i < 3; i++)
    cout << '+';
```

for文ごとに変数iの宣言が必要

▶ 『for文を書くたびに変数を宣言しなければならないのは面倒だ。』というのは、実は筋違いです。もしも仮に、A部で宣言された変数が、for文を越えて通用する仕様となっていたらどうなるかを検討しましょう。その場合、上記のプログラムは、以下のようになります。

```
for (int i = 0; i < 5; i++)    // iを0で初期化する宣言
    cout << '*';
for (i = 0; i < 3; i++)        // iに0を代入
    cout << '+';
```

ここで、最初のfor文を削除してみます。変数iの宣言がなくなるわけですから、2番目のfor文の代入“i = 0;”を、宣言“int i = 0;”に変更しなければなりません。

並んだfor文の見た目のバランスがとれて、確実に変数を宣言できて、プログラムの変更にも対応しやすくなっているのは、for文ごとに変数を宣言する文法仕様のおかげです。

複数の変数の宣言が必要であれば、コンマ , で区切って宣言します（普通の宣言と同じです）。

なお、A部で行うことがなければ空文（p.46）すなわち**セミコロンだけの文**とします。

B 条件

B部も省略可能です。省略した場合、繰返し継続の判定は常にtrueとみなされます。そのため、（この後で学習するbreak文・goto文・return文をループ本体中で実行しない限り）永遠に繰返しを行う無限ループとなります。

C 式

C部も省略可能です。

Column 3-2　なぜ繰返し文を制御する変数はiやjなのか

多くのプログラマが、for文などの繰返し文を制御するための変数としてiやjを使います。

その歴史は、技術計算用のプログラミング言語FORTRANの初期の時代にまで遡ります。この言語では変数は原則として実数です。しかし、名前の先頭文字がI, J, …, Nの変数だけは自動的に整数とみなされていました。そのため、繰返しを制御するための変数としてはI, J,…を使うのが最も手軽な方法だったのです。

以下のコードを考えましょう。変数 *n* の個数だけ '-' を表示するように見えます。ところが、*n* がどのような値であっても、表示される '-' は 1 個だけです。

```
for (int i = 0; i < n; i++);
    cout << '-';
```

このようになる原因は、i++) の後ろに置かれた ; です。これは《空文》ですから、上のコードは以下のように解釈されます。

おそらくタイプミスによるセミコロン

```
for (int i = 0; i < n; i++);      // for文：空文であるループ本体をn回実行
cout << '-';                      // for文終了後に１回だけ実行される式文
```

もちろん、**for** 文だけでなく **while** 文でも、このようなミスを犯さないように気をつけなければなりません。

重要 **for** 文や **while** 文の ( ) の後ろに、誤って空文を置かないように注意しよう。

▶ 実は、これと同じ教訓を、**if** 文を例にして学習していました (p.46)。

for 文を応用したプログラムを作ってみましょう。

▪ 奇数の列挙

List 3-12 は、整数値を読み込んで、その整数値以下の正の**奇数** 1, 3, … を表示するプログラムです。

for 文のⒸ部 *i* **+=** 2 で使っている **+=** は、右オペランドの値を左オペランドに加える複合代入演算子です。変数 *i* に 2 を加えるのですから、繰返しのたびに *i* の値は二つずつ増えます。

List 3-12 chap03/list0312.cpp

```
// 読み込んだ整数値以下の奇数を表示
#include <iostream>

using namespace std;

int main()
{
    int n;
    cout << "整数値：";
    cin >> n;

    for (int i = 1; i <= n; i += 2)
        cout << i << '\n';
}
```

実行例

```
整数値：8⏎
1
3
5
7
```

▪ 約数の列挙

List 3-13 は、整数値を読み込んで、その整数値のすべての**約数**を表示するプログラムです。

for 文では、変数 *i* の値を 1 から *n* までインクリメントしていきます。*n* を *i* で割った剰余が 0 であれば（*n* が *i* で割り切れれば）、*i* は *n* の約数であると判断できますから、その値を表示します。

List 3-13 chap03/list0313.cpp

```
// 読み込んだ整数値の全約数を表示
#include <iostream>

using namespace std;

int main()
{
    int n;
    cout << "整数値：";
    cin >> n;

    for (int i = 1; i <= n; i++)
        if (n % i == 0)
            cout << i << '\n';
}
```

実行例

```
整数値：8⏎
1
2
4
8
```

繰返し文

do 文・**while** 文・**for** 文をあわせて**繰返し文**（*iteration statement*）と呼びます。

3-4 多重ループ

繰返し文のループ本体を繰返し文にすると、二重・三重の繰返しが行えます。このような繰返しが多重ループです。本節では多重ループについて学習します。

九九の表

ここまでのプログラムは、単純な繰返しを行うものでした。繰返しの中で繰返しを行うこともできます。そのような繰返しは、入れ子の深さに応じて二重ループ、三重ループ、… と呼ばれます。もちろん、その総称は《多重ループ》です。

二重ループを用いて九九の表を表示するプログラムを **List 3-14** に示します。

List 3-14 chap03/list0314.cpp

```
// 九九の表を表示

#include <iomanip>
#include <iostream>

using namespace std;

int main()
{
    for (int i = 1; i <= 9; i++) {
        for (int j = 1; j <= 9; j++)
            cout << setw(3) << i * j;
        cout << '\n';
    }
}
```

行ループ / 列ループ

実行結果

```
  1  2  3  4  5  6  7  8  9
  2  4  6  8 10 12 14 16 18
  3  6  9 12 15 18 21 24 27
  4  8 12 16 20 24 28 32 36
  5 10 15 20 25 30 35 40 45
  6 12 18 24 30 36 42 48 54
  7 14 21 28 35 42 49 56 63
  8 16 24 32 40 48 56 64 72
  9 18 27 36 45 54 63 72 81
```

表示を行う網かけ部のフローチャートを **Fig.3-14** に示しています。なお、右側の図は、変数 *i* と *j* の値の変化を表したものです。

setw 操作子

cout に挿入されている setw(3) は、

次の出力を少なくとも 3 桁の幅で行ってください。

という依頼です。そのため、3 桁に満たない数値の前には空白が埋められます。

setw を使うと、以下のように表示桁数を自由に制御できます。

```
cout << setw(3) << 1 << '\n';
cout << setw(3) << 12 << '\n';
cout << setw(3) << 123 << '\n';
cout << setw(3) << 1234 << '\n';
cout << setw(3) << 12345 << '\n';
```

```
  1
 12
123
1234
12345
```

▶ 出力すべき数値の桁数が指定された桁数を超えるときは、その数値の表示に必要な**すべての桁**が出力されます。

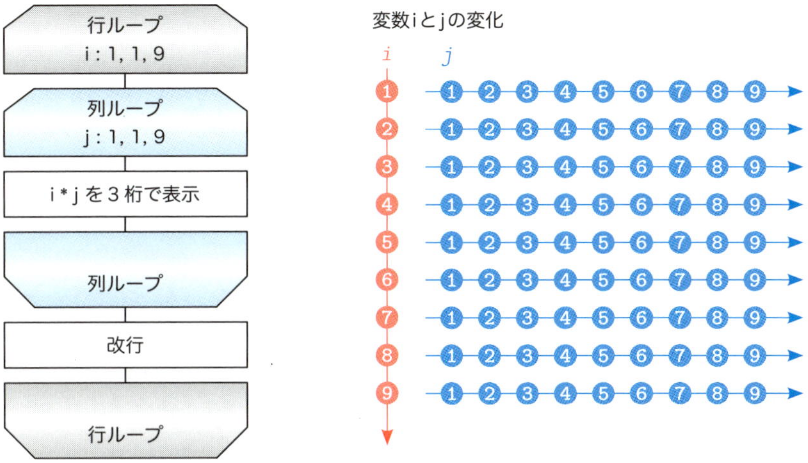

Fig.3-14 九九の表を表示する二重ループのプログラムの流れ

もしsetw(3)を挿入しなければ、右のように数値がくっついて表示されます。

```
123456789
24681012141618
369121518212427
4812162024283236
51015202530354045
61218243036424854
71421283542495663
81624324048566472
91827364554637281
```

入出力の形式を指定するsetwは、**操作子**（*manipulator*）と呼ばれます。**setw操作子**の利用にあたっては、**<iomanip>ヘッダ**のインクルードが必要です。

▶ setwを含めた主要な操作子については、p.112で学習します。

＊

外側のfor文（行ループ）では、*i*の値を1から9までインクリメントします。その繰返しは、表の1行目、2行目、… 9行目に対応します。すなわち、**縦方向の繰返し**です。

その各行で実行される**内側のfor文（列ループ）**は、*j*の値を1から9までインクリメントします。これは、各行における**横方向の繰返し**です。

変数*i*の値を1から9まで増やす《行ループ》は9回繰り返されます。その各繰返しで、変数*j*の値を1から9まで増やす《列ループ》が9回繰り返されます。《列ループ》終了後の改行の出力は、次の行へと進むための準備です。

そのため、この二重ループでは、次のように処理が行われます。

- *i*が1のとき：*j*を1⇨9とインクリメントしながら3桁で1 * *j*を表示して改行
- *i*が2のとき：*j*を1⇨9とインクリメントしながら3桁で2 * *j*を表示して改行
- *i*が3のとき：*j*を1⇨9とインクリメントしながら3桁で3 * *j*を表示して改行

　… 中略 …

- *i*が9のとき：*j*を1⇨9とインクリメントしながら3桁で9 * *j*を表示して改行

直角三角形の表示

二重ループを使えば、記号文字を並べた図形が表示できます。**List 3-15** に示すのは、記号文字 * を並べて左下側が直角の二等辺三角形を表示するプログラムです。

List 3-15 chap03/list0315.cpp

```
// 左下側が直角の二等辺三角形を表示

#include <iostream>

using namespace std;

int main()
{
    int n;
    cout << "左下直角の二等辺三角形を表示します。\n";
    cout << "段数は：";
    cin >> n;

    for (int i = 1; i <= n; i++) {
        for (int j = 1; j <= i; j++)      // i個の'*'を表示
            cout << '*';
        cout << '\n';
    }
}
```

実行例

```
左下直角の二等辺三角形
を表示します。
段数は：5
*
**
***
****
*****
```

直角三角形の表示を行う網かけ部のフローチャートを **Fig.3-15** に示しています。右側の図は、変数 i と j の値の変化を表したものです。

実行例のように、n の値が 5 である場合を例にとって、どのように処理が行われるかを考えていきましょう。

外側の for 文（行ループ）では、変数 i の値を 1 から n すなわち 5 までインクリメントします。これは、三角形の各行に対応する**縦方向の繰返し**です。

その各行で実行される**内側の for 文（列ループ）**は、変数 j の値を 1 から i までインクリメントしながら表示を行います。これは各行における**横方向の繰返し**です。

そのため、この 2 重ループは、次のように動作します。

- i が 1 のとき：j を 1 ⇨ 1 とインクリメントしながら '*' を表示して改行　*
- i が 2 のとき：j を 1 ⇨ 2 とインクリメントしながら '*' を表示して改行　**
- i が 3 のとき：j を 1 ⇨ 3 とインクリメントしながら '*' を表示して改行　***
- i が 4 のとき：j を 1 ⇨ 4 とインクリメントしながら '*' を表示して改行　****
- i が 5 のとき：j を 1 ⇨ 5 とインクリメントしながら '*' を表示して改行　*****

三角形を上から第 1 行〜第 n 行とすると、第 i 行目に i 個の '*' を表示して、最終行である第 n 行目には n 個の '*' を表示するわけです。

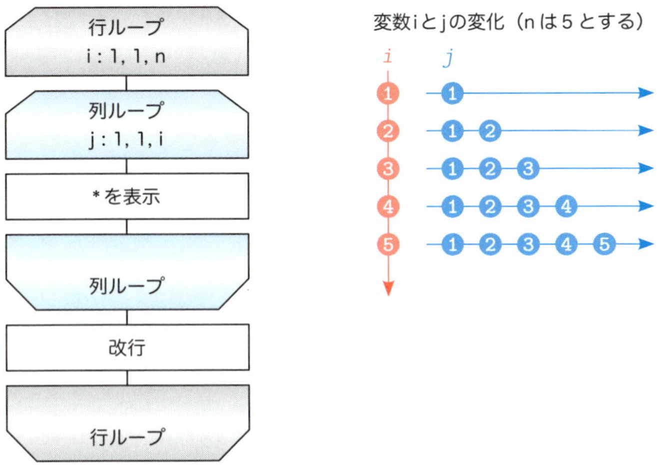

Fig.3-15　左下側が直角の直角三角形を表示する二重ループのプログラムの流れ

次は、右下側が直角の二等辺三角形を表示するプログラムを作ります。**List 3-16** に示すのが、そのプログラムです。

List 3-16　chap03/list0316.cpp

```
// 右下側が直角の二等辺三角形を表示

#include <iostream>

using namespace std;

int main()
{
    int n;
    cout << "右下直角の二等辺三角形を表示します。\n";
    cout << "段数は：";
    cin >> n;
    for (int i = 1; i <= n; i++) {
        for (int j = 1; j <= n - i; j++)     // n - i個の' 'を表示
            cout << ' ';
        for (int j = 1; j <= i; j++)         // i個の'*'を表示
            cout << '*';
        cout << '\n';
    }
}
```

実行例

```
右下直角の二等辺三角形
を表示します。
段数は：5
    *
   **
  ***
 ****
*****
```

プログラムは複雑になっています。というのも、記号文字 * に先立って、適切な個数のスペースの出力が必要だからです。**for** 文の中には、二つの **for** 文が入っています。

- 1番目の **for** 文：$n - i$ 個の空白文字 ' ' を表示
- 2番目の **for** 文：　i 個の記号文字 '*' を表示

どの行においても、空白文字と記号文字 * の個数の合計は n です。

3-5 break 文と continue 文と goto 文

本節で学習するのは、break 文と continue 文と goto 文です。これらの文を利用すると、繰返し文におけるプログラムの流れに変化をもたせることができます。

break 文

List 3-17 に示すのは、読み込んだ整数を加算して合計を表示するプログラムです。

まず最初に、加算する整数の個数を変数 *n* に読み込みます。それから、**for** 文による *n* 回の繰返しの過程で、*n* 個の整数を読み込んでいきながら加算を行います。ただし、**読み込んだ値が 0 であれば入力が終了します**。

List 3-17　chap03/list0317.cpp

```
// 読み込んだ整数を加算（0が入力されたら終了）

#include <iostream>

using namespace std;

int main()
{
    int n;              // 加算する個数
    cout << "整数を加算します。\n";
    cout << "何個加算しますか：";
    cin >> n;

    int sum = 0;        // 合計値
    for (int i = 0; i < n; i++) {
        int t;
        cout << "整数（0で終了）：";
        cin >> t;
        if (t == 0) break;        // for文から抜け出る ←1
        sum += t;
    }
    cout << "合計は" << sum << "です。\n";  ←2
}
```

実行例1

```
整数を加算します。
何個加算しますか：2
整数（0で終了）：15
整数（0で終了）：37
合計は52です。
```

実行例2

```
整数を加算します。
何個加算しますか：5
整数（0で終了）：82
整数（0で終了）：45
整数（0で終了）：0
合計は127です。
```

1の網かけ部では break 文が使われています。繰返し文（**for** 文・**do** 文・**while** 文）の中で実行された **break** 文は、その繰返し文を強制的に中断・終了させます（**switch** 文中で実行される場合とは働きが少し異なります）。

そのため、変数 *t* に読み込んだ値が 0 であれば、**for** 文の実行は中断して、プログラムの流れは2へと移ります。

*

break 文の働きを一般的に示したのが **Fig.3-16** です。繰返し文中で **break** 文が実行されると、その繰返し文の実行が中断されます。

▶ 多重ループの中で **break** 文が実行されると、その **break** 文を直接囲んでいる繰返し文の実行が中断されます。

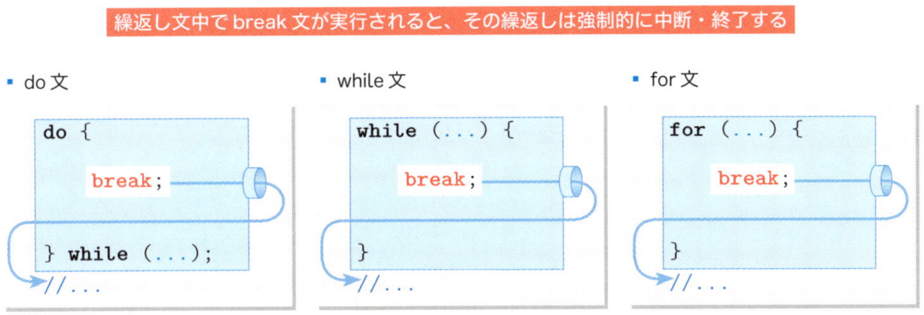

繰返し文中でbreak文が実行されると、その繰返しは強制的に中断・終了する
do文
do {
break;
} while (...);
//...
while文
while (...) {
break;
}
//...
for文
for (...) {
break;
}
//...

Fig.3-16 繰返し文内のbreak文の働き

break 文を利用した別のプログラム例を **List 3-18** に示します。読み込んだ整数を加算する点では前のプログラムと同じですが、**合計が 1,000 を超えない範囲で読込みと加算を行う点**が異なります。

List 3-18 chap03/list0318.cpp

```
// 読み込んだ整数を加算（合計が1,000を超えない範囲で加算する）

#include <iostream>

using namespace std;

int main()
{
    int n;              // 加算する個数
    cout << "整数を加算します。\n";
    cout << "何個加算しますか：";
    cin >> n;

    int sum = 0;        // 合計値
    for (int i = 0; i < n; i++) {
        int t;
        cout << "整数：";
        cin >> t;
        if (sum + t > 1000) {
            cout << "\a合計が1,000を超えました。\n最後の数値は無視します。\n";
            break;
        }
        sum += t;
    }
    cout << "合計は" << sum << "です。\n";
}
```

実行例

```
整数を加算します。
何個加算しますか：5
整数：127
整数：534
整数：392
♪合計が1,000を超えました。
最後の数値は無視します。
合計は661です。
```

実行例では3個の整数を読み込んでいます。3個目の392を加算すると合計が1,000を超えるため、読込みを終了します（網かけ部を実行して for 文を中断・終了します）。そのため、変数 *sum* には最初に読み込んだ2個の合計が入ります。

continue 文

break 文と対照的なのが、Fig.3-17 の構文をもつ continue 文（*continue statement*）です。

▶ continue は、『続ける』という意味です。

continue文
continue
;

Fig.3-17 continue 文の構文図

continue 文が実行されると、ループ本体の残りの部分の実行がスキップされて、プログラムの流れはループ本体の末尾へと一気に飛びます。

各繰返し文の中で、continue 文がどのように働くのかをまとめたのが、Fig.3-18 です。

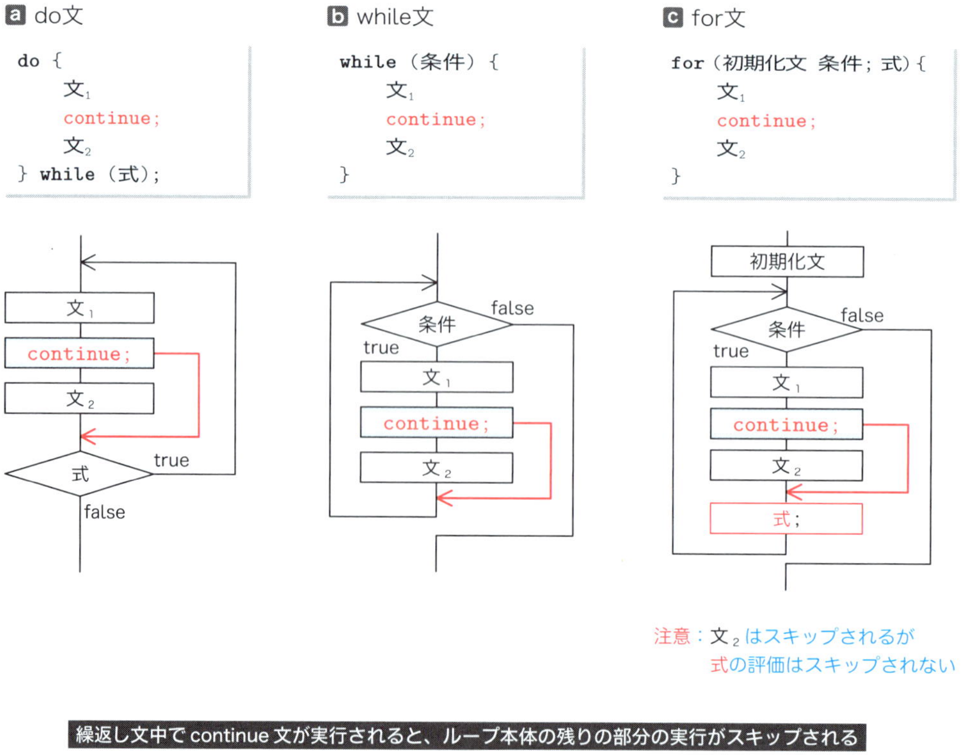
a do文
do {
文1
continue;
文2
} while (式);
文1
continue;
文2
式
true
false
b while文
while (条件) {
文1
continue;
文2
}
条件
false
true
文1
continue;
文2
c for文
for (初期化文 条件; 式) {
文1
continue;
文2
}
初期化文
条件
false
true
文1
continue;
文2
式;
注意：文2はスキップされるが
式の評価はスキップされない
繰返し文中で continue 文が実行されると、ループ本体の残りの部分の実行がスキップされる

Fig.3-18 continue 文の働き

すなわち、continue 文を実行した直後のプログラムの流れは、次のようになります。

▪ do 文と while 文

continue 文の後ろに置かれている**文**$_2$の実行がスキップされ、繰返しを継続するかどうかを判定するための《式》や《条件》の評価が行われます。

▪ for 文

continue 文の後ろに置かれている**文**$_2$の実行がスキップされます。次の繰返しの準備のための《式》が評価・実行されてから《条件》の判定が行われます。

＊

List 3-19 に示すのが、continue 文を利用したプログラム例です。前のプログラムと同様に、読み込んだ整数を加算します。ただし、**加算するのは 0 以上の値のみです。**

List 3-19 chap03/list0319.cpp

```
// 読み込んだ整数を加算（負の値は加算しない）

#include <iostream>

using namespace std;

int main()
{
    int n;              // 加算する個数
    cout << "整数を加算します。\n";
    cout << "何個加算しますか：";
    cin >> n;

    int sum = 0;        // 合計値
    for (int i = 0; i < n; i++) {
        int t;
        cout << "整数：";
        cin >> t;
        if (t < 0) {
            cout << "\a負の数は加算しません。\n";
            continue;
        }
        sum += t;    ← tが負のときは実行されない
    }
    cout << "合計は" << sum << "です。\n";
}
```

実行例

```
整数を加算します。
何個加算しますか：3
整数：2
整数：-5
♪負の数は加算しません。
整数：13
合計は15です。
```

変数 t に読み込んだ値が 0 未満であれば、『負の数は加算しません。』と表示した上で continue 文を実行します。そのため、**Fig.3-18** の文$_2$に相当する網かけ部はスキップされて実行されません。

負の数は加算の対象になりませんが、読み込む個数としてはカウントされることに注意しましょう（すなわち、負数を含めて *n* 個を読み込みます）。

▶ continue 文の実行によって、網かけ部がスキップされた後に、*i*++ が評価・実行されます。

goto 文

Fig.3-19 の構文をもつ**goto 文**（*goto statement*）も、プログラムの流れを制御する文です。繰返し文の中でなくても使えることが、**break** 文や **continue** 文と異なります。

List 3-20 に示すのが、goto 文を利用したプログラム例です。

List 3-20 chap03/list0320.cpp

```
// 読み込んだ整数を加算（9999が入力されると強制終了）

#include <iostream>

using namespace std;

int main()
{
    int n;              // 加算する個数
    cout << "整数を加算します。\n";
    cout << "何個加算しますか：";
    cin >> n;
    cout << "9999で強制終了します。\n";

    int sum = 0;        // 合計値
    for (int i = 0; i < n; i++) {
        int t;
        cout << "整数：";
        cin >> t;
        if (t == 9999)
            goto Exit;        // ❶
        sum += t;
    }
    cout << "合計は" << sum << "です。\n";

Exit:                         // ❷
    ;
}
```

実行例❶

```
整数を加算します。
何個加算しますか：3
9999で強制終了します。
整数：2
整数：12
整数：36
合計は50です。
```

実行例❷

```
整数を加算します。
何個加算しますか：3
9999で強制終了します。
整数：2
整数：9999
```

これまで同様、読み込んだ整数を加算していきます。ただし、9999 が入力されると、強制的に処理を中断して**合計の表示を行いません**。

goto 文が実行されると、プログラムの流れは指定されたラベルへと一気に飛びます。本プログラムの場合は、ラベル *Exit* が指定されていますので、飛び先は❷です。

《ラベル》という言葉は、**switch** 文の学習のときに出てきました。**goto** 文の飛び先となるラベルは、プログラマが自由につけることのできる識別子（名前）です。

ラベルと、その後ろの文をあわせて**ラベル付き文**（*labeled statement*）と呼びます。ラベル付き文の構文図を **Fig.3-20** に示します。

Fig.3-19 goto 文の構文図

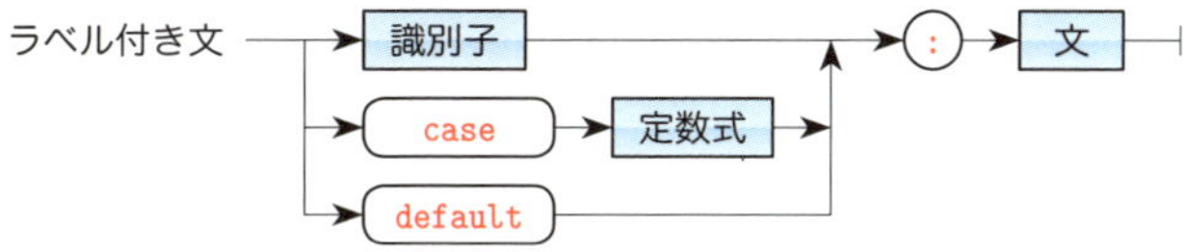

Fig.3-20 ラベル付き文の構文図

《ラベル付き文》という名前が示すように、コロン：の後ろには文が必要です。

▶ というよりも、文の前にラベルが付いています。

そのため、ラベル *Exit*: の後ろの空文は削除できません。コロン：の後ろに必要な文が欠如すると、コンパイルエラーになります。

＊

本節の締めくくりとして、**break** 文と **continue** 文の両方を使ったプログラムを学習しましょう。**List 3-21** に示すのが、そのプログラムです。

List 3-21 chap03/list0321.cpp

```
// 面積がnで縦横が整数の長方形の辺の長さを列挙

#include <iostream>

using namespace std;

int main()
{
    int n;              // 面積
    cout << "面積は：";
    cin >> n;

    for (int i = 1; i < n; i++) {
        if (i * i > n) break;
        if (n % i != 0) continue;
        cout << i << "×" << n / i << '\n';
    }
}
```

実行例1
```
面積は：32
1×32
2×16
4×8
```

実行例2
```
面積は：100
1×100
2×50
4×25
5×20
10×10
```

このプログラムは、面積が *n* の長方形の**辺の長さ**を求めるプログラムです。ただし、縦の辺・横の辺ともに整数としています。また、縦と横をひっくり返したものは考えません（たとえば、実行例1の場合は 4 × 8 を出力しますが、8 × 4 は出力しません）。

解説はあえて省略しますので、プログラムをよく読んで理解しましょう。

▶ ヒント：変数 *i* は短辺の長さです。

3-6 拡張表記と操作子

これまで、一部の拡張表記と操作子を学習しました。本節では、拡張表記と操作子をひととおり学習します。

拡張表記

第1章では、改行を表す `\n` と警報を表す `\a` を学習しました。逆斜線記号 \ を先頭にした文字の並びで単一の文字を表す表記法が、**拡張表記**（*escape sequence*）です。

拡張表記は、文字列リテラルや文字リテラルの中で利用します。**Table 3-4** に示すのが、その一覧です。

Table 3-4 拡張表記

■ 単純拡張表記（*simple escape sequence*）		
`\a`	警報（*alert*）	聴覚的または視覚的な警報を発する。
`\b`	後退（*backspace*）	表示位置を直前の位置へ移動する。
`\f`	書式送り（*form feed*）	改ページして、次のページの先頭へ移動する。
`\n`	改行（*new line*）	改行して、次の行の先頭へ移動する。
`\r`	復帰（*carriage return*）	現在の行の先頭位置へ移動する。
`\t`	水平タブ（*horizontal tab*）	次の水平タブ位置へ移動する。
`\v`	垂直タブ（*vertical tab*）	次の垂直タブ位置へ移動する。
`\\`	逆斜線文字 \	
`\?`	疑問符 ?	
`\'`	単一引用符 '	
`\"`	二重引用符 "	
■ 8進拡張表記（*octal escape sequence*）		
`\`*ooo*	*ooo* は1～3桁の8進数	8進数で *ooo* の値をもつ文字。
■ 16進拡張表記（*hexadecimal escape sequence*）		
`\x`*hh*	*hh* は任意の桁数の16進数	16進数で *hh* の値をもつ文字。

拡張表記 `\n` や `\x1B` は複数の文字で構成されますが、それによって表されるのは、あくまでも、単一の文字です。

■ \a … 警報

警報 `\a` を出力すると、《**聴覚的または視覚的な警報**》が発せられます。ほとんどの環境ではビープ音が鳴ります（音を出さずに画面を点滅させる環境もあります）。

なお、警報の出力の結果、**現表示位置**（コンソール画面における**カーソルの位置**）が変更されることはありません。

▶ 本書の実行例では、警報の出力結果を ♪ と表します（p.10）。

▪ \b … 後退

後退 **\b** を出力すると、現表示位置が《**その行内での直前の位置**》に移動します。

▶ 現表示位置が行の先頭にあるときに後退を出力した結果は、規定されていません。多くの環境では、前の行（上の行）にはカーソルを戻せないからです。

▪ \f … 書式送り

書式送り **\f** を出力すると、現表示位置が《**次の論理ページの先頭位置**》に移動します。通常の環境では、書式送りをコンソール画面へ出力しても何も起こりません。

プリンタへの出力において、改ページを行う際に利用します。

▪ \n … 改行

改行 **\n** を出力すると、現表示位置が《**次の行の先頭**》に移動します。

▪ \r … 復帰

復帰 **\r** を出力すると、現表示位置が《**その行の先頭**》に移動します。

画面に復帰を出力すると、表示ずみの文字を書きかえることができます。**List 3-22** のプログラムはAからZまでのアルファベット文字を表示し、それから復帰によってカーソルを行の先頭に戻して、その状態で **"12345"** を表示します。

List 3-22 chap03/list0322.cpp

```
// 復帰の出力によって表示ずみ文字を書きかえる

#include <iostream>

using namespace std;

int main()
{
    cout << "ABCDEFGHIJKLMNOPQRSTUVWXYZ";
    cout << "\r12345\n";
}
```

実行結果

```
12345FGHIJKLMNOPQRSTUVWXYZ
```

上書きされる

復帰

▪ \t … 水平タブ

水平タブ **\t** を出力すると、現表示位置が《**その行における次の水平タブ位置**》に移動します。なお、現表示位置が、行における最後の水平タブ位置にある場合や、その位置を過ぎている場合の動作は規定されません。

水平タブ位置はOSなどの環境に依存します。

▪ \v … 垂直タブ

垂直タブ **\v** を出力すると、現表示位置が《**次の垂直タブ位置における最初の位置**》に移動します。なお、現表示位置が最後の垂直タブ位置にある場合や、その位置を過ぎている場合の動作は規定されません。

書式送り **\f** と同様に、主としてプリンタへの出力の際に利用します。

▪ \\ … 逆斜線

逆斜線文字 \ の表記には、拡張表記 \\ を使います。

▪ \? … 疑問符

疑問符記号 ? を表す拡張表記が \? です。わざわざ \? を利用しなくても、単に ? だけで表せますので、ほとんど利用されません。

▪ \' と \" … 単一引用符と二重引用符

引用符記号 ' と " を表す拡張表記が \' と \" です。文字列リテラル中で使う場合と、文字リテラル中で使う場合の注意点は、以下のとおりです。

▪ 文字列リテラルでの表記

- **二重引用符**

  拡張表記 \" によって表します。そのため、文字列 AB"C を表す文字列リテラルの表記は "AB\"C" となります（"AB"C" は駄目です）。

- **単一引用符**

  そのままの表記 ' と拡張表記 \' のいずれでも表記できます。

▪ 文字リテラルでの表記

- **二重引用符**

  そのままの表記 " と拡張表記 \" のいずれでも表記できます。

- **単一引用符**

  拡張表記 \' によって表します。そのため、単一引用符を表す文字リテラルは '\'' となります（''' は駄目です）。

*

これらの拡張表記を利用するプログラム例を **List 3-23** に示します。

List 3-23 chap03/list0323.cpp

```
// 拡張表記\'と\"の利用例

#include <iostream>

using namespace std;

int main()
{
    cout << "文字列リテラルと文字リテラルについて。\n";

    cout << "二重引用符";
    cout << '"';                                          // \"でも可
    cout << "で囲まれた\"ABC\"は文字列リテラルです。\n";  // " は不可

    cout << "単一引用符";
    cout << '\'';                                         // ' は不可
    cout << "で囲まれた'A'は文字リテラルです。\n";       // \'でも可
}
```

実行結果

```
文字列リテラルと文字リテラルについて。
二重引用符"で囲まれた"ABC"は文字列リテラルです。
単一引用符'で囲まれた'A'は文字リテラルです。
```

■ 8進拡張表記と16進拡張表記

8進数または16進数のコードで文字を表すのが、\で始まる8進拡張表記と、\xで始まる16進拡張表記です。前者は文字コードを1～3桁の8進数で、後者は任意の桁数の16進数で表します。

たとえばASCIIコードやJISコード体系では、数字文字'0'の文字コードは10進数の48であるため、8進拡張表記で'\60'、16進拡張表記で'\x30'と表せます。

▶ 文字コードについては、第4章で学習します。8進拡張表記と16進拡張表記で表記された文字は、異なる文字コード体系の環境では違う文字として解釈されますので、軽率に利用してはいけません。なお、JISコード表は、**Table 4-3**（p.124）に示しています。

三つ組と二つ組

C++のソースプログラムで使われる\や#などの記号文字は、すべてのコンピュータで利用できるとは限りません。そのため、一部の記号文字は、他の記号文字によって代替できるようになっています。

??で始まる3文字によって1個の文字を表す表記法が**三つ組表示**（*trigraph sequence*）です。**Table 3-5**に示すのが、すべての三つ組表示の一覧です。

また、2文字によって1個の文字を表すのが、**Table 3-6**に示す**二つ組**（*digraph*）による代替字句です。

Table 3-5 三つ組表示による代替表現

三つ組	置換え
??=	#
??/	\
??'	^
??(	[
??)	]
??!	|
??<	{
??>	}
??-	~

Table 3-6 二つ組による代替字句

代替	正規
<%	{
%>	}
<:	[
:>	]
%:	#
%:%:	##

たとえば、記号文字\と#が使えない環境では、\nを??/nと表し、#includeを??=includeあるいは%:includeと表します。

操作子

九九の表を出力するプログラム（**List 3-14**: p.98）では、出力の桁数を setw 操作子で指定しました。主要な操作子の概略を **Table 3-7** に、プログラム例を **List 3-24** に示します。

Table 3-7 操作子（manipulator）の概略

	操作子	働き	入出力
基数	dec	整数の入出力を10進数で行う。	I O
	hex	整数の入出力を16進数で行う。	I O
	oct	整数の入出力を8進数で行う。	I O
	setbase(*n*)	整数の入出力を *n* 進数で行う。	I O
基数表記	showbase	整数の出力の前に基数表示を付加する。	O
	noshowbase	整数の出力の前に基数表示を付加しない。	O
浮動小数点数	fixed	浮動小数点数を固定小数点記法（例：12.34）で出力する。	O
	scientific	浮動小数点数を指数付き記法（例：1.234E2）で出力する。	O
	setprecision(*n*)	精度を *n* 桁に指定する。	O
	showpoint	浮動小数点数に無条件に小数点を付けて出力する。	O
	noshowpoint	浮動小数点数に無条件に小数点を付けずに出力する。	O
表記	uppercase	16進数や指数などの出力を大文字で行う。	O
	nouppercase	16進数や指数などの出力を小文字で行う。	O
数値	showpos	非負の値に+記号を付けて出力する。	O
	noshowpos	非負の値に+記号を付けずに出力する。	O
bool型	boolalpha	**bool** 型の入出力を0, 1でなくアルファベット形式で行う。	I O
	noboolalpha	**bool** 型の入出力をアルファベット形式でなく0, 1で行う。	I O
幅	setw(*n*)	少なくとも *n* 桁で出力する。	O
揃え	left	左寄せで出力する（詰め物文字は右側）。	O
	right	右寄せで出力する（詰め物文字は左側）。	O
	internal	詰め物文字を中間位置に入れて出力する。	O
詰め物	setfill(*c*)	詰め物文字を *c* に設定する。	O
付加出力	ends	ナル文字を出力する。	O
	endl	改行文字を出力してバッファをフラッシュする。	O
	flush	バッファをフラッシュする。	O
バッファ制御	unitbuf	出力のたびにフラッシュさせる。	O
	nounitbuf	出力のたびにフラッシュさせない。	O
ホワイトスペース	skipws	入力に先行するホワイトスペースを無視する。	I
	noskipws	入力に先行するホワイトスペースを無視しない。	I
	ws	ホワイトスペースを読み飛ばす。	I

▶ 操作子は、処理子とも呼ばれます。
右端の欄のIは入力ストリームに適用できることを示し、Oは出力ストリームに適用できることを示しています。

List 3-24 chap03/list0324.cpp

```
// 操作子による書式指定

#include <iomanip>
#include <iostream>

using namespace std;

int main()
{
    cout << oct << 1234 << '\n';     // 8進数
    cout << dec << 1234 << '\n';     // 10進数
    cout << hex << 1234 << '\n';     // 16進数

    cout << showbase;
    cout << oct << 1234 << '\n';     // 8進数
    cout << dec << 1234 << '\n';     // 10進数
    cout << hex << 1234 << '\n';     // 16進数

    cout << setw(10) << internal << "abc\n";
    cout << setw(10) << left     << "abc\n";
    cout << setw(10) << right    << "abc\n";

    cout << setbase(10);
    cout << setw(10) << internal << -123 << '\n';
    cout << setw(10) << left     << -123 << '\n';
    cout << setw(10) << right    << -123 << '\n';

    cout << setfill('*');            // 詰め物文字を'*'にする
    cout << setw(10) << internal << -123 << '\n';
    cout << setw(10) << left     << -123 << '\n';
    cout << setw(10) << right    << -123 << '\n';
    cout << setfill(' ');            // 詰め物文字を' 'に戻す

    cout << fixed      << setw(10) << setprecision(2) << 123.5 << endl;
    cout << scientific << setw(10) << setprecision(2) << 123.5 << endl;
}
```

実行結果

```
2322
1234
4d2
02322
1234
0x4d2
      abc
abc
          abc
-      123
-123
      -123
-******123
-123******
******-123
    123.50
  1.24e+02
```

指数部の桁数は処理系によって異なります（最低でも２桁です）

- <iomanip>ヘッダのインクルードが必要となるのは、setbase, setprecision, setw, setfill などの ( ) を伴う操作子を利用するときのみです。
- 基数（８進数／10 進数／16 進数）については、次章で学習します。
- boolalpha, noboolalpha 操作子を用いたプログラム例は、次章で学習します（p.141）。
- setw 操作子によって出力幅を指定した場合、実際に出力する数値や文字列が出力幅に満たないときは、詰め物文字で余白が埋められます。既定の詰め物文字はスペースですが、setfill 操作子によって自由に変更できます。
- 挿入子によって文字が挿入されるたびに機器に対して出力を行うと、十分な速度が得られません。そのため、出力すべき文字はバッファに蓄えられており、バッファが満杯になったときなどに実際の出力が行われます。バッファ内にたまっている未出力の文字を強制的に出力（フラッシュ）するのが endl と flush です。

まとめ

- 後判定繰返しは do 文によって実現できる。ループ本体は少なくとも１回は必ず実行される。ループ本体が単一の文であってもブロックとしたほうが読みやすくなる。

- 前判定繰返しは while 文と for 文によって実現できる。ループ本体は一度も実行されない可能性がある。単一の変数で制御する定型的な繰返しは、for 文によって簡潔に実現できる。

- do 文・while 文・for 文の総称は繰返し文である。

- 繰返し文中の break 文は、その繰返し文の実行を中断する。繰返し文中の continue 文は、ループ本体の残り部分の実行をスキップさせる。

- 繰返し文のループ本体は繰返し文であってもよい。そのような構造となっている繰返し文は、多重ループである。

- プログラム中の任意の位置にプログラムの流れを飛ばすには goto 文を利用する。

- ラベル付き文において、ラベルの後ろに置かれるべき文は省略できない。

- 代入式の左辺にも右辺にも置ける式は左辺値式と呼ばれ、右辺に置けて左辺に置けない式は右辺値式と呼ばれる。

- 増分演算子 ++ と減分演算子 -- はオペランドの値をインクリメント（一つ増やす）／デクリメント（一つ減らす）する。
  前置形式は評価前にインクリメント／デクリメントが行われる左辺値式となり、後置形式は評価後にインクリメント／デクリメントが行われる右辺値式となる。

- 単一の文字は、単一引用符 ' によって文字を囲む文字リテラルによって表現できる。

- 複合代入演算子は、演算と代入の両方を行う演算子である。演算と代入を二つの演算子で行うよりも短く記述できることに加えて、左オペランドの評価が１回しか行われないという特徴がある。

- 警報や改行などの文字は、拡張表記によって表記する。文字列リテラル中の " は、\" で表記しなければならない。文字リテラル中の ' は、\' で表記しなければならない。

- 一部の記号文字は三つ組表示あるいは二つ組によって代替表現できる。

- 入出力の書式は操作子によって指定できる。() を伴う操作子を利用するには <iomanip> ヘッダのインクルードが必要である。次に出力する数値や文字列の出力桁数は setw 操作子によって指定できる。

do 文

```
do
    文
while (式);
```

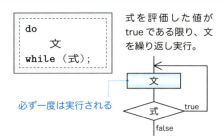

式を評価した値が true である限り、文を繰り返し実行。

必ず一度は実行される

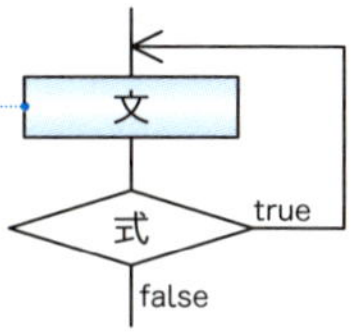

while 文

```
while (条件)
    文
```

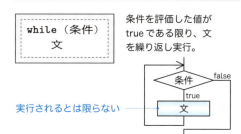

条件を評価した値が true である限り、文を繰り返し実行。

実行されるとは限らない

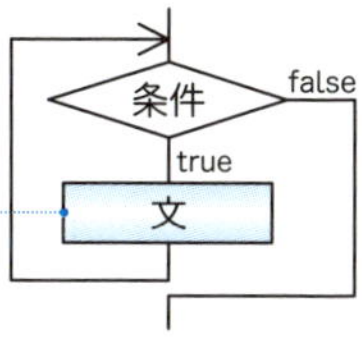

for 文

```
for (for初期化文 条件; 式)
    文
```

for 初期化文を一度だけ評価・実行する。
条件を評価した値が true である限り、「文を実行して、式を評価・実行する」ことを繰り返す。

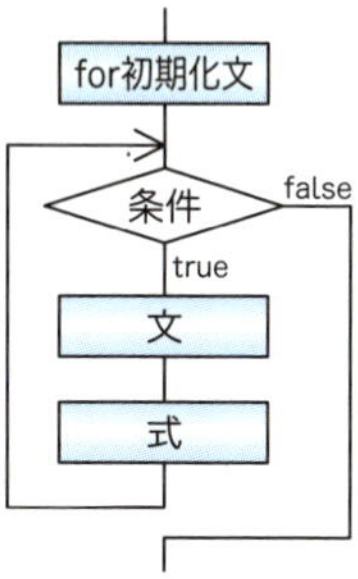

増分演算子	++x	x++
減分演算子	--x	x--

chap03/summary.cpp

```
#include <iostream>

using namespace std;

int main()
{
    int x;
    do {                                            // do文
        cout << "正の整数値：";
        cin >> x;
    } while (x <= 0);

    int y = x;
    int z = x;
    while (y >= 0)                                  // while文
        cout << y-- << " " << ++z << '\n';

    cout << "縦横が整数で面積が\"" << x
         << "\"の長方形の辺の長さ：\n";
    for (int i = 1; i < x; i++) {                  // for文
        if (i * i > x) break;        // break文
        if (x % i != 0) continue;    // continue文
        cout << i << " × " << x / i << '\n';
    }

    for (int i = 1; i <= 5; i++) {                 // 多重ループ
        for (int j = 1; j <= 7; j++)
            cout << '\'';
        cout << '\n';
    }
}
```

単一引用符
二重引用符

実行例

```
正の整数値：0⏎
正の整数値：-5⏎
正の整数値：32⏎
32 33
31 34
30 35
…中略…
2  63
1  64
0  65
縦横が整数で面積が"32"
の長方形の辺の長さ：
1 × 32
2 × 16
4 × 8
'''''''
'''''''
'''''''
'''''''
'''''''
```

第4章

基本的なデータ型

本章では、C++ が提供する組込みデータ型である整数型と浮動小数点型を学習します。また、整数値の集まりを表す列挙体について学習します。

- 算術型（整数型と浮動小数点型）
- 型特性と <climits> ヘッダと <limits> ヘッダ
- 符号付き整数型 signed と符号無し整数型 unsigned
- char 型／ short 型／ int 型／ long 型
- float 型／ double 型／ long double 型
- 整数リテラル／浮動小数点リテラル
- bool 型と真理値リテラル
- 列挙体と列挙子
- 演算と型
- 型と繰返しの制御
- 型変換とキャスト演算子（動的／静的／強制／定値性）
- オブジェクト
- 整数型の内部表現
- sizeof 演算子
- typeid 演算子と name 関数と <typeinfo> ヘッダ
- 文字と文字コード
- 文字種テスト関数と <cctype> ヘッダ
- typedef 宣言
- #define 指令とオブジェクト形式マクロ

4-1 算術型

本章では、基本的なデータ型をひととおり学習します。本節で学習するのは、最も馴染(なじ)み深い整数型と、実数を表す浮動小数点型です。

整数型

整数型(*integer type*)は、**有限範囲の連続した整数**を表現する型です。まずは、10 個の整数を表すと仮定して、整数型について考えていきましょう。

もし非負の数(0 と正の数)のみを扱うのであれば、以下の範囲の数値が表せます。

```
a 0, 1, 2, 3, 4, 5, 6, 7, 8, 9
```

また、負の数も表すのであれば、次に示す範囲の数値が表せます。

```
b -5, -4, -3, -2, -1, 0, 1, 2, 3, 4
```

もちろん、-4 から 5 までとしてもいいでしょう。いずれにせよ、絶対値としてはaのほぼ半分です。C++ では、用途や目的に応じて、これらを使い分けられます。

▶ たとえば、大きな正の数を扱う必要があって負の数を扱う必要がないのであればaを利用し、負の数も扱う必要があればbを利用する、といった使い分けが可能です。

aとbに相当するのが、以下の整数型です。

a 符号無し整数型(*unsigned integer type*)	…	0 と正の整数値を表現する。
b 符号付き整数型(*signed integer type*)	…	負と 0 と正の整数値を表現する。

変数の型をどちらにするのかは、宣言時に与える unsigned(アンサインド) または signed(サインド) の型指定子(*type specifier*)で決まります。与えずに省略した場合は“符号付き”とみなされます。

```
int          x;      // xは符号付きint型(すなわちsigned int型)
signed int   y;      // yは符号付きint型
unsigned int z;      // zは符号無しint型
```

さて、整数は、符号付き型と符号無し型に分類されるだけでなく、表現できる値の範囲すなわち《大きさ》でも分類されます。

先ほどは 10 個の数を表すものとして考えてきましたが、何個の数を表すのかによって、以下の 4 種類があります。

```
char        short int        int        long int
```

(char(チャー)、short(ショート)、long(ロング))

それぞれに対して符号付き版と符号無し版とが存在します。ただし、char だけは特別で、signed も unsigned も付かない“単なる char 型”が別個に存在します。

▶ signed や unsigned と同様に、short および long も型指定子の一種です。

これらの型と、**bool** 型と **wchar_t** 型とをあわせた型を、**汎整数型**（*integral type*）あるいは**整数型**（*integer type*）と呼びます（**Fig.4-1**）。

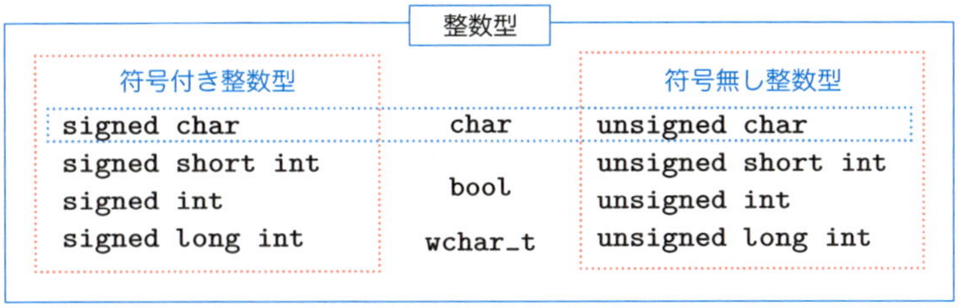

Fig.4-1　整数型の分類

各型で表現できる値の範囲（最小値と最大値）は **Table 4-1** のように規定されています。たとえば、**int** 型は -32767 ～ 32767 の整数値を（どの処理系でも確実に）表現できます。

Table 4-1　整数型で表現できる値の範囲（標準 C++ で保証された値）

型	最小値	最大値
`char`	0	255
	-127	127
`signed char`	-127	127
`unsigned char`	0	255
`short int`	-32767	32767
`int`	-32767	32767
`long int`	-2147483647	2147483647
`unsigned short int`	0	65535
`unsigned int`	0	65535
`unsigned long int`	0	4294967295

} どちらになるかは処理系依存

もっとも、**各型で表現できる値の範囲は、処理系によって異なります。**すなわち、処理系によっては、上の表よりも**広い範囲の値を表現できます。**

本書では、各型の表せる範囲が **Table 4-2** のようになっていると仮定します。

Table 4-2　整数型で表現できる値の範囲（本書で仮定する値）

型	最小値	最大値
`char`	0	255
`signed char`	-128	127
`unsigned char`	0	255
`short int`	-32768	32767
`int`	-32768	32767
`long int`	-2147483648	2147483647
`unsigned short int`	0	65535
`unsigned int`	0	65535
`unsigned long int`	0	4294967295

最小値の最下位桁が 7 ではなくて 8 となっています。その理由は、p.138 で学習します。

<climits> ヘッダ

C++ の処理系は、整数型の各型で表現できる値の最小値と最大値を **<climits> ヘッダ**で提供します。以下に示すのが、本書が想定する処理系の <climits> の定義の一部です。

▶ 符号無し型の最小値は提供されません（符号無し整数型の最小値が 0 だからです）。なお、整数リテラルの末尾に付けられた U と L については、p.131 で学習します。

本書で想定する <climits> の一部

```
#define UCHAR_MAX    255U            // unsigned charの最大値
#define SCHAR_MIN    -128            // signed charの最小値
#define SCHAR_MAX    +127            // signed charの最大値
#define CHAR_MIN     0               // charの最小値
#define CHAR_MAX     UCHAR_MAX       // charの最大値（unsigned charと同じ）
#define SHRT_MIN     -32768          // short intの最小値
#define SHRT_MAX     +32767          // short intの最大値
#define USHRT_MAX    65535U          // unsigned short intの最大値
#define INT_MIN      -32768          // intの最小値
#define INT_MAX      +32767          // intの最大値
#define UINT_MAX     65535U          // unsigned intの最大値
#define LONG_MIN     -2147483648L    // long intの最小値
#define LONG_MAX     +2147483647L    // long intの最大値
#define ULONG_MAX    4294967295UL    // unsigned long intの最大値
```

■ オブジェクト形式マクロ

#define 指令は、ワープロやエディタでの《置換》の指示に相当します。具体的な置換のイメージを示したのが、Fig.4-2 です。ソースプログラム中の INT_MIN は -32768 に置換され、INT_MAX は +32767 に置換されます。

▶ コンパイルは複数の段階で行われます。#include 指令によるインクルードや #define 指令による置換などが最初のほうの段階で行われた後に、本格的なコンパイル作業が行われます。

このような置換の指令が**オブジェクト形式マクロ**（*object-like macro*）であり、INT_MAX などの置換対象の名前が**マクロ名**（*macro name*）です。マクロ名は、変数名などの識別子と区別できるよう、**大文字で表記する**のが原則です。

▶ 文字列リテラルや文字リテラル内の綴(つづ)りや、識別子の一部としての綴りは、置換の対象外です。そのため、文字列リテラル "int型の最大値INT_MAX" が "int型の最大値+32767" に置換されたり、識別子 *abcINT_MAXdef* が *abc+32767def* に置換されたりすることはありません。

置換前のソースプログラム

```
#define INT_MIN -32768
#define INT_MAX +32767

int main()
{
    cout << INT_MIN << "～"
         << INT_MAX << '\n';
    // ...
}
```

置換 →

置換後のソースプログラム

```


int main()
{
    cout << -32768 << "～"
         << +32767 << '\n';
    // ...
}
```

Fig.4-2 オブジェクト形式マクロの定義と置換

オブジェクト形式マクロの利用には、以下のメリットがあります。

- **値の（変更などの）管理がマクロ定義に集約されるため、保守性が高くなる。**
- **定数値に対して名前が与えられるため、可読性が向上する。**

▶ C++では、オブジェクト形式マクロの代わりに、より高機能で柔軟性の高い、**定値オブジェクト**（p.26）や**列挙**（p.156）を使うことが推奨されます。
<climits>ヘッダでマクロが利用されているのは、C言語の名残（なごり）です。

＊

ヘッダ<climits>で提供されるマクロを利用して、みなさんがお使いの処理系で表現できる整数型の値の範囲を調べてみましょう。

そのためのプログラムを**List 4-1**に示します。

List 4-1 chap04/list0401.cpp

```
// 整数型で表現できる値を表示

#include <climits>
#include <iostream>

using namespace std;

int main()
{
    cout << "この処理系の整数型で表現できる値\n";

    cout << "char          : " << CHAR_MIN  << "〜" << CHAR_MAX  << '\n';
    cout << "signed char   : " << SCHAR_MIN << "〜" << SCHAR_MAX << '\n';
    cout << "unsigned char : " << 0         << "〜" << UCHAR_MAX << '\n';

    cout << "short int : " << SHRT_MIN << "〜" << SHRT_MAX << '\n';
    cout << "int       : " << INT_MIN  << "〜" << INT_MAX  << '\n';
    cout << "long int  : " << LONG_MIN << "〜" << LONG_MAX << '\n';

    cout << "unsigned short int : " << 0 << "〜" << USHRT_MAX << '\n';
    cout << "unsigned int       : " << 0 << "〜" << UINT_MAX  << '\n';
    cout << "unsigned long int  : " << 0 << "〜" << ULONG_MAX << '\n';
}
```

符号無し整数型の最小値は0。マクロは定義されていない。

実行結果一例

```
この処理系の整数型で表現できる値
char          : 0〜255
signed char   : -128〜127
unsigned char : 0〜255
short int : -32768〜32767
int       : -32768〜32767
long int  : -2147483648〜2147483647
unsigned short int : 0〜65535
unsigned int       : 0〜65535
unsigned long int  : 0〜4294967295
```

このプログラムで利用されているCHAR_MIN、CHAR_MAXなどのすべてのマクロは、コンパイル時に<climits>ヘッダで定義された数値に置換されます。

▶ 実行結果は処理系によって異なります。
C言語から受け継がれた<climits>ヘッダではなく、C++独自の<limits>ヘッダによって調べる方法もあります。**Column 4-7**（p.144）で学習します。

＊

それでは、各整数型について学習していきましょう。

文字型

まずは、《文字》を格納するための文字型です。既に学習したとおり、文字型には、次の３種類があります。

- 単なる文字型　（char 型）
- 符号付き文字型　（signed char 型）
- 符号無し文字型　（unsigned char 型）

character の略である char は、一般に『チャー』と発音します（Column 4-2：p.125）。

単なる文字型が、符号付き型と符号無し型のいずれであるのかは、処理系に依存します。みなさんが利用している処理系は、どちらでしょうか。List 4-2 のプログラムで確かめてみましょう（実行結果は処理系や実行環境によって異なります）。

List 4-2　chap04/list0402.cpp

```
// 単なる文字型の符号付き／符号無しを判定

#include <climits>
#include <iostream>

using namespace std;

int main()
{
    cout << "この処理系の単なる文字型は"
         << (CHAR_MIN ? "符号付き" : "符号無し") << "文字型です。\n";
}
```

実行結果一例

```
この処理系の単なる文字型は符号無し文字型です。
```

単なる文字型が、符号付き型である処理系の <climits> では、

```
// 単なる文字型が《符号付き文字型》の<climits>
#define CHAR_MIN  SCHAR_MIN          // 最小値はsigned charと同じ
#define CHAR_MAX  SCHAR_MAX          // 最大値もsigned charと同じ
```

と定義されます。また、単なる文字型が符号無し型である処理系では、

```
// 単なる文字型が《符号無し文字型》の<climits>
#define CHAR_MIN  0                  // 最小値は0
#define CHAR_MAX  UCHAR_MAX          // 最大値はunsigned charと同じ
```

と定義されます。本プログラムでは、CHAR_MIN の値が 0 であるかどうかで、単なる文字型が符号付き型なのか／符号無し型なのかを判定しています。

＊

単なる文字型は、《**符号付き文字型と符号無し文字型のいずれか一方と同じ範囲を表すことのできる、独立した別の型**》です。別の型とみなされることは、第６章で学習する《**多重定義**》とも関連する重要なことです。必ず覚えておきましょう。

▶ なお、C言語の単なる文字型は《符号付き文字型と符号無し文字型のいずれか一方と同じ型》です（たとえば、単なる文字型が符号無し型であれば、char 型と unsigned char 型は同一型とみなされます）。すなわち、C言語では、文字型は実質的に２種類しかありません。

■ 文字型のビット数

文字型で表現できる範囲が処理系によって異なるのは、記憶域上に占有するビット数が処理系によって異なるからです。

▶ ビットについては、第１章で学習しました（p.5）。

文字型のビット数を表すオブジェクト形式マクロは、<climits> ヘッダで **CHAR_BIT** として定義されています。なお、この値は少なくとも８であることが保証されます。

以下に示すのが、CHAR_BIT の定義の一例です。

CHAR_BIT

```
#define CHAR_BIT  8       // 定義の一例：値は処理系によって異なる（少なくとも8）
```

このマクロを利用して、みなさんが利用している処理系の文字型のビット数を調べましょう。**List 4-3** に示すのが、そのプログラムです。

List 4-3 chap04/list0403.cpp

```
// 文字型のビット数を表示

#include <climits>
#include <iostream>

using namespace std;

int main()
{
    cout << "この処理系の文字型は" << CHAR_BIT << "ビットです。\n";
}
```

実行結果一例

```
この処理系の文字型は8ビットです。
```

▶ 実行結果は処理系によって異なります。ちなみに、char 型のビット数が９ビットや 32 ビットの処理系も実在します。

もし char 型を構成するビット数 CHAR_BIT が８であれば、char 型の内部は **Fig.4-3** のようになっています。

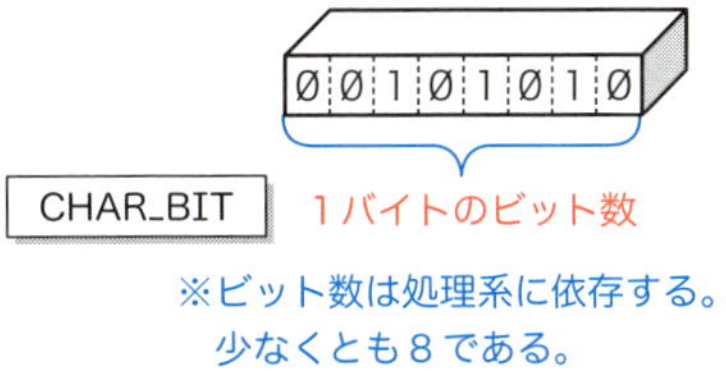

Fig.4-3 文字型の内部とビット数

Column 4-1 ワイド文字 wchar_t 型

p.125 で学習する **wchar_t 型**は、処理系の**ロケール**（**文化圏**）がサポートする最大の文字集合のすべてを表現するための**ワイド文字型**であり、Unicode などによって表現された文字を保持します。

表現できる値の範囲は、int 型や long 型などの整数型のどれか一つと同じです。

C 言語の wchar_t は typedef 宣言（p.134）によって定義される型ですが、C++ の wchar_t は言語自体がもっている組込み型（p.132）です（名前の末尾の _t は、もともと C 言語で typedef によって定義されていた名残です）。

■ 文字と文字コード

私たち人間は**見た目**や**発音**で文字を識別しますが、コンピュータは整数値である**コード**で文字を識別します。日本の多くのパソコンで採用されている文字コードは、米国で定められたASCIIコードにカナを加えて拡張した、**Table 4-3** のJISコードです。

空欄は、該当する文字がないコードの箇所です。また、表中の縦横のØ～Fは、16進数表記での各桁の値です。たとえば：

- 文字'R'のコードは16進数の52
- 文字'g'のコードは16進数の67

すなわち、この表の文字コードは、2桁の16進数でØØ～FFです（1Ø進数ではØ～255です）。

数字文字'1'の文字コードは、16進数の31すなわち1Ø進数の49であって、1ではありません。**数字文字と数値とを混同しないようにしましょう。**

▶ 1Ø進数と16進数による数値の表現については、**Column 4-4**（p.129）で学習します。

Table 4-3 JISコード表

	Ø	1	2	3	4	5	6	7	8	9	A	B	C	D	E	F
Ø				Ø	@	P	‘	p				ー	タ	ミ		
1			!	1	A	Q	a	q			。	ア	チ	ム		
2			"	2	B	R	b	r			「	イ	ツ	メ		
3			#	3	C	S	c	s			」	ウ	テ	モ		
4			$	4	D	T	d	t			、	エ	ト	ヤ		
5			%	5	E	U	e	u			・	オ	ナ	ユ		
6			&	6	F	V	f	v			ヲ	カ	ニ	ヨ		
7	\a		'	7	G	W	g	w			ァ	キ	ヌ	ラ		
8	\b		(	8	H	X	h	x			ィ	ク	ネ	リ		
9	\t		)	9	I	Y	i	y			ゥ	ケ	ノ	ル		
A	\n		*	:	J	Z	j	z			ェ	コ	ハ	レ		
B	\v		+	;	K	[	k	{			ォ	サ	ヒ	ロ		
C	\f		,	<	L	¥	l	|			ャ	シ	フ	ワ		
D	\r		-	=	M	]	m	}			ュ	ス	ヘ	ン		
E			.	>	N	^	n	‾			ョ	セ	ホ	゛		
F			/	?	O	_	o				ッ	ソ	マ	゜		

キーボードから文字を読み込んで、その文字の文字コードを表示するプログラムを作りましょう。**List 4-4** に示すのが、そのプログラムです。

List 4-4 chapØ4/listØ4Ø4.cpp

```
// 読み込んだ文字のコードを表示

#include <climits>
#include <iostream>

using namespace std;

int main()
{
    char c;

    cout << "文字を入力せよ：";
    cin >> c;

    cout << "文字'" << c << "'の文字コードは" << int(c) << "です。\n";
}                      ❶                            ❷
```

実行結果一例

```
文字を入力せよ：A⏎
文字'A'の文字コードは65です。
```

❶では、char型の値をそのまま挿入して、**文字**を表示します。また、❷では、いったんint型に**型変換**した上で挿入することによって**文字コード**を出力します。

▶ 型変換を行う()演算子については、p.149で学習します。

■ 文字リテラル

'A' や 'X' のように、文字を単一引用符 ' で囲んだ表記である、**文字リテラル**については、前章でも簡単に学習しました（p.86）。

文字リテラルの《型》は char 型であり、《値》は、その文字のコードです。そのため、たとえ同じ文字を表す文字リテラルであっても、その値は、処理系や実行環境で採用されている文字コードに依存します。

なお、二つの単一引用符 ' の中を空にして '' とすると、コンパイルエラーになります（空の文字列を表す "" が許される文字列リテラルとは異なります）。

▶ 引用符の中に複数の文字を置いて、'AB' とする表記も許されます。このような文字リテラルは、**多文字リテラル**（*multicharacter literal*）と呼ばれます。多文字リテラルの型は、char 型ではなく int 型です。多文字リテラルの解釈（たとえば 'AB' の値をどのように評価するのか）は処理系によって異なるため、原則として利用すべきではありません。
　なお、L を前に置いた L'A' といった形式の文字リテラルもあります。これは、**ワイド文字リテラル**（*wide-character literal*）と呼ばれ、その型は wchar_t 型（**Column 4-1**：p.123）です。

Column 4-2　char の読み方

char が character の略であることから、『キャラ』と読む人がいますが、その発音は、

①主として日本人特有の

②カタカナ読み

であることを知っておきましょう。

① 略語と同じ綴りの単語がある場合、その単語の発音を借りるのが一般的です。英語には、『雑用』などの意味をもつ char という単語（発音は tʃáɚ）がありますので、その発音を借ります。単語の途中までを発音するのは、非英語圏的な発想です。
　ちなみに、『キャラ（kéərə）』と発音する単語 chara は、藻類であるシャジクモのことです。

② 単語の途中まで発音するという方針を許容したとしても、奇異に感じられるのが、『キャラ』のラの発音です。同様の読み方を他の単語にも適用するのでしたら、integer の略である int は『インテ』となって、floating の略である float は、『フローティ』となるはずです。

ちなみに、C++ の開発者である Bjarne Stroustrup 氏のホームページ内の『**Bjarne Stroustrup's C++ Style and Technique FAQ**（http://www.stroustrup.com/bs_faq2.html）』には、**一般に『キャー』でなく『チャー』と発音される**と書かれています（**当然ですが、『キャラ』にはまったく言及されていません**）。以下は、その引用です。

- How do you pronounce "char"?
  "char" is usually pronounced "tchar", not "kar". This may seem illogical because "character" is pronounced "ka-rak-ter", but nobody ever accused English pronunciation (not "pronounciation" :-) and spelling of being logical.

日本語訳：一般に、"char" は "キャー" ではなく "チャー" と発音します。"character" は "キャ・ラク・タ" と発音しますから、理屈にあわないように感じられるでしょう。しかし、英語の発音（"pronounciation" ではなく "pronunciation" と綴る！）と綴りの論理性は、責められるべきものではありません。

補足：『発音する』という動詞 pronounce には o がある一方で、『発音』という名詞 pronunciation には o がありません。

すべての文字と、その文字コードを16進数で表示してみましょう。List 4-5に示すのが、そのプログラムです。

List 4-5 chap04/list0405.cpp

```
// 文字と文字コードを表示

#include <cctype>
#include <climits>
#include <iostream>

using namespace std;

int main()
{
    cout << "この処理系の文字と文字コード\n";

    for (char i = 0; ; i++) {
        switch (i) {
         case '\a' : cout << "\\a";  break;
         case '\b' : cout << "\\b";  break;
         case '\f' : cout << "\\f";  break;
   1→    case '\n' : cout << "\\n";  break;
         case '\r' : cout << "\\r";  break;
         case '\t' : cout << "\\t";  break;
         case '\v' : cout << "\\v";  break;
   2→    default   : cout << ' ' << (isprint(i) ? i : ' ');
        }

  3→    // 整数型にキャストしたものを16進数で表示
        cout << ' ' << hex << int(i) << '\n';

        if (i == CHAR_MAX) break;
    }
}
```

実行結果一例

```
この処理系の文字と
文字コード
   0
   1
   2
   3
   4
   5
   6
\a 7
\b 8
\t 9
\n A
\v B
\f C
… 中略 …
 ! 21
 " 22
 # 23
 $ 24
 % 25
 & 26
… 以下省略 …
```

▶ 本プログラムでは漢字文字などの全角文字は表示できません。実行結果は、実行環境や処理系で採用されている文字コードに依存します。なお、まだ学習していない技術を利用していますので、現段階でプログラムを完全に理解する必要はありません。

for文は、変数iの値を0から始めてインクリメントしていく繰返しです。繰返しが終了するのは、変数iの値がchar型の最大値であるCHAR_MAXと等しくなったときです(ループ本体末尾の黒網部)。

ここで、break文によって強制的にfor文を中断しているのは、繰返しの制御を以下のようには**実現できない**からです("chap04/list0405a.cpp")。

```
for (char i = 0; i <= CHAR_MAX; i++) { /*--- ループ本体 ---*/ }
```
✕

このfor文で、変数iの値がCHAR_MAXのときにループ本体が実行された場合を考えましょう。ループ本体の実行終了直後に変数iがインクリメントされ、その値は、char型で表現できる最大値CHAR_MAXを超えます。そのため、正しい繰返しの制御を行えないのです。

▶ たとえばCHAR_MAXが255であれば、変数iの値は256までインクリメントされます。

ループ本体では、文字コードが i である文字の表示を **switch** 文で行います。

1 そのまま出力すると特殊な動作をする《警報》や《後退》などを、拡張表記と同じ表記である \a や \b として表示します。

2 ここで行うのは、**1**に該当しなかった文字の表示です。ただし、文字コード i には、文字が割り当てられていない（文字コード表の空欄部である）可能性があります。

そこで、文字コード i の文字が表示できるかどうかを ***isprint***(i) によって判定します。判定の結果、表示できる文字と判断されたら、その文字をそのまま表示し、表示できない文字であれば、空白文字 ' ' を表示します。

＊

式 ***isprint***(i) は、**文字 i が表示可能な文字かどうかを判定する**ための関数呼出し式です。この式を評価すると、( ) の中に与えた文字が"表示可能な文字"であれば **int** 型の 1、そうでなければ 0 が得られます。

なお、***isprint*** 関数を利用する際は、<cctype> ヘッダのインクルードが必要です。また、***isprint*** を含めて **Table 4-4** に示す文字種テスト関数が提供されます。

▶ 関数や関数呼出し式については、第6章以降で学習します。

Table 4-4 文字種テスト関数

関数	解説
isalnum	*isalpha* または *isdigit* が真となる文字であるかを判定する。
isalpha	*isupper* もしくは *islower* が真となる文字であるかを判定する。
iscntrl	制御文字であるかを判定する。
isdigit	10 進数字であるかを判定する。
isgraph	空白 ' ' を除く表示文字であるかを判定する。
islower	英小文字であるかを判定する。
isprint	空白 ' ' を含めた表示文字であるかを判定する。
ispunct	空白 ' ' でなく *isalnum* が真となる文字でもない表示文字であるかを判定する。
isspace	空白類文字（' ', '\f', '\n', '\r', '\t', '\b'）であるかを判定する。
isupper	英大文字であるかを判定する。
isxdigit	16 進数字であるかを判定する。

3 **switch** 文による文字の表示が終了すると、文字コードを 16 進数で表示します。cout に挿入している hex は、16 進数で出力するための操作子です（**Table 3-7**：p.112）。

符号付き整数型と符号無し整数型

C++のプログラムで最もよく使われるのが int 型です。**int 型は、プログラムの実行環境において、最も扱いやすく高速演算が可能な型です。**

単なる int は符号付き型ですから（p.118）、signed int の短縮名です。このような短縮名が使えるのは、以下に示す規則があるからです。

- short や long が単独で現れた場合、int が省略されているとみなす。
- 単独の signed や unsigned は、（short や long ではない）単なる int 型とみなす。
- signed や unsigned が省略された場合、符号付きとみなす。

この関係をまとめたのが **Table 4-5** です。表の各行は同じ型です。たとえば、5行目の signed long int，signed long，long int，long はすべて同じです。

本書では、最も短い表記、すなわち右端に示す網かけ部の表記を原則として使います。

Table 4-5 符号付き整数型と符号無し整数型の名称と短縮名

signed short int	signed short	short int	short
unsigned short int	unsigned short		
signed int	signed	int	
unsigned int	unsigned		
signed long int	signed long	long int	long
unsigned long int	unsigned long		

▶ C++11では、long long int 型が追加されています。signed long long int 型の短縮名は long long であり、unsigned long long int の短縮名は unsigned long long です。

Column 4-3 2進数と16進数の基数変換

Table 4C-1 に示すように、4桁の2進数は、1桁の16進数に対応します（すなわち、4ビットで表せる0000～1111は、16進数1桁の0～Fです）。

このことを利用すると、2進数から16進数への基数変換、あるいは16進数から2進数への基数変換は、容易に行えます。

たとえば、2進数0111101010011100を16進数に変換するには、4桁ごとに区切って、それぞれを1桁の16進数に置きかえるだけです。

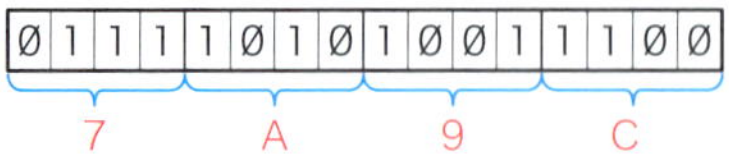

なお、16進数から2進数への変換では、逆の作業を行います（16進数の1桁を2進数の4桁に置きかえます）。

Table 4C-1 2進数と16進数の対応

2進数	16進数	2進数	16進数
0000	0	1000	8
0001	1	1001	9
0010	2	1010	A
0011	3	1011	B
0100	4	1100	C
0101	5	1101	D
0110	6	1110	E
0111	7	1111	F

Column 4-4　基数について

10進数は10を**基数**とする数であり、8進数は8を基数とする数であり、16進数は16を基数とする数です。各基数について簡単に学習していきましょう。

▪10進数

以下に示す10種類の数字を利用して数を表現します。

```
0 1 2 3 4 5 6 7 8 9
```

これらを使い切ったら、桁が繰り上がって10となります。2桁の数は、10から始まって99までです。その次は、さらに繰り上がった100です。すなわち、以下のようになります。

1桁　…　0から9までの10種類の数を表す。
～2桁　…　0から99までの100種類の数を表す。
～3桁　…　0から999までの1,000種類の数を表す。

10進数の各桁は、下の桁から順に 10^0, 10^1, 10^2, … と、10のべき乗の重みをもちます。そのため、たとえば1234は、次のように解釈できます。

$$1234 = 1\times10^3 + 2\times10^2 + 3\times10^1 + 4\times10^0$$

※ 10^0 は1です（2^0 でも 8^0 でも、とにかく0乗の値は1です）。

▪8進数

8進数では、以下に示す8種類の数字を利用して数を表現します。

```
0 1 2 3 4 5 6 7
```

これらを使い終わったら、桁が繰り上がって10となり、さらにその次の数は11となります。2桁の数は、10から始まって77までです。これで2桁を使い切りますので、その次は100です。すなわち、以下のようになります。

1桁　…　0から7までの8種類の数を表す。
～2桁　…　0から77までの64種類の数を表す。
～3桁　…　0から777までの512種類の数を表す。

8進数の各桁は、下の桁から順に 8^0, 8^1, 8^2, … と、8のべき乗の重みをもちます。そのため、たとえば5316は、次のように解釈できます。

$$5316 = 5\times8^3 + 3\times8^2 + 1\times8^1 + 6\times8^0$$

10進数で表すと2766です。

▪16進数

16進数では、以下に示す16種類の数字を利用して数を表現します。

```
0 1 2 3 4 5 6 7 8 9 A B C D E F
```

先頭から順に、10進数の0～15に対応します（A～Fは小文字でも構いません）。

これらを使い終わると、桁が繰り上がって10となります。2桁の数は、10から始まってFFまでです。その次は、さらに繰り上がった100です。

16進数の各桁は、下の桁から順に 16^0, 16^1, 16^2, … と、16のべき乗の重みをもちます。そのため、たとえば12A3は、次のように解釈できます。

$$12A3 = 1\times16^3 + 2\times16^2 + 10\times16^1 + 3\times16^0$$

10進数で表すと4771です。

なお、2進数では、0と1のみを利用して数値を表現します。10進数の0, 1, …, 10を2進数で表すと、0, 1, 10, 11, 100, 101, 110, 111, 1000, 1001, 1010となります。

整数リテラル

整数リテラルは、3 種類の基数で表せます。**Fig.4-4** に示すのが、その構文図です。

▪ 10 進リテラル（*decimal literal*）

10 や 57 のように、私たちが日常で使う 10 進数で表したものが 10 進リテラルです。

▪ 8 進リテラル（*octal literal*）

8 進リテラルは、10 進リテラルと区別がつくように、先頭に 0 を付けて表記します。そのため、右の二つの整数リテラルは、同じように見えても、まったく異なる値です。

```
 13 … 10進リテラル（10進数の13）
013 … 8 進リテラル（10進数の11）
```

▪ 16 進リテラル（*hexadecimal literal*）

16 進リテラルは、先頭に 0x または 0X を付けて表記します。10 進数の 10 ～ 15 に相当する A ～ F は、大文字でも小文字でも構いません。右に示すのが一例です。

```
0xB  … 16進リテラル（10進数の11）
0x12 … 16進リテラル（10進数の18）
```

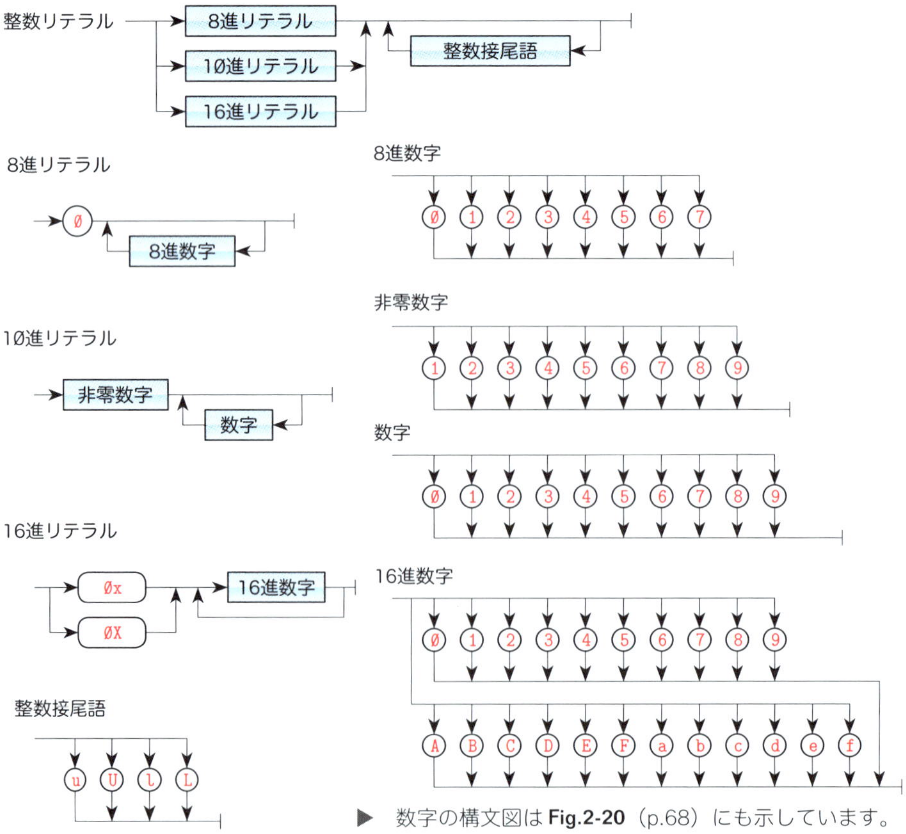

▶ 数字の構文図は **Fig.2-20**（p.68）にも示しています。

Fig.4-4 整数リテラルの構文図

整数接尾語と整数リテラルの型

p.120 の <climits> の定義例では、一部の整数リテラルに**整数接尾語**（せつびご）（*integer suffix*）と呼ばれる **U**, **L**, **UL** の記号が末尾に付いています。整数接尾語は、以下の指示です。

- **u** および **U** … その整数定数が**符号無し**であることを明示する。
- **l** および **L** … その整数定数が **long** であることを明示する。

たとえば、3517**U** は **unsigned** 型となり、127569**L** は **long** 型となります。

▶ C++11 で導入された **long long** 型を指定する接尾語は **LL** です。
なお、小文字の **l** は数字の **1** と見分けがつきにくいため、大文字の **L** を使うべきです。
ちなみに、負の数を表す **-10** は整数リテラルではありません。整数リテラル **10** に対して、単項 **-** 演算子が適用された式です。

なお、整数リテラルが、どの型となるかの決定には、以下の三つの要因が関わります。

- **その整数リテラルの値**
- **その整数リテラルに付けられている接尾語**
- **その処理系における各型の表現範囲**

その規則をまとめたのが **Table 4-6** です。スタートは左端の型です。左端の型で表現できれば、その型と解釈されます。もし、表現できなければ、"➡" をたどって、一つ右側の型へと進んでいきます。

Table 4-6 整数リテラルの型の解釈

a 接尾語無しの 10 進リテラル	int ➡		long ➡	unsigned long
b 接尾語無しの 8 進／16 進リテラル	int ➡	unsigned ➡	long ➡	unsigned long
c u/U 接尾語付き		unsigned ➡		unsigned long
d l/L 接尾語付き			long ➡	unsigned long
e l/L と u/U 接尾語付き				unsigned long

いくつかの例を考えましょう（各型の表現範囲は p.119 の **Table 4-2** と仮定します）。

- 1000 … **int** 型で表現できるので **int** 型。
- 60000 … **int** 型で表現できないが、**long** 型で表現できるので **long** 型。
- 60000U … **unsigned** 型で表現できるので **unsigned** 型。

ここで考えた例では、60000 は **long** 型です。ただし、**int** 型が 60000 以上の値を表せる処理系であれば、60000 は **long** 型ではなく **int** 型とみなされます。

▶ 0 で始まる整数リテラルは 8 進リテラルですから、単なる 0 が 8 進リテラルであることに注意しましょう。なお、08 や 09 と表記するとコンパイルエラーとなります。

組込み型

本章で学習している **char** や **int** や **long** などの型は、C++ が言語体系中にもつ型であることから、組込み型（*built-in type*）と呼ばれます。

オブジェクトと sizeof 演算子

表現できる値の範囲が型によって異なるのは、記憶域（メモリ）を占有する大きさが違うことに由来します。これまで《変数》と呼んできた **“値を表現するための記憶域”** は、正式には**オブジェクト**（*object*）と呼ばれます。

整数型のオブジェクトが占有する大きさを調べてみましょう。**List 4-6** に示すのが、そのプログラムです。

List 4-6 chap04/list0406.cpp

```
// 各種の整数型と変数の大きさを表示

#include <iostream>

using namespace std;

int main()
{
    char c;
    cout << "char型の大きさ  : " << sizeof(char) << '\n';
    cout << "変数cの大きさ   : " << sizeof(c)    << '\n';

    short h;
    cout << "short型の大きさ : " << sizeof(short) << '\n';
    cout << "変数hの大きさ   : " << sizeof(h)     << '\n';

    int i;
    cout << "int型の大きさ   : " << sizeof(int) << '\n';
    cout << "変数iの大きさ   : " << sizeof(i)   << '\n';

    long l;
    cout << "long型の大きさ  : " << sizeof(long) << '\n';
    cout << "変数lの大きさ   : " << sizeof(l)    << '\n';
}
```

必ず 1 になる

実行結果一例

```
char型の大きさ  : 1
変数cの大きさ   : 1
short型の大きさ : 2
変数hの大きさ   : 2
int型の大きさ   : 2
変数iの大きさ   : 2
long型の大きさ  : 4
変数lの大きさ   : 4
```

処理系に依存

▶ 実行結果は、処理系や環境などによって異なります。

初登場の **sizeof 演算子**（*sizeof operator*）には、右に示す二つの形式があります。

1 sizeof 式
2 sizeof(型)

1の形式では、式を囲む ( ) は不要です。しかし、文脈によっては ( ) がないと紛らわしくなるため、本書では ( ) で囲みます。

sizeof 演算子は、式や型の表現に必要となる記憶域上の《**大きさ**》を整数値として生成します（**Table 4-7**）。なお、《**大きさ**》は、プログラムが実行される環境において、“文字を表すのに必要な大きさの何倍か” を表し、**バイト数**と一致します。

▶ **sizeof** 演算子が生成する値の型である **size_t** 型については、p.134 で学習します。

Table 4-7　sizeof 演算子

sizeof 式 sizeof（型）	式あるいは型の表現に必要なバイト数を size_t 型の値として生成する。 ※ sizeof(char) は 1 となる。

文字を表すのは char 型ですから、sizeof(char) は必ず 1 となります。それ以外の型の大きさは処理系に依存します。

*

本書で想定する処理系での各型の大きさを示したのが、**Fig.4-5** です。

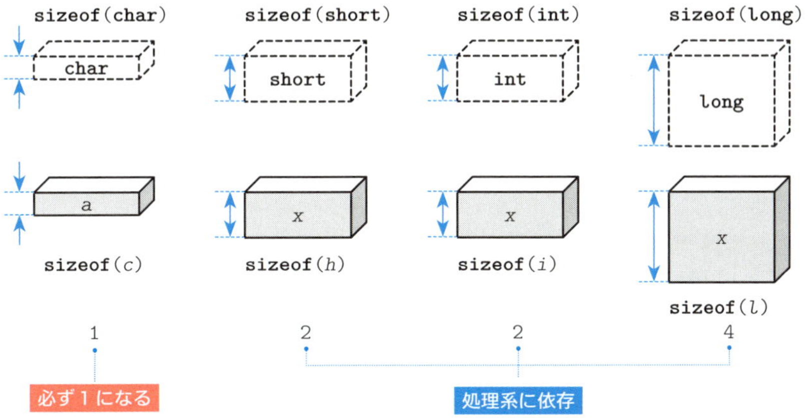

Fig.4-5　型とオブジェクトの大きさ

各型の大きさが処理系に依存するとはいえ、以下の規則は必ず成立します。

- **同一型の符号付き版と符号無し版の大きさは等しい**

以下の関係が成立します。

```
sizeof(char)  = sizeof(signed char)  = sizeof(unsigned char) = 1
sizeof(short)  = sizeof(unsigned short)
sizeof(int)  = sizeof(unsigned)
sizeof(long)  = sizeof(unsigned long)
```

- **short, int, long は、この並びの右側の大きさを超えない**

以下の関係が成立します。

```
sizeof(short) ≦ sizeof(int) ≦ sizeof(long)
```

▶ short 型と int 型は少なくとも 16 ビットで、long 型は少なくとも 32 ビットです。

size_t 型と typedef 宣言

sizeof 演算子が生成する size_t 型は、組込み型ではなく、<cstddef> ヘッダ中で定義されている型です。すなわち、ヘッダをインクルードしない限り利用不能な型です。

以下に示すのが、<cstddef> ヘッダでの size_t 型の定義の一例です。

size_t

```
typedef unsigned size_t;     // 定義の一例：size_tはunsigned型の同義語
```

typedef 宣言（*typedef declaration*）は、型の同義語、すなわち型に対して別の名前を与える宣言です。

Fig.4-6 の例では、*B* という《あだ名》を型 *A* に与えています。

▶ 型に新しい名前を与えるだけであり、新しい型を作るわけではないことに注意しましょう。

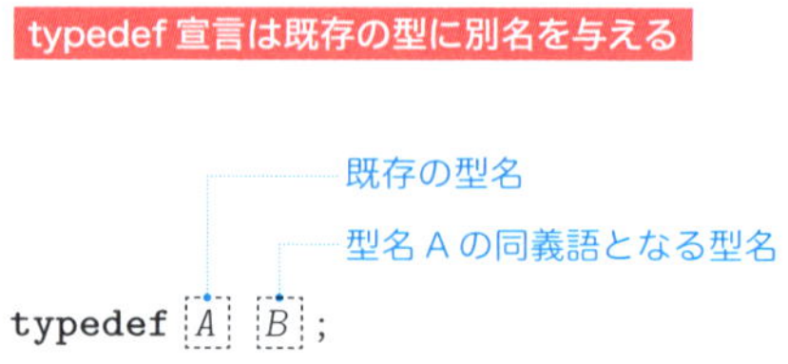
typedef 宣言は既存の型に別名を与える
既存の型名
型名 A の同義語となる型名
typedef A B ;

Fig.4-6 typedef 宣言

このように宣言された同義語は、文法的に《**型名**》として振る舞います。

重要 typedef 宣言は、既存の型に新しい型名を与える。

sizeof 演算子が負の値を生成することはありませんので、size_t は符号無し整数型として定義されます。

重要 size_t 型は、符号無し整数型の同義語となるよう typedef 宣言された型である。

▶ 処理系によっては、unsigned short 型や unsigned long 型の同義語として定義されています。

typeid 演算子

sizeof 演算子は、式やオブジェクトの大きさを調べるものでした。typeid 演算子（*typeid operator*）を用いると、**型に関するさまざまな情報を取得できます**。

List 4-7 に示すのが、typeid 演算子を利用して型情報を表示するプログラムです。

現時点で、typeid 演算子の詳細を理解する必要はありません。<typeinfo> ヘッダをインクルードした上で、以下のいずれかの式を書けば、その式あるいは型の《型を表す文字列》が得られる、ということだけを理解しておきましょう。

```
typeid( 型 ).name()
typeid( 式 ).name()
```

なお、これらの式によって得られる文字列は、処理系によって異なります。

List 4-7 chap04/list0407.cpp

```
// 各種の変数や定数の型情報を表示

#include <iostream>
#include <typeinfo>

using namespace std;

int main()
{
    char c;
    short h;
    int i;
    long l;

    cout << "変数cの型：" << typeid(c).name() << '\n';
    cout << "変数hの型：" << typeid(h).name() << '\n';
    cout << "変数iの型：" << typeid(i).name() << '\n';
    cout << "変数lの型：" << typeid(l).name() << '\n';

    cout << "文字リテラル'A'の型："    << typeid('A').name()   << '\n';
    cout << "整数リテラル100の型："    << typeid(100).name()   << '\n';
    cout << "整数リテラル100Uの型："   << typeid(100U).name()  << '\n';
    cout << "整数リテラル100Lの型："   << typeid(100L).name()  << '\n';
    cout << "整数リテラル100ULの型：" << typeid(100UL).name() << '\n';
}
```

実行結果一例

```
変数cの型：char
変数hの型：short
変数iの型：int
変数lの型：long
文字リテラル'A'の型：char
整数リテラル100の型：int
整数リテラル100Uの型：unsigned int
整数リテラル100Lの型：long
整数リテラル100ULの型：unsigned long
```

そのため、本プログラムの実行結果も処理系に依存します。

重要 **typeid演算子**は、型に関する情報を生成する。任意の型や式に関する、型情報に関する文字列は、**typeid**(型 or 式).name() によって取得できる。

Column 4-5 小数部をもつ2進数

Column 4-4（p.129）で学習したように、10進数の各桁は10のべき乗の重みをもちます。

このことは、小数部にも通用します。たとえば、10進数の13.25という値を考えましょう。1は10^2、3は10^1、2は10^{-1}、5は10^{-2}の重みをもちます。

2進数も同様であり、2進数の各桁は2のべき乗の重みをもちます。そのため、2進数の小数点以下の桁を10進数と対応させると、**Table 4C-2** に示す関係になります。

0.5, 0.25, 0.125, … の和でない値は、有限桁の2進数では表現できません。

以下に例を示します。

Table 4C-2　2進数と10進数

2進数	10進数	
0.1	0.5	※2の-1乗
0.01	0.25	※2の-2乗
0.001	0.125	※2の-3乗
0.0001	0.0625	※2の-4乗
⋮	⋮	

▪ 有限桁で表現できる例

10進数の0.75 ＝ 2進数の0.11　※ 0.75 は0.5 と0.25 の和

▪ 有限桁で表現できない例

10進数の0.1 ＝ 2進数の0.00011001…

整数の内部

オブジェクト（*object*）は、“**値を表現するための記憶域**”であり、ビット（*bit*）の集まりとして記憶域上に格納されています。

ビットの意味（ビットと値の関係）は、型によって異なります。整数型の内部のビット表現として採用されているのは、純２進記数法（*pure binary numeration system*）です。

符号無し整数の内部表現

符号無し整数の内部は、値の２進表現を、そのままビットに対応させたものです。

ここで、`unsigned` 型の 25 である `25U` を例に考えてみましょう。

10 進数の 25 を２進数で表すと 11001 です。

そこで、**Fig.4-7** に示すように、上位側のビットを 0 で埋めつくした 0000000000011001 として表現します。

▶ ここに示すのは、`unsigned` 型が 16 ビットである処理系での例です。

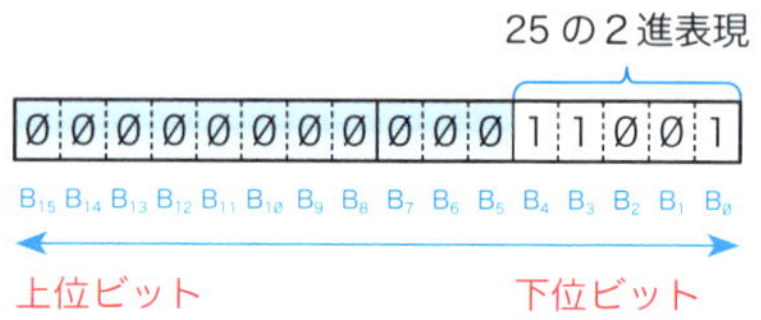

Fig.4-7　16 ビットの符号無し整数における整数値 25 の表現

n ビットの符号無し整数の各ビットを下位側から B_0，B_1，B_2，…，B_{n-1} と表すと、そのビットの並びによって表現される整数値は、以下の式で得られます。

$$B_{n-1} \times 2^{n-1} + B_{n-2} \times 2^{n-2} + \cdots + B_1 \times 2^1 + B_0 \times 2^0$$

たとえば、ビット構成が 0000000010101011 の整数は、

$$0 \times 2^{15} + 0 \times 2^{14} + \cdots + 0 \times 2^8 + 1 \times 2^7 + 0 \times 2^6 + 1 \times 2^5 + 0 \times 2^4 + 1 \times 2^3 + 0 \times 2^2 + 1 \times 2^1 + 1 \times 2^0$$

であり、その値は 10 進数での 171 です。

整数型が占有する記憶域のビット数は、多くの処理系で 8，16，32，64，… です。それらのビット数の符号無し整数が表す最小値と最大値をまとめたのが **Table 4-8** です。

たとえば、`unsigned int` 型が 16 ビットであれば、0 から 65,535 までの 65,536 種類の数値が表現できます。**Fig.4-8** に、それらの数値とビット構成の対応を示しています。

Table 4-8　符号無し整数の表現範囲の一例

ビット数	最小値	最大値
8	0	255
16	0	65,535
32	0	4,294,967,295
64	0	18,446,744,073,709,551,615

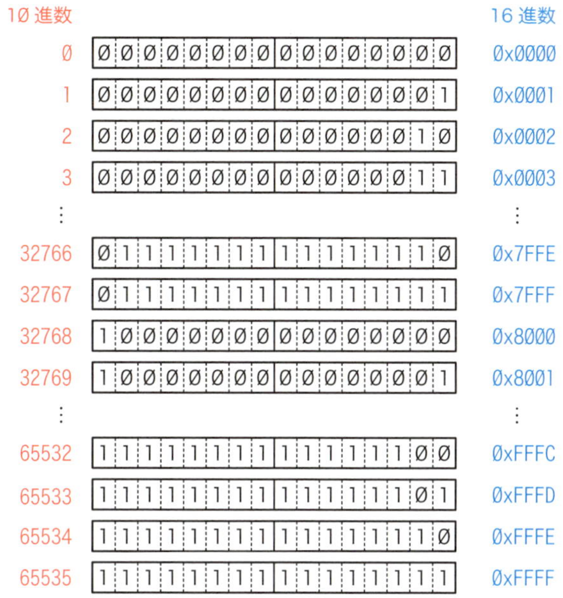

Fig.4-8 16 ビットの符号無し整数のビットと値

最小値 0 は全ビットが 0 であり、最大値 65535 は全ビットが 1 です。

一般に、n ビットの符号無し整数で表現できる数値は、0 から $2^n - 1$ までの 2^n 種類です。

▶ これは、n 桁の 10 進数で、0 から $10^n - 1$ までの 10^n 種類を表現できる（たとえば、4 桁までの 10 進数では、0 から 9,999 までの 10,000 種類を表現できる）のと同じ理屈です。

Column 4-6 バイト順序とエンディアン

オブジェクトの内部に関して、やっかいなことが一つあります。それは、オブジェクト内の**バイトを並べる順序が処理系に依存する**ことです。

Fig.4C-1 に示すように、下位バイトが低アドレスをもつ方式は**リトルエンディアン**と呼ばれ、逆に高アドレスをもつ方式は**ビッグエンディアン**と呼ばれます。

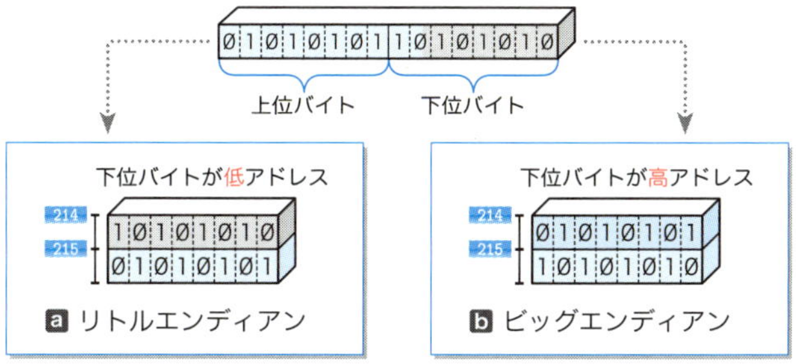

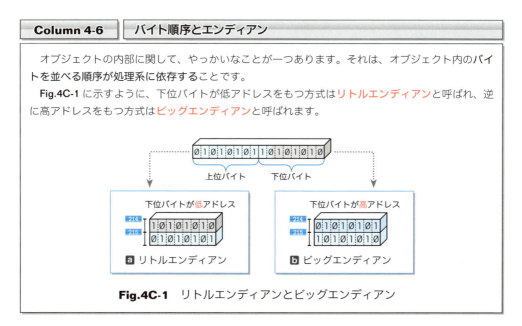

Fig.4C-1 リトルエンディアンとビッグエンディアン

符号付き整数の内部表現

符号付き整数の内部表現は、処理系によって異なります。C++ で採用されている表現法は、**2 の補数表現**、**1 の補数表現**、**符号付き絶対値表現**の 3 種類です。

3 種類の表現法には共通点があります。それは、**Fig.4-9** に示すように、数値の符号を最上位ビットで表すことです。

この**符号ビット**は、数値が負であれば 1 として、非負であれば Ø とします。

なお、具体的な数値を表すための残りのビットの使い方は、表現法によって異なります。

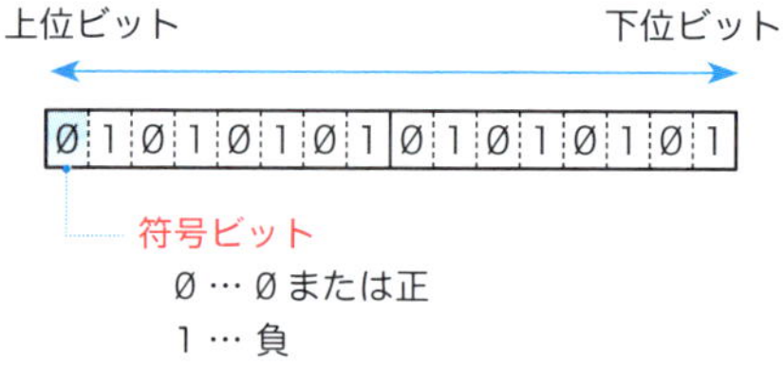

Fig.4-9　符号付き整数の符号ビット

■ 2の補数表現（*2's complement representation*）

多くの処理系で用いられています。この表現法での値は、次のようになります。

$$-B_{n-1} \times 2^{n-1} + B_{n-2} \times 2^{n-2} + \cdots + B_1 \times 2^1 + B_0 \times 2^0$$

ビット数が n であれば、-2^{n-1} から $2^{n-1} - 1$ までの値を表現できます（**Table 4-9**）。

`int` 型（すなわち `signed int` 型）が 16 ビットであれば、-32,768 〜 32,767 の 65,536 種類の数が、**Fig.4-10** **a**に示すように表現されます。

■ 1の補数表現（*1's complement representation*）

この表現法での値は、次のようになります。

$$-B_{n-1} \times (2^{n-1}-1) + B_{n-2} \times 2^{n-2} + \cdots + B_1 \times 2^1 + B_0 \times 2^0$$

ビット数が n であれば、$-2^{n-1} + 1$ から $2^{n-1} - 1$ までの値を表現できますので、2 の補数表現よりも一つだけ少なくなります（**Table 4-10**）。

`int` 型が 16 ビットであれば、-32,767 〜 32,767 の 65,535 種類の数が、図**b**に示すように表現されます。

■ 符号付き絶対値表現（*signed magnitude representation*）

この表現法での値は、次のようになります。

$$(1 - 2 \times B_{n-1}) \times (B_{n-2} \times 2^{n-2} + \cdots + B_1 \times 2^1 + B_0 \times 2^0)$$

表現できる数値の範囲は、1 の補数表現と同じです（**Table 4-10**）。

`int` 型が 16 ビットであれば、-32,767 〜 32,767 の 65,535 種類の数が、図**c**に示すように表現されます。

ビット	a 2の補数	b 1の補数	c 符号付き絶対値
0000000000000000	0	0	0
0000000000000001	1	1	1
0000000000000010	2	2	2
0000000000000011	3	3	3
	⋮	⋮	⋮
0111111111111110	32766	32766	32766
0111111111111111	32767	32767	32767
1000000000000000	-32768	-32767	-0
1000000000000001	-32767	-32766	-1
1000000000000010	-32766	-32765	-2
1000000000000011	-32765	-32764	-3
	⋮	⋮	⋮
1111111111111100	-4	-3	-32764
1111111111111101	-3	-2	-32765
1111111111111110	-2	-1	-32766
1111111111111111	-1	-0	-32767

符号無し整数型と共通（0～32767の範囲）

Fig.4-10　16ビットの符号付き整数のビットと値

▶　三つの表現法のいずれの場合においても、符号付き整数と符号無し整数に共通である非負部分の数値（16ビットであれば0～32,767）については、そのビット構成も同一です。

Table 4-9　符号付き整数の表現範囲の一例（2の補数）

ビット数	最小値	最大値
8	-128	127
16	-32,768	32,767
32	-2,147,483,648	2,147,483,647
64	-9,223,372,036,854,775,808	9,223,372,036,854,775,807

Table 4-10　符号付き整数の表現範囲の一例（1の補数／符号付き絶対値）

ビット数	最小値	最大値
8	-127	127
16	-32,767	32,767
32	-2,147,483,647	2,147,483,647
64	-9,223,372,036,854,775,807	9,223,372,036,854,775,807

bool 型

真理値を表す**bool 型**（ブール）については、第2章で簡単に学習しました。

▶ bool という名称は、George Boole によって体系化された《ブール代数》に関連する演算、演算子、演算式などを表す際に使う形容詞 boolean に由来します。

値の大小関係を判定する関係演算子や、等価性を判定する等価演算子などは、評価の結果として bool 型の値を生成します。その bool 型は、**真**を表す **true** あるいは**偽**を表す **false** のいずれかの値をもちます。

▶ 整数型の一種という位置付けですが、signed bool，unsigned bool，short bool，long bool という型はありません。なお、明示的に初期化しない（すなわち不定値で初期化される）bool 型の変数の値は、true でも false でもない値となる可能性があります。

bool 型の値は int 型の値へと変換できます。その際、false は 0 に変換され、true は 1 に変換されます。

逆に、算術型・列挙型・ポインタ型の値から bool 型の値への変換も可能です。数値 0・空ポインタ値・空メンバポインタ値は false に変換され、その他の値はすべて true に変換されます。

▶ 列挙型については、4-3 節で学習し、ポインタについては、第7章以降で学習します。

以上の型変換の概略をまとめたのが **Fig.4-11** です。

Fig.4-11　bool 型と数値の型変換

重要 0 でない数値は true とみなされ、0 は false とみなされる。

▶ 増分演算子 ++ を bool 型の変数に適用した結果は true となります。一方、減分演算子 -- を bool 型に適用することはできません。

bool 型の値を表す false と true は**真理値リテラル**と呼ばれます（p.36）。真理値リテラルの構文図を **Fig.4-12** に示します。

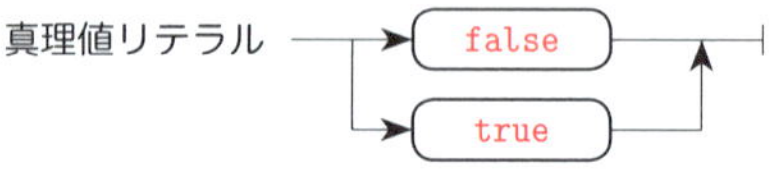

Fig.4-12　真理値リテラルの構文図

bool 型の値を挿入子 << で画面に出力すると、true は「1」と表示され、false は「0」と表示されます。

ただし、**boolalpha 操作子**を挿入すれば「true」もしくは「false」と表示されますし、**noboolalpha 操作子**を挿入すれば数値形式に戻ります（Table 3-7：p.112）。

実際に確かめてみましょう。List 4-8 に示すのが、そのプログラム例です。

List 4-8 chap04/list0408.cpp

```
// bool型の値を表示

#include <iostream>

using namespace std;

int main()
{
    cout << true << ' ' << false << '\n';

    cout << boolalpha;                  // 真理値をアルファベット形式で出力
    cout << true << ' ' << false << '\n';

    cout << noboolalpha;                // 真理値を数値形式で出力
    cout << true << ' ' << false << '\n';
}
```

実行結果

```
1 0
true false
1 0
```

▶ 表示される綴（つづ）りは**ロケール**（**文化圏**）によって異なります。英語圏でなければ、別の単語（たとえばフランス語など）として表示される可能性もあります。

関係演算子・等価演算子・論理否定演算子が生成する値が、bool 型であることを検証してみましょう。プログラムを List 4-9 に示します。

List 4-9 chap04/list0409.cpp

```
// 関係演算子・等価演算子・論理否定演算子が生成する値を表示

#include <iostream>

using namespace std;

int main()
{
    int a, b;
    cout << "整数a, b：";
    cin >> a >> b;

    cout << boolalpha;

    cout << "a <  b = " << (a <  b) << '\n';
    cout << "a <= b = " << (a <= b) << '\n';
    cout << "a >  b = " << (a >  b) << '\n';
    cout << "a >= b = " << (a >= b) << '\n';
    cout << "a == b = " << (a == b) << '\n';
    cout << "a != b = " << (a != b) << '\n';
    cout << "!a     = " << (!a)     << '\n';
    cout << "!b     = " << (!b)     << '\n';
}
```

実行例

```
整数a, b：0 9
a <  b = true
a <= b = true
a >  b = false
a >= b = false
a == b = false
a != b = true
!a     = true
!b     = false
```

浮動小数点型

小数点以下の部分をもつ実数を表すのが浮動小数点型（*floating point type*）です。以下に示す 3 種類の型があります。

```
float     double     long double
```

▶ 型名の **float** は浮動小数点（*floating-point*）に由来し、**double** は“2 倍の精度（*double precision*）”に由来します。

List 4-10 は、これらの型の変数に数値を入れて表示するプログラムです。

▶ 実行結果は、処理系によって異なります。

List 4-10　chap04/list0410.cpp

```
// 浮動小数点型の変数の値を表示

#include <iomanip>
#include <iostream>

using namespace std;

int main()
{
    float       a = 123456789.0;
    double      b = 1234567890123456789.0;
    long double c = 123456789012345678901234567890.0;

    cout << "a = " << setprecision(30) << a << '\n';
    cout << "b = " << setprecision(30) << b << '\n';
    cout << "c = " << setprecision(30) << c << '\n';
}
```

実行結果一例

```
a = 123456792
b = 1234567890123456700
c = 123456789012345680000000000000
```

※ setprecision 処理子については p.112 と p.152 を参考のこと

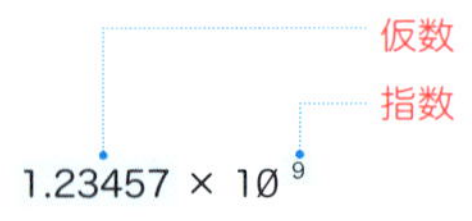

Fig.4-13　仮数と指数

実行結果は、変数に入れた数値が正確に表現されていないことを示しています。整数型が有限範囲の連続した整数を表現するのとは異なり、浮動小数点型の表現範囲は、大きさと精度の両方からの制限を受けるためです。

このことを、“たとえ話”で説明すると、次のようになります。

大きさとしては 12 桁まで表すことができ、精度としては 6 桁が有効である。

ここでは、1234567890 を例に考えます。この値は 10 桁ですから、大きさとしては 12 桁の表現範囲におさまっています。しかし、6 桁の精度では表現できませんので、左から 7 桁目を四捨五入して 1234570000 とします。これを数学的に表現したのが、**Fig.4-13** です。

ここで、1.23457 を仮数と呼び、9 を指数と呼びます。仮数の桁数が《精度》に相当し、指数の値が《大きさ》に相当します。

ここまでは、たとえ話として 10 進数で考えてきましたが、実際には、仮数部や指数部は内部的に 2 進数で表現されています。そのため、大きさと精度を“12 桁”や“6 桁”といった具合に、10 進整数でピッタリ表現することはできません。

指数部と仮数部のビット数は、型と処理系に依存します。指数部に割り当てられるビット数が多ければ、大きな数値を表せますし、仮数部に割り当てられるビット数が多ければ、精度の高い数値を表せます。

なお、三つの型**float**, **double**, **long double**は、左側の型と同等、もしくは、より大きな《表現範囲》をもちます。

浮動小数点リテラル

3.14や57.3のように、実数を表す定数を**浮動小数点リテラル**（*floating-point literal*）と呼びます。**Fig.4-14**に示すのが、浮動小数点リテラルの構文図です。

整数リテラルの末尾に接尾語**U**と**L**を付けられるのと同様に、浮動小数点リテラルの末尾にも型を指定する**浮動小数点接尾語**（*floating suffix*）を付けることができます。

float型を指定するのが**f**と**F**であり、**long double**型を指定するのが**l**と**L**です。接尾語を付けなければ**double**型となります。以下に、例を示します。

```
57.3     // double型
57.3F    // float型
57.3L    // long double型
```

▶ 小文字の**l**は数字の**1**と見分けがつきにくいため、大文字の**L**を使うべきです（整数接尾語と同様です）。

構文図が示すように、いろいろな形式での表記が可能です。以下に例を示します。

```
.5       // double型の0.5
12.      // double型の12.0
.5F      // float型の0.5
```

```
1F       // float型の1.0
1.23E4   // 1.23×10⁴
89.3E-5  // 89.3×10⁻⁵
```

算術型

整数型と浮動小数点型は、いずれも《数値》を表す型です。これらの総称が**算術型**（*arithmetic type*）です。

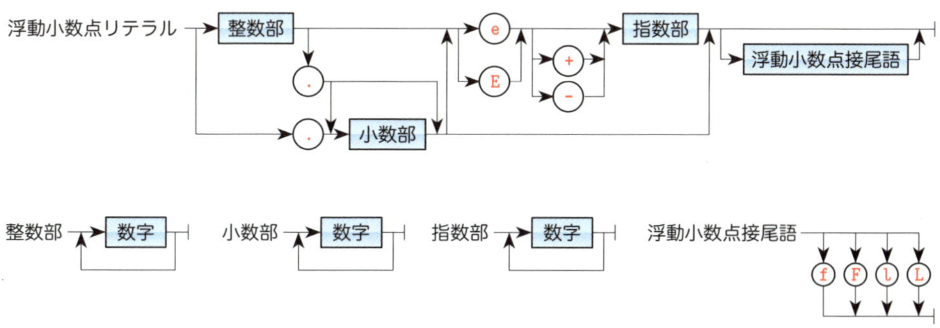

Fig.4-14 浮動小数点リテラルの構文図

Column 4-7 処理系特性ライブラリ

<climits>ヘッダ内で定義される INT_MIN や INT_MAX などのマクロは、もともとC言語の標準ライブラリとして提供されていたマクロです。

C++では、処理系特性を表す **numeric_limits クラステンプレート**が **<limits>ヘッダ**で提供されます。このライブラリを使って、**List 4-1**（p.121）を書き直したプログラムが **List 4C-1** で、**List 4-2**（p.122）を書き直したプログラムが **List 4C-2** です。

※実行結果は **List 4-1** および **List 4-2** と同じです。

List 4C-1 chap04/list04c01.cpp

```
// 整数型で表現できる値を表示
#include <limits>
#include <iostream>

using namespace std;

int main()
{
    cout << "この処理系の整数型で表現できる値\n";

    cout << "char          : "
                        << int(numeric_limits<char>::min()) << "～"
                        << int(numeric_limits<char>::max()) << '\n';
    cout << "signed char   : "
                        << int(numeric_limits<signed char>::min()) << "～"
                        << int(numeric_limits<signed char>::max()) << '\n';
    cout << "unsigned char : "
                        << int(numeric_limits<unsigned char>::min()) << "～"
                        << int(numeric_limits<unsigned char>::max()) << '\n';

    cout << "short int : " << numeric_limits<short>::min() << "～"
                        << numeric_limits<short>::max() << '\n';
    cout << "int       : " << numeric_limits<int>::min()   << "～"
                        << numeric_limits<int>::max()   << '\n';
    cout << "long int  : " << numeric_limits<long>::min()  << "～"
                        << numeric_limits<long>::max()  << '\n';

    cout << "unsigned short int : "
                        << numeric_limits<unsigned short>::min() << "～"
                        << numeric_limits<unsigned short>::max() << '\n';
    cout << "unsigned int       : "
                        << numeric_limits<unsigned>::min() << "～"
                        << numeric_limits<unsigned>::max() << '\n';
    cout << "unsigned long int  : "
                        << numeric_limits<unsigned long>::min() << "～"
                        << numeric_limits<unsigned long>::max() << '\n';
}
```

List 4C-2 chap04/list04c02.cpp

```
// 単なる文字型の符号付き／符号無しを判定
#include <limits>
#include <iostream>

using namespace std;

int main()
{
    cout << "この処理系の単なる文字型は"
         << (numeric_limits<char>::is_signed ? "符号付き" : "符号無し")
         << "文字型です。\n";
}
```

numeric_limits は浮動小数点型に関する特性も提供します。**List 4C-3** に示すのは、**double** 型に関する主要な特性を表示するプログラムです。

なお、プログラム中の **double** の箇所を **float** あるいは **long double** に置きかえると、それらの型の特性を表示できます。

List 4C-3 chap04/list04c03.cpp

```
// double型の特性を表示

#include <limits>
#include <iostream>

using namespace std;

int main()
{
    cout << "最小値：" << numeric_limits<double>::min() << '\n';
    cout << "最大値：" << numeric_limits<double>::max() << '\n';
    cout << "仮数部：" << numeric_limits<double>::radix  << "進数で"
                       << numeric_limits<double>::digits << "桁\n";
    cout << "桁　数：" << numeric_limits<double>::digits10 << '\n';
    cout << "機械ε ：" << numeric_limits<double>::epsilon()<< '\n';
    cout << "最大の丸め誤差：" << numeric_limits<double>::round_error() << '\n';
    cout << "丸め様式：";

    switch (numeric_limits<double>::round_style) {
     case round_indeterminate:
                        cout << "決定できない。\n"; break;
     case round_toward_zero:
                        cout << "ゼロに向かって丸める。\n"; break;
     case round_to_nearest:
                        cout << "表現可能な最も近い値に丸める。\n"; break;
     case round_toward_infinity:
                        cout << "無限大に向かって丸める。\n"; break;
     case round_toward_neg_infinity:
                        cout << "負の無限大に向かって丸める。\n"; break;
    }
}
```

実行結果一例

```
最小値：2.22507e-308
最大値：1.79769e+308
仮数部：2進数で53桁
桁　数：15
機械ε ：2.22045e-016
最大の丸め誤差：0.5
丸め様式：表現可能な最も近い
値に丸める。
```

機械ε（エプシロン）は、"1" と "1 を超える表現可能な最小値" との差です（もし機械εが 0.1 であれば、1 の次に表せる数は 1.1 となります）。この値が小さいほど、精度が高いということです。

丸めとは、最下位から 1 個以上の数字を削除あるいは省略するなどの操作を行って、残り部分を、ある指定された規則に基づいて調整することです。

※ここに示したプログラムは、まだ学習していない技術が使われていますので、現時点で理解する必要はありません。

＊

なお、C 言語の標準ライブラリで提供される、浮動小数点数の特性を表す各種のマクロは、C++ では **<cfloat> ヘッダ**で提供されます。

4-2 演算と型

整数を整数で割ると、商や剰余が整数として得られることを第２章で学習しました。実数で求めるには、どうすればよいでしょうか。本節では、演算と型について学習します。

演算と型

List 4-11 に示すのは、二つの整数値を読み込んで、その平均値を求めて表示するプログラムです。

List 4-11 chap04/list0411.cpp

```
// 二つの整数値の平均値を求める

#include <iostream>

using namespace std;

int main()
{
    int x, y;

    cout << "二つの整数値xとyの平均値を求めます。\n";
    cout << "xの値：";  cin >> x;    // xに整数値を読み込む
    cout << "yの値：";  cin >> y;    // yに整数値を読み込む

    double ave = (x + y) / 2;                 // 平均値を求める
    cout << "xとyの平均値は" << ave << "です。\n";  // 平均値を表示
}
```

実行例

```
二つの整数値xとyの平均値を求めます。
xの値：7↵
yの値：8↵
xとyの平均値は7です。
```

求めた平均値を格納する変数が、網かけ部で宣言している double 型の変数 ave です。実数を表せる double 型の変数に平均値を入れているにもかかわらず、実行例によると、7 と 8 の平均は 7.5 ではなく 7 となっています。

このようになる理由を考えていきましょう。まず、変数 ave の初期化子 (x + y) / 2 に着目します。式 x + y は “int + int” であり、その演算結果は int 型です。それを 2 で割る演算は “int / int” ですから、**Fig.4-15** **a** に示すように、その演算結果は小数部が切り捨てられた int 型の整数値となります。

変数に入れられる値が小数部をもたないのですから、double 型の変数 ave は小数部をもたないのです。

なお、図 **b** に示しているのは double 型どうしの除算です。この演算によって得られる結果は double 型です。この図が示すように、int 型どうしの算術演算と、double 型どうしの算術演算によって得られる値の型は、**オペランドと同じ型**になります。

それでは、int と double が混在した算術演算の結果の型はどうなるでしょうか。図 **c** と図 **d** に示すように、異なるオペランドの型に対する算術演算では、**暗黙の型変換**（*implicit type conversion*）が行われます。演算の前に、int 型オペランドの値が double 型に暗黙裏(り)に《**格上げ**》されて、int 型の 2 や 15 が、double 型の 2.0 や 15.0 に変換されます。

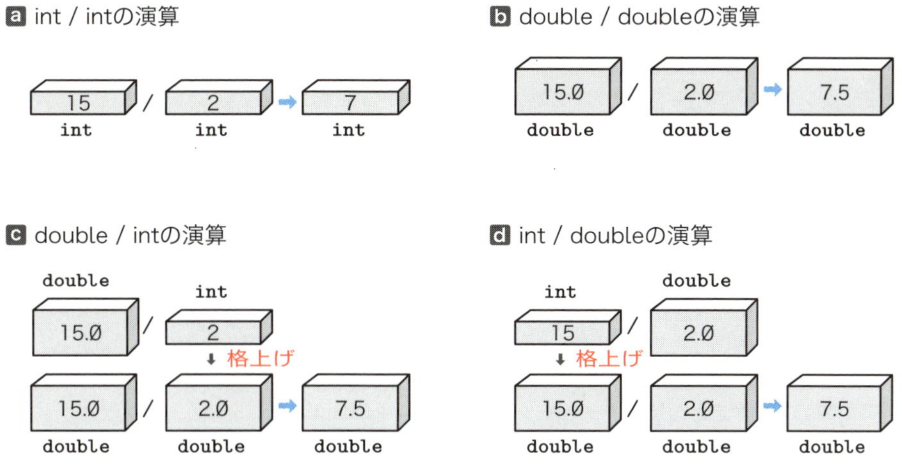

Fig.4-15　int 型と double 型の算術演算

変換の結果、両方のオペランドが**double**型となりますので、その演算によって得られる結果は、図**c**でも図**d**でも**double**型となります。

以上のことは、**List 4-12** からも確認できます。

List 4-12　chapØ4/listØ412.cpp

```
// 二つの数値の商を求める

#include <iostream>

using namespace std;

int main()
{
    cout << "15   / 2   = " << 15   / 2   << '\n';
    cout << "15.Ø / 2.Ø = " << 15.Ø / 2.Ø << '\n';
    cout << "15.Ø / 2   = " << 15.Ø / 2   << '\n';
    cout << "15   / 2.Ø = " << 15   / 2.Ø << '\n';
}
```

実行結果

```
15   / 2   = 7
15.Ø / 2.Ø = 7.5
15.Ø / 2   = 7.5
15   / 2.Ø = 7.5
```

もちろん、ここに示した規則は、**/** だけでなく、**+** や **-** などの演算にも適用されます。

C++ には数多くの型があるため細かい規則は複雑ですから、以下のように、大まかに理解しておきましょう（規則の詳細はp.154 で学習します）。

重要　算術演算の対象となるオペランドの型が異なるとき、小さいほうの型のオペランドは、より大きい（懐（ふところ）の深い）ほうの型に変換された上で演算が行われる。

なお、“大きい”という表現は、物理的な大きさを指しているのではありません。小数部を格納できるという点で、**double**型は**int**型に比べて“余裕がある”という意味です。

明示的型変換

小数部を含めた平均値を求めるには、整数 / 整数の演算では駄目であることが分かりました。

重要 数値の除算によって得られる商を実数として求めるには、少なくとも一方のオペランドが浮動小数点型でなければならない。

この方針にのっとって改良したプログラムが、**List 4-13** です。

List 4-13 chap04/list0413.cpp

```
// 二つの整数値の平均値を実数値として求める（その１）

#include <iostream>

using namespace std;

int main()
{
    int x, y;

    cout << "二つの整数値xとyの平均値を求めます。\n";
    cout << "xの値：";  cin >> x;    // xに整数値を読み込む
    cout << "yの値：";  cin >> y;    // yに整数値を読み込む

    double ave = (x + y) / 2.0;                    // 平均値を実数で求める
    cout << "xとyの平均値は" << ave << "です。\n";  // 平均値を表示
}
```

実行例

```
二つの整数値xとyの平均値を求めます。
xの値：7
yの値：8
xとyの平均値は7.5です。
```

平均値を求める網かけ部の式に着目しましょう。

最初に行われる演算は、( ) で囲まれた x + y です。これは "int + int" であり、その演算結果も int 型です。一方、割る数である浮動小数点リテラル 2.0 は double 型です。

そのため、網かけ部全体の演算は、次のようになります。

```
int / double
```
※整数を実数で割る

この演算の結果は double 型です。実行結果は、7 と 8 の平均値が 7.5 として求められることを示しています。

もっとも、私たちが日常生活で平均を求める際は、「2.0 で割ろう」と考えるのではなく、「2 で割ろう」と考えるのが普通です。

キャスト記法による明示的型変換

二つの整数の和をいったん実数に変換し、それを 2 で割ることによって平均値を求めることにしましょう。そのためには、網かけ部を以下のように書きかえます。

```
(double)(x + y) / 2
```

これで平均値が実数値として求められます（"chap04/list0413a.cpp"）。

演算子 / の左オペランド (double)(x + y) の形式は、次のようになっています。

(型) 式	※キャスト記法

これは、式の値を、指定された型に変換した値を生成する式です。

たとえば、(int)5.7 では、double 型の浮動小数点リテラルの値 5.7 から、小数部を切り捨てた int 型の 5 が生成されます。また、(double)5 では、int 型の整数リテラルの値 5 から、double 型の 5.0 が生成されます。

このような**明示的型変換**（*explicit type conversion*）を**キャスト**（*cast*）と呼びます。ここでの ( ) は優先的に演算を行うための ( ) ではなく、**キャスト演算子**（*cast operator*）と呼ばれる演算子です（Table 4-11）。

Table 4-11 明示的型変換（キャスト）演算子

(型) x	x を指定された型に変換した値を生成（キャスト記法）。
型 (x)	x を指定された型に変換した値を生成（関数的記法）。

▶ ( ) は関数呼出し演算子としても使われます（第 6 章で学習します）。

平均値を求める過程では、まず最初に、

```
(double)(x + y)
```

によって、x + y の値を double 型で表現した値に変換したものを生成します（たとえば、x と y の和が 15 であれば、整数値 15 から浮動小数点数値 15.0 が作られます）。

式 (x + y) の値が double 型へとキャストされますので、平均値を求める演算は以下のようになります。

double / int	※実数を整数で割る

このとき、右オペランドの int が double に暗黙裏に格上げされて double / double として除算が行われます。得られる演算結果は、double 型の実数です。

関数的記法による明示的型変換

表に示すように、キャストには、もう一つの形式があります。

型 (式)	※関数的記法

プログラムの網かけ部を以下のように書きかえましょう。

```
double(x + y) / 2
```

この形式でも、平均値を実数値として求められます（"chap04/list0413b.cpp"）。

static_cast 演算子による明示的型変換

C 言語では、整数から浮動小数点数へといった正当な型変換だけでなく、本来ならば変換できないはずの型間での変換など、すべての型変換が**キャスト記法による型変換**に押しつけられていました。その反省から、C++ ではまず最初に**関数的記法による型変換**が追加され、その後に 4 種類のキャスト演算子が追加されました。

Table 4-12 ～ Table 4-15 に示すのが、それらの演算子の概略です。

Table 4-12　動的キャスト演算子

`dynamic_cast<型>(x)`	*x* を指定された型に変換した値を生成。 基底クラスへのポインタ／参照を、派生クラスへのポインタ／参照に変換する場合に利用。

Table 4-13　静的キャスト演算子

`static_cast<型>(x)`	*x* を指定された型に変換した値を生成。 主として、整数と浮動小数点数間の変換のように、*x* を型に暗黙裏に変換できるような、正当な型変換に対して利用。

Table 4-14　強制キャスト演算子

`reinterpret_cast<型>(x)`	*x* を指定された型に変換した値を生成。 主として、整数からポインタへ、ポインタから整数へといった、型変更ともいうべき型変換を行う場合に利用。

Table 4-15　定値性キャスト演算子

`const_cast<型>(x)`	*x* を指定された型に変換した値を生成。 定値性や揮発性の属性を付けたり外したりするための変換で利用。

いずれも、型変換を行うという点では共通です。変換の対象によって、これらの一つのみが適用できるケースと、複数が適用できるケースとがあります。

複数が適用できるケースでは、その文脈に最適な演算子を利用すると、読みやすく分かりやすいプログラムになります。

*

整数と浮動小数点数とのあいだの型変換に適しているのは、**静的キャスト**（*static cast*）を行う static_cast 演算子です。この演算子は、暗黙の型変換が適用される文脈や、それに準じた文脈での《**自然な型変換**》に適した演算子です。static_cast 演算子を利用して List 4-13 を書きかえたのが、List 4-14 のプログラムです（Fig.4-16）。

重要 整数と浮動小数点数間の型変換には、キャスト記法あるいは関数的記法のキャスト演算子ではなく、**静的キャスト演算子 static_cast** を利用しよう。

List 4-14　chap04/list0414.cpp

```
// 二つの整数値の平均値を実数値として求める（その２：静的キャスト演算子）

#include <iostream>

using namespace std;

int main()
{
    int x, y;

    cout << "二つの整数値xとyの平均値を求めます。\n";
    cout << "xの値：";  cin >> x;   // xに整数値を読み込む
    cout << "yの値：";  cin >> y;   // yに整数値を読み込む

    double ave = static_cast<double>(x + y) / 2;     // 平均値を実数で求める
    cout << "xとyの平均値は" << ave << "です。\n";   // 平均値を表示
}
```

実行例

```
二つの整数値xとyの平均値を求めます。
xの値：7
yの値：8
xとyの平均値は7.5です。
```


静的キャスト演算子以外の演算子は、以下に示す文脈で利用します。

▶ 現時点で、完全に理解する必要はありません。

■ 動的キャスト演算子

仮想関数をもった基底クラスへのポインタ／参照を、派生クラスへのポインタ／参照に変換する場合に利用します。

■ 強制キャスト演算子

整数とポインタ（記憶域上のアドレス）間の変換など、型変更ともいうべき型変換に利用します。**Column 7-4**（p.275）で学習します。

■ 定値性キャスト演算子

定値オブジェクト（p.26）と揮発性オブジェクト（p.171）や、それらへのポインタや参照から、定値性・揮発性の属性を付けたり外したりする型変換に利用します。

▶ castは非常に多くの意味をもつ語句です。他動詞のcastには、『役を割り当てる』『投げかける』『ひっくりかえす』『計算する』『曲げる』『ねじる』などの意味があります。

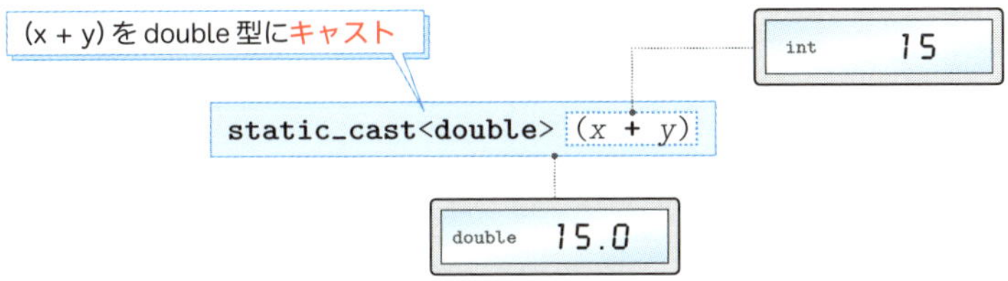

Fig.4-16　キャスト式の評価

繰返しの制御

List 4-15 に示すプログラムを考えましょう。`float` 型の変数 x の値を 0.0 から 1.0 まで 0.001 ずつ増やしながら表示して、最後に合計を表示するプログラムです。

▶ 演算結果が `float` 型の精度に依存するため、実行結果は処理系によって異なります。

List 4-15 chap04/list0415.cpp

```
// 0.0から1.0まで0.001単位で増やして合計を表示（繰返しをfloatで制御）

#include <iomanip>
#include <iostream>

using namespace std;

int main()
{
    float sum = 0.0F;
    cout << fixed << setprecision(6);
    for (float x = 0.0F; x <= 1.0F; x += 0.001F) {
        cout << "x = " << x << '\n';
        sum += x;
    }
    cout << "sum = " << sum << '\n';
}
```

実行結果一例

```
x = 0.000000
x = 0.001000
x = 0.002000
x = 0.003000
… 中略 …
x = 0.997991
x = 0.998991
x = 0.999991
sum = 500.496674
```

最後の x の値が 1.0 ではなく 0.999991 となっているのは、**浮動小数点数が、すべての桁の情報を失うことなく表現できるとは限らない**（**Column 4-5**：p.135）からです。

Fig.4-17 **a** に示すように、1,000 個分もの誤差が x に累積します。

▶ 本プログラムでは、二つの操作子（**Table 3-7**：p.112）を利用しています。`fixed` 操作子は、浮動小数点数を固定小数点記法で出力するための指示です。`setprecision` 操作子は、《精度》を指定します。なお、ここでの《精度》は、出力記法などによって解釈が異なります。固定小数点記法による出力における《精度》は、小数部の桁数です。

a List 4-15

```
x = 0.000000
x = 0.001000
x = 0.002000
x = 0.003000
… 中略 …
x = 0.997991
x = 0.998991
x = 0.999991
sum = 500.496674
```

誤差が累積する

b List 4-15改

```
x = 0.000000
x = 0.001000
x = 0.002000
x = 0.003000
… 中略 …
x = 0.997991
x = 0.998991
x = 0.999991
x = 1.000991
x = 1.001991
x = 1.002991
x = 1.003991
… 以下省略 …
```

x は 1.0 とはならず、繰返しは終わらない

c List 4-16

```
x = 0.000000
x = 0.001000
x = 0.002000
x = 0.003000
… 中略 …
x = 0.998000
x = 0.999000
x = 1.000000
sum = 500.499969
```

誤差はあるが累積はしない

Fig.4-17 List 4–15 の繰返しと List 4–16 の繰返しの比較

for 文を、以下のように変更してみます ("chap04/list0415a.cpp")。

```
for (float x = 0.0F; x != 1.0F; x += 0.001F) { /* 中略 */ }     // List 4-15改
```

x の値がピッタリ 1.0 になることはありません。そのため、図bに示すように、1.0 を通り越して for 文は延々と繰返しを続けます。

*

List 4-16 に示すのは、繰返しの制御を整数で行うように書き直したプログラムです。

List 4-16 chap04/list0416.cpp

```
// 0.0から1.0まで0.001単位で増やして合計を表示（繰返しをintで制御）

#include <iomanip>
#include <iostream>

using namespace std;

int main()
{
    float sum = 0.0F;
    cout << fixed << setprecision(6);
    for (int i = 0; i <= 1000; i++) {
        float x = static_cast<float>(i) / 1000;
        cout << "x = " << x << '\n';
        sum += x;
    }
    cout << "sum = " << sum << '\n';
}
```

実行結果一例

```
x = 0.000000
x = 0.001000
x = 0.002000
x = 0.003000
… 中略 …
x = 0.998000
x = 0.999000
x = 1.000000
sum = 500.499969
```

for 文では、変数 i の値を 0 から 1000 までインクリメントします。繰返しのたびに、変数 i を 1000 で割った値を x とします。x が目的とする実数値をピッタリと表現できるわけではありません。しかし、毎回 x の値を求め直すわけですから、**誤差が累積しない**という点で、List 4-15 より優れています。

最終的に得られる合計値も、真の値に近いものになります。

重要 可能であれば、繰返しの判定の基準とする変数には、浮動小数点数でなく整数を使用しよう。

型変換の規則

ここでは、型昇格や型変換に関する規則を示します。

規則は非常に複雑ですから、すべてを理解して覚える必要はありません。必要なときに参照するとよいでしょう。

▪ 汎整数昇格（integral promotions）

① char型、signed char型、unsigned char型、short int型およびunsigned short int型のいずれかの右辺値は、その型の値すべてがint型で表現できる場合には、int型の右辺値に変換できる。

そうでない場合、もとの右辺値は、unsigned int型の右辺値に変換できる。

② wchar_t型または列挙型の右辺値は、次にあげる型のうち、そのもととなる型のすべての値を表現できる型の中で最も左にある型の右辺値に変換できる。

int、unsigned int、long、unsigned long

③ 汎整数のビットフィールドの右辺値は、そのビットフィールドの値すべてをint型で表現できる場合には、int型の右辺値に変換できる。

そうでない場合、ビットフィールドのすべての値がunsigned int型で表現できる場合には、unsigned int型に変換できる。

ビットフィールドがさらに大きい場合には、汎整数昇格は行われない。

ビットフィールドが列挙型をもつ場合、昇格のためには、その列挙型のとらない別の値としてビットフィールドが扱われる。

④ bool型の右辺値は、int型の右辺値に変換できる。falseは0になり、trueは1になる。

▪ 浮動小数点昇格（floating point promotion）

① float型の右辺値は、double型の右辺値に変換できる。値は変わらない。

▪ 汎整数変換（integral conversions）

① 整数型の右辺値は、別の整数型の右辺値に変換できる。

列挙型の右辺値は、整数型の右辺値に変換できる。

② 目的の型が符号無しの型の場合、結果の値は、もとの整数の値に合同な最小の符号無し整数になる（すなわち、符号付きの型の表現に使うビット数をnとすると、2^nを法とした剰余になる）。

※2の補数表現では、この変換は概念的なものとなり、（丸めがない場合）ビットパターンの変更はない。

③ 目的の型が符号付きの型の場合、その値が目的の型（およびビットフィールドの幅）で表現できる場合には、値は変化しない。そうでない場合、結果の値は、処理系定義とする。

④ 目的の型がbool型の場合については、真理値変換で規定する。

もとの型がbool型の場合、falseは0に、trueは1に変換される。

⑤ 汎整数昇格に許される変換は、汎整数変換とはいわない。

▪ 浮動小数点変換（floating point conversions）

① 浮動小数点型の右辺値は、別の浮動小数点型に変換できる。

もとの値が目的の型において正確に表現できる場合には、変換の結果は、正確な値表現となる。

もとの値が、目的の型で表しうる値の二つの隣接した値の中間にある場合、変換結果は、どちらかの値とする。

どちらが選択されるかは処理系定義とする。

そうでない場合の挙動は未定義とする。

② 浮動小数点昇格に許される変換は、浮動小数点変換とはいわない。

▪ 浮動小数点数と汎整数のあいだの変換（floating-integral conversions）

① 浮動小数点型の右辺値は、整数型の右辺値に変換できる。

その変換は、切り捨て変換とする。つまり、小数部分を切って捨てる。

切り捨てた値が、目的の型で表現できない場合、その挙動は未定義とする。

※目的の型が`bool`の場合については、真理値変換で規定する。

② 整数型または列挙型の右辺値は、浮動小数点型の右辺値に変換できる。

結果の値は、目的の型で表せる場合、正確な値となる。

そうでない場合、目的の型で表される隣接した二つの値のあいだに位置するとき、どちらかの値となる。どちらの値になるかは、処理系定義とする。

※汎整数の値が、浮動小数点数の値で正確に表現できない場合、精度が劣化する。

もとの型が`bool`の場合、`false`値は`0`に変換され、`true`値は1に変換される。

▪ 真理値変換（boolean conversions）

算術型、列挙型、ポインタ型およびメンバへのポインタ型の右辺値は、`bool`型の右辺値に変換できる。ゼロという値、空ポインタ値および空メンバポインタ値は`false`に変換され、その他の値はすべて`true`に変換される。

▪ 通常の算術変換（usual arithmetic conversions）

算術型または列挙型の演算対象をとる2項演算子の多くは、変換を行って結果の型を得る。その目的は、二つの演算対象に共通の型を得ることにあり、その共通の型が結果の型にもなる。その変換は以下のとおりである。

―どちらか一方の演算対象が`long double`型の場合、他方を`long double`型に変換する。

―そうではなく、どちらか一方の演算対象が`double`型の場合、他方を`double`型に変換する。

―そうではなく、どちらか一方の演算対象が`float`型の場合、他方を`float`型に変換する。

―そうではない場合、演算対象の両方に汎整数昇格を行う。

※その結果、`bool`型、`wchar_t`型または列挙型は、汎整数型の一つに変換される。

―次に、どちらか一方が`unsigned long`型の場合、他方を`unsigned long`型に変換する。

―そうではなく、どちらか一方が`long int`型で他方が`unsigned int`型の場合、`long int`型が`unsigned int`型のすべての値を表現できるときは、`unsigned int`型を`long int`型に変換し、表現できないときは、両方の演算対象を`unsigned long int`型に変換する。

―そうではなく、どちらか一方が`long int`型の場合、他方を`long int`型に変換する。

―そうではなく、どちらか一方が`unsigned int`型の場合、他方を`unsigned int`型に変換する。

※これらのいずれにもあてはまらないのは、両方の演算対象が`int`型の場合である。

4-3 列挙体

本節では、整数値の“集まり”を表す列挙体について学習します。

列挙体

List 4-17 は、犬・猫・猿という三つの選択肢を提示し、その中から選ばれた動物の鳴き声を表示するプログラムです。

List 4-17 chap04/list0417.cpp

```
// 選ばれた動物の鳴き声を表示

#include <iostream>

using namespace std;

int main()
{
    enum animal { Dog, Cat, Monkey, Invalid };
    int type;

    do {
        cout << "0…犬  1…猫  2…猿  3…終了：";
        cin >> type;
    } while (type < Dog || type > Invalid);

    if (type != Invalid) {
        animal selected = static_cast<animal>(type);
        switch (selected) {
         case Dog    : cout << "ワンワン!!\n";  break;
         case Cat    : cout << "ニャ〜オ!!\n";  break;
         case Monkey : cout << "キッキッ!!\n";  break;
        }
    }
}
```

実行例

```
0…犬  1…猫  2…猿  3…終了：0
ワンワン!!
```

1 犬・猫・猿の集合を表す**列挙体**（*enumeration*）の宣言です（構文図は **Fig.4-18**）。

識別子 `animal` が列挙体に与えられる**列挙体名**（*enum-name*）であり、{ } の中に置かれた `Dog`, `Cat`, `Monkey`, `Invalid` が**列挙子**（*enumerator*）です。個々の列挙子の型は、その列挙体の型です（`Dog`, `Cat`, `Monkey`, `Invalid` はすべて `animal` 型です）。

各列挙子には、先頭から順に 0, 1, 2, 3 の整数値が自動的に割り振られます。そのため、`animal` は、これらの値の集合を表す《型》となります。

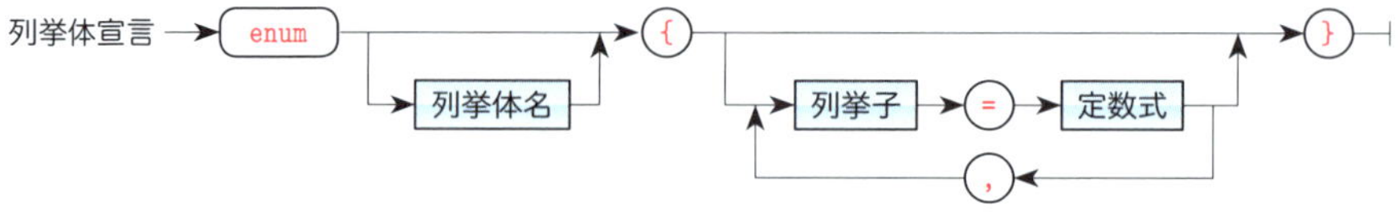

Fig.4-18 列挙体宣言の構文図

Fig.4-19 が列挙体 *animal* のイメージです。複数の選択肢から１個だけが選択可能な《ラジオボタン》です。

整数型が数多くの種類の整数を自由に表せるのに対し、**列挙体は、限られた値のみを表します。しかも、各値には名前が与えられます。**

Fig.4-19 列挙体のイメージ

2 この **do** 文では、「0…犬　1…猫　2…猿　3…終了：」と選択肢を表示して、キーボードからの入力を受け付けます。

読込み先の変数 *type* を、列挙型でなく **int** 型としているのは、列挙体の変数には挿入子 **>>** を適用できないからです。

さて、**do** 文で繰返しを行うのは、*Dog* から *Invalid* の範囲（すなわち 0, 1, 2, 3）ではない値が *type* に入力された場合に、再入力を促すためです。繰返しの継続条件の式が以下のようになっていますので、**do** 文終了時の変数 *type* の値は、必ず 0 以上 3 以下となります。

```
type < Dog || type > Invalid
```

ちなみに *Invalid* は、動物の名前ではなく、『無効な』という意味の単語です。

▶ もし *animal* 型に列挙子 *Invalid* がなければ、**do** 文の継続条件の式は以下のようになります。

```
type < Dog || type > Monkey + 1
```

ここで、四つ目の動物として《アザラシ》が追加され、それに伴って列挙体 *animal* が

```
enum animal { Dog, Cat, Monkey, Seal };
```

と変更されたらどうなるでしょうか。先ほど示した条件は、

```
type < Dog || type > Seal + 1
```

と書きかえねばなりません。すなわち、動物を追加するたびに、繰返し継続の判定式の変更が余儀なくされます。

一見すると“無効”な *Invalid* が、実に“有効”に機能していることが分かります。

3 *animal* 型の変数 *selected* の宣言です。

以下のように対比させると、*animal* が型名であって、*selected* が識別子（名前）であることがはっきりします。

```
int    x        = static_cast<int>(3.5);
animal selected = static_cast<animal>(type);
型名   変数名   = 初期化子;
```

この宣言によって、*selected* は 0, 1, 2, 3 の値を取り得る変数となります。

初期化子の **static_cast**<*animal*>(*type*) は、**int** 型の変数 *type* の値を *animal* 型へと型変換する、静的キャスト式です。

＊

4 続く **switch** 文は、*selected* の値でプログラムの流れを分岐します。犬・猫・猿のいずれかの鳴き声を表示します。

列挙子の値

列挙体 *animal* では、0 から始まる連続した整数値が各列挙子に与えられていました。列挙子は定数なので、値の変更はできません。そのため、プログラムの途中で、

```
Dog = 5;            // エラー：列挙子に値は代入できない
```

と、列挙子の値を変えるようなことはできません。

列挙子の値は宣言時に自由に指定できます。たとえば、

```
enum kyushu { Fukuoka, Saga = 5, Nagasaki };
```

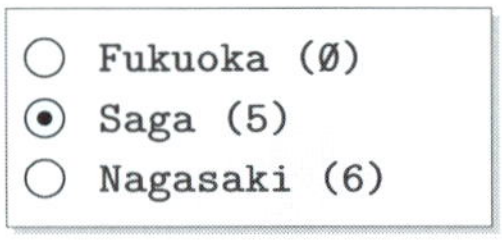

Fig.4-20 列挙体kyushu

では、*Fukuoka* は 0、*Saga* は 5、*Nagasaki* は 6 となります。すなわち = によって値が明示的に与えられた列挙子は、その値となり、与えられていない列挙子は、一つ左側の列挙子の値に 1 を加えた値となります。

複数の列挙子を同じ値にすることもできます。たとえば、

```
enum member { Shibata, Washio = 0 };
```

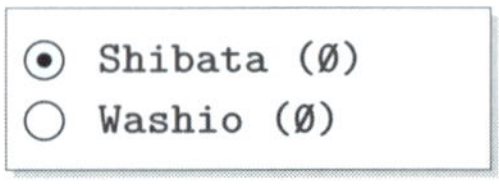

Fig.4-21 列挙体member

と宣言すると、*Shibata*, *Washio* の両方が 0 となります。

名前のない列挙体

列挙体の名前である列挙体名を省略して、**名前のない列挙体**を定義することもできます。

```
enum { January = 1, February, /* …中略… */ , December };
```

このように宣言されると、**その列挙体型の変数は定義できなくなります**。もっとも、次に示すように、**switch** 文内のラベルなどで列挙子が使用できます。

```
int month;
// …
switch (month) {
 case January  : /* …中略… */       // 1月
 case February : /* …中略… */       // 2月
 // …中略…
 case December : /* …中略… */       // 12月
}
```

このように実現できるのは、個々の列挙子が《定数式》として扱われるからです。

Column 4-8 enumの読み方

enum のもとの単語 enumeration の発音は ɪnù:məréiʃən（あるいは ɪnjù:məréiʃən）であり、カタカナで表すと『イニュームレーション』が最も近いと考えられます（『イーナムレーション』と発音する日本人が多いようですが、これは完全な誤りです）。

そのため **enum** の発音は、『イニューム』となります。ただし、“e” と “num” を続けた『イーナム』と発音されることもあります。

列挙体を利用するメリット

上に示した《月》を表す列挙体は、以下のように定値オブジェクト（p.26）として定義することもできます。

```
const int January = 1;        // 1月
const int February = 2;       // 2月
// …中略…
const int December = 12;      // 12月
```

プログラムが12行にもなる上に、初期化子の値を書き間違える可能性も高くなります。

列挙体だと手短に宣言できますし、*January* の値さえ正しく設定しておけば、2月以降の値は、コンパイラによって正しく与えられます。

*

さて、列挙体 *animal* は、0，1，2，3の値を表す型です。この型の変数 *an* に対して、以下の代入を行ったらどうなるでしょう。

```
an = static_cast<animal>(5);      // int型の5をanimal型にキャストして代入
```

これは、変数 *an* が取り得る範囲を超えた値の代入です。気の利いた処理系であれば、このような不正な代入に対して、コンパイル時に**警告メッセージ**を発します。そのため、プログラムのミスを発見しやすくなります。

もし変数 *an* が **int** 型であれば、このようなチェックは不可能です。

プログラムの動作確認などを支援するデバッガなどのソフトウェアでは、列挙体型の変数の値を、整数値ではなく列挙子の名前で表示するものがあります。

その場合、変数 *selected* の値が、0ではなく *Dog* と表示されますので、デバッグが容易になります。

重要 **列挙体**で表せそうな整数値の集まりは、列挙体として定義しよう。

Column 4-9 **エラーと警告**

処理系は、プログラムに明らかな誤りが存在する際に**エラー**を発し、文法的には正しいものの、何らかの誤りなどが潜んでいる可能性がある際に**警告**を発します。

警告 warning という語句は、カタカナでは『ウォーニング』という表記が一般的です。ほとんどの分野の書籍で『ウォーニング』が使われているのですが、ソフトウェア関連の書籍に限って『ワーニング』と書かれることが多いようです。ちなみに『ワーニング』と読むのであれば、Star Wars は『スターワーズ』になって、warming up は『ワーミングアップ』となってしまいます。

まとめ

- 有限の範囲の整数を表す**整数型**には、char 型、int 型、bool 型、wchar_t 型がある。整数型の内部は、**純2進記法**で表現され、その特性は**<climits> ヘッダ**で、**#define 指令**による**オブジェクト形式マクロ**として定義されている。

- **char 型**には、単なる char 型、signed char 型、unsigned char 型の３種類がある。単なる char 型が符号付き型なのか符号無し型なのかは処理系に依存する。

- プログラム内では、文字は整数値である**文字コード**で識別される。任意の文字の文字種は、**<cctype> ヘッダ**が提供する *isprint* などの *is...* 関数で調べられる。

- **int 型**には、short 版、単なる int 版、long 版があり、それぞれに対して**符号付き型**と**符号無し型**とがある。

- 符号無し整数型の値は、値を２進数で表現したものを、そのままビットに対応させた形式で表現される。

- 符号付き整数型の値は、**２の補数表現**、**１の補数表現**、**符号付き絶対値表現**のいずれかで表現される。正値のビット構成は、符号無し整数と同一である。

- 実数を表す**浮動小数点型**には、float 型、double 型、long double 型がある。浮動小数点型の特性は**<cfloat> ヘッダ**で定義されている。

- 整数型と浮動小数点型の総称が、**算術型**である。

- **算術型**など、C++ が言語レベルで提供する型が**組込み型**である。

- **整数リテラル**は８進、10 進、16 進で表記できる。符号無し整数型にするには**整数接尾語** u あるいは U を末尾に付け、long 型にするには l あるいは L を末尾に付ける。

- **浮動小数点リテラル**は double 型である。float 型にするには**浮動小数点接尾語** f あるいは F を末尾に付け、long double 型にするには l あるいは L を末尾に付ける。

- **bool 型**は、**真**と**偽**を表す型である。**真理値リテラル**は、**true** と **false** の二つである。**boolalpha 操作子**を挿入すれば、bool 型の値を整数値ではなく文字として出力できる。

- 整数の集合を表すのが**列挙体**である。個々の**列挙子**が、値を表す名前となる。

- 整数定数に対して名前を与えるには、#include 指令によるオブジェクト形式マクロではなくて、定値オブジェクトか列挙体を利用すべきである。

- **オブジェクト**とは、値を表現するための記憶域のことである。

- typedef 宣言は、既存の型に同義語を与える宣言である。

- 式や型が記憶域上に占有する大きさは、sizeof 演算子によってバイト数として取得できる。sizeof 演算子が生成する size_t 型は、<cstddef> ヘッダ内で typedef 宣言されている。

- 型に関する情報は typeid 演算子で取得できる。この演算子を利用する際は、<typeinfo> ヘッダのインクルードが必要である。

- 整数どうしの算術演算の結果は整数であり、浮動小数点数どうしの算術演算の結果は浮動小数点数である。

- 浮動小数点型と整数型などの異なる型のオペランドが混在した演算では、暗黙の型変換が行われる。

- 式の値を、別の型として表現された値に変換するにはキャスト（型変換）を行う。

- キャストには、キャスト記法、関数的記法、動的キャスト、静的キャスト、強制キャスト、定値性キャストがある。整数と浮動小数点数間の型変換は、キャスト記法、関数的記法、静的キャストのいずれかで行うとよい。

- 可能であるのならば、繰返しの制御は、浮動小数点型ではなく整数型によって行うとよい。

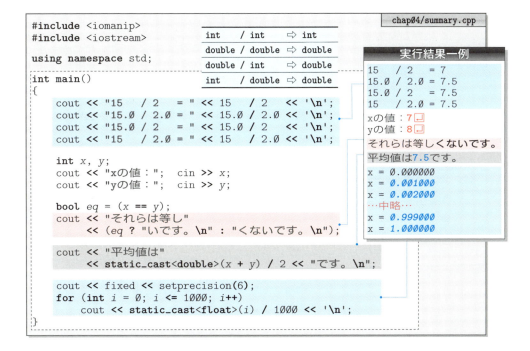

chap04/summary.cpp

```
#include <iomanip>
#include <iostream>

using namespace std;

int main()
{
    cout << "15   / 2   = " << 15   / 2   << '\n';
    cout << "15.0 / 2.0 = " << 15.0 / 2.0 << '\n';
    cout << "15.0 / 2   = " << 15.0 / 2   << '\n';
    cout << "15   / 2.0 = " << 15   / 2.0 << '\n';

    int x, y;
    cout << "xの値：";  cin >> x;
    cout << "yの値：";  cin >> y;

    bool eq = (x == y);
    cout << "それらは等し"
         << (eq ? "いです。\n" : "くないです。\n");

    cout << "平均値は"
         << static_cast<double>(x + y) / 2 << "です。\n";

    cout << fixed << setprecision(6);
    for (int i = 0; i <= 1000; i++)
        cout << static_cast<float>(i) / 1000 << '\n';
}
```

int	/	int	⇨	int
double	/	double	⇨	double
double	/	int	⇨	double
int	/	double	⇨	double

実行結果一例

```
15   / 2   = 7
15.0 / 2.0 = 7.5
15.0 / 2   = 7.5
15   / 2.0 = 7.5
xの値：7
yの値：8
それらは等しくないです。
平均値は7.5です。
x = 0.000000
x = 0.001000
x = 0.002000
…中略…
x = 0.999000
x = 1.000000
```

第5章

配　列

本章では、同一型のデータの集合を効率よく表すためのデータ構造である配列について学習します。

- 配列
- 導出による配列化
- 要素型と要素数
- 部分オブジェクトとしての要素
- 多次元配列
- 要素と構成要素
- 添字
- 添字演算子 [ ]
- 配列の初期化
- 配列用の初期化子
- typeid 演算子と配列型の情報
- 定値オブジェクトで表す配列の要素数
- 配列の要素数の求め方
- 多次元配列の要素数の求め方
- 配列の走査
- 配列の要素の並びの反転
- 配列と代入演算子
- 配列のコピー
- 揮発性オブジェクト

5-1 配列

同一型の変数の集まりは、バラバラではなく、ひとまとめにすると、扱いやすくなります。そのために利用するのが配列です。本節では、配列の基本を学習します。

配列

学生の《テストの点数》を集計するプログラムを作りましょう。**List 5-1** に示すのは、5人の点数を読み込んで、その合計と平均を求めるプログラムです。

List 5-1 chap05/list0501.cpp

```
// 5人の点数を読み込んで合計点・平均点を表示

#include <iostream>

using namespace std;

int main()
{
    int yamane, takada, kawakami, saegusa, tozuka;  // 点数
    int sum = 0;          // 合計

    cout << "5人の点数の合計点と平均点を求めます。\n";
    cout << "1番の点数：";   cin >> yamane;    sum += yamane;
    cout << "2番の点数：";   cin >> takada;    sum += takada;
    cout << "3番の点数：";   cin >> kawakami;  sum += kawakami;
    cout << "4番の点数：";   cin >> saegusa;   sum += saegusa;
    cout << "5番の点数：";   cin >> tozuka;    sum += tozuka;

    cout << "合計は" << sum << "点です。\n";
    cout << "平均は" << static_cast<double>(sum) / 5 << "点です。\n";
}
```

静的キャスト

実行例

```
5人の点数の合計点と
平均点を求めます。
1番の点数：32↵
2番の点数：68↵
3番の点数：72↵
4番の点数：54↵
5番の点数：92↵
合計は318点です。
平均は63.6点です。
```

Fig.5-1 **a**に示すように、5人の学生の点数に対して、変数を一つずつ割り当てています。もし学生の人数が多くなれば、変数名の管理はもちろん、間違えないようにタイプするだけでも大変です。

他にも問題があります。変数名や番号が異なるとはいえ、ほぼ同じともいえる処理（入力を促す表示、入力、変数 *sum* への点数の加算）が5回も繰り返されています。

各学生の点数を、バラバラに扱うのではなく、ひとまとめにして扱えば、都合よくなります。それを実現するのが、図**b**に示す配列（*array*）と呼ばれるデータ構造です。

配列は、同一型の変数である要素（*element*）が集まって**記憶域上に連続して一直線に並んだものです**。要素の型は int 型・double 型など何でも構いません。テストの点数は整数ですから、要素が int 型である配列を例にとって学習を進めていきましょう。

まずは宣言です。図に示すように、要素型・変数名・要素数を与えて宣言します。なお、[ ] の中に与える要素数は**定数**でなければなりません。

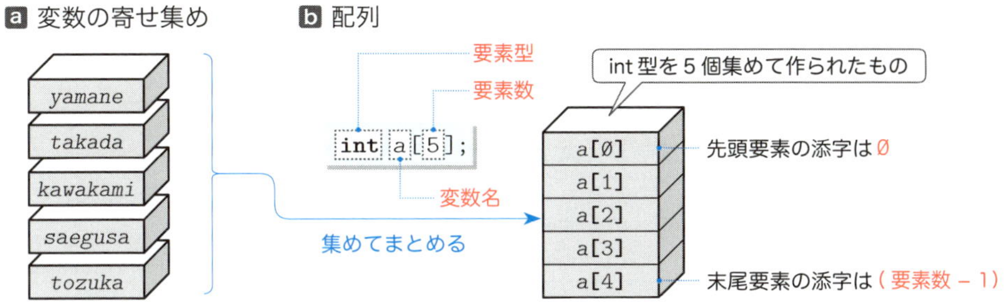

Fig.5-1　ばらばらに定義された変数と配列

▶ 要素数が定数でなければならないため、以下のコードはコンパイルエラーとなります。

```
int n;
cout << "人数は:";
cin >> n;
int tensu[n];        // コンパイルエラー：要素数が定数ではない
```

配列内の個々の要素の**アクセス**（読み書き）に利用するのが、**Table 5-1** に示している**添字演算子**（*subscript operator*）です。**[ ]** の中に与えるオペランドは、**"先頭から何個後ろの要素であるのか"** を表す、整数型の**添字**（*subscript*）です。

▶ 配列の宣言で利用する [ ] が単なる**区切り子**であるのに対し、個々の要素をアクセスするための **[ ]** は**演算子**です。本書では、前者を細字で、後者を**太字**で表して区別しています。

Table 5-1　添字演算子

x[y]	配列 x の先頭から y 個後ろの要素をアクセスする。

▶ x と y は一方が**ポインタ型**で、もう一方が**整数型**です。オペランドの順番は任意であり、x[y] と y[x] は同一です。詳細は、第 7 章で学習します。

先頭要素の添字は 0 であり、各要素は先頭から順に a[0], a[1], a[2], a[3], a[4] としてアクセスできます。

要素数 n の配列の要素は a[0], a[1], …, a[n - 1] です。a[n] は**存在しません**。

▶ a[-1] や a[n] などの存在しない要素をアクセスした際の動作は保証されません。誤ってアクセスしないように注意しましょう。

配列 a の個々の要素は、それぞれが int 型のオブジェクトです。そのため、各要素に対しては、自由に値を代入したり取り出したりできます。

重要 同一型のオブジェクトの集合は、**配列**によって実現しよう。

各要素は配列の一部分であるため、配列の**部分オブジェクト**（*sub-object*）となります。

for 文による配列の走査

まずは単純なプログラムで配列に慣れましょう。**List 5-2** に示すのは、要素型が **int** 型で要素数が 5 の配列を作り、各要素に対して先頭から順に 1, 2, 3, 4, 5 を代入して表示するプログラムです。

List 5-2 chap05/list0502.cpp

```
// 配列の各要素に1, 2, 3, 4, 5を代入して表示

#include <iostream>

using namespace std;

int main()
{
    int a[5];    // int[5]型の配列（要素型がint型で要素数5の配列）

    a[0] = 1;
    a[1] = 2;
    a[2] = 3;
    a[3] = 4;
    a[4] = 5;

    cout << "a[" << 0 << "] = " << a[0] << '\n';
    cout << "a[" << 1 << "] = " << a[1] << '\n';
    cout << "a[" << 2 << "] = " << a[2] << '\n';
    cout << "a[" << 3 << "] = " << a[3] << '\n';
    cout << "a[" << 4 << "] = " << a[4] << '\n';
}
```

実行結果

```
a[0] = 1
a[1] = 2
a[2] = 3
a[3] = 4
a[4] = 5
```

値が代入された後の配列の様子を示したのが **Fig.5-2** ⓐです。左側の青い数値が添字で、箱の中の赤い数値が要素に代入された値です。

図ⓑは、先頭要素をアクセスする式 a[0] の評価の様子であり、要素の値が『**int** 型の 1』であることを示しています。添字の値 0 と要素の値 1 を混同しないようにしましょう。

Fig.5-2 配列の添字と要素の値

さて、このプログラムを、**for** 文を用いて書きかえたものが **List 5-3** です。

まずは、最初の **for** 文を理解していきましょう。変数 *i* を 0 からインクリメントしながら 5 回の繰返しを行います。

List 5-3 chap05/list0503.cpp

```
// 配列の各要素に1, 2, 3, 4, 5を代入して表示（for文）

#include <iostream>

using namespace std;

int main()
{
    int a[5];   // int[5]型の配列（要素型がint型で要素数5の配列）

    for (int i = 0; i < 5; i++)
        a[i] = i + 1;

    for (int i = 0; i < 5; i++)
        cout << "a[" << i << "] = " << a[i] << '\n';
}
```

要素の値

添字

実行結果

```
a[0] = 1
a[1] = 2
a[2] = 3
a[3] = 4
a[4] = 5
```


そのため、このfor文の動作を“開いて”書くと、次のようになります。

- *i*が0のとき：a[0] = 0 + 1;　　// a[0]に1を代入
- *i*が1のとき：a[1] = 1 + 1;　　// a[1]に2を代入
- *i*が2のとき：a[2] = 2 + 1;　　// a[2]に3を代入
- *i*が3のとき：a[3] = 3 + 1;　　// a[3]に4を代入
- *i*が4のとき：a[4] = 4 + 1;　　// a[4]に5を代入

List 5-2とまったく同じ代入を行っています。もちろん、要素の値の表示を行う二つ目のfor文も同様に、**List 5-2**の該当箇所と同等です。

配列の要素を一つずつ順番になぞっていくことを**走査**（そうさ）（*traverse*）と呼びます。基本的な用語ですから必ず覚えましょう。

一般に、要素型がTypeである配列のことを《Type型の配列》あるいは《Typeの配列》と呼びます。これまでのプログラムの配列は、すべて《int型の配列》です。

また、要素型がType型で要素数がnの配列の型を《Type[n]型》と表します。本プログラムの配列aの型は、《int[5]型》です。

型全般に通じる規則や法則などを示す際に、《Type型》という表現を使いますが、Typeという型が実在するのではありません。

各要素に代入する値を変えてみましょう。

- 先頭から順に0, 1, 2, 3, 4を代入する

for文を以下のように書きかえます（各要素には、添字と同じ値を代入します）。

```
for (int i = 0; i < 5; i++)
    a[i] = i;
```

- 先頭から順に5, 4, 3, 2, 1を代入する

for文を以下のように書きかえます。

```
for (int i = 0; i < 5; i++)
    a[i] = 5 - i;
```

配列の初期化

変数を宣言する際は、原則として初期化すべきであるということは、既に学習しました。前のプログラムを書きかえて、配列の各要素の値の設定を、代入でなく初期化によって行うようにしましょう。List 5-4 が、そのプログラムです。

List 5-4 chap05/list0504.cpp

```
// 配列の各要素を1, 2, 3, 4, 5で初期化して表示

#include <iostream>

using namespace std;

int main()
{
    int a[5] = {1, 2, 3, 4, 5};  // 要素型がint型で要素数5の配列

    for (int i = 0; i < 5; i++)
        cout << "a[" << i << "] = " << a[i] << '\n';
}
```

実行結果

```
a[0] = 1
a[1] = 2
a[2] = 3
a[3] = 4
a[4] = 5
```


配列に与える初期化子は、各要素に対する初期化子をコンマ文字 , で区切って順に並べて、それを { } で囲む形式です。本プログラムでは、配列 a の要素 a[0], a[1], a[2], a[3], a[4] を順に 1, 2, 3, 4, 5 で初期化しています。

重要 配列に与える初期化子の形式は、各要素に与える初期化子○, △, □をコンマ文字 , で区切って { } で囲んだ { ○ , △ , □ } である。

なお、以下のように配列の要素数を与えずに宣言すると、初期化子の個数に基づいて配列の要素数が自動的に決定します。

```
int a[] = {1, 2, 3, 4, 5};     // 要素数は省略可（自動的に5とみなされる）
```

また、**{ } 内に初期化子が与えられていない要素は 0 で初期化されます**ので、次の宣言は a[2] 以降の要素を 0 で初期化します。

```
int a[5] = {1, 3};             // {1, 3, 0, 0, 0}で初期化
```

これを応用すると、全要素を 0 で初期化する宣言は、次のようになります。

```
int a[5] = {0};                // {0, 0, 0, 0, 0}で初期化（全要素を0で初期化）
```

初期化子の数が、配列の要素数を超えるとコンパイルエラーになります。

```
int a[3] = {1, 2, 3, 4};       // エラー：初期化子が要素数よりも多い
```

▶ なお、以下のように、初期化子を代入することはできません。

```
int a[3];
a = {1, 2, 3};      // エラー：初期化子を代入することはできない
```

配列の要素数

いったん宣言した配列の要素数を、後から計算によって求めることもできます。**List 5-5** に示すのが、そのプログラム例です。

List 5-5 chap05/list0505.cpp

```
// 配列の各要素を1, 2, 3, 4, 5で初期化して表示（要素数を計算によって求める）

#include <iostream>

using namespace std;

int main()
{
    int a[] = {1, 2, 3, 4, 5};
    int a_size = sizeof(a) / sizeof(a[0]);   // 配列aの要素数

    for (int i = 0; i < a_size; i++)
        cout << "a[" << i << "] = " << a[i] << '\n';
}
```

実行結果

```
a[0] = 1
a[1] = 2
a[2] = 3
a[3] = 4
a[4] = 5
```

Fig.5-3 に示すように、配列全体の大きさを要素の大きさで割れば、要素数となることを利用するわけです。

配列の宣言を次のように変更して、プログラムを実行してみましょう（"chap05/list0505a.cpp"）。

```
int a[] = {1, 2, 3, 4, 5, 6};
```

変数 *a_size* の値はちゃんと 6 になり、**for** 文では 6 個の要素の値が表示されます。

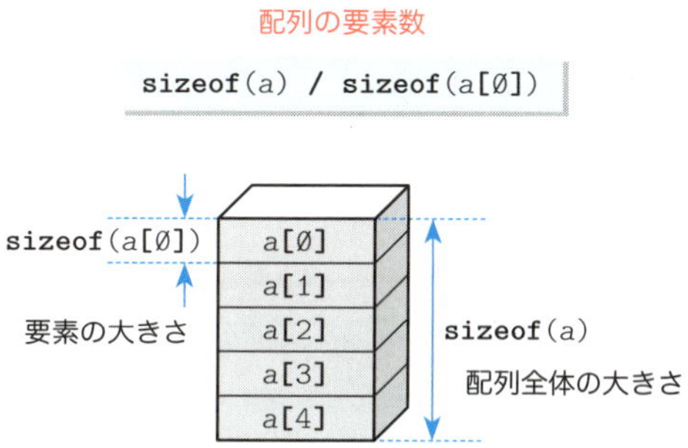

Fig.5-3 配列の要素数

重要 配列 a の要素数は **sizeof**(a) / **sizeof**(a[0]) で求められる。

この求め方は、いわゆる《公式》として覚えておくとよいでしょう。

Column 5-1 配列の要素数の求め方

Type型の配列aの要素数を、**sizeof**(a) / **sizeof**(a[0]) でなく **sizeof**(a) / **sizeof**(Type) によって求めるように解説するテキストがありますが、プロならば決して使わない手法です。

配列aの要素型を **long** 型に変更するとします。上の式は **sizeof**(a) / **sizeof**(**long**) に変更しなければなりません。もし変更を忘れてしまうと（たまたま **int** と **long** が同じ大きさでない限り）期待する値が得られなくなります。

sizeof(a) / **sizeof**(a[0]) であれば、要素型に依存しません。

配列による成績処理

本章の冒頭で考えた **List 5-1** (p.164) の成績処理プログラムを、配列を用いて作り直すことにしましょう。**List 5-6** に示すのが、そのプログラムです。

List 5-6 chap05/list0506.cpp

```
// ninzu人の点数を読み込んで合計点・平均点を表示

#include <iostream>

using namespace std;

int main()
{
    const int ninzu = 5;     // 人数
    int tensu[ninzu];        // ninzu人の点数
    int sum = 0;             // 合計

    cout << ninzu << "人の点数の合計点と平均点を求めます。\n";
    for (int i = 0; i < ninzu; i++) {
        cout << i + 1 << "番の点数：";
        cin >> tensu[i];         // tensu[i]を読み込んで
        sum += tensu[i];         // sumにtensu[i]を加える
    }

    cout << "合計は" << sum << "点です。\n";
    cout << "平均は" << static_cast<double>(sum) / ninzu << "点です。\n";
}
```

実行例

```
5人の点数の合計点と平均点を求めます。
1番の点数：32
2番の点数：68
3番の点数：72
4番の点数：54
5番の点数：92
合計は318点です。
平均は63.6点です。
```


定値オブジェクトで表す要素数

本プログラムでは、人数の変更が容易に行えるように、**定値オブジェクト** (p.26) である const int 型の変数 *ninzu* で人数を表しています。

配列の宣言時に指定する要素数は、定数でなければならない (p.164) のですが、C++ では「**汎整数型の定値オブジェクトは定数式とみなされる**」ため、うまくいきます。

▶ 変数 *ninzu* の宣言から const を取り除くと、配列 *tensu* の宣言はコンパイルエラーとなります。

なお、人数の変更は容易です。赤網部を以下のように書きかえるだけです。

```
const int ninzu = 8;        // 人数を変更
```

"値を変更できないオブジェクト" である定値オブジェクトを、配列宣言時の要素数として利用することには、以下のメリットがあります。

- 配列の要素数の変更が容易である。
- 定数値に対して名前が与えられるため、プログラムが読みやすくなる。

以下の教訓が得られます。

重要 配列の要素数が既知の定数であれば、その値は整数型の定値オブジェクトで表すとよい。

本プログラムでは、*ninzu* 人分の点数を配列 *tensu* に格納しています。

青網部では、「*番の点数：」と点数の入力を促す際に、添字に 1 を加えた *i* + 1 の値を表示します。配列の添字の値が 0 から始まるのに対して、私たち人間がものを数える際に「1 番」、「2 番」、… と、1 から始めるからです。

▶ たとえば、*i* が 0 のときは「1 番の点数:」と表示し、1 のときは「2 番の点数:」と表示します。

配列型の情報の取得

前章では、オペランドの型情報を取得する **typeid 演算子**を学習しました（p.134）。

この演算子を使って、配列の型を調べてみましょう。配列とその要素の型情報を表示するプログラム例を **List 5-7** に示します。

List 5-7 chap05/list0507.cpp

```
// 配列の型と要素型を表示

#include <iostream>
#include <typeinfo>

using namespace std;

int main()
{
    int a[5];
    double b[7];

    cout << "配列aの型：" << typeid(a).name()    << '\n';    // intの配列
    cout << "aの要素型：" << typeid(a[0]).name() << '\n';    // その要素

    cout << "配列bの型：" << typeid(b).name()    << '\n';    // doubleの配列
    cout << "bの要素型：" << typeid(b[0]).name() << '\n';    // その要素
}
```

実行結果一例

```
配列aの型：int [5]
aの要素型：int
配列bの型：double [7]
bの要素型：double
```

▶ typeid 演算子の仕様上、実行によって表示される内容は処理系に依存します。

要素型が Type で要素数が *n* の配列の型は Type[*n*] 型ですから、配列 *a* の型は int[5] 型で、*b* の型は double[7] 型です。

Column 5-2 揮発性オブジェクト

const と対照的なキーワードが volatile です。volatile 付きで宣言されたオブジェクトは、**揮発性オブジェクト**（*volatile object*）となります。

揮発性オブジェクトは、言語の定義で規定されていない手段で値が変更される可能性があるオブジェクトです。すなわち、プログラムの外部から値が操作される可能性があり、プログラム中で値を変更していなくても、いつのまにか値が変わってしまっている、ということがあり得るオブジェクトです。

なお、キーワード const と volatile をあわせて **cv 修飾子**（*cv-qualifier*）と呼びます。

配列の要素の並びの反転

配列の要素の並びを反転して（全要素の値を逆順に並べかえて）表示するプログラムを作ることにします。まずは、そのためのアルゴリズムを考えていきましょう。

7個の要素の並びを反転する手順を示したのが**Fig.5-4**です。

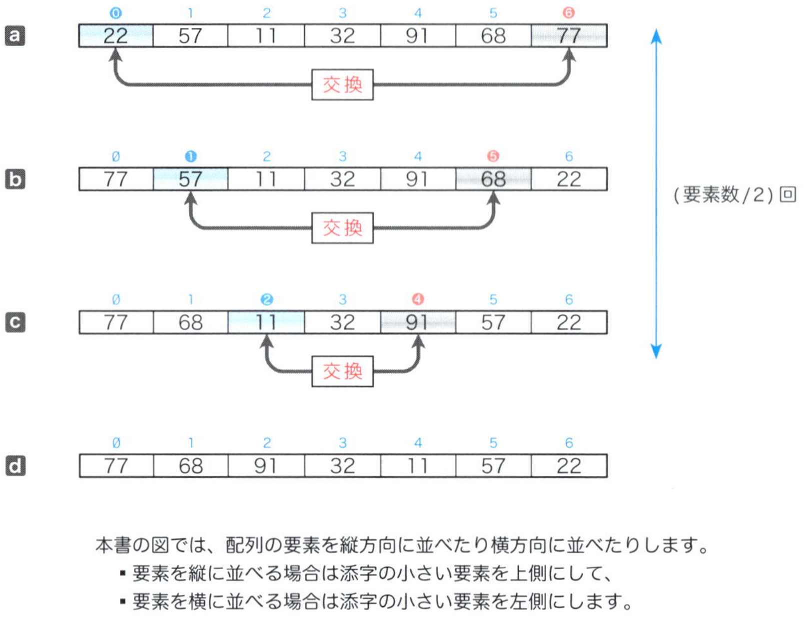

Fig.5-4　配列の要素の並びを反転する

まず、図aに示すように、先頭要素a[0]と末尾要素a[6]の値を交換します。次に、図bと図cに示すように、それぞれ一つ内側の要素の値を交換する作業を繰り返します。

一般に、要素数がnであれば、交換回数はn / 2回です。ここでの剰余は切り捨てます。というのも、要素数が奇数のときは、中央の要素を交換する必要がないからです。

▶ “整数 / 整数”の演算では剰余が切り捨てられた整数部が得られるため、好都合です（もちろん、要素数が7のときの交換回数は7/2すなわち3です）。

図a ⇨ 図b ⇨ … の処理を、変数iの値を0, 1, … とインクリメントすることで表すと、値を交換する2個の要素の添字は以下のようになります。

- 左側の要素の添字（図中の●内の値）… i　　0 ⇨ 1 ⇨ 2
- 右側の要素の添字（図中の●内の値）… n - i - 1　　6 ⇨ 5 ⇨ 4

そのため、要素数がnである配列aの要素の並びを反転するアルゴリズムの概略は、次のようになります。

```
for (int i = 0; i < n / 2; i++)
    a[i]の値とa[n - i - 1]の値を交換する。
```

このアルゴリズムをもとに作ったプログラムが **List 5-8** です。配列の全要素に 0 ～ 99 の乱数を代入し、要素の並びを反転した上で表示します。

List 5-8 chap05/list0508.cpp

```
// 配列の要素の並びを反転して表示

#include <ctime>
#include <cstdlib>
#include <iostream>

using namespace std;

int main()
{
    const int n = 7;            // 配列aの要素数
    int a[n];

    srand(time(NULL));          // 乱数の種を初期化
    for (int i = 0; i < n; i++) {
        a[i] = rand() % 100;
        cout << "a[" << i << "] = " << a[i] << '\n';
    }

    for (int i = 0; i < n / 2; i++) {
        int t = a[i];
        a[i] = a[n - i - 1];        // a[i]とa[n-i-1]の交換
        a[n - i - 1] = t;
    }

    cout << "要素の並びを反転しました。\n";
    for (int i = 0; i < n; i++)
        cout << "a[" << i << "] = " << a[i] << '\n';
}
```

実行例

```
a[0] = 22
a[1] = 57
a[2] = 11
a[3] = 32
a[4] = 91
a[5] = 68
a[6] = 77
要素の並びを反転
しました。
a[0] = 77
a[1] = 68
a[2] = 91
a[3] = 32
a[4] = 11
a[5] = 57
a[6] = 22
```


配列の要素の並びを反転するのが、網かけ部です。この **for** 文の繰返し回数は *n* / 2 回です。

ループ本体のブロック { } は、a[*i*] と a[*n* - *i* - 1] の値の交換を行います。

▶ 二値の交換の手順は、第2章（p.59）で学習しました。**int** 型変数 *a* と *b* の値の交換は以下のように行います。

```
int t = a;      // aとbの値を交換
a = b;
b = t;
```

本プログラムは、*a* が a[*i*] になって、*b* が a[*n* - *i* - 1] となっているだけです。

配列のコピー

これまでのプログラムは、単一の配列のみを扱うものでした。今度は、複数の配列を扱うプログラムを作ってみましょう。**List 5-9** に示すのは、ある配列の全要素の値を、同じ要素数をもつ別の配列にまるごとコピーするプログラムです。

List 5-9 chap05/list0509.cpp

```
// 配列の全要素をコピーして表示

#include <iostream>

using namespace std;

int main()
{
    const int n = 5;      // 配列aとbの要素数
    int a[n];             // コピー元配列
    int b[n] = {0};       // コピー先配列（全要素を0で初期化）

    for (int i = 0; i < n; i++) {    // 配列aの要素に値を読み込む
        cout << "a[" << i << "] : ";
        cin >> a[i];
    }

    for (int i = 0; i < n; i++)      // 配列aの全要素を配列bにコピー
        b[i] = a[i];

    for (int i = 0; i < n; i++)      // 配列bの全要素の値を表示
        cout << "b[" << i << "] = " << b[i] << '\n';
}
```

実行例

```
a[0] : 42
a[1] : 35
a[2] : 85
a[3] : 2
a[4] : -7
b[0] = 42
b[1] = 35
b[2] = 85
b[3] = 2
b[4] = -7
```

配列のコピーを行うのが、網かけ部の **for** 文です。二つの配列 a と b を同時に走査して、配列 a の全要素の値を、同じ添字をもつ配列 b の要素に代入します。

その過程を示した **Fig.5-5** を見ながら、この **for** 文を理解していきましょう。

for 文開始時の変数 i の値は 0 です。図**a**に示すように、a[0] の値を b[0] に代入します。

for 文の働きによって i の値がインクリメントされて 1 になると、今度は図**b**に示すように、a[1] の値を b[1] に代入します。

このように、変数 i の値を一つずつインクリメントしながら要素の代入を n 回繰り返すと、配列 a から b へのコピーが完了します（図**e**）。

*

このような面倒なことを行っている理由は、**代入演算子 = では配列をコピーできないからです**。すなわち、以下の代入は、コンパイルエラーとなります。

```
b = a;          // コンパイルエラー：配列の代入はできない
```

▶ このコードがコンパイルエラーになる理由は、実は「配列の代入はできない」ではありません。第７章で学習するのですが、配列名は、配列の先頭要素へのポインタとみなされます。コンパイルエラーとなるのは、「配列の先頭要素へのポインタの値を変更できない」からです。

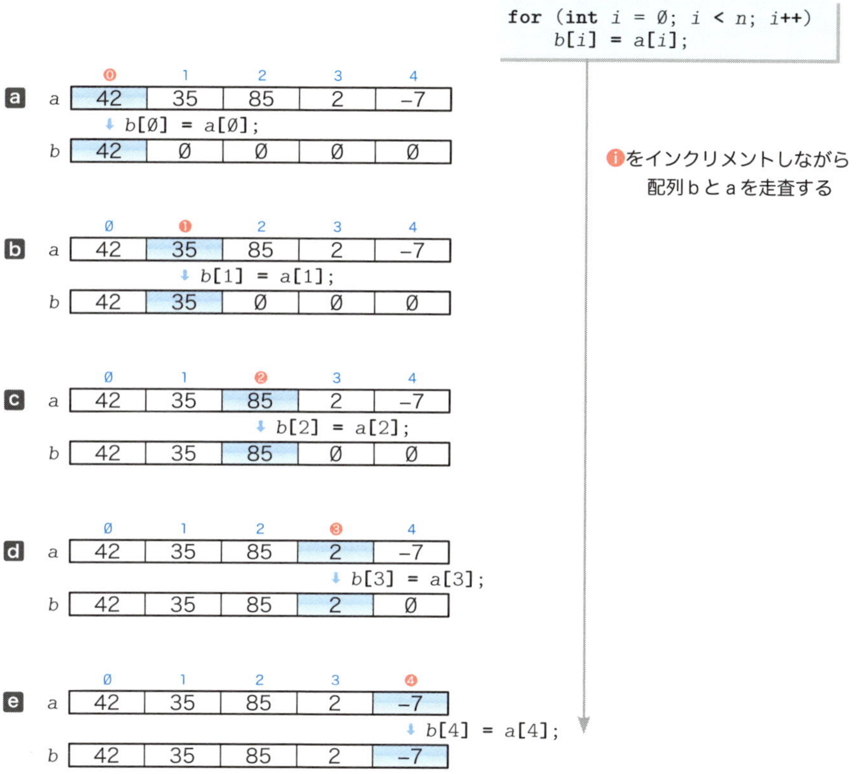

Fig.5-5 配列のコピー

配列をコピーする際は、本プログラムのように、**繰返し文によって全要素を逐一コピーする必要があります。**

重要 代入演算子によって、配列の全要素をコピーすることはできない。コピーするためには、繰返し文などを用いて全要素を逐一代入しなければならない。

▶ 標準ライブラリを利用してコピーを行う方法もあります。

*

なお、配列のコピーを逆順に行うのであれば、以下のようにします。

```
for (int i = 0; i < n; i++)        // 配列aの全要素を配列bに逆順にコピー
    b[i] = a[n - i -  1];
```

5-2 多次元配列

多次元配列は、配列の配列、すなわち要素自体が配列となっている配列です。本節では、多次元配列の基本を学習します。

多次元配列

前節で学習した配列の要素は、int や double などの単一型でした。実は、配列の要素自体が《配列》である配列も作れます。

配列を要素型とするのが2次元配列であり、2次元配列を要素型とするのが3次元配列です。もちろん、4次元以上の配列も存在します。2次元以上の配列の総称が、多次元配列（*multidimensional array*）です。

重要 多次元配列は、配列を要素とする配列である。

なお、前節で学習した“要素が配列ではない配列”は、多次元配列と区別するために、1次元配列と呼ばれます。

Fig.5-6 に示すのは、2次元配列を導出する過程です。導出は2段階です。

- a ⇨ b：int 型をまとめて1次元配列を導出（ここでは3個集めています）。
- b ⇨ c：1次元配列をまとめて2次元配列を導出（ここでは4個集めています）。

それぞれの型は、以下のようになります。

- a：int 型
- b：int[3] 型　　“int”を要素型とする要素数3の配列
- c：int[4][3] 型　《“int”を要素型とする要素数3の配列》を要素型とする要素数4の配列

2次元配列は、要素が縦横に並んで、行と列で構成される《表》のイメージと捉えられます。そのため、図cの配列は、「4行3列の2次元配列」と呼ばれます。

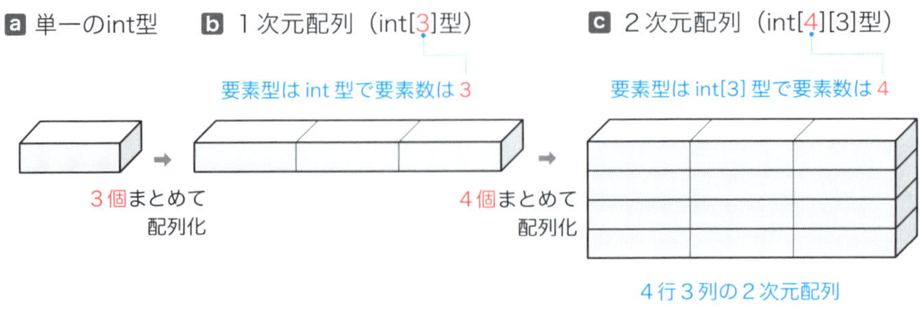

Fig.5-6 2次元配列の導出

その4行3列の2次元配列の宣言と内部構造を示したのが、**Fig.5-7** です。**多次元配列の宣言では、その要素数（2次元配列の場合は行数）を先頭側に置きます。**

＊

配列 a の要素は a[0], a[1], a[2], a[3] の4個です。それぞれの要素は、int 型が3個集まった int[3] 型の配列であり、その要素、すなわち要素の要素が int 型です。

配列でない次元まで分解した要素のことを、本書では構成要素と呼びます。各構成要素をアクセスする式は、添字演算子 [ ] を連続して適用した a[i][j] という形式です。もちろん、いずれの添字も 0 から始まることは、1次元配列と同じです。

配列 a の構成要素は、a[0][0], a[0][1], a[0][2], …, a[3][2] の全12個です。

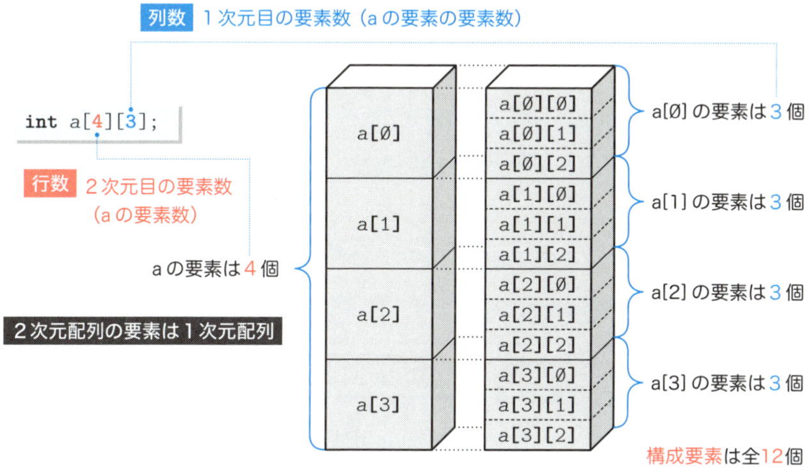

Fig.5-7 4行3列の2次元配列

1次元配列と同様、多次元配列の全要素／全構成要素は記憶域上に連続して一直線に並びます。構成要素の並びでは、まず末尾側の添字が順に 0, 1, … と増えていき、それから先頭側の添字が 0, 1, … と増えていきます。すなわち、以下の順番です。

a[0][0]　a[0][1]　a[0][2]　a[1][0]　a[1][1]　a[1][2]　…　a[3][1]　a[3][2]

そのため、たとえば a[0][2] の直後に a[1][0] が位置する、あるいは、a[2][2] の直後に a[3][0] が位置する、といったことが保証されます。

重要 多次元配列の構成要素は、末尾側の添字が優先的に増えていく順に並ぶ。

▶ 以下に示す並び（先頭側の添字が優先的に増えていく）とはなりません。
a[0][0]　a[1][0]　a[2][0]　a[3][0]　a[0][1]　a[1][1]　…　a[2][2]　a[3][2]
なお、このような並びを採用しているプログラミング言語も存在します。

List 5-10 に示すのは、3行2列の2次元配列の全構成要素に値を読み込んで表示するプログラムです。

List 5-10 chap05/list0510.cpp

```
// 3行2列の2次元配列の全構成要素に値を読み込んで表示

#include <iostream>

using namespace std;

int main()
{
    int m[3][2];      // 3行2列の2次元配列

    cout << "各構成要素の値を代入せよ。\n";
    for (int i = 0; i < 3; i++) {
        for (int j = 0; j < 2; j++) {
            cout << "m[" << i << "][" << j << "] : ";
            cin >> m[i][j];
        }
    }

    for (int i = 0; i < 3; i++) {
        for (int j = 0; j < 2; j++) {
            cout << "m[" << i << "][" << j << "] : " << m[i][j] << '\n';
        }
    }
}
```

実行例

```
各構成要素の値
を代入せよ。
m[0][0] : 42
m[0][1] : 37
m[1][0] : 81
m[1][1] : 31
m[2][0] : 44
m[2][1] : 60
m[0][0] : 42
m[0][1] : 37
m[1][0] : 81
m[1][1] : 31
m[2][0] : 44
m[2][1] : 60
```


配列 *m* の型は、以下に示す **int**[3][2] 型です。

《“**int**”を要素型とする要素数2の配列》を要素型とする要素数3の配列

a[*i*][*j*] は “a の要素の要素” と表現すべきであるにもかかわらず、単に “a の要素” と呼ばれるのが一般的です。しかし、この表現だと、**int**[2] 型の配列である a[*i*] と、単独の **int** 型である a[*i*][*j*] のいずれもが、“配列 a の要素” となってしまいます。

このようなことから、本書では、厳密に区別すべき文脈では、a[*i*] を a の**要素**と呼び、a[*i*][*j*] を a の**構成要素**と呼ぶことにしているのです。

▶ 《構成要素》は、C++ の文法用語ではなく、もともと Java の文法用語です。

＊

二つの行列の和を求めて表示するプログラムを **List 5-11** に示します。

配列 a, *b*, *c* の型は、以下に示す **int**[2][3] 型です。

《“**int**”を要素型とする要素数3の配列》を要素型とする要素数2の配列

加算元の配列 a と b には初期化子が与えられており、各構成要素は、与えられた初期化子の値で初期化されます。一方、加算先の配列 c には初期化子が与えられていないため、全要素が不定値となります。

行列の加算を行うのが網かけ部です。a[*i*][*j*] と b[*i*][*j*] の値を加えた値を c[*i*][*j*] に代入する作業を繰り返します（**Fig.5-8**）。

List 5-11 chap05/list0511.cpp

```
// 2行3列の行列を加算する

#include <iomanip>
#include <iostream>

using namespace std;

int main()
{
    int a[2][3] = { {1, 2, 3}, {4, 5, 6} };
    int b[2][3] = { {6, 3, 4}, {5, 1, 2} };
    int c[2][3];

    for (int i = 0; i < 2; i++)
        for (int j = 0; j < 3; j++)
            c[i][j] = a[i][j] + b[i][j];            // aとbの和をcに代入

    cout << "行列a\n";                          // 行列aの構成要素の値を表示
    for (int i = 0; i < 2; i++) {
        for (int j = 0; j < 3; j++)
            cout << setw(3) << a[i][j];
        cout << '\n';
    }

    cout << "行列b\n";                          // 行列bの構成要素の値を表示
    for (int i = 0; i < 2; i++) {
        for (int j = 0; j < 3; j++)
            cout << setw(3) << b[i][j];
        cout << '\n';
    }

    cout << "行列c\n";                          // 行列cの構成要素の値を表示
    for (int i = 0; i < 2; i++) {
        for (int j = 0; j < 3; j++)
            cout << setw(3) << c[i][j];
        cout << '\n';
    }
}
```

実行結果

```
行列a
  1  2  3
  4  5  6
行列b
  6  3  4
  5  1  2
行列c
  7  5  7
  9  6  8
```


ここまで2次元配列を学習しました。以下に示すのが、3次元配列の宣言の一例です。

```
int a[3][2][4];          // 3次元配列
```

この配列の各構成要素は、添字演算子を3重に適用した式によってアクセスします。その並びは、先頭から順に a[0][0][0], a[0][0][1], … , a[2][1][3] です。

▶ 1次元配列や2次元配列と同様に、全構成要素が連続した領域に配置されます。

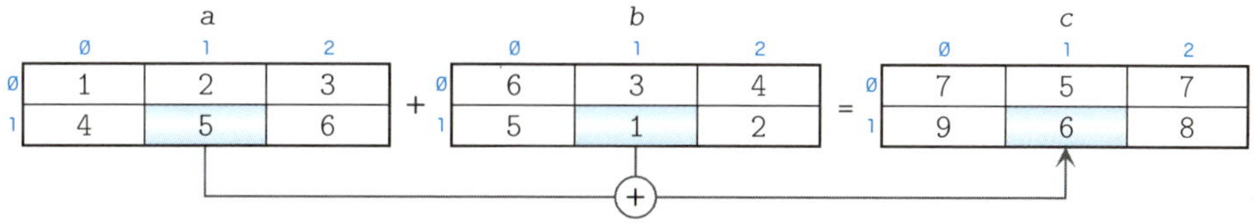

Fig.5-8 2行3列の行列の加算

多次元配列の要素数

前節では、１次元配列の要素数を求める方法を学習しました。ここでは、２次元配列の要素数と構成要素数を求める方法を学習しましょう。**List 5-12** に示すのが、そのプログラムです。

List 5-12 chap05/list0512.cpp

```
// 2次元配列の要素数・構成要素数を表示

#include <iostream>

using namespace std;

int main()
{
    int a[4][3];

    cout << "配列aは"    << sizeof(a)    / sizeof(a[0])    << "行"
                         << sizeof(a[0]) / sizeof(a[0][0]) << "列です。\n";

    cout << "構成要素は" << sizeof(a)    / sizeof(a[0][0]) << "個です。\n";
}
```

実行結果

```
配列aは4行3列です。
構成要素は12個です。
```

本プログラムでは、行数・列数・構成要素数を求めて表示しています。行数と列数を求める式をまとめたのが、**Fig.5-9** です（各式の詳細は **Column 5-3** に示しています）。

重要 ２次元配列aの要素数は以下の式で求められる。

- 行数 … **sizeof**(a) / **sizeof**(a[0])
- 列数 … **sizeof**(a[0]) / **sizeof**(a[0][0])

▶ Type 型の配列 a の要素数は、式 **sizeof**(a) / **sizeof**(a[0]) によって求めるべきであって、式 **sizeof**(a) / **sizeof**(Type) で求めるべきでないことを、前節で学習しました（p.169）。

もし、推奨されない後者の求め方を、**int**[4][3] 型である本プログラムの２次元配列 a に適用すると、以下のようになります。

- 行数を求める式 … **sizeof**(a) / **sizeof**(**int**[3])
- 列数を求める式 … **sizeof**(a[0]) / **sizeof**(**int**)

なんと、行数を求める式に列数 3 を埋め込まねばなりません。これは、おかしいですね。

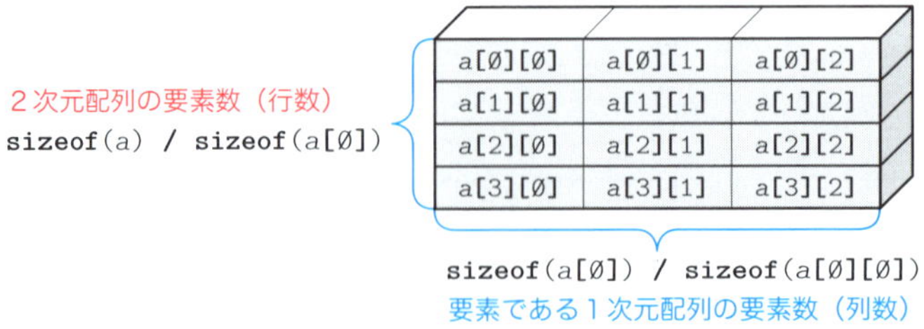

Fig.5-9 ２次元配列の要素数

多次元配列型の情報の取得

typeid 演算子を使って、多次元配列の型と要素の型を調べてみましょう。プログラム例を **List 5-13** に示します。

List 5-13 chap05/list0513.cpp

```
// 多次元配列の型と要素型を表示

#include <iostream>
#include <typeinfo>

using namespace std;

int main()
{
    int a[5][3];          // 2次元配列
    double b[4][2][3];    // 3次元配列

    cout << "配列aの型：" << typeid(a).name()     << '\n';
    cout << "aの要素型：" << typeid(a[0]).name()  << '\n';
    cout << "配列bの型：" << typeid(b).name()     << '\n';
    cout << "bの要素型：" << typeid(b[0]).name()  << '\n';
}
```

実行結果一例

```
配列aの型：int [5][3]
aの要素型：int [3]
配列bの型：double [4][2][3]
bの要素型：double [2][3]
```

▶ **typeid** 演算子の仕様上、実行によって表示される内容は処理系に依存します。

Column 5-3 2次元配列と要素の大きさ

2次元配列の要素数を求める式では、**sizeof**(a), **sizeof**(a[0]), **sizeof**(a[0][0]) の三つの式を利用しています。各式で求められる大きさを **Fig.5C-1** に示します。

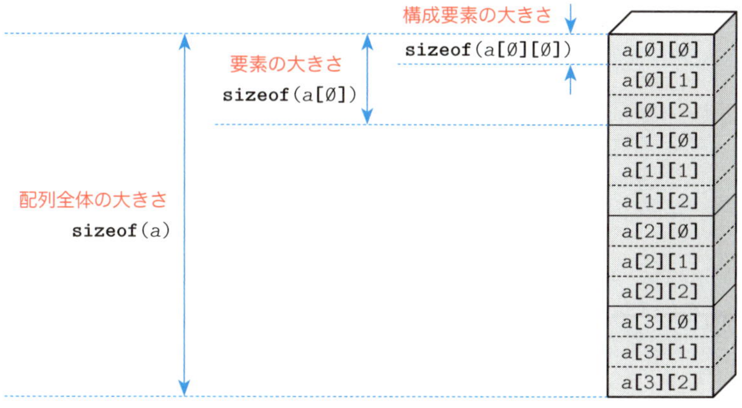

Fig.5C-1 2次元配列と要素の大きさ

初期化子

以下に示すのは、**List 5-11**（p.179）の配列 a の宣言です。

```
int a[2][3] = { {1, 2, 3}, {4, 5, 6} };
```

初期化子を縦横に並べて次のように宣言すると、読みやすくなります。

```
int a[2][3] = {
    {1, 2, 3},          // 0行目の要素に対する初期化子
    {4, 5, 6},          // 1行目の要素に対する初期化子
};
```

網かけ部のコンマ文字 , のおかげで、**初期化子を縦に並べた際の見かけ上のバランスがとれています**。

このコンマ文字は付けても付けなくてもよい性格のものです。ただし、付けておけば、以下のように行が追加されたときにコンマ文字を付け忘れるミスを防げます。

```
int a[3][3] = {
    {1, 2, 3},          // 0行目の要素に対する初期化子
    {4, 5, 6},          // 1行目の要素に対する初期化子
    {7, 8, 9},          // 2行目の要素に対する初期化子  ← この行を追加
};
```

このように、**行単位での初期化子の追加や削除が容易になります**。

Fig.5-10 に示すのが、初期化子の構文図です。

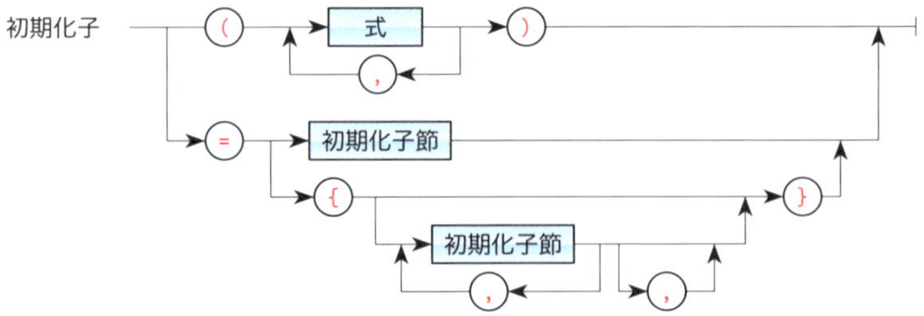

Fig.5-10　初期化子の構文図

▶ 第1章では、以下のことを学習しました（**Fig.5-11**）。
- 標準 C++ では、= 記号を含めた = 63 が初期化子で、= 記号より右の 63 は**初期化子節**（*initializer clause*）と呼ばれる。
- C言語を含めた、他のプログラミング言語では、後者を初期化子と呼ぶのが一般的である。そのため、本書では、文法的な厳密性が要求されない文脈では、後者のことを初期化子と呼ぶ。

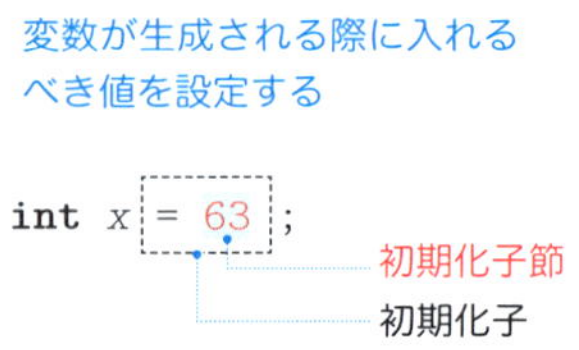

Fig.5-11　初期化を伴う宣言

構文図が示すように、1 次元配列の宣言でも余分な , を付けることができます。

```
int d[3] = {1, 2, 3,};          // 最後の要素の後にも,を置ける
```

＊

{ } 内に初期化子が与えられていない要素は 0 で初期化されるという規則（p.168）は、多次元配列でも成立します。**Fig.5-12** で確認しましょう。

▶ 赤文字で示す数値が自動的に補完されると考えるとよいでしょう。

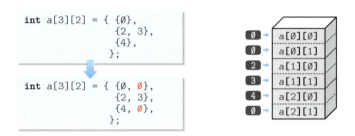

```
int a[3][2] = { {0},
                {2, 3},
                {4},
              };
```

```
int a[3][2] = { {0, 0},
                {2, 3},
                {4, 0},
              };
```

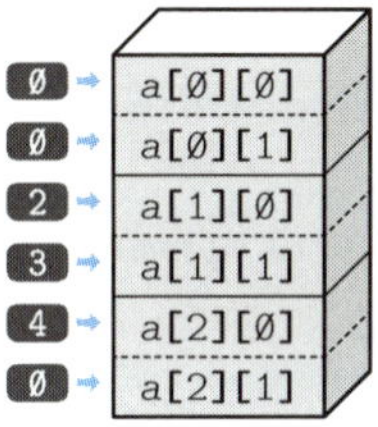

Fig.5-12　2次元配列の要素の初期化の例（その1）

なお、多次元配列に対する初期化子は、必ずしも { } を入れ子にする必要はありません。内側の { } がない場合は、**Fig.5-13** に示すように、先頭から順に初期化が行われます。

```
int a[3][2] = {0, 1, 2};
```

```
int a[3][2] = { {0, 1},
                {2, 0},
                {0, 0},
              };
```

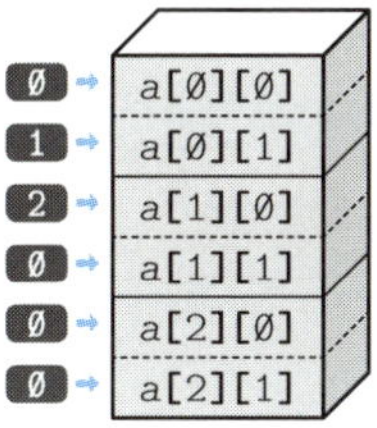

Fig.5-13　2次元配列の要素の初期化の例（その2）

▶ 構文図が示すように、初期化子には=形式だけでなく、( )形式のものがあります。後者の形式は、第 7 章で学習します。

まとめ

● 同一型のオブジェクトを集めて、記憶域上に一直線に連続して並べたものが、配列である。配列は、要素型と要素数と名前で特徴付けられる。

● 配列の個々の要素は、配列の一部を構成する部分オブジェクトであって、添字演算子 [ ] を使ってアクセスできる。[ ] の中に与える添字は、0 から始まる整数値であり、先頭の要素から何個後ろに位置するのかを表す値である。
要素 n の配列の要素は、先頭から順に a[0], a[1], …, a[n - 1] である。

● 配列の宣言時には、要素数を定数式として与えなければならない。要素数を表す変数が必要であれば、整数型の定値オブジェクトとして実現するとよい。

● いったん宣言された配列 a の要素数は、**sizeof**(a) / **sizeof**(a[0]) によって求められる。

● 配列の要素を一つずつ順になぞっていくことを、走査という。

● 代入演算子 = によって配列の全要素を丸ごとコピーすることはできない。

● 配列に与える初期化子は、個々の要素に対する初期化子○ , △ , □を先頭から順に並べたものを { } で囲んだ { ○ , △ , □ ,} という形式である。最後のコンマは省略できる。
要素数の指定を省略した場合は、初期化子の個数に基づいて要素数が決定される。また、指定された要素数に対して初期化子が不足する場合、初期化子の与えられていない要素は 0 で初期化される。

● 配列を要素とする配列が、多次元配列である。多次元配列を配列でない次元まで分解した要素が、構成要素である。個々の構成要素は、次元数の数だけ添字演算子 [ ] を適用した式でアクセスできる。

● 多次元配列の要素数は、次元の高いほうから順に、以下の式で求められる。
sizeof(a) / **sizeof**(a[0]), **sizeof**(a[0]) / **sizeof**(a[0][0]), …

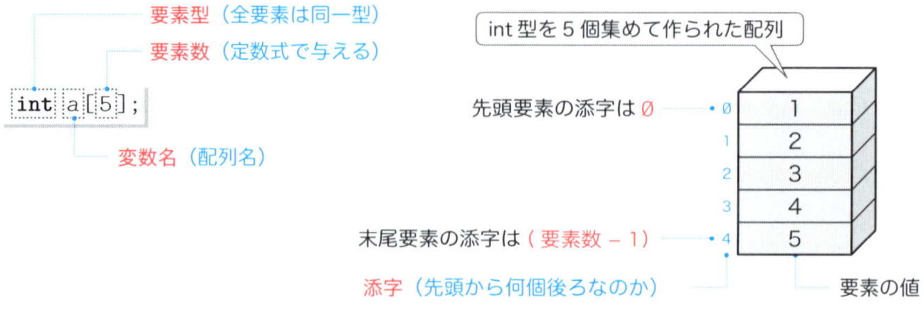

chap05/summary.cpp

```
#include <iostream>
#include <typeinfo>

using namespace std;

int main()
{
    const int A_SIZE = 5;        // 配列aの要素数

    // 配列aとbは１次元配列（要素型はintで要素数は5）
    int a[A_SIZE];
    int b[] = {1, 2, 3, 4, 5};

    // 配列bの要素数
    int b_size = sizeof(b) / sizeof(b[0]);

    // 配列bの全要素をaにコピー
    for (int i = 0; i < A_SIZE; i++)
        a[i] = b[i];

    // 配列aの全要素の値を表示
    for (int i = 0; i < A_SIZE; i++)
        cout << "a[" << i << "] = " << a[i] << '\n';

    // 配列bの全要素の値を表示
    for (int i = 0; i < b_size; i++)
        cout << "b[" << i << "] = " << b[i] << '\n';

    // 配列aの全要素の合計をsumに求めて表示
    int sum = 0;
    for (int i = 0; i < A_SIZE; i++)
        sum += a[i];
    cout << "配列aの全要素の合計＝" << sum << '\n';

    // 配列cは２次元配列（要素型はint[3]で要素数は2）
    int c[2][3] = { {1, 2, 3},
                    {4, 5, 6},
                  };

    int c_height = sizeof(c) / sizeof(c[0]);          // 行数
    int c_width  = sizeof(c[0]) / sizeof(c[0][0]);    // 列数

    cout << "配列cは" << c_height << "行" << c_width << "列の"
         << "２次元配列です。\n";

    // 配列cの全構成要素の値を表示
    for (int i = 0; i < c_height; i++) {
        for (int j = 0; j < c_width; j++) {
            cout << "c[" << i << "][" << j << "] = " << c[i][j] << '\n';
        }
    }

    // 配列と要素と構成要素の型を表示
    cout << "配列aの型：" << typeid(a).name()       << '\n';
    cout << "aの要素型：" << typeid(a[0]).name()    << '\n';
    cout << "配列bの型：" << typeid(b).name()       << '\n';
    cout << "bの要素型：" << typeid(b[0]).name()    << '\n';
    cout << "配列cの型：" << typeid(c).name()       << '\n';
    cout << "cの要素型：" << typeid(c[0]).name()    << '\n';
    cout << "cの構成要素型：" << typeid(c[0][0]).name() << '\n';
}
```

実行結果一例

```
a[0] = 1
a[1] = 2
a[2] = 3
a[3] = 4
a[4] = 5
b[0] = 1
b[1] = 2
b[2] = 3
b[3] = 4
b[4] = 5
配列aの全要素の合計＝15
配列cは2行3列の２次元配
列です。
c[0][0] = 1
c[0][1] = 2
c[0][2] = 3
c[1][0] = 4
c[1][1] = 5
c[1][2] = 6
配列aの型：int [5]
aの要素型：int
配列bの型：int [5]
bの要素型：int
配列cの型：int [2][3]
cの要素型：int [3]
cの構成要素型：int
```

第6章

関数の基本

ひとまとまりの手続きをプログラムの部品としてまとめたものが関数です。
本章では関数の基本を学習します。

- 関数定義（関数頭部＋関数本体）
- 関数の多重定義
- インライン関数
- 関数宣言
- 関数呼出しと関数呼出し演算子 ()
- 実引数と仮引数
- デフォルト実引数
- 返却値と return 文
- 飛越し文
- void
- 値渡し
- 参照と参照渡し
- 参照を返却する関数
- ファイル有効範囲とブロック有効範囲
- 有効範囲解決演算子 ::
- 静的記憶域期間と自動記憶域期間
- main 関数
- ビット演算（論理積／論理和／排他的論理和／補数／シフト）
- 三値のソート

6-1 関数とは

工作をする際に、いろいろな《部品》を組み合わせることがあります。C++ のプログラムも、いろいろな部品が組み合わさって構成されています。プログラムの《部品》の中で最も小さな単位となる部品が、関数です。本節では、関数の基礎を学習します。

関数

数学と英語の点数を３人分読み込んで、各科目の最大値を求めて表示するプログラムを作りましょう。**List 6-1** に示すのが、そのプログラムです。キーボードから読み込んだ各科目の点数は、配列 *math* と配列 *eng* の要素に入ります。

List 6-1 chap06/list0601.cpp

```
// ３人の数学・英語の最高点を求めて表示

#include <iostream>

using namespace std;

int main()
{
    int math[3];        // 数学の点数
    int eng[3];         // 英語の点数

    for (int i = 0; i < 3; i++) {     // 点数の読込み
        cout << "[" << i + 1 << "] ";
        cout << "数学：";         cin >> math[i];
        cout << "     英語：";    cin >> eng[i];
    }

    int max_math = math[0];     // 数学の最高点
1   if (math[1] > max_math) max_math = math[1];
    if (math[2] > max_math) max_math = math[2];

    int max_eng = eng[0];       // 英語の最高点
2   if (eng[1] > max_eng) max_eng = eng[1];
    if (eng[2] > max_eng) max_eng = eng[2];

    cout << "数学の最高点は" << max_math << "です。\n";
    cout << "英語の最高点は" << max_eng  << "です。\n";
}
```

実行例

```
[1] 数学：92↵
    英語：64↵
[2] 数学：23↵
    英語：57↵
[3] 数学：74↵
    英語：87↵
数学の最高点は92です。
英語の最高点は87です。
```

三値の最大値を求めるアルゴリズムは、第２章で学習しました（p.54）。以下に示すのが、変数 a，b，c の最大値を *max* に格納するコードです。

```
int max = a;
if (b > max) max = b;
if (c > max) max = c;
```

本プログラムでは、このアルゴリズムで三値の最大値を求めています。**1**と**2**では、数学と英語の点数に対して同じ処理を行っています。

もし、国語や物理などの点数が追加され、それらの最大値を求めることになったとしたらどうなるでしょう。プログラムは、似たような処理であふれかえります。

そこで、次の方針をとることにします。

ひとまとまりの手続きは、一つの《部品》としてまとめる。

プログラムの《部品》を実現するのが、**関数**（*function*）です。本プログラムの改良に必要なのは、「三つの`int`型整数値を受け取って、その最大値を求めて返す」部品です。電子回路ふうの図で表現すると、ちょうど**Fig.6-1**のような感じです。

▶ 関数という名称は、数学用語の関数（function）に由来します。もともと、functionには、『機能』『作用』『働き』『仕事』『効用』『職務』『役目』などの意味があります。

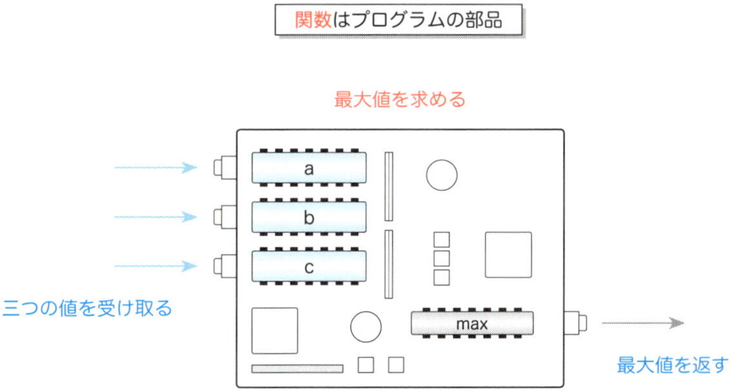

Fig.6-1　三値の最大値を求めて返す関数のイメージ

これまでに、乱数を生成するための`srand`関数や`rand`関数などの部品を学習しました。うまく作られた部品は、たとえ中身を知らなくても、使い方さえ分かれば、容易に使いこなせる“魔法の箱”のような存在です。

その魔法の箱である関数を使いこなすために、以下に示す二つのことを学習していきましょう。

- **関数の作り方 … 関数の定義**
- **関数の使い方 … 関数の呼出し**

関数定義

まずは、関数の《作り方》です。次ページの**Fig.6-2**に示すのが、三つの`int`型整数値を受け取って、その最大値を求める関数の**関数定義**（*function definition*）とその構造です。

まずは、各部の概略を理解しましょう。

関数定義

1 返却値型　2 関数名　3 仮引数宣言節

関数頭部

関数本体

```
int max ( int a, int b, int c )
{
    int max = a;
    if (b > max) max = b;
    if (c > max) max = c;
    return max;
}
```

関数はプログラムの部品 !!

- 関数の名前は max
- int 型の仮引数 a, b, c を受け取る
- 最大値を求める
- 求めた int 型の値を呼出し元に返却する

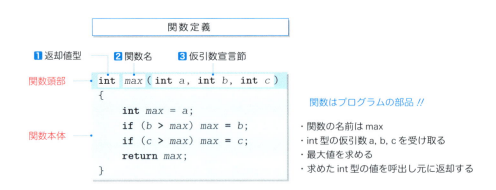

Fig.6-2　三値の最大値を求めて返す関数の関数定義

▪ 関数頭部（function header）

プログラムの部品である関数の名前と仕様を記した部分であり、関数の“顔”です。

1 返却値型（*return type*）

関数が返す値である**返却値**（*return value*）の型です。本関数の場合、返却するのは三つの **int** 型の最大値ですから、その型である **int** となっています。

2 関数名（*function name*）

部品の名前です。関数は、名前をもとに、他の部品から呼び出されます。

3 仮引数宣言節（*parameter declaration clause*）

( ) で囲まれた部分は、補助的な指示を受け取るための変数である**仮引数**（かりひきすう）（*parameter*）の宣言です。本関数のように複数の仮引数を受け取る場合は、コンマ , で区切ります。なお、仮引数がない場合は、空にします。

▶ 関数 *max* では、*a*, *b*, *c* が **int** 型の仮引数として宣言されています。

▪ 関数本体（function body）

関数の本体はブロック（すなわち { } で囲まれた 0 個以上の文の集合）です。

関数 *max* の本体では、*max* という変数が宣言されています。このように、関数の中でのみ利用する変数は、その関数の中で宣言・利用するのが原則です。

関数の中で宣言する変数の名前は、関数名と同一であっても構いません。

▶ 関数 *max* では、関数名と同一の変数 *max* を宣言しています。

なお、関数本体のブロックでは、仮引数と同一名の変数を宣言することはできません。その理由は、**Fig.6-1** (p.189) の図からも推測できるはずです。関数 *max* の回路の中に *a*, *b*, *c* という変数（仮引数）があるため、それと同じ名前の変数を、回路の中に作ることはできないのです。

左ページの図に示した関数*max*を用いて、**List 6-1** を書きかえましょう。そのプログラムが、**List 6-2** です。

List 6-2 chap06/list0602.cpp

```
// ３人の数学・英語の最大値を求めて表示（関数版）

#include <iostream>

using namespace std;

//--- a, b, cの最大値を返却 ---//
int max(int a, int b, int c)
{
    int max = a;
    if (b > max) max = b;
    if (c > max) max = c;
    return max;
}

int main()
{
    int math[3];    // 数学
    int eng[3];     // 英語

    for (int i = 0; i < 3; i++) {   // 点数の読込み
        cout << "[" << i + 1 << "] ";
        cout << "数学：";       cin >> math[i];
        cout << "    英語：";   cin >> eng[i];
    }

    int max_math = max(math[0], math[1], math[2]);  // 数学の最高点
    int max_eng  = max(eng[0],  eng[1],  eng[2]);   // 英語の最高点

    cout << "数学の最高点は" << max_math << "です。\n";
    cout << "英語の最高点は" << max_eng  << "です。\n";
}
```

関数定義

関数呼出し式

実行例

```
[1] 数学：92
    英語：64
[2] 数学：23
    英語：57
[3] 数学：74
    英語：87
数学の最高点は92です。
英語の最高点は87です。
```


本プログラムには、二つの関数*max*と**main**があります。プログラムが起動されて実行されるのは**main**関数です。**main**関数より先頭側で宣言されている*max*のほうが先に実行される、といったことはありません。

関数呼出し

部品である関数を利用することを、**"関数を呼び出す"** と表現します。本プログラムで関数*max*を呼び出しているのが、以下の箇所です。数学の最高点と英語の最高点を求めるために、関数*max*を２回呼び出しています。

```
int max_math = max(math[0], math[1], math[2]);     // 数学の最高点
int max_eng  = max(eng[0],  eng[1],  eng[2]);      // 英語の最高点
```

このうち、数学の最高点を求める網かけ部に着目しましょう。この式は、次のような依頼であると考えれば、分かりやすくなります。

関数 *max* さん、3 個の **int** 型の整数値 *math*[0], *math*[1], *math*[2] を渡しますので、それらの最大値を教えてください!!

関数呼出しは、関数名の後ろに ( ) を付けて行います。この ( ) は、**Table 6-1** に示す**関数呼出し演算子**（*function call operator*）です。

○○演算子を用いた式のことを、○○式と呼びますので、関数呼出し演算子を用いた式は、**関数呼出し式**（*function call expression*）です。

関数呼出し演算子 ( ) の中に与えるのは、呼び出す関数に対する“補助的な指示”である**実引数**（じつひきすう）（*argument*）です。実引数が二つ以上ある場合は、コンマ , で区切ります。

関数呼出しが行われると、プログラムの流れは、その関数へと一気に移ります。そのため、**main** 関数の実行が一時中断されて、関数 *max* の実行が開始します。

重要 関数呼出しが行われると、プログラムの流れは、その関数に移る。

呼び出された関数では、仮引数用の変数が生成されると同時に、実引数の値で**初期化されます**。図に示すように、仮引数 *a*, *b*, *c* が、それぞれ *math*[0], *math*[1], *math*[2] の値である 92, 23, 74 で初期化されます。

重要 関数が受け取る仮引数は、渡された実引数の値で初期化される。

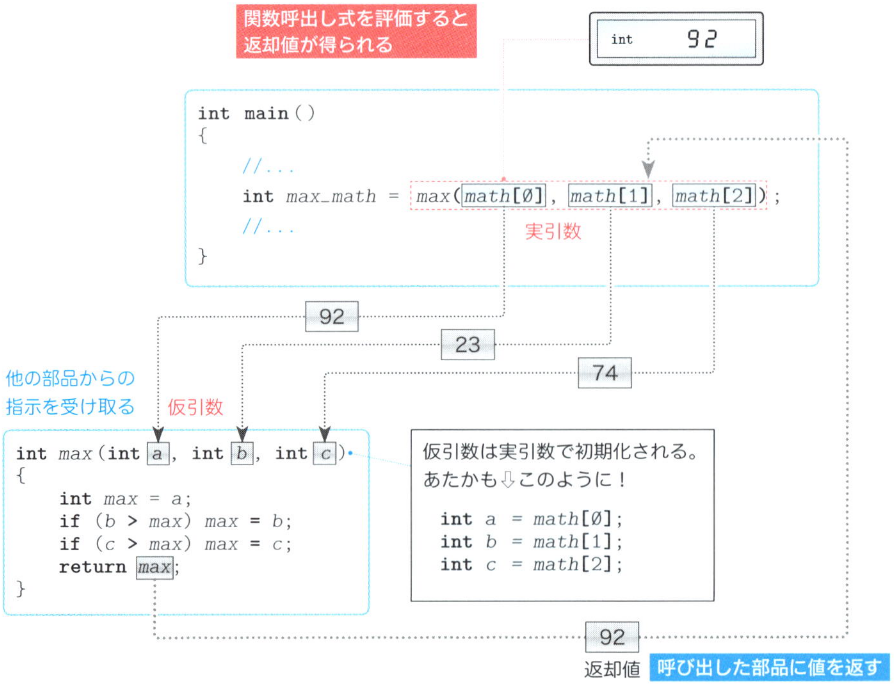

Fig.6-3 関数呼出し

Table 6-1 関数呼出し演算子

x(arg)	関数 x に実引数 arg を渡して呼び出す（arg は 0 個以上の実引数をコンマで区切ったもの）。（返却値型が void でなければ）関数 x が返却した値を生成する。

仮引数の初期化が終了すると、関数本体が実行されます。ここでは、a, b, c の最大値 92 を求めて、変数 max に入れます。

＊

求めた最大値は、《返却》という形で呼出し元に渡します。呼出し元への返却を行うのが、**return 文**（*return statement*）と呼ばれる、以下の部分です。

```
return max;
```

return 文が実行されると、プログラムの流れは呼出し元に戻ります（中断されていた main 関数の実行が再開されます）。その際の“手みやげ”が返却値（この場合は変数 max の値である 92）です。

関数の返却値は、関数呼出し式の評価によって得られます。そのため、図中の 部の関数呼出し式を評価した値は『int 型の 92』となります。

重要 関数呼出し式を評価すると、関数によって返された返却値が得られる。

その結果、変数 max_math は、関数 max の返却値である 92 で初期化されます。

▶ 英語の最大値を求めるための関数呼出し式も同様です。関数 max によって求められた eng[0], eng[1], eng[2] の最大値が max_eng に入れられます。

＊

関数の実行を終了して、プログラムの流れを呼出し元へと戻す return 文の構文図を Fig.6-4 に示します。

構文図が示すように、返却値を指定するための《式》は省略可能です。すなわち、関数が返却する値は、0 個または 1 個です。

重要 関数は、複数の値を仮引数として受け取れるが、複数の値の返却は行えない。

▶ 返却する式を省略する（すなわち値を返却しない）例は、p.200 で学習します。

なお、break 文・continue 文・return 文・goto 文は、いずれもプログラムの流れを一気に移動させます。これらの文の総称が、**飛越し文**（*jump statement*）です。

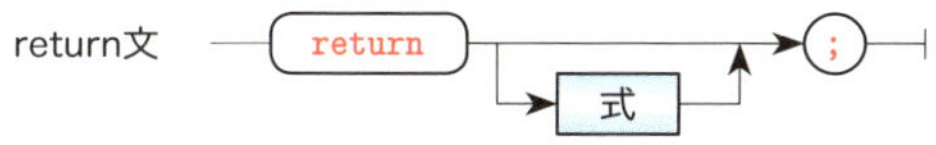

Fig.6-4 return 文の構文図

三値の最大値を求める関数を利用するように、**List 2-12**（p.54）を書きかえましょう。**List 6-3** に示すのが、そのプログラムです。

List 6-3 chap06/list0603.cpp

```
// 三つの整数値の最大値を求める（関数版）

#include <iostream>

using namespace std;

//--- a, b, cの最大値を返却 ---//
int max(int a, int b, int c)
{
    int max = a;
    if (b > max) max = b;
    if (c > max) max = c;
    return max;
}

int main()
{
    int a, b, c;

    cout << "整数a："; cin >> a;
    cout << "整数b："; cin >> b;
    cout << "整数c："; cin >> c;

    cout << "最大値は" << max(a, b, c) << "です。\n";
}
```

返却値

実行例

```
整数a：1
整数b：3
整数c：2
最大値は3です。
```


cout に対する出力の中に関数呼出し式が埋め込まれています。そのため、関数の返却値がそのまま cout に挿入されて表示されます。

▶ 上に示す実行例の場合、関数呼出し式 max(a, b, c) を評価した値は『**int** 型の 3』となります。cout に挿入されるのは、その値です。

main 関数の変数 a, b, c と関数 max の仮引数 a, b, c は、たまたま同じ名前ですが、これらは別ものです。関数 max が呼び出されたときに、仮引数 a, b, c がそれぞれ **main** 関数の変数 a, b, c の値で初期化されます。

＊

関数には、変数だけではなくて、整数リテラルなどの定数も渡せます。たとえば、max(32, 57, 48) と呼び出された関数 max は 57 を返却します。

重要 関数に渡す実引数は、変数であっても定数値であってもよい。また、実引数の変数は、仮引数と同じ名前の変数であってもよい。

次に、三つの値ではなく、二つの値の最大値を求める関数を作りましょう。**List 6-4** に示すのが、そのプログラムです。

▶ **main** 関数などは省略していますので、**List 6-3** を参考にして作りましょう。なお、ホームページからダウンロードできるソースプログラム（p.v）は、**main** 関数などが含まれる完全なプログラムです。

List 6-4 chap06/list0604.cpp

```
//--- a, bの最大値を返却 ---//
int max(int a, int b)
{
    if (a > b)
        return a;
    else
        return b;
}
```

return 文は複数あってもよい

関数 *max* には、2個の **return** 文があります。*a* が *b* より大きければ最初の **return** 文が実行されて呼出し元へと戻ります。そうでなければ、後ろ側の **return** 文が実行されて呼出し元へと戻ります。

複数の **return** 文が両方とも実行される、といったことはありません。

main 関数

第1章から"決まり文句"として **main** 関数を利用してきました。ここで、**main** 関数について少し詳しく学習しましょう。

■ 返却値型と返却値

main 関数で **return** 文を実行すると、プログラムの実行が終了します。一般に **main** 関数は、プログラムが目的を遂行したときには 0 を、そうでないときには 0 以外の値を返却することになっています。返却値型は **int** 型であり、返却先はプログラムの実行環境です。

なお、**return** 文をもたない **main** 関数は 0 を返します。すなわち、**main** 関数の末尾で、以下の文が自動的に実行されます。

```
return 0;        // return文をもたないmain関数の末尾で自動的に実行される
```

もちろん、**main** 関数の末尾に、上記の **return** 文を書いても構いません。

▶ ただし、冗長ですから、省略するのが一般的です。

■ 引数

main 関数には、引数を受け取る形式と、受け取らない形式の二つがあります。ここまでのプログラムでの **main** 関数は、引数を受け取らない形式であり、( ) の中を空にして宣言しています（p.205）。

▶ 引数を受け取る形式の **main** 関数は、第8章で学習します。

■ 実行

第1章で学習したように、プログラムが起動されると、**main** 関数が実行されます。先頭側で定義されている関数 *max* が最初に実行される、といったことはありません。

▶ **main** 関数については、**Column 6-1**（p.197）でも学習します。

関数宣言

関数*max*と**main**関数の定義順序を逆にするとどうなるのかを実験してみましょう。すなわち、**Fig.6-5** aの構造のプログラムを、図bの構造へと変更してみます。

a 呼び出される関数が前 ○

```
// List 6-3

#include <iostream>

int max(int a, int b, int c)
{
    // … 中略 …
}

int main()
{
    // 関数maxを呼び出す
}
```

b 呼び出される関数が後 ×

```
// List 6-3を書きかえたもの

#include <iostream>

int main()
{
    // 関数maxを呼び出す
}

int max(int a, int b, int c)
{
    // … 中略 …
}
```

Fig.6-5 関数定義の順序

bのプログラムをコンパイルすると、次のようなエラーメッセージが表示されます。

エラー：関数 max の宣言が見つかりません。

コンパイラは、ソースプログラムを先頭から順になぞっていきながらコンパイル作業を行います。関数*max*を呼び出す箇所に出会っても、関数*max*の仕様（どのような引数を受け取るのか、返却値型が何であるかなどの情報）が分かりません。コンパイル作業を続行できないと判断し、コンパイルエラーのメッセージを出力するのです。

そのため、以下の方針にのっとって関数を配置すると、都合よいものとなります。

重要 呼び出される側の関数を先頭側で、呼び出す側の関数を末尾側で定義しよう。

なお、呼び出される側の関数を末尾側に配置する際は、ある工夫が必要です。プログラムは、**List 6-5** のように実現しなければなりません。

このプログラムのポイントは、関数頭部に ; を付けた形の網かけ部です。これは、**関数本体の定義ではなく、関数の仕様のみの宣言であり、関数宣言**（*function declaration*）**と呼ばれます。**

▶ C言語では、関数原型（プロトタイプ）宣言（*function prototype declaration*）と呼ばれます。

関数宣言では、関数名と返却値型と仮引数の型を明らかにすればよいので、仮引数の名前は省略可能です。そのため、以下のようにも宣言できます。

```
int max(int, int, int);        // 型が分かればよいので引数の名前は省略可
```

List 6-5 chap06/list0605.cpp

```
// 三つの整数値の最大値を求める（関数宣言を追加）

#include <iostream>

using namespace std;

int max(int a, int b, int c);        関数宣言

int main()
{
    int a, b, c;

    cout << "整数a：";   cin >> a;
    cout << "整数b：";   cin >> b;
    cout << "整数c：";   cin >> c;

    cout << "最大値は" << max(a, b, c) << "です。\n";
}

//--- a, b, cの最大値を返却 ---//
int max(int a, int b, int c)
{
    int max = a;
    if (b > max) max = b;
    if (c > max) max = c;
    return max;
}
```

実行例

```
整数a：1↵
整数b：3↵
整数c：2↵
最大値は3です。
```


なお、後方（末尾側）で定義する関数だけでなく、他のソースファイル中で定義された関数を利用する際にも、関数宣言が必要です（p.319 で学習します）。

重要 前方に定義のない関数を呼び出すには、関数宣言が必要である。

▶ これまでに、C++ が提供するいくつかの関数を利用してきました。それらの関数の関数宣言は、各ヘッダ内で以下のように宣言されています。

- *time*関数　<ctime>　`time_t time(time_t* timer);`
- *rand*関数　<cstdlib>　`int rand();`
- *srand*関数　<cstdlib>　`void srand(unsigned seed);`
- *isprint*関数　<cctype>　`int isprint(int c);`

time_t 型は Column 11-4（p.390）で学習し、void は p.200 で学習します。

Column 6-1　main 関数は特別な関数

main 関数は特別な関数ですから、以下のような制限があります。

a 多重定義（p.230）できない。
b インライン関数（p.232）として定義できない。
c 再帰呼出し（p.205）は行えない。
d アドレスを取得できない。

なお、C 言語では**c**と**d**の制限はありません。

値渡し

べき乗を求める関数を作成しましょう。nが整数であれば、xの値をn回掛け合わせるとxのn乗が求められます。xが**double**型でnが**int**型であるとして作ったのが、**List 6-6**のプログラムです。

関数*power*では、1.0で初期化された変数*tmp*に対してxの値をn回掛けることによって、べき乗を求めています。**for**文が終了したときの*tmp*の値が、xのn乗です。

List 6-6 chap06/list0606.cpp

```
// べき乗を求める

#include <iostream>

using namespace std;

//--- xのn乗を返す ---//
double power(double x, int n)
{
    double tmp = 1.0;

    for (int i = 1; i <= n; i++)
        tmp *= x;    // tmpにxを掛ける
    return tmp;
}

int main()
{
    double a;
    int    b;

    cout << "aのb乗を求めます。\n";
    cout << "実数a："; cin >> a;
    cout << "整数b："; cin >> b;
    cout << a << "の" << b << "乗は" << power(a, b) << "です。\n";
}
```

実行例

```
aのb乗を求めます。
実数a：5.6⏎
整数b：3⏎
5.6の3乗は175.616です。
```

Fig.6-6に示すように、仮引数xは実引数aの値で初期化されて、仮引数nは実引数bの値で初期化されます。このような、引数として《値》のやりとりが行われるメカニズムのことを、値渡し（*pass by value*）と呼びます。

重要 関数間の引数の受渡しは、値渡しによって行われる。

呼び出された側の関数*power*の中で、受け取った仮引数の値を変更しても、呼出し側の実引数が影響を受けることはありません。

本のコピーをとって、それに赤鉛筆などで何か書き込んでも、もとの本には、何の影響もありません。それと同じ原理です。

仮引数xは実引数aのコピーであり、仮引数nは実引数bのコピーです。そのため、関数の中では、仮引数の値を自由気ままに“いじって”いいのです。

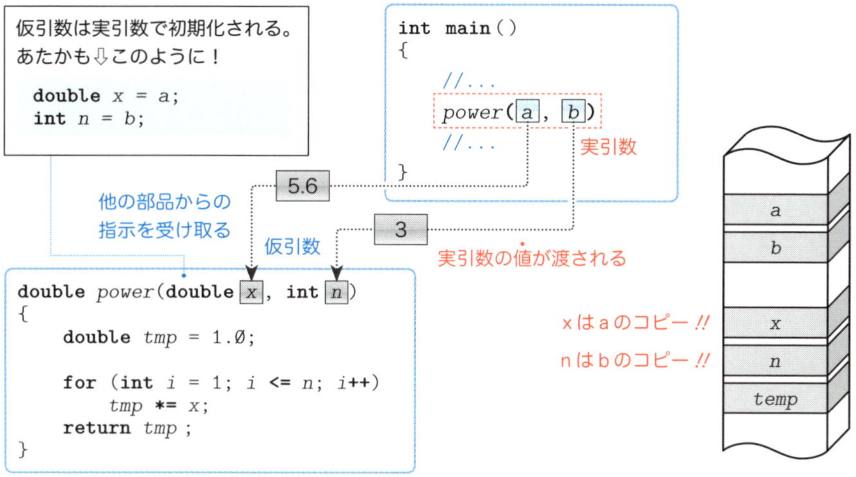

Fig.6-6 関数呼出しにおける引数の授受（値渡し）

x の値を *n* 回だけ掛け合わせる処理を、*n* の値を 5, 4, …, 1 とカウントダウンしていきながら行ってみましょう。

そのように書きかえた関数 *power* が **List 6-7** です。

▶ `main` 関数などは省略していますので、**List 6-6** にならって補完しましょう。

List 6-7 chap06/list0607.cpp

```
//--- xのn乗を返す ---//
double power(double x, int n)
{
    double tmp = 1.0;

    while (n-- > 0)
        tmp *= x;    // tmpにxを掛ける
    return tmp;
}
```

繰返しを制御するための変数 *i* が不要となり、関数はコンパクトになっています。

重要 値渡しのメリットを活かすと、関数はコンパクトで効率よいものとなる可能性がある。

関数 *power* の実行が終了するときの *n* の値は 0 となりますが、呼出し側の `main` 関数の変数 *b* の値が 0 になることはありません。

▶ 繰返しが完了した後にも、受け取った *n* の値が必要となるプログラムでは、`while` 文ではなく、`for` 文で実現する必要があります。

void 関数

第３章では、記号文字 '*' を並べて左下側が直角の直角二等辺三角形を表示するプログラムを作成しました。文字 '*' を連続表示する処理を関数として実現し、それを利用して表示を行うプログラムを作りましょう。それが **List 6-8** に示すプログラムです。

List 6-8 chap06/list0608.cpp

```
// 左下が直角の直角二等辺三角形を表示（関数版）

#include <iostream>

using namespace std;

//--- 文字'*'をn個連続表示 ---//
void put_stars(int n)
{
    while (n-- > 0)
        cout << '*';
}

int main()
{
    int n;

    cout << "左下直角の二等辺三角形を表示します。\n";
    cout << "段数は：";
    cin >> n;

    for (int i = 1; i <= n; i++) {
        put_stars(i);
        cout << '\n';
    }
}
```

実行例

```
左下直角の二等辺三角形
を表示します。
段数は：6
*
**
***
****
*****
******
```

```
//--- 参考：List 3-15 (p.100) ---//
for (int i = 1; i <= n; i++) {
    for (int j = 1; j <= i; j++)
        cout << '*';
    cout << '\n';
}
```

関数 *put_stars* は、*n* 個の '*' を連続表示します。表示を行うだけであって、返却すべき値がありません。このような関数の返却値型は、void（ボイド）と宣言します。

重要 値を返さない関数の返却値型は void と宣言する。

▶ void は『空（から）』という意味です。

void 関数は、値を返却しないため、**return** 文は必須ではありません。もし関数の途中でプログラムの流れを強制的に呼出し元に戻す必要があれば、

```
return;                    // 値を返却せずに呼出し元に戻るreturn文
```

と、返却値を与えない **return** 文を実行します。

＊

関数 *put_stars* を導入したおかげで、プログラムは簡潔になりました。**List 3-15** では、三角形の表示を行う繰返しは《二重ループ》でしたが、本プログラムでは、シンプルな《一重ループ》となっています。

関数の汎用性

次に、右下側が直角の直角二等辺三角形を表示するプログラムを作ります。**List 6-9** に示すのが、そのプログラムです。

List 6-9 chap06/list0609.cpp

```
// 右下が直角の直角二等辺三角形を表示（関数版）

#include <iostream>

using namespace std;

//--- 文字cをn個連続表示 ---//
void put_nchar(char c, int n)
{
    while (n-- > 0)
        cout << c;
}

int main()
{
    int n;

    cout << "右下直角の二等辺三角形を表示します。\n";
    cout << "段数は：";
    cin >> n;

    for (int i = 1; i <= n; i++) {   // 全部でn行
        put_nchar(' ', n - i);       // 文字' 'をn - i個表示
        put_nchar('*', i);           // 文字'*'をi個表示
        cout << '\n';                // 改行する
    }
}
```

実行例

```
右下直角の二等辺三角形
を表示します。
段数は：6
     *
    **
   ***
  ****
 *****
******
```

今回のプログラムで定義している関数 *put_nchar* は、仮引数 *c* に受け取った文字を *n* 個連続表示する関数です。**任意の文字を表示できる**という点で、表示文字が `'*'` のみに限られる関数 *put_stars* よりも**汎用性が高い**ものとなっています。

重要 関数は、なるべく汎用性が高くなるように設計しよう。

本プログラムでは、*i* 行目に、*n* - *i* 個の空白文字 `' '` と *i* 個の記号文字 `'*'` を表示することによって、右下が直角の直角三角形を表示しています。

▶ なお、関数 *put_nchar* だけでなく、文字 `'*'` を連続表示する関数も必要であれば、以下のように定義します（"chap06/list0609a.cpp"）。

```
//--- 文字'*'をn個連続表示 ---//
void put_stars(int n)
{
    put_nchar('*', n);      // put_nchar関数に処理をゆだねる
}
```

次ページで学習するように、自作の関数の中から、自作の関数を呼び出して、処理をゆだねます。
なお、これに伴ってプログラム網かけ部を以下のように変更します。

```
put_stars(i);
```

他の関数の呼出し

これまでのプログラムは、**main** 関数の中から、標準ライブラリ関数（C++ が提供している **rand** などの関数）や自作の関数を呼び出していました。

もちろん、自作の関数の中からも関数を呼び出せます。そのようなプログラム例を **List 6-10** に示します。これは、正方形と長方形を表示するプログラムです。

関数 *put_nchar* は、前のプログラムと同じです。正方形の表示関数 *put_square* と長方形の表示関数 *put_rectangle* は、いずれも関数 *put_nchar* を網かけ部で呼び出しています。

重要 関数はプログラムの《部品》である。部品を作るのに便利な部品があるのならば、積極的に呼び出して処理をゆだねよう。

本プログラムでは、正方形を '*' で表示して、長方形を '+' で表示しています。

List 6-10 chap06/list0610.cpp

```
// 正方形と長方形を表示
#include <iostream>

using namespace std;

//--- 文字cをn個連続表示 ---//
void put_nchar(char c, int n)
{
    while (n-- > 0)
        cout << c;
}

//--- 文字cを並べて一辺の長さnの正方形を表示 ---//
void put_square(int n, char c)
{
    for (int i = 1; i <= n; i++) {      // 全部でn行
        put_nchar(c, n);                 // 文字cをn個表示して
        cout << '\n';                    // 改行する
    }
}

//--- 文字cを並べて高さがhで横幅がwの長方形を表示 ---//
void put_rectangle(int h, int w, char c)
{
    for (int i = 1; i <= h; i++) {      // 全部でh行
        put_nchar(c, w);                 // 文字cをw個表示して
        cout << '\n';                    // 改行する
    }
}

int main()
{
    int n, h, w;

    cout << "正方形を表示します。\n";
    cout << "一辺は：";    cin >> n;

    put_square(n, '*');                  // 一辺nの正方形を'*'で表示

    cout << "長方形を表示します。\n";
    cout << "高さは：";    cin >> h;
    cout << "横幅は：";    cin >> w;

    put_rectangle(h, w, '+');          // 高さがhで横幅がwの長方形を'+'で表示
}
```

List 6-9 と同じ（put_nchar）

実行例

```
正方形を表示します。
一辺は：3
***
***
***
長方形を表示します。
高さは：3
横幅は：8
++++++++
++++++++
++++++++
```

実引数と仮引数の型

関数 *put_nchar* の仮引数 *n*、関数 *put_square* の仮引数 *n*、関数 *put_rectangle* の仮引数 *h* と *w* の型は、いずれも **int** 型です。これらの引数に対して、他の型の値を渡したらどうなるでしょうか。試しに **double** 型の値を渡してみましょう。

```
put_nchar('*', 5.7)
```

この呼出しを実行すると、文字 '*' が 5 個表示されます。

このように、実引数と仮引数の型が一致しないときは、**暗黙の型変換**が行われます。

重要 仮引数とは異なる型の実引数を渡すと、必要に応じて暗黙の型変換が行われる。

▶ 実引数から仮引数への型変換を暗黙に行えない場合は、コンパイルエラーとなります。

```
put_nchar("*", 5);      // エラー：文字列を文字に暗黙裏に変換することはできない
```


Column 6-2 プログラム終了のための標準ライブラリ

プログラムを終了するための標準ライブラリが用意されています。それは、**abort** 関数と **exit** 関数であり、いずれも <cstdlib> ヘッダで宣言されています。

▪ abort 関数

異常プログラム終了（強制的な中断によるプログラム終了）を引き起こします。以下のように呼び出します。

```
abort();
```

こうすると、失敗終了（*unsuccessful termination*）状態が、プログラムの実行環境に返されます。

▪ exit 関数

正常プログラム終了を引き起こします。**main** 関数内での **return** 文の呼出しと同等です。以下のように **int** 型の引数を渡して呼び出します。

```
exit(0);
```

プログラムが目的をきちんと遂行したときには 0 を、そうでないときには 0 以外の値を与えます。0 の場合は、プログラムの実行環境に成功終了（*successful termination*）状態が返され、そうでない場合は、失敗終了状態が返されます。

なお、両方の関数とも、**main** 関数の中だけでなく、任意の箇所で自由に呼び出せます。

引数を受け取らない関数

次に作るのは、暗算のトレーニングプログラムです。**List 6-11** を実行すると、3 桁の数を三つ加える問題が提示されます。誤った数値は受け付けませんので、必ず正解しなければなりません。まずは、実行して楽しんでみましょう。

List 6-11 chap06/list0611.cpp

```
// 暗算トレーニング

#include <ctime>
#include <cstdlib>
#include <iostream>

using namespace std;

//--- 続行の確認 ---//
bool confirm_retry()          ← 引数を受け取らない
{
    int retry;
    do {
        cout << "もう一度？<Yes…1／No…0>：";
        cin >> retry;
    } while (retry != 0 && retry != 1);
    return static_cast<bool>(retry);          // bool型にキャストした値を返却
}

int main()
{
    srand(time(NULL));
    cout << "暗算トレーニング開始!!\n";

    do {
        int x = rand() % 900 + 100;       // 3桁の数
        int y = rand() % 900 + 100;       // 3桁の数
        int z = rand() % 900 + 100;       // 3桁の数

        while (true) {
            int k;                        // 読み込んだ値
            cout << x << " + " << y << " + " << z << " = ";
            cin >> k;
            if (k == x + y + z)           // 正解
                break;
            cout << "\a違いますよ!!\n";
        }
    } while (confirm_retry());            ← 引数を与えない
}
```

実行例

```
暗算トレーニング開始!!
341 + 616 + 741 = 1678⏎
♪違いますよ!!
341 + 616 + 741 = 1698⏎
もう一度？<Yes…1／No…0>：1⏎
674 + 977 + 760 = 2411⏎
もう一度？<Yes…1／No…0>：0⏎
```

main 関数では、三つの乱数 *x*, *y*, *z* を生成した上で、問題として提示します。キーボードから読み込んだ *k* の値が *x* + *y* + *z* と等しければ正解です（**break** 文によって、**while** 文を中断・終了します）。なお、不正解である限り、**while** 文は延々と繰り返されます。

＊

confirm_retry は、もう一度トレーニングを行うかどうかを確認するための関数です。キーボードから 1 が入力されたら **true** を返し、0 が入力されたら **false** を返します。

▶ 0 以外の数値は **true** とみなされ、0 は **false** とみなされることを思い出しましょう。

関数 *confirm_retry* のように、受け取る引数がない関数は、( ) の中を空にします。

重要 仮引数を受け取らない関数は、( ) の中を空にして宣言する。

なお、( ) 中には **void** を置いてもよいことになっています。すなわち、以下のいずれかの形式で定義します。

```
bool confirm_retry()     { /* … */ }        // 仮引数を受け取らない
bool confirm_retry(void) { /* … */ }        // 仮引数を受け取らない
```

ただし、**void** を置くスタイルは、一般的ではありません（**Column 6-7**：p.213）。

なお、引数を受け取らない関数を呼び出す際は、実引数を与える必要がないため、網かけ部のように、関数呼出し演算子 ( ) の中を空にします。

Column 6-3 再帰呼出し

以下のように定義される非負の整数値の階乗を求める問題を考えましょう。

- 階乗 n! の定義（n は非負整数とする）
  - ⓐ $0! = 1$
  - ⓑ $n > 0$ ならば　$n! = n \times (n - 1)!$

たとえば、5 の階乗である 5! は、5 × 4! で求められます。また、その計算式で使われている式 4! の値は、4 × 3! によって求められます。

この考え方をプログラムに投影したのが、**List 6C-1** のプログラムです。

List 6C-1　chap06/list06c01.cpp

```
// 再帰呼出しを用いて階乗を求める

#include <iostream>

using namespace std;

//--- nの階乗を再帰的に求める ---//
int factorial(int n)
{
    if (n > 0)
        return n * factorial(n - 1);
    else
        return 1;
}

int main()
{
    int x;

    cout << "整数値：";
    cin >> x;

    cout << x << "の階乗は" << factorial(x) << "です。\n";
}
```

実行例

```
整数値：3
3の階乗は6です。
```

関数 *factorial* 中の網かけ部では、関数 *factorial* を呼び出しています。このように、関数の中からは、他の関数だけではなく、自身の関数も呼び出せるようになっています。

このような呼出しを**再帰呼出し**（*recursive call*）と呼びます。

デフォルト実引数

関数呼出しの際に ( ) の中に与える実引数は、《部品》である関数に対する補助的な指示です。その指示を省略して関数を呼び出すこともできます。

ただし、そのためには、呼び出される側の関数定義または関数宣言でデフォルト実引数（省略時実引数＝*default argument*）の設定を行っておく必要があります。設定するのは、実引数が省略されたときに、仮引数に与える値です。

List 6-12 に示すのが、デフォルト実引数を利用するプログラム例です。

List 6-12 chap06/list0612.cpp

```
// 警報を発する関数（デフォルト実引数）

#include <iostream>

using namespace std;

//--- n回の警報を発する ---//
void alerts(int n = 3)
{
    while (n-- > 0)
        cout << '\a';
}

int main()
{
❶  alerts();                     ← alerts(3) とみなされる
    cout << "警報！\n";

❷  alerts(5);
    cout << "再び警報！\n";
}
```

実行結果

```
♪♪♪警報！
♪♪♪♪♪再び警報！
```

関数 alerts は警報を *n* 回発する関数です。赤網部では、引数 *n* のデフォルト実引数の値を 3 と指定しています。

デフォルト実引数をもつ関数の呼出しの際は、省略された引数に対して、デフォルト実引数の値が“補填（ほてん）”されます。すなわち、関数呼出し alerts() は、alerts(3) に置換された上でコンパイルされます。

そのため、❶と❷の関数呼出しは、以下のように行われます。

❶ 実引数を与えずに呼び出しています。仮引数 *n* は、デフォルト実引数の値 3 で初期化されます。警報が発せられる回数は 3 回です。

❷ 実引数として 5 を与えて呼び出しています。関数 alerts が受け取る仮引数 *n* の値は 5 となり、警報が 5 回発せられます。

デフォルト実引数は、後ろ側の引数から順に、途中の引数を飛ばさずに連続して設定することができます。いくつかの例を示します。

```
int func1(int a = 0, int b = 0);                       // OK
int func1(int a = 0, int b);                           // エラー

int func2(int a,     char b,        double c = 0.0);   // OK
int func2(int a,     char b = '\0', double c = 0.0);   // OK
int func2(int a = 0, char b,        double c = 0.0);   // エラー
```

重要 関数定義あるいは関数宣言でデフォルト実引数を与えておけば、関数呼出し時に実引数を省略できる。省略した場合には、デフォルト実引数の値で仮引数が初期化される。

＊

List 6-10（p.202）で作成した関数*put_square*と*put_rectangle*を以下のように書きかえてみましょう。

```
//--- 文字cを並べて一辺の長さnの正方形を表示 ---//
void put_square(int n, char c = '*')
{
    for (int i = 1; i <= n; i++) {      // 全部でn行
        put_nchar(c, n);                // 文字cをn個表示して
        cout << '\n';                   // 改行する
    }
}
//--- 文字cを並べて高さがhで横幅がwの長方形を表示 ---//
void put_rectangle(int h, int w, char c = '*')
{
    for (int i = 1; i <= h; i++) {      // 全部でh行
        put_nchar(c, w);                // 文字cをw個表示して
        cout << '\n';                   // 改行する
    }
}
```

こうすると、最後の引数に与えるべき実引数が省略可能になります（省略した場合は、正方形と長方形の表示は、アステリスク記号'*'によって行われます）。

実際に確かめてみましょう（"chap06/list0610a.cpp"）。

```
put_square(5, '+');           // '+'を並べた一辺5の正方形
put_square(5);                // '*'を並べた一辺5の正方形
put_rectangle(4, 3, '-');     // '-'を並べた4行3列の長方形
put_rectangle(4, 3);          // '*'を並べた4行3列の長方形
```

Column 6-4　デフォルト（default）の意味

辞書レベルでのdefaultの意味は、名詞としては『不履行』『怠慢』『債務不履行』『欠席』『欠場』であり、動詞としては『義務を怠る』『債務を履行しない』『欠席する』です。

ところが、IT業界では、『最初から（初期状態で）設定されている値』『特に指定しなければ採用される値』といった、『既定』に近いニュアンスで使われます。

“怠慢（たいまん）して（わざわざ値を渡さなくて）も設定されるため”、この言葉が当てられるようになり、広く使われています。

ビット単位の論理演算を行う関数

整数内部のビットに対しては、4 種類の論理演算がサポートされています。それぞれの論理演算と、その真理値表をまとめたのが **Fig.6-7** です。

a 論理積

x	*y*	*x* & *y*
0	0	0
0	1	0
1	0	0
1	1	1

両方とも 1 であれば 1

b 論理和

x	*y*	*x* | *y*
0	0	0
0	1	1
1	0	1
1	1	1

一方でも 1 であれば 1

c 排他的論理和（論理差）

x	*y*	*x* ^ *y*
0	0	0
0	1	1
1	0	1
1	1	0

一方のみ 1 であれば 1

d 1 の補数

x	~*x*
0	1
1	0

0 であれば 1
1 であれば 0

Fig.6-7　ビット単位の論理演算

各論理演算を行う演算子を、**Table 6-2** に示します。

Table 6-2　ビット単位の論理演算子

x & *y*	*x* と *y* のビット単位の論理積を生成。
x | *y*	*x* と *y* のビット単位の論理和を生成。
x ^ *y*	*x* と *y* のビット単位の論理差（排他的論理和）を生成。
~*x*	*x* の 1 の補数（全ビットを反転した値）を生成。

これらの四つの演算子の名称は、以下のとおりです。

& … **ビット積演算子**（*bitwise AND operator*）　| … **ビット和演算子**（*bitwise inclusive OR operator*）
^ … **排他的論理和演算子**（*bitwise exclusive OR operator*）　~ … **補数演算子**（*complement operator*）

▶ これらの演算子のオペランドは、汎整数型もしくは列挙型でなければなりません。浮動小数点型などのオペランドに適用すると、コンパイルエラーとなります。

Column 6-5　論理演算子とビット単位の論理演算子

ビット単位の論理演算子 &, |, ~ と、第 2 章で学習した**論理演算子** &&, ||, ! は、見かけと働きが中途半端に似ていますので、混同しないようにしなければなりません。

そもそも、**論理演算**とは、真と偽の二値のみを取り得る演算であり、論理積・論理和・排他的論理和・否定・否定論理積・否定論理和などの演算があります。

ビット単位の論理演算子 &, |, ^, ~ は、オペランドの各ビットに対して、1 を真とみなし、0 を偽とみなして論理演算を行う演算子です。一方、論理演算子 && と || は、true（0 以外の値）と false（0）の論理演算を行う演算子です。

式 5 & 4 の評価（2 進数）と、式 5 && 4 の評価（真理値）を比べると、違いがはっきりします。

```
  5  &  4   →   4            5  &&  4   →   1
101  & 100  →  100        true && true  →  true
```

ビット単位の論理積や論理和などの演算を行ってみましょう。**List 6-13** に示すのは、二つの非負の整数を読み込んで、各種の論理演算の結果を表示するプログラムです。

List 6-13 chap06/list0613.cpp

```
// 符号無し整数の論理積・論理和・排他的論理和・1の補数を表示

#include <iostream>

using namespace std;

//--- 整数x中の"1"であるビット数を求める ---//
int count_bits(unsigned x)
{
    int bits = 0;
    while (x) {
        if (x & 1U) bits++;
        x >>= 1;
    }
    return bits;
}

//--- int型/unsigned型のビット数を求める ---//
int int_bits()
{
    return count_bits(~0U);
}

//--- unsigned型のビット構成を表示 ---//
void print_bits(unsigned x)
{
    for (int i = int_bits() - 1; i >= 0; i--)
        cout << ((x >> i) & 1U ? '1' : '0');
}

int main()
{
    unsigned a, b;

    cout << "非負の整数を二つ入力せよ。\n";
    cout << "a : ";   cin >> a;
    cout << "b : ";   cin >> b;

    cout << "a     = ";  print_bits(a);      cout << '\n';
    cout << "b     = ";  print_bits(b);      cout << '\n';
    cout << "a & b = ";  print_bits(a & b);  cout << '\n';    // 論理積
    cout << "a | b = ";  print_bits(a | b);  cout << '\n';    // 論理和
    cout << "a ^ b = ";  print_bits(a ^ b);  cout << '\n';    // 論理差
    cout << "~a    = ";  print_bits(~a);     cout << '\n';    // 1の補数
    cout << "~b    = ";  print_bits(~b);     cout << '\n';    // 1の補数
}
```

実行結果一例

```
非負の整数を二つ入力せよ。
a : 3
b : 5
a     = 0000000000000011
b     = 0000000000000101
a & b = 0000000000000001
a | b = 0000000000000111
a ^ b = 0000000000000110
~a    = 1111111111111100
~b    = 1111111111111010
```

a 論理積

```
a      0011
b      0101
a & b  0001
```

両方とも1であれば1

b 論理和

```
a      0011
b      0101
a | b  0111
```

一方でも1であれば1

c 排他的論理和

```
a      0011
b      0101
a ^ b  0110
```

一方のみ1であれば1

関数*print_bits*は、符号無し整数*x*の内部の全ビットを0と1で表示する関数です。また、関数*int_bits*と関数*count_bits*は、その下請け・孫請けとして利用されている関数です。

ビット単位の論理演算子以外で初めて使われているのが、二つの演算子 **>>** と **>>=** です。まずは、これらの演算子を理解していきましょう。

▶ このプログラムは、**unsigned** 型の占有ビット数を調べた上で表示を行います。ここに示す実行例は、**unsigned** 型が16ビットの環境のものです（もし、**unsigned** 型が32ビットの環境で実行すれば、各値が32桁で表示されます）。

シフト演算

<< 演算子（<< *operator*）と >> 演算子（>> *operator*）は、整数中の全ビットを左または右にシフトした（ずらした）値を生成する演算子です。両演算子をまとめて、ビット単位のシフト演算子（*bitwise shift operator*）と呼びます（**Table 6-3**）。

Table 6-3　ビット単位のシフト演算子

x << *y*	*x*の全ビットを*y*ビットだけ左シフトした値を生成。
x >> *y*	*x*の全ビットを*y*ビットだけ右シフトした値を生成。

▶　これらの演算子のオペランドは、汎整数型もしくは列挙型でなければなりません。
　cout に適用する挿入子 << と、cin に適用する抽出子 >> は、演算子多重定義（第 12 章）によって、挿入や抽出の機能がシフト演算子に対して与えられたものです。

List 6-14 に示すのは、符号無し整数値をキーボードから読み込んで、そのビットを左右にシフトした結果を表示するプログラムです。

このプログラムを見ながら、両演算子の働きを理解しましょう。

▶　関数 *count_bits*, *int_bits*, *print_bits* は、前ページの **List 6-13** と同じです。スペースの都合上、関数本体をコメントにしていますが、関数本体の定義が必要です。

▪演算子 << による左シフト

式 *x* << *n* は、*x* の全ビットを *n* ビット左にシフトして、右側（下位側）の空いたビットに 0 を詰めます（**Fig.6-8** a）。*n* が符号無し整数型であれば、シフトの結果は $x \times 2^n$ です。

▶　2 進数は、各桁が 2 のべき乗の重みをもっているため、**1 ビット左にシフトすると、（オーバフローしない限り）値は 2 倍になります。**これは、10 進数を左に 1 桁シフトすると、値が 10 倍になる（たとえば、196 を左に 1 桁シフトすると 1960 になる）のと同じ理屈です。

▪演算子 >> による右シフト

x >> *n* は、*x* の全ビットを *n* ビット右にシフトします。*x* が符号無し整数型であるか、符号付き整数型の非負値であれば、$x \div 2^n$ の商の整数部がシフト結果です（図 b）。

▶　**2 進整数を 1 ビット右にシフトすると、値は“2 分の 1”になります。**これは、10 進整数を右に 1 桁シフトすると、値が“10 分の 1”になる（たとえば、196 を右に 1 桁シフトすると 19 になる）のと同じ理屈です。

Fig.6-8　符号無し整数値に対するシフト演算

List 6-14 chap06/list0614.cpp

```
// 符号無し整数値を左右にシフトした値を表示
#include <iostream>
using namespace std;
int count_bits(unsigned x)  { /*--- 省略：List 6-13と同じ ---*/ }
int int_bits()              { /*--- 省略：List 6-13と同じ ---*/ }
void print_bits(unsigned x) { /*--- 省略：List 6-13と同じ ---*/ }

int main()
{
    unsigned x, n;

    cout << "非負の整数：";            cin >> x;
    cout << "シフトするビット数："; cin >> n;

    cout << "整数      = "; print_bits(x);      cout << '\n';
    cout << "左シフト = "; print_bits(x << n); cout << '\n';
    cout << "右シフト = "; print_bits(x >> n); cout << '\n';
}
```

実行結果一例

```
非負の整数：387
シフトするビット数：4
整数      = 0000000110000011
左シフト = 0001100000110000
右シフト = 0000000000011000
```

x が符号付き整数型で負の値をもつ場合にシフト演算を行った結果は、**処理系に依存します**。多くの処理系では、**Column 6-6** に示す**論理シフト**あるいは**算術シフト**のいずれかが行われます。いずれにせよ、プログラムの可搬性が損なわれますので、特別な必要がない限り、**負数のシフトは行うべきではありません**。

Column 6-6　論理シフトと算術シフト

▪ **論理シフト**（*logical shift*）

Fig.6C-1 ⓐに示すように、符号ビットを特別に考慮することなく、まるごとシフトします。

負の整数値を右にシフトすると、符号ビットが 1 から 0 に変わるため、演算によって得られる結果は、0 または正の値になります。

▪ **算術シフト**（*arithmetic shift*）

図ⓑに示すように、符号ビット以外のビットをシフトし、シフト前の符号ビットで空いたビットを埋めます。シフト前後で符号が変わることはありません。また、1 ビット左にシフトすると値が 2 倍になって、1 ビット右にシフトすると値が 2 分の 1 になるという関係が保たれます。

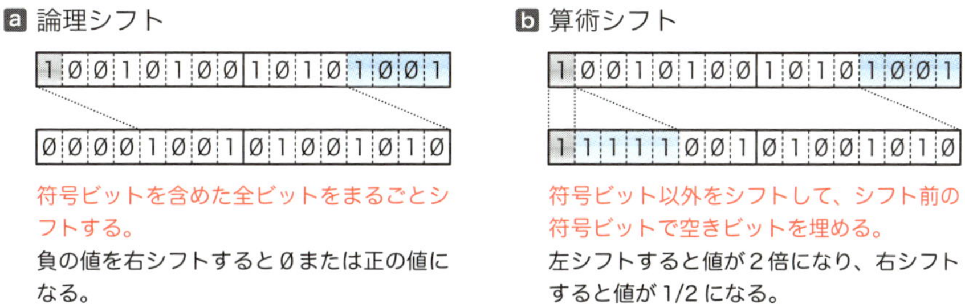
ⓐ 論理シフト
1 0 0 1 0 1 0 0 1 0 1 0 1 0 0 1
0 0 0 0 1 0 0 1 0 1 0 0 1 0 1 0
符号ビットを含めた全ビットをまるごとシフトする。
負の値を右シフトすると 0 または正の値になる。
ⓑ 算術シフト
1 0 0 1 0 1 0 0 1 0 1 0 1 0 0 1
1 1 1 1 1 0 0 1 0 1 0 0 1 0 1 0
符号ビット以外をシフトして、シフト前の符号ビットで空きビットを埋める。
左シフトすると値が 2 倍になり、右シフトすると値が 1/2 になる。

Fig.6C-1　負の整数値の論理シフトと算術シフト

ビット単位の論理演算子とシフト演算子を学習したところで、**List 6-13**（p.209）の三つの関数を理解していきましょう。

■ `int count_bits(unsigned x);` … 整数 x 中の 1 であるビット数を求める

```
int count_bits(unsigned x)
{
    int bits = 0;
    while (x) {
        if (x & 1U) bits++;  ―1
        x >>= 1;             ―2
    }
    return bits;
}
```

関数 count_bits は、仮引数 x に受け取った符号無し整数中に、“1” であるビットが何個あるのかをカウントする関数です。

カウントの手順を、**Fig.6-9** を見ながら理解していきましょう。なお、この図は、x の値が 10 である場合を示したものです。

1 1U（最下位ビットのみが 1 である符号無し整数）と x の論理積を求めることによって、x の最下位ビットが 1 であるかどうかを判定します。判定の結果、最下位ビットが 1 であれば bits をインクリメントします。

▶ x の最下位ビットが 1 であれば x & 1U は 1 となり、そうでなければ x & 1U は 0 となることを利用して判定を行っています。

2 調べ終わった最下位ビットを弾き出すために、全ビットを 1 ビット右にシフトします。

▶ >>= は複合代入演算子ですから、x = x >> 1; と同じ働きをします。

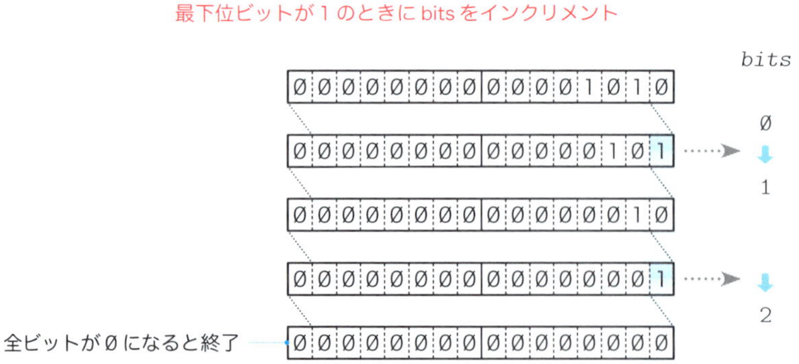

Fig.6-9 ビットのカウント

以上の作業を x の値が 0 になる（x の全ビットが 0 になる）まで繰り返すと、“1” であるビットの個数が変数 bits に入ります。

▪ int *int_bits*(); … int 型／unsigned 型のビット数を求める

```
int int_bits()
{
    return count_bits(~0U);
}
```

関数 *int_bits* は、int 型と unsigned 型が何ビットで構成されるのかを調べる関数です。

網かけ部の ~0U は、全ビットが 1 の unsigned 型整数（全ビットが 0 である符号無し整数 0U の全ビットを反転したもの）です。

その整数を関数 *count_bits* に渡すことによって、unsigned 型のビット数を求めます。

▶ unsigned 型と int 型のビット数は同じであることは、第 4 章で学習しました。
なお、~0U は、<climits> で定義されている UINT_MAX としても構いません（符号無し整数型の最大値は、すべてのビットが 1 だからです）。

▪ void *print_bits*(unsigned *x*); … 整数 *x* の全ビット構成を表示

```
void print_bits(unsigned x)
{
    for (int i = int_bits() - 1; i >= 0; i--)
        cout << ((x >> i) & 1U ? '1' : '0');
}
```

関数 *print_bits* は、unsigned 型整数の最上位ビットから最下位ビットまでの全ビットを、1 と 0 の並びとして表示する関数です。

for 文のループ本体中の網かけ部は、第 *i* ビットすなわち B_i が 1 かどうかの判定です。その結果が 1 であれば '1' と表示し、0 であれば '0' と表示します。

▶ 条件演算子 ? : の優先度は << よりも低いため、条件式 (*x* >> *i*) & 1U ? '1' : '0' を囲む ( ) を省略するとコンパイルエラーとなります。

Column 6-7 引数を受け取らない関数の宣言

C 言語では、引数を受け取らない関数は、

```
int func(void)
{
    /*… 中略 …*/
}
```

のように、( ) でなく (void) と宣言することが推奨されます。というのも、( ) とすると、

Ⓐ『この関数は、渡される実引数と受け取る仮引数の型が適合するかどうかのチェックをしませんよ。』

という宣言となり、(void) とすると、

Ⓑ『この関数は引数を受け取りませんよ。』

という宣言となるからです（両者は異なる宣言です）。

ところが、C++ ではⒶの宣言は許されておらず、( ) と (void) の両方が、Ⓑに相当します。そのため、タイプ数の多い (void) ではなく、短くて簡潔な ( ) が好んで使われます。

なお、以下に示す二つの宣言を間違えないようにしましょう。

```
int a;      // オブジェクト（変数）aの宣言
int f();    // 引数を受け取らずint型を返す関数fの関数宣言
```

整数型のビット数

<climits> ヘッダでは、**char** 型のビット数がオブジェクト形式マクロ **CHAR_BIT** として提供されますが、それ以外の整数型（**short** 型、**int** 型、**long** 型）のビット数は提供されません。そのため、前ページまでのプログラムでは、関数 *count_bits* を利用して、**int** 型のビット数を調べていました。

実は、整数型のビット数は <climits> ヘッダではなく **<limits> ヘッダ**で提供されます。

▶ 具体的には、*numeric_limits* クラステンプレートの **const int** 型の静的データメンバである digits として提供されます（**Column 6-8**）。

それを利用して、各整数型のビット数を表示するプログラムを **List 6-15** に示します。

▶ 実行結果は処理系によって異なります。

List 6-15 chap06/list0615.cpp

```
// 各整数型のビット数を表示

#include <limits>
#include <iostream>

using namespace std;

int main()
{
    cout << "char 型のビット数：" << numeric_limits<unsigned char>::digits  << '\n';
    cout << "short型のビット数：" << numeric_limits<unsigned short>::digits << '\n';
    cout << "int  型のビット数：" << numeric_limits<unsigned int>::digits   << '\n';
    cout << "long 型のビット数：" << numeric_limits<unsigned long>::digits  << '\n';
}
```

実行結果一例

```
char 型のビット数：8
short型のビット数：16
int  型のビット数：16
long 型のビット数：32
```

本プログラムでは、**char**, **short**, **int**, **long** の各型の符号付き型ではなくて、符号無し型のビット数を求めています。

▶ その理由は以下のとおりです。
- 符号付き整数型と符号無し整数型のビット数は同一である。
- メンバ digits は、『組込みの整数型の表現では、符号以外のビット数を表す』と定義されている（右ページⒷ）。

*

List 6-13（p.209）と **List 6-14**（p.211）のプログラムでは、ビット演算の学習のために関数 *count_bits* や *int_bits* を作成しました。関数 *print_bits* を以下のように書きかえれば、これらの二つの関数は不要です。

```
void print_bits(unsigned x)
{
    for (int i = numeric_limits<unsigned>::digits - 1; i >= 0; i--)
        cout << ((x >> i) & 1U ? '1' : '0');
}
```

ただし、プログラムでは <limits> ヘッダのインクルードが必要です（**"chap06/list0613a.cpp"** および **"chap06/list0614a.cpp"**）。

Column 6-8　numeric_limits クラステンプレート

numeric_limits クラステンプレートについては、**Column 4-7**（p.144）で簡単に学習しました。<limits> ヘッダ内で以下のように定義されます（あくまでも定義の一例です）。

※これ以降の解説では、本書では学習しない用語を使っています。

```
// numeric_limitsクラステンプレートの定義の一例
template <class T> class numeric_limits {
public:
    static const bool is_specialized = false;
    static T min() throw();
    static T max() throw();
    static const int digits = 0;
    static const int digits10 = 0;
    static const bool is_signed = false;
    static const bool is_integer = false;
    static const bool is_exact = false;
    static const int radix = 0;
    static T epsilon() throw();
    static T round_error() throw();
    static const int min_exponent = 0;
    static const int min_exponent10 = 0;
    static const int max_exponent = 0;
    static const int max_exponent10 = 0;
    static const bool has_infinity = false;
    static const bool has_quiet_NaN = false;
    static const bool has_signaling_NaN = false;
    static const float_denorm_style has_denorm = denorm_absent;
    static const bool has_denorm_loss = false;
    static T infinity() throw();
    static T quiet_NaN() throw();
    static T signaling_NaN() throw();
    static T denorm_min() throw();
    static const bool is_iec559 = false;
    static const bool is_bounded = false;
    static const bool is_modulo = false;
    static const bool traps = false;
    static const bool tinyness_before = false;
    static const float_round_style round_style = round_toward_zero;
};
```

整数型（bool 型を含む）と浮動小数点型の全基本型に対して、***numeric_limits*<int>** や ***numeric_limits*<double>** などに特殊化したクラスが提供されます。なお、その特殊化では、データメンバ is_specialized の値は **true** となります。

以下、基本的なメンバを簡単に紹介します。

Ⓐメンバ min と max は、型 *T* で表現できる最小値と最大値を表します。

Ⓑメンバ digits は、型 *T* で誤差なしで表現可能な radix 進法での最大桁数を表します。組込みの整数型では “符号以外のビット数” を表し、組込みの浮動小数点型では “radix 進法での仮数部の桁数” を表します。

Ⓒメンバ is_signed は、型 *T* が符号付き型である場合にのみ **true** となります。

Ⓓメンバ is_integer は、型 *T* が整数型である場合にのみ **true** となります。

6-2 参照と参照渡し

関数間の引数のやりとりには、値渡しのほかに参照渡しがあります。本節では、参照と参照渡しについて学習します。

値渡しの限界

List 6-16 に示すのは、二つの変数の値を入れかえるという意図で作られたプログラムです。ところが、実行例が示すように、値の交換はうまく行われません。

List 6-16　chap06/list0616.cpp

```
// 二つの引数の値を交換する関数（間違い）

#include <iostream>

using namespace std;

//--- 引数xとyの値を交換（間違い）---//
void swap(int x, int y)
{
    int t = x;
    x = y;
    y = t;
}

int main()
{
    int a, b;

    cout << "変数a："; cin >> a;
    cout << "変数b："; cin >> b;

    swap(a, b);             // aとbを交換？

    cout << "変数aとbの値を交換しました。\n";
    cout << "変数aの値は" << a << "です。\n";
    cout << "変数bの値は" << b << "です。\n";
}
```

実行例

```
変数a：6
変数b：4
変数aとbの値を交換しました。
変数aの値は6です。
変数bの値は4です。
```

プログラムの実行結果が期待どおりでないのは、引数のやりとりが**値渡し**（p.198）で行われるからです。

関数 *swap* の仮引数 *x* と *y* は、それぞれ実引数 a の値と b の値で初期化されます。とはいえ、*x* と a、*y* と b は、まったくの別ものですから、関数 *swap* 中で *x* と *y* の値を交換しても、a と b の値には何の影響も与えません。

*

目的とする関数の実現には、もう一つの受渡し法である**参照渡し**（*pass by reference*）を利用しなければなりません。

参照渡しについて理解するために、まず**参照**（*reference*）について学習します。

参照

参照とは何なのかを、**List 6-17** のプログラムで理解しましょう。

List 6-17 chap06/list0617.cpp

```
// 参照オブジェクト
#include <iostream>

using namespace std;

int main()
{
    int  x = 1;
    int  y = 2;
    int& a = x;              // aをxで初期化（aはxを参照）

    cout << "a = " << a << '\n';
    cout << "x = " << x << '\n';
    cout << "y = " << y << '\n';

    a = 5;                   // aに5を代入

    cout << "a = " << a << '\n';
    cout << "x = " << x << '\n';
    cout << "y = " << y << '\n';
}
```

実行結果

```
a = 1
x = 1
y = 2
a = 5
x = 5
y = 2
```


まず、網かけ部の宣言に着目します。型名の後ろに & を付けて宣言された変数 a が参照オブジェクトです。参照オブジェクトは、自分で家を構えることができず、他人の家に自分の名前の表札（ひょうさつ）を掲（かか）げます。もちろん、ここでの《家》はオブジェクトのことです。

この宣言では、参照 a は、変数 x に自分の表札を掲げます。すなわち、x に対して a というエイリアス＝別名（あだ名）を付けるわけです。そのため、a と呼んでも x と呼んでも、同じオブジェクトを表します。

この関係を、以下のように表現します。

a は x を参照する（*refer*）。

Fig.6-10 に示すのが、エイリアスのイメージです。オブジェクトと点線でつながれた箱がエイリアスです。

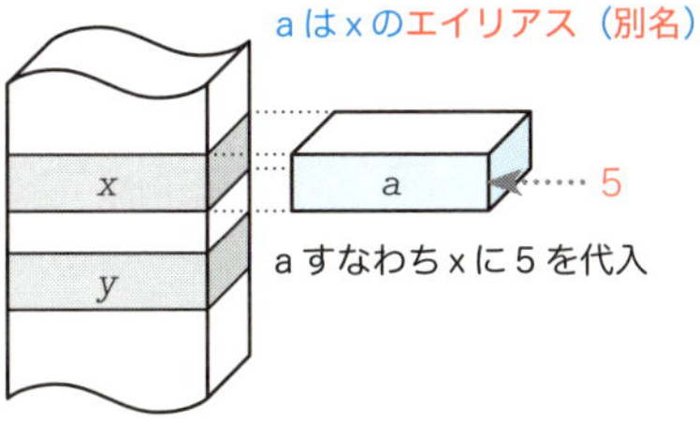

Fig.6-10 参照

プログラムでは、三つの変数の値を表示した後に、a に 5 を代入しています。この代入は、x への 5 の代入を意味します。実行結果からも分かるように、２度目の表示時には、a の値と x の値の両方が 5 となっています。

▶ 参照オブジェクトの宣言時には、必ず参照先オブジェクトを与えて**初期化**する必要があります。なお、いったん作られた参照オブジェクトへの**代入**は《値》の代入です。そのため、

```
a = y;
```

を実行すると、a に y の値が代入されます。a の参照先が y に更新されることはありません。

参照渡し

参照が理解できれば、引数の参照渡しも容易に理解できます。**List 6-16** を正しく書きかえたプログラムを **List 6-18** に示します。

List 6-18 chap06/list0618.cpp

```
// 二つの引数の値を交換する関数

#include <iostream>

using namespace std;

//--- 引数xとyの値を交換 ---//
void swap(int& x, int& y)
{
    int t = x;
    x = y;
    y = t;
}

int main()
{
    int a, b;

    cout << "変数a：";   cin >> a;
    cout << "変数b：";   cin >> b;

    swap(a, b);              // aとbを交換

    cout << "変数aとbの値を交換しました。\n";
    cout << "変数aの値は" << a << "です。\n";
    cout << "変数bの値は" << b << "です。\n";
}
```

実行例

```
変数a：6↵
変数b：4↵
変数aとbの値を交換しました。
変数aの値は4です。
変数bの値は6です。
```

修正前プログラムとの違いは、関数 *swap* の仮引数の宣言に & が付いていることです。仮引数を参照にするだけで、引数のやりとりは **Fig.6-11** に示す参照渡しとなります。

関数 *swap* の仮引数 *x* と *y* は、それぞれ実引数 a と b で初期化されます。*x* と *y* は参照ですから、*x* は a のエイリアスとなり、*y* は b のエイリアスとなります。

関数 *swap* で *x* と *y* の値を交換することは、**main** 関数の a と b の値を交換することを意味しますので、期待どおりの結果が得られます。

値渡しと参照渡し

値渡し版も参照渡し版も、関数 *swap* を呼び出す式は *swap*(a, b) です。そのため、**関数呼出し式だけを見ても、値渡しなのか参照渡しなのかの区別がつきません。**

その一方で、二つの関数は、以下の点で大きく異なります。

- **値渡し版** ： 実引数の値が書きかえられる可能性がない。
- **参照渡し版** ： 実引数の値が書きかえられる可能性がある。

参照渡し版では、**main** 関数と関数 *swap* とが、**引数を通じてオブジェクトを“共有”しています**。このことは、何を意味するのでしょう。

読者であるあなたを **main** 関数とし、あなたの友人を関数 *swap* と考えましょう。そして、あなたが大切にしている銀行の預金通帳と郵便局の貯金通帳を、**main** 関数の変数 *a*, *b* であるとします。

あなたは友人である *swap* 君に二つの通帳を渡します。それが**値渡し**であれば、*swap* 君は通帳のコピーを受け取ります。あなたの預貯金の状況などを知ることはできるものの、お金をおろすことはできません。

しかし、**参照渡し**であれば、*swap* 君が受け取るのは、通帳そのものです。そのため、*swap* 君から戻ってきた通帳が、渡したときのままの状態であるという保証はありません。

重要 参照渡しは不用心に用いるべきではない。

もちろん、*swap* 君が友人ではなく、家計をともにする配偶者であれば、通帳をそのまま渡しても問題はないはずです（そうでない家庭もあるかもしれませんが）。

参照渡しは、無条件に避けるべきものではありません。

▶ 第10章以降で学習する《クラス》を用いたプログラムでは、積極的に参照渡しを利用します。

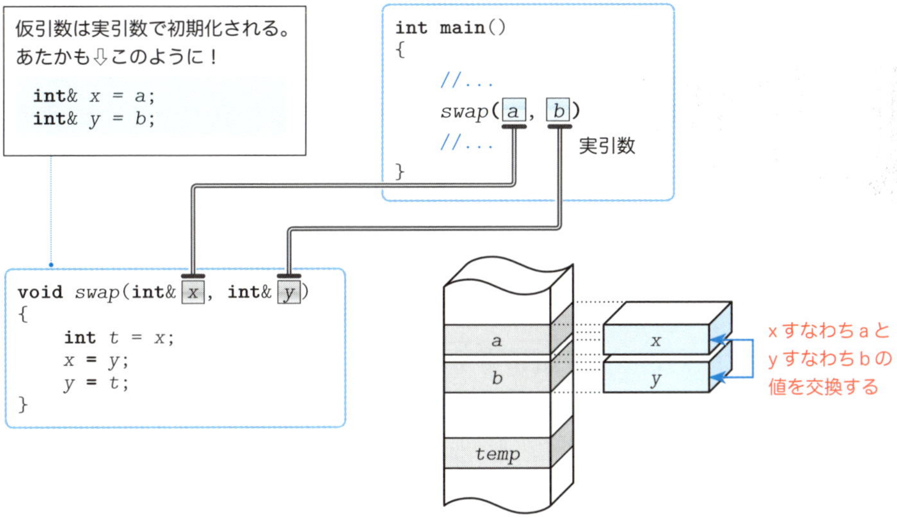

Fig.6-11 関数呼出しにおける引数の授受（参照渡し）

三値のソート

三つの整数値を読み込んで、それらを昇順（値の小さいほうから順）にソートする（並べかえる）プログラムを作りましょう。**List 6-19** に示すのが、そのプログラムです。

List 6-19 chap06/list0619.cpp

```
// 三つの整数値を昇順にソート

#include <iostream>

using namespace std;

//--- 引数xとyの値を交換 ---//
void swap(int& x, int& y)
{
    int t = x;
    x = y;
    y = t;
}

//--- 引数a, b, cを昇順にソート ---//
void sort(int& a, int& b, int& c)
{
    if (a > b) swap(a, b);    ―1
    if (b > c) swap(b, c);    ―2
    if (a > b) swap(a, b);    ―3
}

int main()
{
    int a, b, c;

    cout << "変数a : ";    cin >> a;
    cout << "変数b : ";    cin >> b;
    cout << "変数c : ";    cin >> c;

    sort(a, b, c);            // a, b, cを昇順にソート

    cout << "整数a, b, cを昇順に並べかえました。\n";
    cout << "変数aの値は" << a << "です。\n";
    cout << "変数bの値は" << b << "です。\n";
    cout << "変数cの値は" << c << "です。\n";
}
```

List 6-18 と同じ

実行例

```
変数a : 5↵
変数b : 3↵
変数c : 2↵
変数a, b, cを昇順に並べかえました。
変数aの値は2です。
変数bの値は3です。
変数cの値は5です。
```

二値を交換する関数 *swap* は、**List 6-18** のものをそのまま利用しています。この関数を呼び出すのは、関数 *sort* です。

その関数 *sort* の本体には、**if** 文が三つ並んでいます。これだけで三値のソートが行えます。その原理を示したのが、**Fig.6-12** です。*a*, *b*, *c* にそれぞれ 5, 3, 2 が格納されているとして、ソートの手順を理解していきましょう。

1 まず a と b の値を比べます。小さい順に並べかえるのですから、もし左側の a が右側の b よりも大きいのでは話になりません。そこで、それらの値を交換します。

▶ 呼び出された関数 *swap* の仮引数 *x* と *y* は、それぞれ関数 *sort* の実引数 a と b を参照します。すなわち、*x* は a のエイリアスとなり、*y* は b のエイリアスとなります。関数 *swap* 内で *x* と *y* の値を交換することは、関数 *sort* の a と b を交換することに相当します。

6 関数の基本

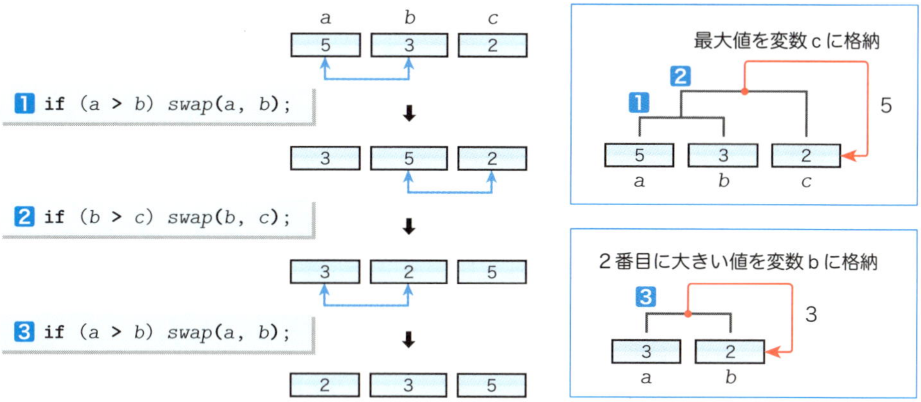

Fig.6-12　三値のソートの手順

関数*sort*の仮引数a, b, cは参照型であり、**main**関数の実引数a, b, cのエイリアスです。そのため、関数*sort*でaとbの値を交換することは、**main**関数のaとbを交換することに相当します。

2　ここでは、bとcに対して、**1**と同じ操作を行います。

ここまでの２段階の手続きによって、最も大きい値がcに格納されます。というのも、これは右側の図に示す《**トーナメント**》だからです。この図と照らし合わせれば、二つの**if**文が最強（最大）の値をcに格納することが分かるでしょう。

3　最大値がcに格納されたわけですから、次に行うのは、残った二値a, bの最大値をbに格納することです。これは、第２位を決定するための《**敗者復活戦**》です。**if**文を実行すると、aとbの大きいほうの値がbに格納されます。

最大値がcに格納され、２番目に大きい値がbに格納されたわけですから、aには当然最小値が格納されています。これでソートは完了です。

▶　ここでは、三値のソートを行う関数を作成しました。関数*swap*を利用すると、二値の昇順ソートを行う関数は容易に作成できます。以下のようになります。

```
//--- 引数a, bを昇順にソート ---//
void sort2(int& a, int& b)
{
    if (a > b) swap(a, b);
}
```

なお、二値の降順ソートを行う関数は、以下のようになります。

```
//--- 引数a, bを降順にソート ---//
void sort2r(int& a, int& b)
{
    if (a < b) swap(a, b);
}
```

6-3 有効範囲と記憶域期間

本節では、識別子の通用する範囲である有効範囲と、オブジェクトの生存期間である記憶域期間について学習します。

有効範囲

変数の識別子（名前）の通用する範囲は、宣言されている場所に依存します。そのことを、**List 6-20** のプログラムで学習していきましょう。このプログラムでは、同一名の変数 *x* が、**A**、**B**、**C**の 3 箇所で宣言されています。

List 6-20 chap06/list0620.cpp

```
// 識別子の有効範囲を確認する
#include <iostream>

using namespace std;

int x = 75;                                          // A：ファイル有効範囲

void print_x()
{
    cout << "x = " << x << '\n';
}

int main()
{
    cout << "x = " << x << '\n';                     // 1
    int x = 999;                                     // B：ブロック有効範囲
    cout << "x = " << x << '\n';                     // 2
    for (int i = 1; i <= 5; i++) {
        int x = i * 11;                              // C：ブロック有効範囲
        cout << "x = " << x << '\n';                 // 3
    }
    cout << "x = " << x << '\n';                     // 4
    cout << "::x = " << ::x << '\n';                 // 5
    print_x();                                       // 6
}
```

ファイル有効範囲の x を覗くための窓

実行結果

```
1 x = 75
2 x = 999
3 x = 11
  x = 22
  x = 33
  x = 44
  x = 55
4 x = 999
5 ::x = 75
6 x = 75
```

識別子が通用する範囲は**有効範囲**（*scope*）と呼ばれます。三つの変数 *x* に与えられる有効範囲は、以下の 2 種類です。

- **ファイル有効範囲**（*file scope*）

識別子の通用する範囲が、宣言された直後から、ソースファイルの終端までの**大域的**（*global*）であることです。**A**のように、関数の外で宣言されている変数の識別子は、ファイル有効範囲となります。

- **ブロック有効範囲**（*block scope*）

識別子の通用する範囲が、宣言された直後から、その宣言を含むブロックの終端までの局所的（*local*）であることです。Bと Cのように、ブロック内部で宣言されている変数の識別子は、ブロック有効範囲となります。

そのため、Bの x は main 関数終端の } まで通用し、Cの x は for 文のループ本体であるブロック終端の } まで通用します。

プログラム実行の様子を追いながら、有効範囲に対する理解を深めていきましょう。

1 これより前方で宣言されている"x" はAの x のみです。そのため、その値 75 が表示されます。

2 これより前方で宣言されている"x" はAとBの二つです。このように**ファイル有効範囲とブロック有効範囲をもつ同一名の変数が存在する場合、ブロック有効範囲のものが"見えて"、ファイル有効範囲のものは"隠される"** ことになっています。

そのため、ここでの"x" はBの x となり、その値 999 が表示されます。

3 for 文のループ本体中で x の値を表示します。**ブロック有効範囲をもつ同一名の変数が複数存在する場合、より内側のものが"見えて"、より外側のものが"隠される"** ことになっています。

そのため、for 文のループ本体内での"x" は、Bの x ではなくCの x です。for 文は 5 回の繰返しを行いますので、x の値が 11, 22, 33, 44, 55 と表示されます。

4 for 文が終了したためCの x の有効範囲は終了しています。2と同様に、ここでの"x" はBの x ですから、その値 999 が表示されます。

5 ここでは ::x を出力しています。初登場の :: は、Table 6-4 に示す有効範囲解決演算子（*scope resolution operator*）です。変数名の前に :: を適用した式は、**ブロック有効範囲をもつ同名の変数に隠されているファイル有効範囲の変数を"覗(のぞ)く"** 働きをします。式 ::x はAの x ですから、その値 75 が表示されます。

Table 6-4 有効範囲解決演算子

::x	大域的な x にアクセスする。
x :: y	名前空間 x 中の y にアクセスする。

▶ ここでは、単項形式を学習しました。2 項形式の利用法は、第 9 章以降で学習します。

6 関数 *print_x* によって出力を行います。これより前方で宣言されている x は、ファイル有効範囲をもつAです。その値である 75 が表示されます。

▶ 宣言された識別子は、その名前を書き終わった直後から有効となります。もし宣言Bが

```
int x = x;
```

となっていれば、初期化子の x は、Aの x ではなく、ここで宣言している x です。そのため、初期化値は 75 ではなく、不定値となります（p.225）。

記憶域期間

変数は、プログラムの開始から終了まで存在しているわけではありません。変数の寿命すなわち**生存期間**（*lifetime*）には３種類があり、生存期間のことを**記憶域期間**（*storage duration*）と呼びます。そのことを、**List 6-21** のプログラムを例に学習していきます。

▶ ここでは２種類の記憶域期間を学習します。もう一つの記憶域期間である**動的記憶域期間**については次章で学習します。

List 6-21 chap06/list0621.cpp

```
// 自動記憶域期間と静的記憶域期間

#include <iostream>

using namespace std;

int fx;                        // 静的記憶域期間（0で初期化される）

int main()
{
    static int sx;             // 静的記憶域期間（0で初期化される）
    int        ax;             // 自動記憶域期間（不定値で初期化される）

    cout << "ax = " << ax << '\n';
    cout << "sx = " << sx << '\n';
    cout << "fx = " << fx << '\n';
}
```

実行結果一例

```
ax = 5311
sx = 0
fx = 0
```

■ 静的記憶域期間（*static storage duration*）

fx のように関数の外で宣言・定義されたオブジェクトと、*sx* のように**記憶域クラス指定子**（*storage class specifier*）の一種である `static` を付けて関数の中で宣言されたオブジェクトには、次の性質をもった静的記憶域期間が与えられます。

プログラム実行開始時、具体的には main 関数を実行する前の準備段階でオブジェクトが生成され、プログラムの終了時に破棄される。

プログラムの実行を通じた、**永遠**と呼んでもよい寿命が与えられるわけです。main 関数の実行が開始される前に初期化が完了します。

なお、**初期化子が与えられない場合は、自動的に 0 で初期化されます**。そのため、変数 *fx* と *sx* は初期化子を与えていないにもかかわらず 0 で初期化されます。

■ 自動記憶域期間（*automatic storage duration*）

ax のように関数の中で static を付けずに定義されたオブジェクト（変数）は、次の性質をもった自動記憶域期間が与えられます。

プログラムの流れが宣言を通過する際にオブジェクトが生成される。宣言を囲むブロック終点の } を通過するときに、そのオブジェクトは役目を終えて破棄される。

すなわち、ブロック{}の中でしか生きることのできない“**はかない**”命です。関数の実行を越えて生きることはありません。

なお、**初期化子が与えられていない場合の初期値は、不定値です**。そのため、変数axは不定値で初期化されます（もちろん、偶然0になる可能性もあります）。

▶ 自動記憶域期間をもつオブジェクトが不定値で初期化されることは**List 1-8**（p.18）のプログラムで確認しました。変数axの値は処理系や実行環境などによって異なります。

なお、変数axを初期化せずに値を取り出しているため、処理系や実行環境によっては、プログラムの実行が中断することもあります。

二つの記憶域期間の性質をまとめたのが、**Table 6-5**です。

Table 6-5　オブジェクトの記憶域期間

	自動記憶域期間	静的記憶域期間
生　成	プログラムの流れが、その宣言を通過する際に生成される。	プログラム実行開始時の準備段階において生成される。
初期化	明示的に初期化しなければ不定値で初期化される。	明示的に初期化しなければ0で初期化される。
破　棄	その宣言を含むブロックを抜け出る際に破棄される。	プログラム実行終了時の後始末の段階で破棄される。

▶ 関数の中で記憶域クラス指定子`register`を付けて宣言・定義された変数にも自動記憶域期間が与えられます。

なお、`register`を付けて

```
register int ax;
```

と宣言すると、コンパイラに対して以下のヒントを与えることになります。

『変数axを頻繁に使うので、主記憶よりも高速なレジスタに格納したほうがよい。』

もっとも、レジスタの個数には限りがありますので、絶対的な指示とはなりません。コンパイル技術が進歩した現在では、どの変数をレジスタに格納すべきかを、コンパイラ自身が判断して最適化します（そればかりか、プログラムの実行時にレジスタに格納する変数を動的に変えるコンパイラもあります）。`register`宣言を行う意味はなくなりつつあります。

`register`はC言語の名残（なごり）であり、C++のプログラムでは、ほとんど使われません。

Column 6-9　静的記憶域期間をもつオブジェクトの初期化

C言語とは異なり、C++では静的記憶域期間をもつオブジェクトを、定数以外の値で初期化することができます。

```
void f(int n)
{
    static int s = 3 * n;        // C言語ではエラー
    // …
}
```

変数sは、プログラム準備段階の生成時に0で暫定的に初期化され、関数fが初めて呼び出されてプログラムの流れが宣言を通過する際に3 * nの値で初期化されます。

List 6-22 のプログラムで、記憶域期間に関する理解を深めましょう。

List 6-22 chap06/list0622.cpp

```
// 自動記憶域期間と静的記憶域期間

#include <iostream>

using namespace std;

int fx = 0;                  // 静的記憶域期間+ファイル有効範囲

void func()
{
    static int sx = 0;   // 静的記憶域期間+ブロック有効範囲
    int        ax = 0;   // 自動記憶域期間+ブロック有効範囲

    fx++; sx++; ax++;
    cout << fx << "   " << sx << "   " << ax << '\n';
}

int main()
{
    cout << "fx sx ax\n";
    cout << "--------\n";
    for (int i = 0; i < 8; i++)
        func();
}
```

実行結果

```
fx sx ax
--------
1  1  1
2  2  1
3  3  1
4  4  1
5  5  1
6  6  1
7  7  1
8  8  1
```


このプログラムは、関数 *func* と main 関数とで構成されています。

▪ 関数の外で宣言されたオブジェクト

変数 fx に与えられるのは、**静的記憶域期間**です。プログラムの実行開始の準備段階に 0 で初期化されて、関数 *func* が呼び出されるたびにインクリメントされるため、関数 *func* を呼び出した回数が格納されます。

▪ 関数 *func* 内で宣言されたオブジェクト

関数 *func* の中では、二つのオブジェクト sx と ax が宣言されています。

変数 sx に与えられるのは、**静的記憶域期間**です。プログラムの実行開始の準備段階で 1 回だけ初期化され、関数 *func* の呼出しとは関係なく値が保持されます。最初に 0 で初期化されて、関数 *func* が呼び出されるたびにインクリメントされるため、関数 *func* を呼び出した回数が格納されます。

変数 ax に与えられるのは、**自動記憶域期間**です。プログラムの流れが宣言を通過する際に生成・初期化されますので、関数 *func* が呼び出されるたびに 0 になります。

このプログラムの実行に伴う変数の生成と破棄の推移を表したのが **Fig.6-13** です。

a main 関数の実行開始直前の状態です。静的記憶域期間をもつ fx と sx とが記憶域上に生成されて 0 で初期化されます。これらは、プログラムの実行を通じて、同じ場所に存在し続けます。

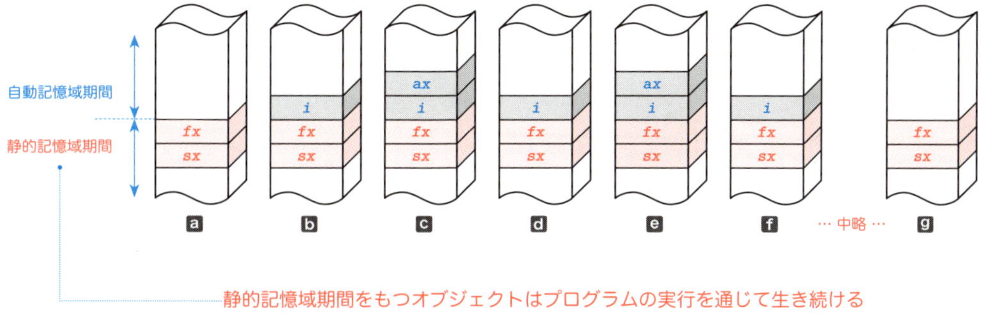

Fig.6-13 List 6–22 の実行に伴うオブジェクトの生成と消滅

b **main** 関数の実行が開始します。**for** 文の実行開始に伴って、自動記憶域期間をもつ変数 *i* が生成されます。

c **main** 関数から関数 *func* が呼び出されます。このとき、自動記憶域期間をもつ ax が生成されて 0 に初期化されます。ここで、*fx*，*sx*，ax の値がインクリメントされるため、それらの値は 1，1，1 となります。

d 関数 *func* の実行終了とともに、ax が破棄されます。

e **for** 文の働きによって *i* がインクリメントされ、再び関数 *func* を呼び出します。そこで変数 ax が生成されて 0 に初期化されます。ここで、*fx*，*sx*，ax の値がインクリメントされるため、それらの値は 2，2，1 となります。

f 関数 *func* の実行終了とともに、ax が破棄されます。
以下、同様に繰り返されます。

g **for** 文が終了した状態です。変数 *i* の役目が終了して破棄されます。

▶ この図には示していませんが、**main** 関数が終了すると、*sx* と *fx* も破棄されます。

*

静的記憶域期間を与えられた配列は、初期化子を与えなくても全要素が 0 で初期化されます（静的記憶域期間をもつオブジェクトは 0 で初期化されるからです）。

```
int a[7];

void func()
{
    static int b[7];
    int        c[7];
}
```

上記のプログラム（"chap06/list0622a.cpp"）であれば、配列 *a* と配列 *b* の全要素が 0 で初期化されます（配列 *c* の全要素は不定値となります）。

参照を返却する関数

関数は参照を返却することができます。**List 6-23** は、参照を返却する関数のプログラム例です。関数 *ref* の返却値型が、**int**& 型となっています。

List 6-23 chap06/list0623.cpp

```
// 参照を返却する関数

#include <iostream>

using namespace std;

//--- xへの参照を返却 ---//
int& ref()
{
    static int x;    // 静的記憶域期間
    return x;
}

int main()
{
 1  ref() = 5;                                  // ref()に値を代入
 2  cout << "ref() = " << ref() << '\n';        // ref()の値を表示
}
```

実行結果

```
ref() = 5
```

関数 *ref* の中で、静的記憶域期間をもつ **int** 型のオブジェクト *x* が定義されています。関数 *ref* が返却するのは、その *x* への参照です。

▶ 静的記憶域期間をもつ *x* は、関数 *ref* の実行中のみ生きるのではなく、プログラムの実行を通じて生き続けます。

Fig.6-14 を見ながら、関数 *ref* の呼出しを理解していきましょう。

1 関数呼出し式が代入の《左辺》に書かれています。*ref*() が返却するのは、*x* への参照すなわち *x* のエイリアスです。そのため、5 の代入先は *x* となります。

2 関数 *ref* の呼出し式 *ref*() は *x* のエイリアスですから、1で代入された *x* の値 5 が返却されます。画面に表示されるのは、その値です。

関数呼出し式 *ref*() が、変数 x のエイリアスであることが分かりました。

参照を返却する関数を呼び出す関数呼出し式は、代入式の右辺だけでなく、左辺にも置ける左辺値式（p.89）**となります。**

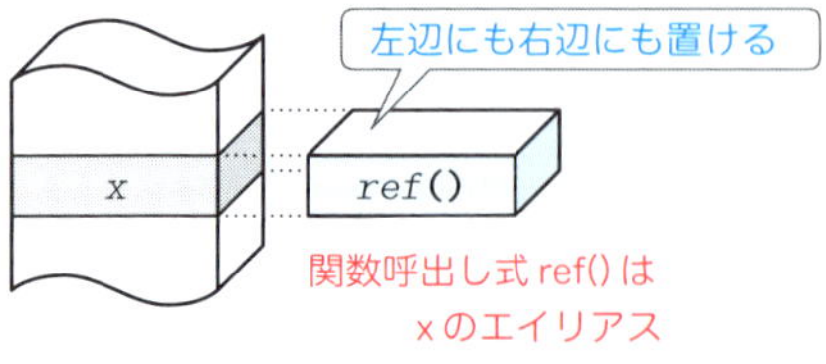
左辺にも右辺にも置ける
x
ref()
関数呼出し式 ref() は
x のエイリアス

Fig.6-14 参照を返却する関数

▶ 変数 *x* の宣言から **static** を取り除いたらどうなるでしょうか。自動記憶域期間が与えられるため、変数 *x* は、関数実行とともに消滅します。呼出し元の **main** 関数が受け取るのが、消えてしまったオブジェクトへの参照となるため、期待する結果は得られません。

　不定値が表示されたり、実行時エラーになってプログラムの実行が中断されたりします。

List 6-24 に示すのは、参照を返却する関数の別の例です。

List 6-24 chap06/list0624.cpp

```
// 配列の要素への参照を返却する関数

#include <iostream>

using namespace std;

const int a_size = 5;          // 配列aの要素数

//--- a[idx]への参照を返却 ---//
int& r(int idx)
{
    static int a[a_size];
    return a[idx];             // a[idx]への参照を返却
}

int main()
{
    for (int i = 0; i < a_size; i++)
        r(i) = i;

    for (int i = 0; i < a_size; i++)
        cout << "r(" << i << ") = " << r(i) << '\n';
}
```

実行結果

```
r(0) = 0
r(1) = 1
r(2) = 2
r(3) = 3
r(4) = 4
```

このプログラムでは、要素数 5 の配列 a に静的記憶域期間が与えられています。

▶ そのため、前のプログラムの *x* と同様に、プログラムの実行を通じて生き続けます。

関数 *r* は、引数として受け取った *idx* の値を添字とする要素 a[*idx*] への参照を返却します。

そのため、この関数を呼び出す関数呼出し式 *r*(*i*) は、実質的に a[*i*] のエイリアスとなります。

たとえば、**Fig.6-15** に示すように、*r*(2) は a[2] のエイリアスです。

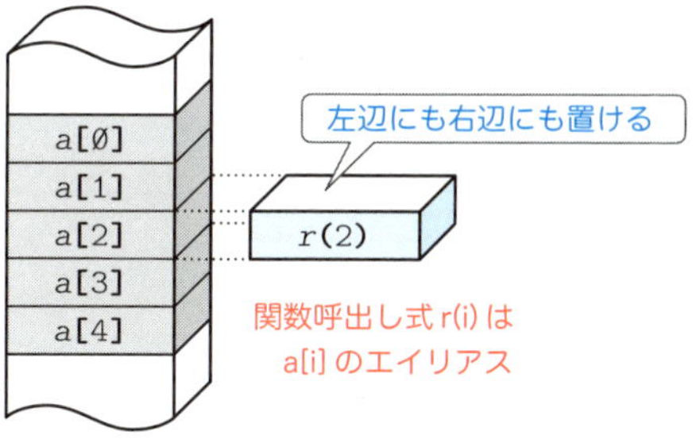

Fig.6-15 配列要素への参照を返却する関数

main 関数では、*r*(*i*) に値 *i* を代入し、その値の表示を行っています。

▶ 二つのプログラムは“わざとらしく”感じられたかもしれません。しかし、参照を返却する関数の呼出し式を左辺にも右辺にも置けるようにするのは、第 12 章以降で活用する**重要なテクニック**です。

6-4 多重定義とインライン関数

ここでは、異なる関数に同一名を与える多重定義と、高速な実行が可能となるインライン関数について学習します。

関数の多重定義

本章の冒頭で作成した関数 *max* は、三つの **int** 型引数を受け取って、その最大値を返却するものでした。将来的には、「二つの **int** 型の最大値を求める」関数や、「四つの **long** 型の最大値を求める」関数などが必要になるかもしれません。

それらの関数に対して個別に名前を与えていくと、名前を覚えるのも、管理するのも、使い分けるのも大変な作業となります。

▶ 関数の作成者だけでなく利用者にとっても、問題となります。

C++ では、同じ名前の関数が、同一の有効範囲中に複数存在することが許されます。**同じ名前の関数を複数定義することを、関数の多重定義（*overloading*）と呼びます。**

二つの **int** 型の最大値を求める関数と、三つの **int** 型の最大値を求める関数を多重定義したプログラムが **List 6-25** です。

関数呼出し時に、どの関数を呼び出すかといった指定は不要です。というのも、それぞれに適した関数が自動的に選別されて呼び出されるからです。

▶ 二値の最大値を求める関数を *max2* と命名して、三値の最大値を求める関数を *max3* と命名するのは、銀行によって口座の名義人氏名を使い分けて、『福岡五郎Ａ銀行』、『福岡五郎Ｂ銀行』にするのと、似た発想です。

類似した処理を行う関数を多重定義すれば、プログラムに多くの関数名があふれかえるのを抑止できます。

*

なお、シグネチャ（呼出し情報＝*signature*）**と呼ばれる仮引数の並び（仮引数の型と個数）などの情報で、どの関数を呼び出すべきかが明確に区別できなければなりません。**

▶ signature には、『署名』『特徴』『特色』『薬などの処方』などの意味があります。

シグネチャ

```
int max(int a, int b, int c)
{
    int max = a;
    if (b > max) max = b;
    if (c > max) max = c;
    return max;
}
```

○関数名
○仮引数の型と個数の組合せ
×返却値型はシグネチャに含まれない
×仮引数の名前はシグネチャに含まれない

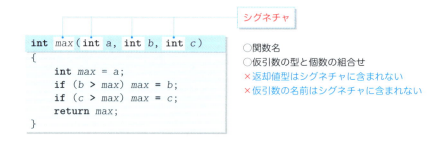

Fig.6-16 関数のシグネチャ

List 6-25　chap06/list0625.cpp

```
// 二値の最大値・三値の最大値を求める関数（多重定義）

#include <iostream>

using namespace std;

//--- a, bの最大値を返却 ---//
int max(int a, int b)
{
    return a > b ? a : b;
}

//--- a, b, cの最大値を返却 ---//
int max(int a, int b, int c)
{
    int max = a;
    if (b > max) max = b;
    if (c > max) max = c;
    return max;
}

int main()
{
    int x, y, z;

    cout << "xの値：";
    cin >> x;

    cout << "yの値：";
    cin >> y;

    // 二値の最大値
    cout << "xとyの最大値は" << max(x, y) << "です。\n";

    cout << "zの値：";
    cin >> z;

    // 三値の最大値
    cout << "x, y, zの最大値は" << max(x, y, z) << "です。\n";
}
```

実行例

```
xの値：15
yの値：31
xとyの最大値は31です。
zの値：42
x, y, zの最大値は42です。
```

曖昧さが残る場合は、コンパイルエラーとなります。

重要 類似した処理を行う関数には、同じ名前を与えて**多重定義**するとよい。ただし、多重定義する関数は、**シグネチャ**が異なっていなければならない。

▶ 当たり前のことですが、`main`関数を多重定義することはできません。また、C言語では、関数の多重定義はできません。

たとえ返却値型が異なっていたとしても、シグネチャである引数の個数や型がまったく同じ関数を多重定義することはできません。

▶ 以下のように、二つの`int`型引数を受け取って、その平均値の小数部を切り捨てた`int`値で返す関数と、実数値で返す関数を多重定義することはできません。

```
int ave(int x, int y)
{
    return (x + y) / 2;
}
```

✕

```
double ave(int x, int y)
{
    return static_cast<double>(x + y) / 2;
}
```

インライン関数

二値の最大値を求める関数*max*は、たったの一行で実現できますので、関数としてわざわざ独立させる必要はないのでは、という疑問がわいてきます。

というのも、二つの変数*fbi*と*cia*の最大値が必要ならば、プログラム中に

```
x = fbi > cia ? fbi : cia;        // プログラムに処理を埋め込む
```

と直接書き込んだほうがよさそうに感じられるからです。

このような短い処理を関数とすべきか否かを一般論として結論付けることは不可能です。

とはいえ、関数*max*を利用する際は、

```
x = max(fbi, cia);                // 関数呼出し
```

と書けます。そのため、

○ プログラム作成時のタイプ数が減少する。

でしょうし、

○ プログラムが簡潔になって読みやすくなる。

というメリットもあります。

しかし、関数版には一つ大きな欠点があります。それは、

× 関数の呼出し作業や、それに伴う引数や返却値の受渡しのコストが生じる。

ということです。もちろん、この作業は、プログラム内部で行われるものであって、プログラマに課せられるものではありません。

しかし、プログラムの実行速度がわずかながら落ちますし、さらに一時的とはいえ、記憶域を少し余分に消費します。たとえ1回の関数呼出しでは無視できる程度のものであっても、実行速度が要求されるプログラムでは、「塵（ちり）も積もれば山となる」のでは困ります。

*

このような問題を解決するのが、**インライン関数**（*inline function*）です。関数のメリットはそのままで、欠点をなくしてしまうことができます。関数をインライン関数にするには、関数定義の先頭に**inline**を付けるだけです。

たとえば、二つの**int**型の最大値を求めるインライン関数の定義は次のようになります。

```
//--- a, bの最大値を返却（インライン関数版）---//
inline int max(int a, int b)
{
    return a > b ? a : b;
}
```

インライン関数の呼出し方は、普通の関数と同じです。

ただし、プログラムの内部では、関数呼出しの作業は行われません。というのも、見かけ上は関数呼出しであるにもかかわらず、**ソースプログラムのコンパイル時に、関数の中身が展開されて埋め込まれてしまう**からです。

すなわち、インライン関数maxを呼び出す

```
x = max(fbi, cia);                // インライン関数の呼出し
```

は、あたかも以下のように書かれているかのようにコンパイルされるのです。

```
x = fbi > cia ? fbi : cia;        // インラインに処理を埋め込んだように展開
```

ただし、インライン関数がコンパイル時に必ずしも**インラインに展開されるとは限りません**。大規模な関数や繰返し文を含む関数などはインラインに展開されず、通常の関数と同様な方法で内部的にコンパイルされます。

▶ main関数をインライン関数とすることはできません。

インライン関数は、C言語にはありませんでした。そのため、実行効率を落とさないためのテクニックとして、次ページのColumn 6-11で学習する関数形式マクロが利用されていました。

ただし、このColumnでも学習するように、関数形式マクロには副作用などの問題があります。C++のプログラムでは、関数形式マクロではなく、インライン関数を使うのが原則です。

重要 実行効率が要求される小規模な関数は、インライン関数として実現しよう。

なお、インライン関数を多重定義することもできます。

Column 6-10 **多重定義とoverloadキーワード**

初期のC++では、多重定義する関数は、overloadというキーワードを付けて宣言する必要がありました。現在では不要となっており、標準C++ではoverloadはキーワードとみなされません。

Column 6-11 関数形式マクロ

関数とまったく異なるものの、使い方がよく似ているのが、**関数形式マクロ**（*function-like macro*）です。これは、オブジェクト形式マクロよりも複雑な置換が行われるマクロです。

２乗値を求める関数形式マクロと、それを利用するプログラム例を **List 6C-2** に示します。

List 6C-2 chap06/list06c02.cpp

```
// 整数の２乗と浮動小数点数の２乗（関数形式マクロ）

#include <iostream>

using namespace std;

#define sqr(x)   ((x) * (x))

int main()
{
    int    n;
    double x;

    cout << "整数を入力してください：";  cin >> n;
 1  cout << "その数の２乗は" << sqr(n) << "です。\n";

    cout << "実数を入力してください：";  cin >> x;
 2  cout << "その数の２乗は" << sqr(x) << "です。\n";
}
```

実行例

```
整数を入力してください：2
その数の２乗は4です。
実数を入力してください：3.5
その数の２乗は12.25です。
```

関数形式マクロの定義である赤網部の **#define** 指令は、次の指示を行います。

『これ以降に *sqr*(○) という式があれば、((○) * (○)) と展開せよ。』

そのため、本プログラムの関数形式マクロを呼び出す青網部は、次のように展開された上でコンパイルされます。

```
1 cout << "その数の２乗は" << ((n) * (n)) << "です。\n";
2 cout << "その数の２乗は" << ((x) * (x)) << "です。\n";
```

関数とはまったくの別ものですが、関数と同じ感覚で呼び出せます。しかも、引数の型が何でもよいという特徴があります（もっとも、マクロ *sqr* の場合は、引数の型は、乗算演算子 * で乗算できる型に限られます）。

見かけ上は、関数呼出しと同じように呼び出せる関数形式マクロが、関数とどのように違うのか、ポイントを押さえましょう。

- 関数形式マクロ *sqr* は、コンパイル時に展開されてプログラムに埋め込まれます。そのため、**int** 型にも **double** 型にも **long** 型にも適用できます。すなわち２項 * 演算子で乗算できる型であれば、あらゆる型に対して使えます。

  一方、関数定義では、仮引数の一つ一つに型を与えて、返却値の型も一意に決めなければなりません。この点では、関数は融通がきかないわけです（ただし、第９章で学習する**関数テンプレート**を用いると解決できます）。

- 関数では、
  - 引数の受渡し（実引数の値が仮引数にコピーされる）
  - 関数の呼出しや関数から戻る作業（プログラムの流れが行ったり来たりする）
  - 返却値の受渡し

  といった複雑な処理が、私たちの意識しないところで行われます。

しかし、関数形式マクロでは、式が展開されて埋め込まれてしまいますので、そのような処理は行われません。

上記の特徴によって、プログラムの実行がわずかに速くなることが期待できる反面、プログラム自体が大きくなる可能性があります（展開後の式が複雑で大きな式であれば、それを利用するすべての箇所に、その複雑な式が展開されて埋め込まれるからです）。

なお、関数と同様に、引数がない形式の関数形式マクロも定義できます。たとえば、以下に示すのは、警報を発するマクロです。

```
#define alert()   (cout << '\a')
```

この関数形式マクロを呼び出す式は alert() です。引数を与える必要はありません。

＊

便利な関数形式マクロですが、いろいろな欠点があります。

① 副作用発生の可能性がある

関数形式マクロは、利用時に細心の注意が必要です。たとえば、sqr(a++) は、

```
((a++) * (a++))
```

と展開されるため、a の値が2回インクリメントされます。

このように、呼出し式の表面からは見えないところで式が複数回評価されることなどが原因で、意図しない結果が生成されることを、マクロの**副作用**（*side effect*）と呼びます。

関数形式マクロの作成時や利用時は、副作用の可能性を吟味する必要があります。

② 定義時に余分な空白を入れると関数形式マクロとみなされない

マクロ名と、続く (とのあいだに空白を入れて定義してはいけません。というのも、

```
#define sqr (x)  ((x) * (x))
```

と定義すると、オブジェクト形式マクロとみなされるからです。そのため、プログラム中の sqr は、

```
(x)  ((x) * (x))
```

に置換されます。

③ 利用している演算子の優先順位による制限を受ける

以下に示すのは、二つの値の和を求める関数形式マクロです。

```
#define add(x, y)  x + y
```

これを、次のように呼び出すとどうなるでしょうか。

```
z = add(a, b) * add(c, d);
```

マクロ展開後の式は、期待とは異なるものとなります。

```
z = a + b * c + d;              // z = a + (b * c) + d;
```

個々の引数と、全体を () で囲んでおけば安心です。

```
#define add(x, y)  ((x) + (y))
```

先ほどの式は、次のように展開されます。

```
z = ((a) + (b)) * ((c) + (d));
```

多少過剰になっても構いませんから、可能な限り引数を ( ) で囲んでおくとよいでしょう。

まとめ

- ひとまとまりの手続きは、プログラムの部品である関数として実現するとよい。関数は返却値型・関数名・仮引数の個数と型によって特徴付けられる。関数の本体はブロックである。

- 異なる関数に同一名を与える多重定義が行える。ただし、シグネチャ（仮引数の個数と型）によって識別できなければならない。

- 関数が受け取る仮引数は、呼出し側が渡した実引数によって初期化される。なお、呼出し時に引数が省略された場合に自動的に補填される値をデフォルト実引数として指定できる。

- 引数の受渡しは原則として値渡しによって行われる。そのため、受け取った仮引数の値を変更しても、実引数の値には反映されない。

- 参照とは、他のオブジェクトに対するエイリアスすなわち別名である。

- 仮引数に & を付けて宣言することによって、参照渡しを行える。仮引数は実引数のエイリアス（別名）となるため、仮引数の値を変更すると実引数の値に反映される。

- 関数内で return 文を実行すると、プログラムの流れが呼出し元に戻る。返却値型が void でない関数は、呼出し元へと戻る際に、値を返却する。関数呼出し式を評価すると、返却された値が得られる。

- break 文・continue 文・return 文・goto 文の総称が、飛越し文である。

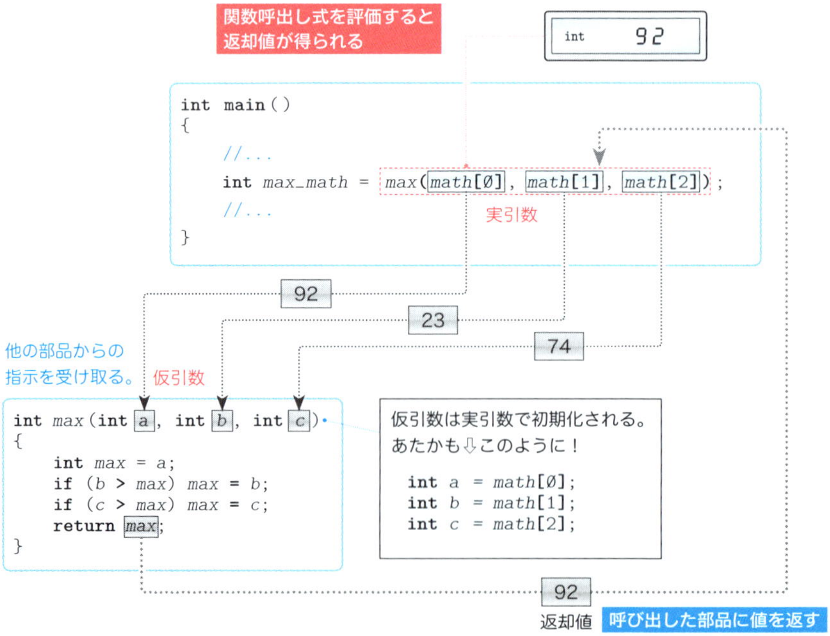

● 参照を返す関数を呼び出す関数呼出し式は、代入の右辺だけでなく、左辺にも置ける左辺値式となる。

● inline 付きで定義されたインライン関数は、プログラムに展開され埋め込まれる。高速性の要求される小規模な関数をインライン関数とするとよい。

● 呼び出される側の関数を前方で定義し、呼び出す側の関数を後方で定義するとよい。前方で定義されていない関数を呼び出すには、関数宣言が必要である。

● main 関数で return 文を実行すると、プログラムは終了する。処理に成功した場合は 0 を返却し、そうでなければ 0 以外の値を返却しなければならない。

● 関数の外で定義された変数は、ファイル終端まで名前が通用するファイル有効範囲をもち、関数の中で定義された変数は、ブロック終端まで名前が通用するブロック有効範囲をもつ。

● 異なる有効範囲をもつ同一名の変数が存在する場合、より内側のものが見えて外側のものが隠される。有効範囲解決演算子 :: を使うと、ファイル有効範囲の変数にアクセスできる。

● 関数の外で定義されたオブジェクトと、static を伴って関数の中で定義されたオブジェクトは、プログラムの開始から終了まで生きる静的記憶域期間をもつ。明示的に初期化されない場合は 0 で初期化される。

● 関数の中で static を伴わずに定義されたオブジェクトは、ブロックの終端まで生きる自動記憶域期間をもつ。明示的に初期化されない場合は不定値で初期化される。

● <limits> ヘッダで定義されている numeric_limits クラステンプレートは、各型の最小値、最大値、ビット数などを提供する。

```
// xのn乗を返す
double power(double x, int n)
{
    double tmp = 1.0;
    while (n-- > 0)
        tmp *= x;
    return temp;
}
```

```
// aとbの最大値を返す
int max(int a, int b)
{
    return a > b ? a : b;
}
```

```
// aとbとcの最大値を返す
int max(int a, int b, int c)
{
    int max = a;
    if (b > max) max = b;
    if (c > max) max = c;
    return max;
}
```

```
// 文字cをn個連続表示
void put_nchar(int n, char c = '*')
{
    while (n-- > 0)
        cout << c;
}
```

```
// 警告を発する
void alert()
{
    cout << '\a';
}
```

```
// aとbの平均値を実数で返す
double ave(int a, int b)
{
    return static_cast<double>(a + b) / 2;
}
```

```
// xとyの値を交換
void swap(int& x, int& y)
{
    int t = x;
    x = y;
    y = t;
}
```

```
// xの２乗を返す
int sqr(int x)
{
    return x * x;
}
```

```
// xの３乗を返す
int cube(int x)
{
    return x * x * x;
}
```

第7章

ポインタ

本書で学習するポインタは、オブジェクトの間接的な取扱い・効率のよい配列の処理・オブジェクトの動的な生成などに応用されます。

- オブジェクトとアドレス
- ポインタ
- void へのポインタ
- 空ポインタと空ポインタ定数 NULL
- アドレス演算子 & と間接演算子 *
- 参照外しとエイリアス
- アクセス先オブジェクトの動的決定
- 関数の引数としてのポインタ
- ポインタと配列
- ポインタによる配列の走査
- ポインタのインクリメントとデクリメント
- ポインタと整数の加減算
- ポインタどうしの減算と <cstddef> ヘッダで定義された ptrdiff_t 型
- 関数間の配列／多次元配列の受渡し
- オブジェクトの動的生成
- new 演算子と delete 演算子と delete[] 演算子
- <new> ヘッダ
- 例外処理と bad_alloc
- 線形探索

7-1 ポインタ

C++ のプログラムで多用されるポインタには、オブジェクトや関数を “指す” という役目が与えられています。本節では、ポインタの基本を学習します。

オブジェクトとアドレス

オブジェクトは、**“値を表現するための記憶域”** です（p.132）。オブジェクトが記憶域上のどこに存在するのかを調べてみましょう。それが **List 7-1** のプログラムです。

▶ アドレスとして表示される具体的な数値は、処理系や実行環境などによって異なります。

List 7-1 chap07/list0701.cpp

```
// オブジェクトのアドレスを表示

#include <iostream>

using namespace std;

int main()
{
    int    n;
    double x;

    cout << "nのアドレス：" << &n << '\n';
    cout << "xのアドレス：" << &x << '\n';
}
```

アドレス演算子＆でオブジェクトのアドレスを取得

実行結果一例

```
nのアドレス：212
xのアドレス：216
```

宣言されている *n* は **int** 型で、*x* は **double** 型です。これらの型とオブジェクトのイメージを表したのが、**Fig.7-1** です。

点線の箱である《型》は、その諸性質を内に秘めた**設計図**です。一方、実線の箱である《オブジェクト》は、設計図をもとに作られた**実体**です。

この図では **int** 型の *n* と **double** 型の *x* を、異なる大きさで表現しています。記憶域上に占有する大きさは、それぞれ **sizeof**(*n*) バイトと **sizeof**(*x*) バイトです。

▶ もちろん処理系によっては、たまたま **sizeof**(**int**) と **sizeof**(**double**) が等しいこともありますが、第4章で学習したように、それを構成するビットの意味が異なります。

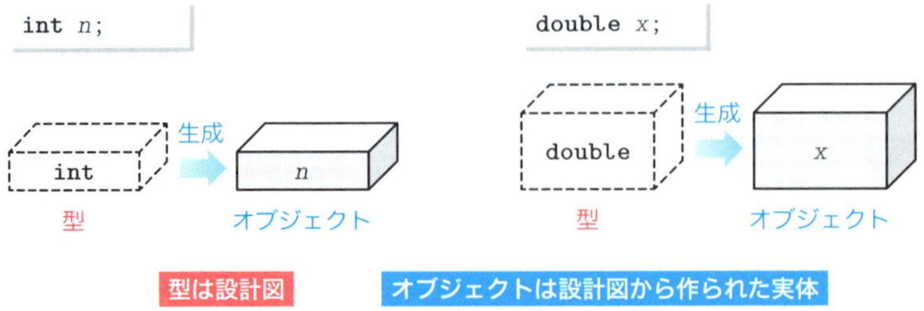

Fig.7-1 型とオブジェクト

アドレス演算子によるアドレスの取得

個々のオブジェクトは、独立した箱ではなく、**Fig.7-2** に示すように、**記憶域の一部を占める箱です**。

多くのオブジェクトが広大な空間の記憶域上に雑居しているため、個々のオブジェクトの“場所”を何らかの方法で表すことになります。私たちの住まいと同様、“場所”を表すのが《**番地**》です。その番地のことを**アドレス**（*address*）と呼びます。

本プログラムで表示しているのは、*n* と *x* の値ではなく、**&***n* と **&***x* の値です。**アドレス演算子**（*address operator*）と呼ばれる単項形式の **& 演算子**は、オブジェクトのアドレスを取り出す演算子です。

▶ アンパサンド記号 & は、文脈によって異なる働きをします。
- 単項演算子である**アドレス演算子** … 式　&x
- 2項演算子である**ビット論理 AND 演算子** … 式　x & y
- 参照を宣言するための区切り子 … 宣言 int& ref;

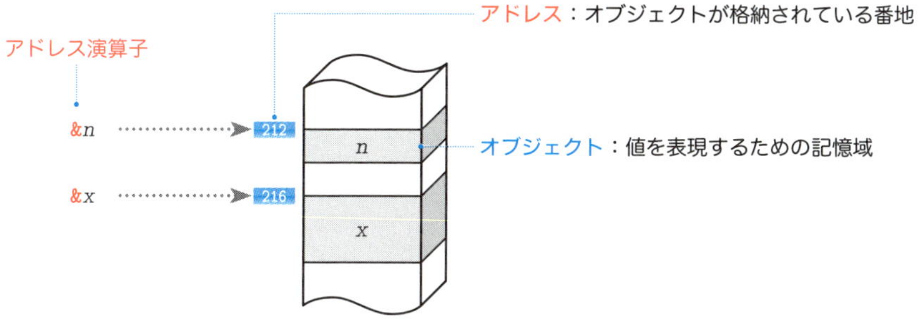

Fig.7-2　オブジェクトのアドレスとアドレス演算子

アドレス演算子 **&** を適用すると、オペランドのオブジェクトの記憶域上の“場所”が、オブジェクトが格納されている番地として得られます。

重要 オブジェクトの**アドレス**とは、それが格納されている**番地**のことである。オブジェクトのアドレスは、**アドレス演算子 &** で取り出せる。

Fig.7-2 の例では、*n* は 212 番地、*x* は 216 番地に格納されています。プログラムでは、アドレス演算子を適用した式 **&***n* と **&***x* によって、それらのアドレスを取得しています。

▶ 「“212 番地” に格納されている」を厳密に表現すると、「“212 番地を先頭とする sizeof(int) バイトの領域” に格納されている」となります。また、この図も含め、本書の解説・図・実行例などで示す “212 番地” といったアドレス値は、あくまでも一例です。

挿入子 **<<** によるアドレスの出力形式（桁数や基数など）は、実行する環境や処理系に依存します。通常は、4 ～ 8 桁程度の 16 進数で出力されます。

ポインタ

オブジェクトのアドレスを表示するだけでは、何の役にも立ちません。本章の主題であるポインタ（*pointer*）を使うと、オブジェクトのアドレスを有効に活用できます。そのことを、**List 7-2** のプログラムで理解しましょう。

List 7-2 chap07/list0702.cpp

```
// ポインタの基本（アドレス演算子&と間接演算子*）

#include <iostream>

using namespace std;

int main()
{
    int n = 135;
    cout << "n    : " << n << '\n';
    cout << "&n   : " << &n << "番地\n";

1   int* ptr = &n;          // ptrはnを指す
2   cout << "ptr  : " << ptr << "番地\n";
3   cout << "*ptr : " << *ptr << '\n';
}
```

実行結果一例

```
n    : 135
&n   : 212番地
ptr  : 212番地
*ptr : 135
```


アドレス演算子によるポインタの生成

1で宣言されている変数 *ptr* の型は **int*** です。この型は、『**int 型オブジェクトへのポインタ型**』略して『**int へのポインタ型**』、あるいは単に『**int* 型**』と呼ばれます。

与えられている初期化子が **&***n* ですから、ポインタ型の *ptr* は、変数 *n* のアドレスで初期化されます。このとき、*ptr* と *n* の関係を次のように表現します。

重要 ポインタ *ptr* の値が *n* のアドレスであるとき、「*ptr* は *n* を指す」という。

ポインタがオブジェクトを“指す”イメージを表したのが、**Fig.7-3** ⓐです。矢印の始点の箱が《**ポインタ**》であり、終点の箱が《**指されているオブジェクト**》です。

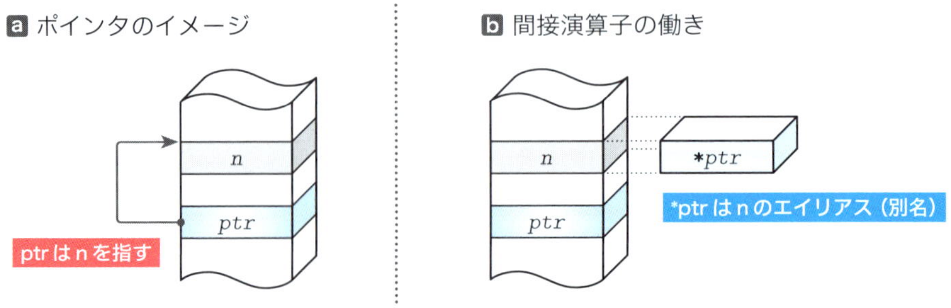

Fig.7-3 オブジェクトとポインタ

さて、*ptr*の型は『**int**へのポインタ型』ですから、それに対する初期化子**&***n*の型も同じ型です。すなわち、**&***n*の型は『**int**へのポインタ型』です。

&演算子は、**アドレスを取得する**演算子というよりも、**ポインタを生成する演算子**です。**Table 7-1**に示すように、式**&***x*が生成するのは、*x*を指すポインタです。

> **重要** Type型のオブジェクト*x*にアドレス演算子**&**を適用した**&***x*は、Type*型のポインタであり、その値は*x*のアドレスである。

ポインタの具体的な値は**指しているオブジェクトのアドレス**ですから、**2**では、*ptr*に格納されている*n*のアドレスが表示されます。

Table 7-1　アドレス演算子

&*x*	*x*へのポインタを生成する。

間接演算子

それでは**3**に進みましょう。ここで使っているのが、**間接演算子**（*indirect operator*）と呼ばれる単項形式の***演算子**です。**Table 7-2**に示すように、ポインタに間接演算子*****を適用した式は、そのポインタが指すオブジェクトそのものを表す式となります。

Table 7-2　間接演算子

*****x*	*x*の指すオブジェクトを表す。

▶ 間接演算子*****のオペランドが指す先は、オブジェクトではなく関数でも構いません。なお、アステリスク記号*****は、文脈によって異なる働きをします。混乱しないようにしましょう。
- ２項演算子である**乗算演算子**　… 式　*x* ***** *y*
- 単項演算子である**間接演算子**　… 式　******p*
- ポインタを宣言するための**区切り子**　… 宣言 **int*** *p*;

本プログラムでは、*ptr*が*n*を指していますので、*ptr*に間接演算子*****を適用した式である******ptr*は、*n*そのものを表す、ということです。

一般に、*ptr*が*n*を指して**“**ptr*が*n*を表す”**ことを、「******ptr***は***n***の***エイリアス**（*alias*）**である**」と表現します。エイリアスは、『別名』『あだ名』という意味です。式******ptr*は、変数*x*に与えられた《あだ名》と考えればよいわけです。

******ptr*というエイリアス（別名／あだ名）が*n*に与えられます。

> **重要** Type型のポインタ*p*がType型オブジェクト*x*を指すとき、**間接演算子***を*p*に適用した式******p*は*x*の**エイリアス**（別名）＝あだ名となる。

本書では、参照の場合（p.217）と同様に、エイリアスを図**b**のように表します。

▶ 図**a**は「ポインタがオブジェクトを指す」ことをイメージ化した図であるのに対して、図**b**は「間接演算子を適用した式がエイリアスとなること」をイメージ化した図です。

ポインタに間接演算子を適用して、ポインタが指すオブジェクトそのものを間接的にアクセスすることを、"参照外し"と呼びます。

▶ ポインタ ptr を初期化していない（何らかのオブジェクトを正しく指しているとは限らない）状態で、*ptr による参照外しを行うと、思いもよらぬ結果を生み出します。**ポインタは、原則として宣言時に初期化すべきです。**

アドレス演算子 & と間接参照演算子 * に対する理解を **List 7-3** で深めましょう。

List 7-3 chap07/list0703.cpp

```
// アドレス演算子と間接参照演算子

#include <iostream>

using namespace std;

int main()
{
    int x = 123, y = 567, sw;

    cout << "x = " << x << '\n';
    cout << "y = " << y << '\n';

    cout << "値を変更する変数[0…x / 1…y]：";
    cin >> sw;

    int* ptr;
    if (sw == 0)
        ptr = &x;    // ptrはxを指す
❶  else
        ptr = &y;    // ptrはyを指す

❷  *ptr = 999;      // ptrの指す先に代入

    cout << "x = " << x << '\n';
    cout << "y = " << y << '\n';
}
```

実行例❶

```
x = 123
y = 567
値を変更する変数
[0…x / 1…y]：0
x = 999
y = 567
```

実行例❷

```
x = 123
y = 567
値を変更する変数
[0…x / 1…y]：1
x = 123
y = 999
```

❶では、キーボードから読み込んだ値に応じて、&x と &y のいずれかをポインタ ptr に代入します。そして、❷では、ポインタ ptr が指すオブジェクトに 999 を代入します。

二つの実行例と **Fig.7-4** とを見比べながら、理解していきましょう。

▶ ポインタ ptr の宣言と❶をまとめて、以下のようにすると、プログラムは簡潔になります。

```
int* ptr = (sw == 0) ? &x : &y;
```

a ポインタ ptr に &x が代入されており、ptr は x を指しています。その状態で *ptr に 999 を代入します。*ptr は x のエイリアスですから、999 の代入先は x です。

b ポインタ ptr に &y が代入されており、ptr は y を指しています。その状態で *ptr に 999 を代入します。*ptr は y のエイリアスですから、999 の代入先は y です。

プログラム上で直接的には値が代入されていない変数 x あるいは y の値が変更されるのは、ちょっと不思議な感じです。

アクセス先（読み書き先）の決定は、プログラムのコンパイル時に静的（スタティック）に行われるのではなく、プログラムの実行時に動的（ダイナミック）に行われます。

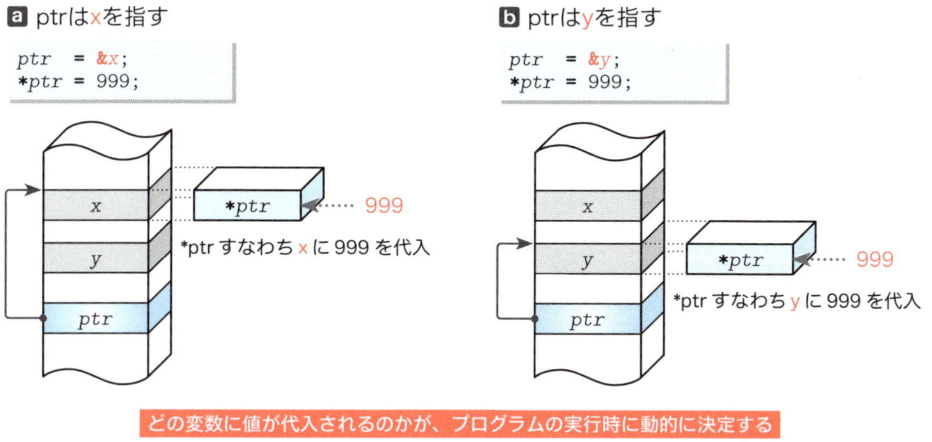
a ptrはxを指す
ptr = &x;
*ptr = 999;
x
y
ptr
*ptr
999
*ptr すなわち x に 999 を代入
b ptrはyを指す
ptr = &y;
*ptr = 999;
x
y
ptr
*ptr
999
*ptr すなわち y に 999 を代入
どの変数に値が代入されるのかが、プログラムの実行時に動的に決定する

Fig.7-4 ポインタが指すオブジェクトへの値の代入

そのため、2の“*ptr = 999”というコードだけからは、代入先の特定は不可能です。

重要 ポインタをうまく活用すれば、アクセス先を実行時に動的に決定するコードが実現できる。

▶ “静的な（*static*）”は、時間が経過しても変化しないことを、“動的な（*dynamic*）”は、時間の経過とともに変化することを意味する語句です。

なお、ポインタでないオブジェクト（たとえば **int** 型のオブジェクト）に対して間接演算子を適用することはできません。

int 型と **int** へのポインタ型のオブジェクトを対比したのが **Table 7-3** です。

Table 7-3 int 型オブジェクトと int へのポインタ型オブジェクト

	int 型オブジェクト	int* 型オブジェクト
値	整数値。	アドレス（ポインタ）。
& 演算子	そのオブジェクトへのポインタが生成される（その値は、オブジェクトが格納されているアドレスとなる）。	
* 演算子	適用できない。	指しているオブジェクトそのものを表す。

Column 7-1 register 記憶域クラスとポインタ

C言語では、**register** 記憶域クラス指定子（p.225）を伴って宣言されたオブジェクトのアドレスは取得できません。したがって、以下のプログラムはコンパイルエラーとなります。

```
register int i;
int *p = &i;          /* エラー：iにはアドレス演算子は適用できない */
```

ただし、C++ では、たとえ **register** 記憶域クラス指定子を伴って宣言されているオブジェクトであってもアドレスを取得できますので、上のコードは**エラーにはなりません**。

アドレス演算子と間接演算子を適用した式の評価

アドレス演算子&と間接演算子*を適用した式について、さらに理解を深めましょう。ここでは、以下のように宣言された変数nとpを例に考えていきます。

```
int n = 75;         // nはint型の整数
int* p = &n;        // pはintへのポインタ型
```

なお、Fig.7-5に示すように、変数nは214番地に格納されて、変数pは218番地に格納されているものとします。

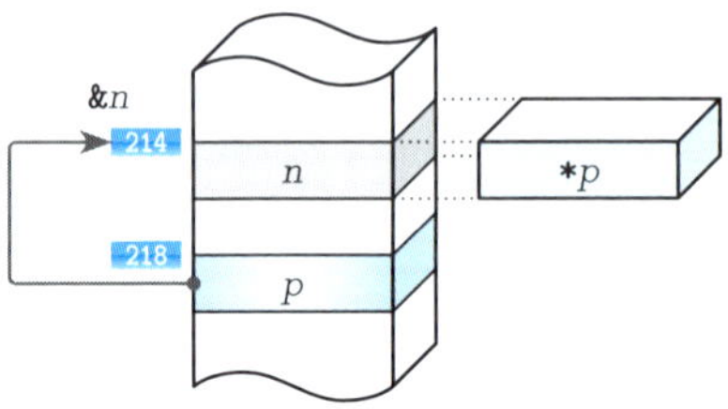

Fig.7-5 ポインタとオブジェクト

■式nと式&nの評価

式nと式&nの評価の様子を示したのが、Fig.7-6 **a** です。

- 式nを評価すると、int型の75が得られます。
- 式&nを評価すると、int*型の値が得られます。その値は、nが格納されているアドレス214です。

■式pと式*pの評価

式pと式*pの評価の様子を示したのが、図**b**です。

- 式pの評価によって得られるのは、int*型であり、その値は、指す先のオブジェクトであるnが格納されているアドレス214です。
- 式*pの評価によって得られるのは、pが指すオブジェクトの型と値、すなわちint型の75です。

▶ この図には書いていませんが、式&pを評価すると、int**型の218が得られます。int**型は、《ポインタへのポインタ》です。

Fig.7-6 アドレス式と間接式の評価

第4章で学習した **typeid** 演算子を使って、各式の型を確認してみましょう。そのためのプログラムを **List 7-4** に示します。

▶ **typeid** 演算子の性質上、表示内容は処理系に依存します。

List 7-4 chap07/list0704.cpp

```
// typeid演算子による型情報の表示

#include <iostream>
#include <typeinfo>

using namespace std;

int main()
{
    int n;
    int* p;

    cout << "n  : " << typeid(n).name()  << '\n';
    cout << "&n : " << typeid(&n).name() << '\n';
    cout << "p  : " << typeid(p).name()  << '\n';
    cout << "*p : " << typeid(*p).name() << '\n';
}
```

実行結果一例

```
n  : int
&n : int *
p  : int *
*p : int
```

▶ C言語のプログラムでは、ポインタを宣言する際の * は、**int** の後ろに付けるのではなく、

```
int *p = &x;
```

と、変数名の前に付けるスタイルが一般的です（C++ のプログラムでも、このスタイルで書いても構いません）。

int と * を付ける C++ の慣習は、《整数の **int** 》と《〜へのポインタの * 》という二つの単語である **int*** を、あたかも《**int** へのポインタ》という一つの型名のように使いたい、という願望の表れです。

もっとも、**int*** は二つの単語ですから、

```
int* p, q;          // int*型のpとint型のqの宣言
```

の宣言は、*p* を **int*** 型とし、*q* を単なる **int** 型とします。もし *q* もポインタとして宣言するのであれば、*q* の前にも * が必要です。

Column 7-2 ポインタの大きさ

ポインタの大きさは、通常の型と同様に **sizeof** 演算子によって取得できます。**int** 型の大きさと **int*** 型の大きさを表示するプログラムを **List 7C-1** に示します。

List 7C-1 chap07/list07c01.cpp

```
// int型の大きさとint*型の大きさを表示
#include <iostream>
using namespace std;
int main()
{
    cout << "sizeof(int)  = " << sizeof(int)  << '\n';
    cout << "sizeof(int*) = " << sizeof(int*) << '\n';
}
```

実行結果一例

```
sizeof(int)  = 2
sizeof(int*) = 4
```

7-2 関数呼出しとポインタ

ここまでのプログラムは、ポインタの基礎を理解するためのものであり、ポインタがわざとらしく利用されてきました。現実のC++のプログラミングでポインタの利用を避けられない局面の一つが、関数の引数としてのポインタです。本節では、関数の引数としてのポインタについて学習します。

ポインタの値渡し

右に示す関数 *sum_mul* を考えます。

```
void sum_mul(int x, int y, int sum, int mul)
{
    sum = x + y;    // xとyの和をsumに代入
    mul = x * y;    // xとyの積をsumに代入
}
```

int 型変数 a, *b*, *wa*, *seki* を用意して *sum_mul*(a, *b*, *wa*, *seki*) と呼び出しても、*wa* と *seki* には、*x* と *y* の和と積は代入されません。というのも、引数渡しのメカニズムが**値渡し**（p.198）だからです。

正しく求めるために、この関数を**ポインタ**を用いて実現し直したのが、**List 7-5** です。

List 7-5 chap07/list0705.cpp

```
// 二つの整数値の和と積を関数によって求める

#include <iostream>

using namespace std;

//--- xとyの和と積を*sumと*mulに求める ---//
void sum_mul(int x, int y, int* sum, int* mul)
{
    *sum = x + y;        // xとyの和を*sumに代入
    *mul = x * y;        // xとyの積を*mulに代入
}

int main()
{
    int a, b;
    int wa = 0, seki = 0;

    cout << "整数a：";   cin >> a;
    cout << "整数b：";   cin >> b;

    sum_mul(a, b, &wa, &seki);        // aとbの和と積を求める

    cout << "和は" << wa   << "です。\n";
    cout << "積は" << seki << "です。\n";
}
```

実行例

```
整数a：5
整数b：7
和は12です。
積は35です。
```

第3引数 *sum* と第4引数 *mul* の型は、いずれも《**int へのポインタ型**》です。**Fig.7-7** に示すように、関数 *sum_mul* の呼出しでは、これらの引数に対して *wa* へのポインタと *seki* へのポインタが渡されます（図では「212 番地」と「216 番地」です）。

呼び出された関数 *sum_mul* は、仮引数 *sum* と *mul* にそれらのポインタを受け取ります。このとき、関数の仮引数 *sum* と *mul* は、実引数 *wa* と *seki* で初期化されます。

ポインタ *sum* が *wa* を指して、ポインタ *mul* が *seki* を指すため、**sum* は *wa* のエイリアスであり、**mul* は *seki* のエイリアスです。

関数本体では、和の代入先が *sum で、積の代入先が *mul ですから、和が wa に格納され、積が seki に格納されます。

このように、オブジェクトへのポインタを引数として与えると、関数に対してオブジェクトの値の変更を依頼できます。すなわち、以下のように依頼するのです。

ポインタを渡しますので、それが指すオブジェクトに対して処理をしてください（値を変更してください）。

呼び出された関数では、間接演算子 * による参照外しを行うことによって、受け取ったポインタが指すオブジェクトを間接的にアクセスします。

重要 オブジェクトへのポインタを仮引数に受け取れば、ポインタへの間接演算子 * の適用によって、そのオブジェクトそのものにアクセスでき、呼出し元が用意したオブジェクトの値を呼び出された側で変更できる。

関数 sum_mul の第 3 引数と第 4 引数のやりとりは、《ポインタの値渡し》です。《参照渡し》ではないことに注意しましょう。

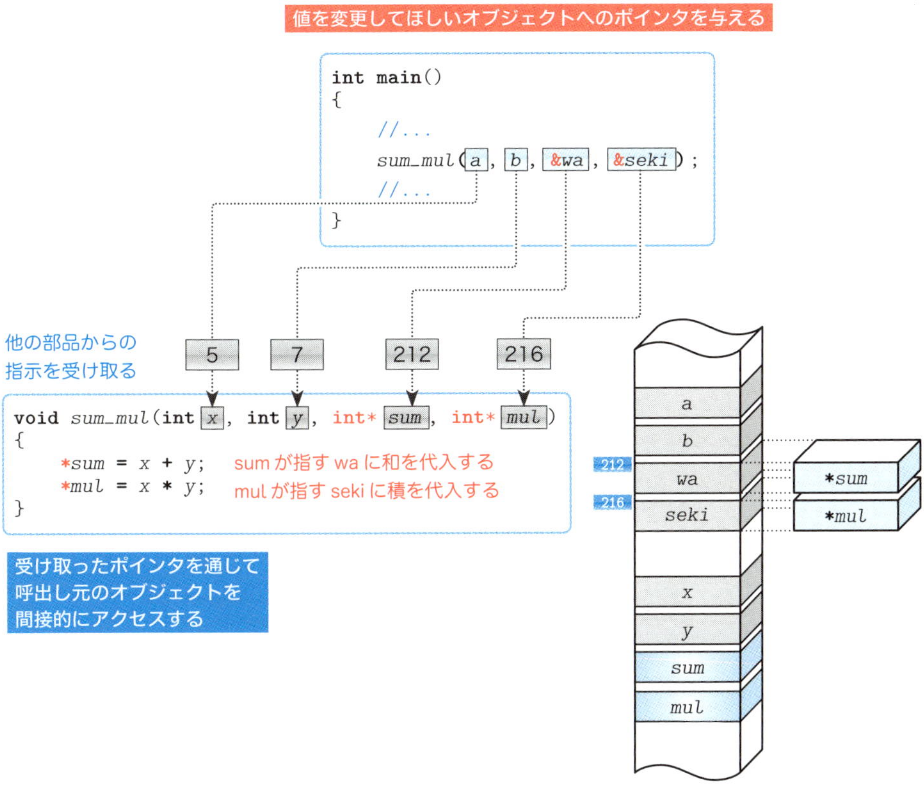

Fig.7-7 関数呼出しにおける引数の授受（値渡し）

7-3 ポインタと配列

配列とポインタは、まったく異なるものであると同時に、切っても切れぬ縁にあります。本節では、密接な関係にある配列とポインタについて、共通点や相違点などを学習します。

ポインタと配列

配列に関しては、必ず理解すべき規則が数多くあります。まずは、以下の規則です。

重要 原則として、配列名は、その配列の先頭要素へのポインタと解釈される。

すなわち、配列名だけの"式 a"は、a[0] のアドレスすなわち &a[0] と一致します。配列 a の要素型が Type であれば、要素数とは関係なく、式 a の型は Type* 型です。

▶ 配列名が先頭要素へのポインタとみなされない文脈もあります（Column 7-3）。

配列名がポインタとみなされることは、配列とポインタとのあいだに密接な関係を生み出しています。Fig.7-8 **a** を見ながら学習していきましょう。

ここでは、配列 a とポインタ *p* が宣言されています。ポインタ *p* に与えられている初期化子は a です。式 a が &a[0] と解釈されるため、*p* に入るのは &a[0] の値です。すなわち、ポインタ *p* は、配列 a の先頭要素 a[0] を指すように初期化されます。

▶ ポインタ *p* の指す先が《先頭要素》であって、《配列全体》ではないことに注意しましょう。

さて、配列中の要素を指すポインタに対しては、次に示す規則が成立します。

重要 ポインタ *p* が配列中の要素 *e* を指すとき、
式 *p* + *i* は、要素 *e* の *i* 個だけ後方の要素を指すポインタとなり、
式 *p* - *i* は、要素 *e* の *i* 個だけ前方の要素を指すポインタとなる。

図 **a** を見ながら理解しましょう。たとえば、*p* + 2 は a[0] の 2 個後方の要素 a[2] を指して、*p* + 3 は a[0] の 3 個後方の要素 a[3] を指します。

すなわち、各要素へのポインタを表す *p* + *i* と &a[*i*] は等価です。もちろん、式 &a[*i*] は、要素 a[*i*] へのポインタであり、その値は a[*i*] のアドレスです。

Column 7-3 配列名が先頭要素へのポインタとみなされない文脈

配列名が《先頭要素へのポインタ》とみなされない文脈が二つあります。

1 sizeof 演算子および typeid 演算子のオペランドとして現れたとき

sizeof(配列名) は"《配列全体》の大きさ"を生成します（p.169）。"《先頭要素へのポインタ》の大きさ"とはなりません。また、typeid(配列名) は配列に関する情報を生成します（p.171）。

2 アドレス演算子 & のオペランドとして現れたとき

& 配列名は、"《配列全体》へのポインタ"となります。"《先頭要素へのポインタ》へのポインタ"とはなりません。

以上のことを、**List 7-6** のプログラムで確認しましょう。これは、式 &a[*i*] の値と式 *p* + *i* の値を表示するプログラムです。

List 7-6 chap07/list0706.cpp

```
// 配列の要素のアドレスを表示

#include <iostream>

using namespace std;

int main()
{
    int a[5] = {1, 2, 3, 4, 5};
    int* p = a;        // pはa[0]を指す

    for (int i = 0; i < 5; i++)          // 要素へのポインタを表示
        cout << "&a[" << i << "] = " << &a[i] << "  p+" << i << " = " << p + i << '\n';
}
```

実行結果一例

```
&a[0] = 310  p+0 = 310
&a[1] = 312  p+1 = 312
&a[2] = 314  p+2 = 314
&a[3] = 316  p+3 = 316
&a[4] = 318  p+4 = 318
```

実行結果が示すように、各要素へのポインタを表す &a[*i*] と *p* + *i* の値は同一です。

"**ポインタ *p* + *i* が、配列 a の要素 a[*i*] を指す**" ことが分かりました。

ただし、"*p* + *i* が a[*i*] を指す" のは、*p* の指す先が a[0] であるときに限られます。*p* の宣言を次のように変更してみましょう。

```
int* p = &a[2];        // pはa[2]を指す
```

そうすると、図**b**に示すように、ポインタ *p* が a[2] を指すため、ポインタ *p* - 1 は a[1] を指して、ポインタ *p* + 1 は a[3] を指します。

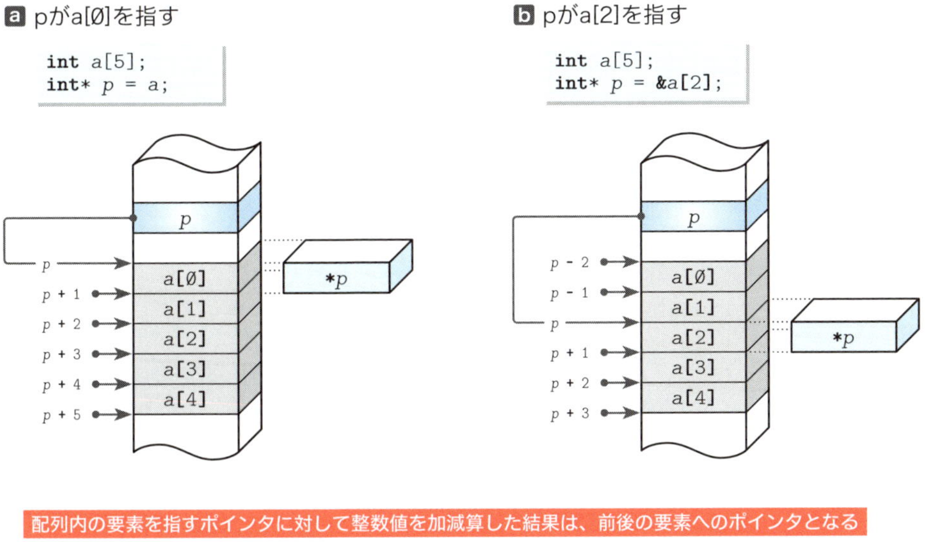

Fig.7-8 配列と各要素を指すポインタ

間接演算子と添字演算子

配列内の要素を指すポインタ *p* + *i* に間接演算子 * を適用すると、どうなるでしょう。

p + *i* は、*p* が指す要素の *i* 個後方の要素へのポインタですから、それに間接演算子を適用した式 *(*p* + *i*) は、その要素のエイリアスです。そのため、*p* が a[0] を指すのであれば、式 *(*p* + *i*) は、a[*i*] そのものを表します。

ここで、次に示す規則も必ず理解しましょう。

重要 ポインタ *p* が配列中の要素 e を指すとき、
要素 e の *i* 個だけ後方の要素を表す *(*p* + *i*) は、*p*[*i*] と表記でき、
要素 e の *i* 個だけ前方の要素を表す *(*p* - *i*) は、*p*[-*i*] と表記できる。

この規則を反映させて、前ページの図**a**を詳細にしたものが、**Fig.7-9** です。ここでは、3番目の要素 a[2] に着目しながら、理解していきます。

- *p* + 2 が a[2] を指すため、*(*p* + 2) は a[2] のエイリアスです（図**C**）。
- その *(*p* + 2) は *p*[2] と表記できるため、*p*[2] も a[2] のエイリアスです（図**B**）。
- 配列名 a は、先頭要素 a[0] を指すポインタです。そのため、そのポインタに 2 を加えた a + 2 は、3番目の要素 a[2] を指すポインタです（図左側の矢印）。
- ポインタ a + 2 が要素 a[2] を指しているため、そのポインタ a + 2 に間接演算子を適用した *(a + 2) は、a[2] のエイリアスです（図**A**）。

図中の**A**～**C**の式 *(a + 2), *p*[2], *(*p* + 2) のすべてが、配列の要素 a[2] のエイリアスであることが分かりました。

▶ 先頭要素を指すポインタ a + 0 と *p* + 0 は、単なる a と *p* でも表せます。また、それらのエイリアスである *(a + 0) と *(*p* + 0) は、それぞれ *a, *p と表せます。

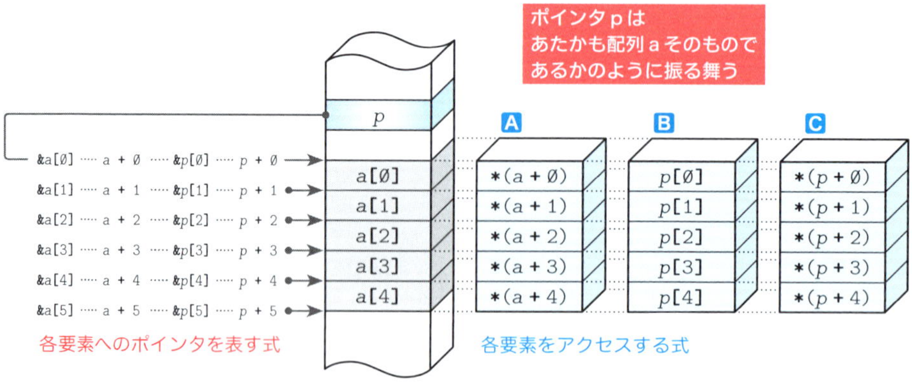

Fig.7-9 配列の要素を指すポインタと要素のエイリアス

ここまでは、a[2] を例に考えてきました。一般的に表せるようにまとめましょう。

以下の４個の式は、いずれも**各要素**をアクセスする式です。

1　a[i]　*(a + i)　p[i]　*(p + i)　　※先頭から i 個後ろの要素

また、以下の４個の式は、**各要素を指すポインタ**です。

2　&a[i]　a + i　&p[i]　p + i　　※先頭から i 個後ろの要素へのポインタ

以上のことを、**List 7-7** のプログラムで確認しましょう。

List 7-7　　chap07/list0707.cpp

```
// 配列の要素の値とアドレスを表示
#include <iostream>

using namespace std;

int main()
{
    int a[5] = {1, 2, 3, 4, 5};
    int* p = a;     // pはa[0]を指す

    for (int i = 0; i < 5; i++)          // 要素の値を表示
        cout << "a[" << i << "] = " << a[i] << "  *(a+" << i << ") = " << *(a + i) << "  "
             << "p[" << i << "] = " << p[i] << "  *(p+" << i << ") = " << *(p + i) << "\n";

    for (int i = 0; i < 5; i++)          // 要素へのポインタを表示
        cout << "&a[" << i << "] = " << &a[i] << "  a+" << i << " = " << a + i << "  "
             << "&p[" << i << "] = " << &p[i] << "  p+" << i << " = " << p + i << "\n";
}
```

実行結果一例

```
a[0] = 1   *(a+0) = 1   p[0] = 1   *(p+0) = 1
a[1] = 2   *(a+1) = 2   p[1] = 2   *(p+1) = 2
a[2] = 3   *(a+2) = 3   p[2] = 3   *(p+2) = 3
a[3] = 4   *(a+3) = 4   p[3] = 4   *(p+3) = 4
a[4] = 5   *(a+4) = 5   p[4] = 5   *(p+4) = 5
&a[0] = 310   a+0 = 310   &p[0] = 310   p+0 = 310
&a[1] = 312   a+1 = 312   &p[1] = 312   p+1 = 312
&a[2] = 314   a+2 = 314   &p[2] = 314   p+2 = 314
&a[3] = 316   a+3 = 316   &p[3] = 316   p+3 = 316
&a[4] = 318   a+4 = 318   &p[4] = 318   p+4 = 318
```

1の４個の式と**2**の４個の式は、それぞれ同じ値として表示されます。

要素を指すポインタの範囲

配列 a の要素数が n であれば、その要素は、a[0] から a[n - 1] までの“n 個”です。

ところが、**要素へのポインタとしては、&a[0] から &a[n] までの“n + 1 個”が正しい値として有効である**、という規則があります。

たとえば、配列 a の要素は、a[0] から a[4] までの**5個**ですが、各要素を指すポインタ &a[0], &a[1], …, &a[4] に対して、&a[5] を加えた**6個**が正しいポインタとして有効です。

重要　要素数 n の配列には a[n] が存在しないにもかかわらず、&a[n] は有効なポインタとして解釈される。

▶ このような仕様となっているのは、配列の走査における終了条件（末尾に到達したかどうか）の判定の際に、末尾要素の１個後方の要素へのポインタが利用できると便利だからです。
　このことを応用したプログラムは、**List 7-14**（p.264）で学習します。

添字演算子のオペランド

式*(p + i)に含まれるp + iは、pとiの加算です。算術型の値どうしを加算するa + bがb + aと等しいのと同じで、p + iはi + pとしても同じです。そのため、*(p + i)は*(i + p)と同じです。

このように考えると、配列要素をアクセスする式p[i]も、i[p]と書けるような気がしませんか。実は、これもOKです。

添字演算子[ ]は、二つのオペランドをもつ2項演算子です。**オペランドの一方の型が《Type型のオブジェクトへのポインタ》で、もう一方の型が《汎整数型》であればよく、順番は任意です。そして、式の評価によって得られる型は《Type型》です。**

すなわち、加算を行うa + bとb + aが同じであるように、a[3]と3[a]は同じです。

ポインタpが配列aの先頭要素a[0]を指しているとき、

a[i]　*(a + i)　p[i]　*(p + i)

の4個の式が同じ要素を表すことを前ページで学習しましたが、実は、

a[i]　i[a]　*(a + i)　*(i + a)　p[i]　i[p]　*(p + i)　*(i + p)

の8個の式が同じ要素を表します。

＊

List 7-8 のプログラムを見ると、ほとんどの人は驚くのではないでしょうか。もっとも、i[a]などの紛らわしい形式の表記は、使うべきではありません。

List 7-8　chap07/list0708.cpp

```
// みんなが驚く(?)プログラム
#include <iostream>
using namespace std;
int main()
{
    int a[4];

    0[a] = a[1] = *(a + 2) = *(3 + a) = 7;        // 全要素に7を代入

    for (int i = 0; i < 4; i++)
        cout << "a[" << i << "] = " << a[i] << '\n';   // a[i]の値を表示
}
```

実行結果

```
a[0] = 7
a[1] = 7
a[2] = 7
a[3] = 7
```

さて、ここまでの学習から、以下のことが分かりした。

重要 Type型の配列aの先頭要素a[0]をType*型のpが指すとき、ポインタpはあたかも配列aそのものであるかのように振る舞う。

▶ そもそも、配列名が、その配列の先頭要素へのポインタとみなされるのですから、配列とポインタが同じように振る舞うのは、当然のことです。

式a[*i*]や*p* + *i*における*i*は、ポインタaや*p*が指す要素から「何要素分だけ後方に位置しているのか」を表す値です。そのため、配列の先頭要素の添字は、必然的に0となるのです。他のプログラミング言語のように、添字が1から始まる、あるいは、上限や下限を自由に指定できる、といったことは、C++では原理的にあり得ません。

重要 配列の添字は、先頭要素から何要素分だけ後方に位置するのかといったオフセットを表す値である（そのため0から始まる）。

ポインタと整数を加えることはできますが、**ポインタどうしを加えることはできないことに注意しましょう。**

重要 ポインタと数値の加算は行えるが、ポインタどうしの加算は行えない。

▶ なお、ポインタどうしの減算はOKです。p.266で学習します。

配列とポインタの相違点

ここまでは、配列とポインタの類似点を学習しました。次は、相違点を学習していきましょう。

```
1
int* p;
int y[5];

p = y;    // OK!
```

```
2
int a[5];
int b[5];

a = b;    // エラー
```

まずは、右に示す1を考えます。int*型のポインタ*p*に代入されるのは*y*すなわち&y[0]です。代入の結果、ポインタ*p*は*y*[0]を指します。

次は2です。*a* = *b*の代入は、コンパイルエラーとなります（このことは、第5章でも学習しました）。

aが配列の先頭要素へのポインタと解釈されるとはいえ、その値は**書きかえ不可能です**。

もしも、このような代入が許されるのであれば、配列のアドレスが変更されて別のアドレスに移動できることになってしまいます。**代入式の左オペランドを、配列名とすることはできません。**

重要 配列名を代入演算子の左オペランドとすることはできない。

第5章で、「配列の全要素を代入演算子でコピーすることはできない」と学習しましたが、正確には「配列の先頭要素へのポインタを代入演算子で変更することはできない」ことが分かりました。

関数間の配列の受渡し

次に考える **List 7-9** のプログラムは、配列の要素の並びを反転する **List 5-8** (p.173) を、関数を用いて書きかえたものです。

▶ 要素に入れる値を乱数でなくキーボードから読み込むようにするなどの変更を施しています。

List 7-9 chap07/list0709.cpp

```
// 配列の要素の並びを反転する(関数版)

#include <iostream>

using namespace std;

//--- 要素数nの配列aの並びを反転する ---//
void reverse(int a[], int n)
{
    for (int i = 0; i < n / 2; i++) {
        int t = a[i];
        a[i] = a[n - i - 1];
        a[n - i - 1] = t;
    }
}

int main()
{
    const int n = 5;                    // 配列cの要素数
    int c[n];

    for (int i = 0; i < n; i++) {      // 各要素に値を読み込む
        cout << "c[" << i << "] : ";
        cin >> c[i];
    }
    reverse(c, n);                      // 配列cの要素の並びを反転する

    cout << "要素の並びを反転しました。\n";
    for (int i = 0; i < n; i++)        // 配列cを表示
        cout << "c[" << i << "] = " << c[i] << '\n';
}
```

実行例

```
c[0] : 23⏎
c[1] : 2⏎
c[2] : 95⏎
c[3] : 75⏎
c[4] : 6⏎
要素の並びを反転しました。
c[0] = 6
c[1] = 75
c[2] = 95
c[3] = 2
c[4] = 23
```

要素の並びの反転を行う関数 *reverse* は、**Fig.7-10** ⓐの形式で宣言されています。実は、図ⓐと図ⓑの宣言は、いずれも図ⓒとして解釈されます。

すなわち、仮引数 *a* の型は**配列**ではなく、**ポインタ**です。また、図ⓑのように要素数を指定しても、その値は**無視されます**。

▶ 要素数付きで宣言された関数に対して、異なる要素数の配列を渡すのは合法です。たとえば、要素数 10 の配列 *d* を図ⓑの関数に渡す関数呼出し式 *reverse*(*d*, 10) がコンパイルエラーになることはありません。

このことは、**配列を渡す際は、その要素数を別の引数として別途渡す必要があること**を意味しています(この場合は *n* です)。

すべて同じ

ⓐ
```
void reverse(int a[], int n)
{
    //...
}
```

ⓑ
```
void reverse(int a[5], int n)
{
    //...
}
```

ⓒ
```
void reverse(int* a, int n)
{
    //...            これが正体!
}
```

Fig.7-10 配列を受け取る関数の宣言

プログラム網かけ部に着目しましょう。単独で現れた配列名は、先頭要素へのポインタですから、第1引数 *c* は、配列 *c* の先頭要素である *c*[0] へのポインタ &*c*[0] のことです。

Fig.7-11 に示すように、関数 *reverse* が呼び出されたときに、**int*** 型の第1仮引数 a は *c* すなわち &*c*[0] で初期化されます。

ポインタ a が配列 *c* の先頭要素 *c*[0] を指すのですから、図に示すエイリアスの関係が成立します。そのため、**関数 *reverse* 内では、ポインタである a は、"あたかも配列 *c* そのものであるかのように" 振る舞います。**

重要 関数間での配列のやりとりは、《先頭要素へのポインタ》として行う。先頭要素へのポインタで初期化された**仮引数のポインタは、あたかも実引数の配列そのものであるかのように振る舞う。**

さらに、次のこともいえます。

重要 Type 型の配列を関数間でやりとりする際の引数の型は Type* 型である。配列の要素数は任意であるが、先頭要素へのポインタとは別の引数として要素数をやりとりしなければならない。

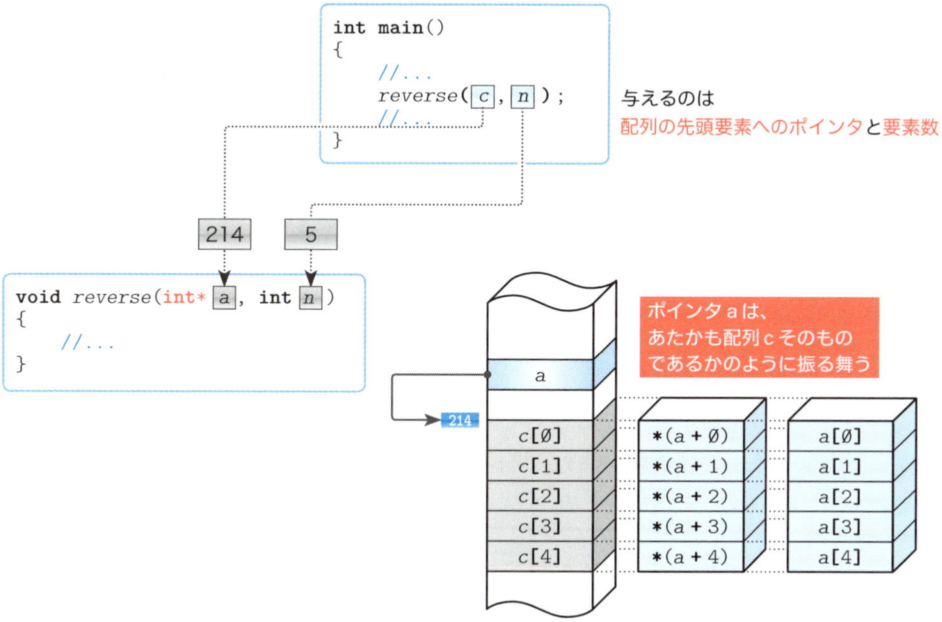

Fig.7-11 関数間の配列の受渡し

constポインタ型の仮引数

List 7-10 に示すのは、配列に格納された身長と体重の最大値を求めるプログラムです。関数 *maxof* は、整数配列 a の要素中の最大値を求めて返却します。

List 7-10 chap07/list0710.cpp

```
// 身長の最大値と体重の最大値を求める

#include <iostream>

using namespace std;

//--- 要素数nの配列aの最大値を返却 ---//
int maxof(const int a[], int n)
{
    int max = a[0];
    for (int i = 1; i < n; i++)
        if (a[i] > max)
            max = a[i];
    return max;
}

int main()
{
    const int ninzu = 5;                     // 人数
    int height[ninzu], weight[ninzu];        // 身長・体重

    cout << ninzu << "人の身長と体重を入力せよ。\n";
    for (int i = 0; i < ninzu; i++) {
        cout << i + 1 << "番目の身長：";
        cin >> height[i];
        cout << i + 1 << "番目の体重：";
        cin >> weight[i];
    }
    int hmax = maxof(height, ninzu);         // 身長の最大値
    int wmax = maxof(weight, ninzu);         // 体重の最大値

    cout << "身長の最大値：" << hmax << "cm\n";
    cout << "体重の最大値：" << wmax << "kg\n";
}
```

実行例

```
5人の身長と体重を入力せよ。
1番目の身長：175↵
1番目の体重：72↵
2番目の身長：163↵
2番目の体重：82↵
3番目の身長：150↵
3番目の体重：49↵
4番目の身長：181↵
4番目の体重：76↵
5番目の身長：170↵
5番目の体重：64↵
身長の最大値：181cm
体重の最大値：82kg
```

身長の最大値を求める際の関数 *maxof* では、ポインタである仮引数 a は、（実質的に）呼出し側の実引数の配列 *height* そのものです。また、体重の最大値を求める際の関数 *maxof* では、仮引数 a は、（実質的に）呼出し側の実引数の配列 *weight* そのものです。

そのため、配列（の先頭要素へのポインタ）を渡す側は、

> 配列の要素の値を書きかえられると困るのだが、大丈夫だろうか。

と不安を感じることになります。

それを避けるために、網かけ部では、const という**型修飾子**（*type qualifier*）を付けて仮引数を宣言しています。それにより、受け取った配列の要素の値は、関数内で書きかえられなくなります。

受け取る配列 a が const として宣言されると、関数 *maxof* の中では、

```
a[1] = 5;          // エラー：const宣言された配列の要素には代入できない
```

といった、配列要素の値を書きかえる処理は、コンパイルエラーとなります。

そのため、関数 *maxof* を呼び出す側は、*height* や *weight* などの配列を安心して引数として渡せるようになります。

重要 受け取った配列の要素の値を参照するだけで書きかえないのであれば、配列を受け取るための仮引数には const を付けて宣言すべきである。

なお、a は厳密には配列ではなくてポインタですから、**Fig.7-12** Ⓐではなく、図Ⓑのようにも宣言できます。

Ⓐ
```
void maxof(const int a[], int n)
{
    // 配列aの要素の値は
    // 変更しない（できない）
}
```

同じ

Ⓑ
```
void maxof(const int* a, int n)
{
    // 配列aの要素の値は
    // 変更しない（できない）
}
```

Fig.7-12　受け取った配列の要素の値を書きかえない関数の宣言

なお、引数が const として宣言されているかどうかとは無関係に、先頭要素以外の要素へのポインタを第 1 引数として渡して、配列の要素数でない値を第 2 引数として渡すことも可能です。たとえば、関数呼出し

```
1 maxof(height, 2)          // maxof(&height[0], 2)と同じ
```

は、2 個の要素 *height*[0], *height*[1] の最大値を求めます。また、

```
2 maxof(&height[2], 3)
```

は、3 個の要素 *height*[2], *height*[3], *height*[4] の最大値を求めます。

▶ 1で呼び出された関数 *maxof* が仮引数 a と n に受け取るのは、&*height*[0] と 2 です。ポインタ a が *height*[0] を指すため、a[0] と a[1] すなわち *height*[0] と *height*[1] の 2 要素の最大値を求めます。
2で呼び出された関数 *maxof* が仮引数 a と n に受け取るのは、&*height*[2] と 3 です。ポインタ a が *height*[2] を指すため、a[2] ～ a[4] すなわち *height*[2] ～ *height*[4] の 3 要素の最大値を求めます。

なお、関数は、配列（の先頭要素へのポインタ）を引数として受け取ることが可能である一方で、配列を返却するのは不可能です。

関数間の多次元配列の受渡し

次に、関数間の引数として多次元配列をやりとりする方法を、**List 7-11** に示すプログラムで学習します。関数 *fill* は、n行３列の２次元配列を仮引数 a に受け取って、その全構成要素に *v* を代入する関数です。

本プログラムで **main** 関数から関数 *fill* に渡しているのは、２行３列の２次元配列 *x* と４行３列の２次元配列 *y* です。これらの配列の要素型と要素数は、右に示すとおりです。

- *x* … 要素型は int[3] で要素数は 2。
- *y* … 要素型は int[3] で要素数は 4。

さて、配列を引数としてやりとりする際、要素型が Type であれば、やりとりする引数の型は、Type へのポインタ型すなわち Type* 型であることを思い出しましょう。

本プログラムの配列 *x* と *y* の要素型はいずれも **int**[3] ですから、やりとりする引数の型は、《**int**[3] へのポインタ型》である以下の型です。

int (*)[3] 型　　　※ **int**[3] へのポインタ型

▶ * を囲む ( ) は省略できません。もし省略すると、要素型が **int*** 型で要素数が 3 の配列型と解釈されるからです。

すなわち、関数 *fill* が受け取る２次元配列の**列数** 3 は**定数**（**固定**）です。

その一方で、関数間でやりとりする配列の要素数は自由です（配列とは別の引数としてやりとりします）。すなわち、関数 *fill* が受け取る２次元配列の**行数**は**任意**（**可変**）です。

以上をまとめたのが、**Fig.7-13** です。**A**のような配列は渡せますが、**B**のような配列は渡せません。

３次元以上の配列を含めて、一般的にまとめると、次のようになります。

重要 多次元配列を受け取る関数は、最も先頭の添字に相当する（最も高い次元である）n 次元の要素数のみが可変であり、(n - 1) 次元以下の要素数は固定である。

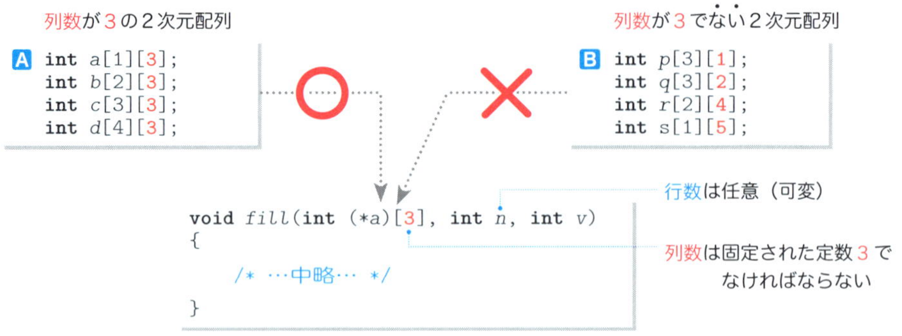

Fig.7-13　多次元配列を受け取る引数と要素数

List 7-11 chap07/list0711.cpp

```
// n行3列の２次元配列の全構成要素に同一値を代入

#include <iomanip>
#include <iostream>

using namespace std;

//--- “intを要素型とする要素数3の配列”を要素型とする要素数nの配列 ---//
//---                      (n行3列の２次元配列)の全構成要素にvを代入 ---//
void fill(int (*a)[3], int n, int v)
{
    for (int i = 0; i < n; i++)
        for (int j = 0; j < 3; j++)
            a[i][j] = v;
}

int main()
{
    int no;
    int x[2][3] = {0};
    int y[4][3] = {0};

    cout << "全構成要素に代入する値：";
    cin >> no;

❶  fill(x, 2, no);        // xの全構成要素にnoを代入
❷  fill(y, 4, no);        // yの全構成要素にnoを代入

    cout << "--- x ---\n";
    for (int i = 0; i < 2; i++) {
        for (int j = 0; j < 3; j++)
            cout << setw(3) << x[i][j];
        cout << '\n';
    }

    cout << "--- y ---\n";
    for (int i = 0; i < 4; i++) {
        for (int j = 0; j < 3; j++)
            cout << setw(3) << y[i][j];
        cout << '\n';
    }
}
```

実行例

```
全構成要素に代入する値：18↵
--- x ---
 18 18 18
 18 18 18
--- y ---
 18 18 18
 18 18 18
 18 18 18
 18 18 18
```


関数 *fill* を呼び出す網かけ部に着目しましょう。

❶で関数 *fill* に与えている第１実引数は *x* です。配列名は、その先頭要素へのポインタと解釈されるため、渡される値は &*x*[0] です。

関数 *fill* が受け取る仮引数 a には &*x*[0] がコピーされて、*x*[0] を指すことになります。その *x*[0] は、**int**[3]（要素型が **int** 型で要素数が３の配列）へのポインタです。そのため、その配列中の各要素（２次元配列の構成要素）は、*(a[0] + 0), *(a[0] + 1), *(a[0] + 2) とも、a[0][0], a[0][1], a[0][2] とも表せます。

また、a[1] は、*x*[0] の次の要素である *x*[1] を指しますから、その中の各要素をアクセスする式は、a[1][0], a[1][1], a[1][2] です。

a はポインタであるとはいえ、関数 *fill* の中では、あたかも２次元配列 *x* そのものであるかのように振る舞います。

▶ 要素数（２次元配列の行数）が異なるものの、❷も同様です。

7-4 ポインタによる配列要素の走査

本節では、ポインタをインクリメントしながら配列の要素を走査する手法を学習します。

ポインタによる配列要素の走査

配列の全要素に 0 を代入する関数を作りましょう。なお、要素のアクセスは、添字演算子 [ ] ではなく間接演算子 * で行うものとします。

そのように作ったのが、**List 7-12** に示すプログラムの関数 *fill_zero* です。

List 7-12 chap07/list0712.cpp

```
// 配列の全要素に0を代入（第１版）

#include <iostream>

using namespace std;

//--- 配列pの先頭n個の要素に0を代入（第１版）---//
void fill_zero(int* p, int n)
{
    while (n-- > 0) {
        *p = 0;         // 着目要素に0を代入     ←1
        p++;            // 次の要素に着目       ←2
    }
}

int main()
{
    int x[5] = {1, 2, 3, 4, 5};
    int x_size = sizeof(x) / sizeof(x[0]);          // 配列xの要素数

    fill_zero(x, x_size);                           // 配列xの全要素に0を代入

    cout << "全要素に0を代入しました。\n";
    for (int i = 0; i < x_size; i++)
        cout << "x[" << i << "] = " << x[i] << '\n';     // x[i]の値を表示
}
```

実行結果

```
全要素に0を代入しました。
x[0] = 0
x[1] = 0
x[2] = 0
x[3] = 0
x[4] = 0
```

第 1 引数として main 関数から渡されるのは、配列 *x* の先頭要素 *x*[0] へのポインタ &*x*[0] です。その値で初期化された仮引数 *p* は、*x*[0] を指すように初期化されます。そのため、関数 *fill_zero* の実行開始時の様子は **Fig.7-14 a**のようになっています。

while 文のループ本体では、まず**1**の代入 **p* = 0 によって、先頭要素 *x*[0] に 0 が代入されます。その後、**2**の *p*++ によって *p* がインクリメントされます。ポインタのインクリメントとデクリメントについて、次のことを必ず理解しておかねばなりません。

重要 配列の要素を指すポインタは、インクリメントされると１個後方の要素を指すことになり、デクリメントされると１個前方の要素を指すことになる。

増分演算子 ++ と減分演算子 -- がポインタに対して特別な働きをするのではありません。

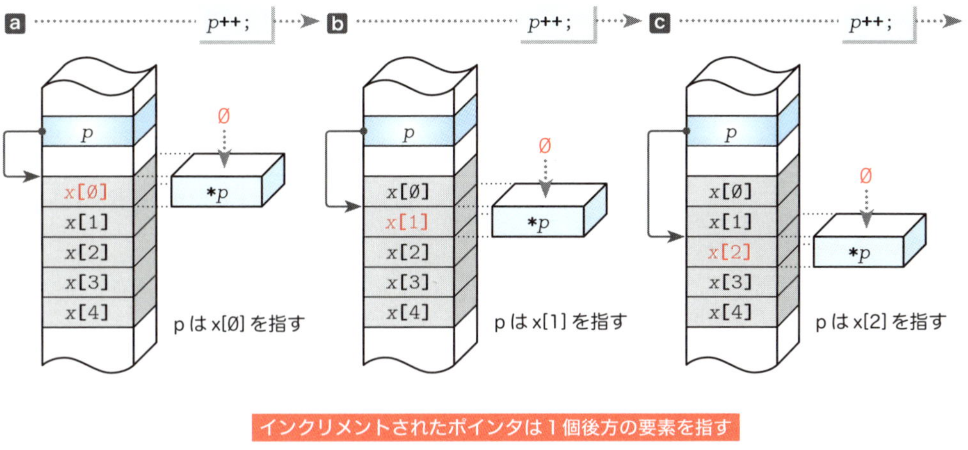

Fig.7-14 ポインタをインクリメントしながらの配列の走査

そもそも、*p* がポインタであるかどうかに限らず、次の規則があります。

重要 *p*++ は *p* = *p* + 1 のことであり、*p*-- は *p* = *p* - 1 のことである。

そのため、*p*++ を実行すると、1 個後方の要素を指すように *p* が更新されるのです。

▶ デクリメントも同様です。ポインタから 1 を減じたポインタ *p* - 1 は、その 1 個前方に位置する要素を指します。そのため、*p*-- を実行すると、1 個前方の要素を指すように *p* が更新されます。

さて、もともと *x*[Ø] を指していた *p* ですが、図**b**に示すように、インクリメント後は *x*[1] を指します。この状態で **p* に Ø を代入すると、2 番目の要素 *x*[1] の値が Ø になります。

現在着目している要素に Ø を代入して、インクリメントによって次の要素に着目する、という作業を *n* 回繰り返すと、*n* 個の要素すべてに Ø が代入されます。

＊

List 7-13 に示すのは、関数 *fill_zero* をさらに短く実現したプログラムです。

List 7-13 chapØ7/listØ713.cpp

```
/*--- (第２版) ---*/
void fill_zero(int *p, int n)
{
    while (n-- > Ø)
        *p++ = Ø;
}
```

後置増分演算子 ++ は、演算の対象となるオペランドの値を評価した後に、オペランドの値をインクリメントしますので、まず “**p* = Ø” によって着目要素に Ø が代入され、その後で、“*p*++” によって着目要素を指すポインタのインクリメントが行われます。

▶ 前のプログラムの**1**と**2**が、単一の文にまとめられています。

＊

なお、**p*++ ではなく (**p*)++ とすると、インクリメントの対象は、*p* ではなく、*p* が指す要素の値になってしまいます（ポインタはインクリメントされません）。間違えないようにしましょう。

線形探索

List 7-14 に示すのは、ある特定の値の要素が配列に含まれているかどうかを調べるプログラムです。

List 7-14 chap07/list0714.cpp

```
// 線形探索（第1版）

#include <iostream>

using namespace std;

//--- 配列aの先頭n個の要素から値keyを線形探索（第1版）---//
int seq_search(int* a, int n, int key)
{
    for (int i = 0; i < n; i++)
        if (*a++ == key)           // 探索成功
            return i;
    return -1;                     // 探索失敗
}

int main()
{
    int key, idx;
    int x[7];
    int x_size = sizeof(x) / sizeof(x[0]);

    for (int i = 0; i < x_size; i++) {
        cout << "x[" << i << "] : ";
        cin >> x[i];
    }
    cout << "探す値は：";
    cin >> key;

    if ((idx = seq_search(x, x_size, key)) != -1)
        cout << "その値をもつ要素はx[" << idx << "]です。\n";
    else
        cout << "見つかりませんでした。\n";
}
```

実行例

```
x[0] : 54
x[1] : 28
x[2] : 89
x[3] : 18
x[4] : 77
x[5] : 23
x[6] : 52
探す値は：77
その値をもつ要素はx[4]です。
```

関数 *seq_search* は、要素数 *n* の配列 *a* から、値が *key* の要素を先頭から順に探索して、見つけた要素の添字を返します。ただし、探索に失敗した場合に返すのは -1 です。

このように、先頭要素から順に値を比較していく探索法は、線形探索（せんけい）（*linear search*）あるいは逐次探索（ちくじ）（*sequential search*）と呼ばれます。

配列を走査するための式 *****a**++** は、前のプログラムの *****p**++** と同じ形式です。配列の走査で着目する要素は、a が指す要素です。a が指す要素の値 *****a が *key* と等しければ **if** 文の条件が成立しますので、そのときの *i* の値（要素の添字）を返却します。

実行例のように、77 を探索した場合の様子を示したのが、**Fig.7-15** **a** です。77 と等しい要素を見つけたときの変数 *i* の値は 4 であり、その値 4 を返却します。

なお、**if** 文の条件 *****a**++ ==** *key* の評価時にポインタ *a*++ がインクリメントされるため、条件の評価開始時に x[4] を指すポインタ a は、評価終了時には x[5] を指します。

▶ すなわち、*a == *key* によって x[4] が目的とする 77 であることを確認した直後に、a++ によるインクリメントが行われてポインタ a は x[5] を指すように更新されます。

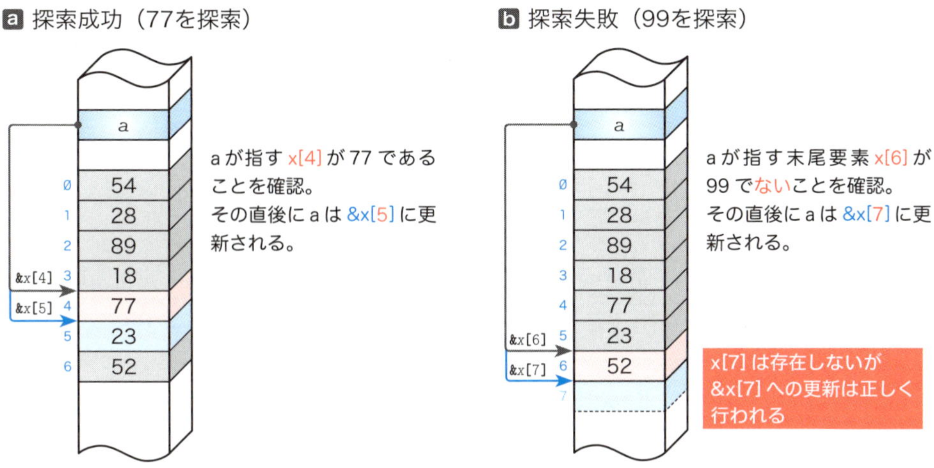
a 探索成功（77を探索）
a
54
28
89
18
77
23
52
&x[4]
&x[5]
aが指すx[4]が77であることを確認。
その直後にaは&x[5]に更新される。
b 探索失敗（99を探索）
a
54
28
89
18
77
23
52
&x[6]
&x[7]
aが指す末尾要素x[6]が99でないことを確認。
その直後にaは&x[7]に更新される。
x[7]は存在しないが&x[7]への更新は正しく行われる

Fig.7-15 探索成功時・失敗時のポインタ

図bは、探索が失敗する例です。ポインタaがx[6]を指すときの制御式 `*a++ == key` の評価結果は **false** であって成立しません。制御式の評価終了時にポインタaがインクリメントされるため、ポインタaの値は &x[7] となります。

▶ 要素x[7]が存在しないにもかかわらず、インクリメントは正しく行われます。配列の要素数がnであるとき、a[0]〜a[n - 1]の"n個"の要素で構成されるのに対し、要素へのポインタとしては、&a[0]〜&a[n]の"n + 1個"が正しい値とみなされる（すなわち、&a[n]が、末尾要素&a[n - 1]の1個後方に相当する領域を指すポインタとなる）からです（p.253）。

関数 *seq_search* を呼び出す網かけ部の式は、構造が複雑です（**Fig.7-16**）。

① 関数 *seq_search* の返却値が変数 *idx* に代入されます。

② 左オペランドの代入式 `idx = seq_search(x, x_size, key)` と -1 とが等しくないかどうかの判定が行われます。代入式を評価して得られるのは、代入後の *idx* の値です。

そのため、**if** 文の条件判定を日本語で表現すると、次のようになります。

関数呼出し式の返却値を *idx* に代入して、その値が -1 と等しくなければ …

このように、式の中に式を詰め込んだ表現はC++のプログラムで多用されますので、パッと見ただけで理解できるようになっておきましょう。

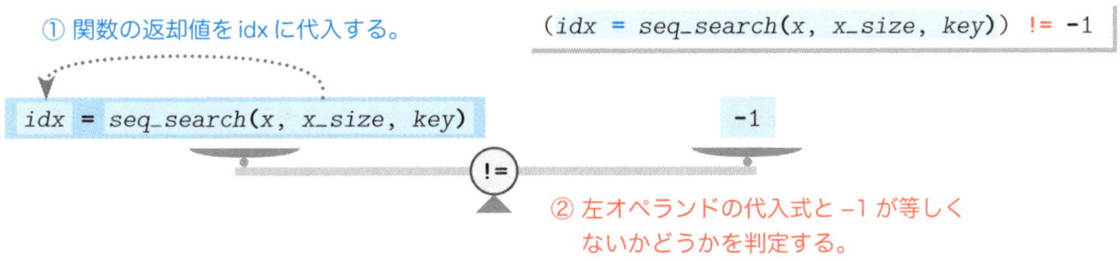
① 関数の返却値をidxに代入する。
(idx = seq_search(x, x_size, key)) != -1
idx = seq_search(x, x_size, key)
-1
!=
② 左オペランドの代入式と -1 が等しくないかどうかを判定する。

Fig.7-16 代入式と等価式の評価

List 7-15 に示すのは、関数 *seq_search* を別の方法で実現したプログラムです。

▶ 前のプログラムと異なるのは、関数 *seq_search* のみであって、**main** 関数は同一です。

List 7-15 chap07/list0715.cpp

```
// 線形探索（第２版）
#include <iostream>
using namespace std;
//--- 配列aの先頭n個の要素から値keyを線形探索（第２版）---//
int seq_search(int* a, int n, int key)
{
    int* p = a;

    while (n-- > 0) {
        if (*p == key)          // 探索成功
            return p - a;
        else
            p++;
    }
    return -1;                  // 探索失敗
}

int main()
{
    int key, idx;
    int x[7];
    int x_size = sizeof(x) / sizeof(x[0]);      // 配列xの要素数

    for (int i = 0; i < x_size; i++) {
        cout << "x[" << i << "] : ";
        cin >> x[i];
    }
    cout << "探す値は：";
    cin >> key;

    if ((idx = seq_search(x, x_size, key)) != -1)
        cout << "その値をもつ要素はx[" << idx << "]です。\n";
    else
        cout << "見つかりませんでした。\n";
}
```

実行例

```
x[0] : 54↵
x[1] : 28↵
x[2] : 89↵
x[3] : 18↵
x[4] : 77↵
x[5] : 23↵
x[6] : 52↵
探す値は：77↵
その値をもつ要素はx[4]です。
```

関数内で宣言されるポインタ *p* は、a の値で初期化されているため、**Fig.7-17** **a** に示すように、配列 *x* の先頭要素を指します。

配列を走査する **while** 文は、*n* 回の繰返しを行います。図 **b** に示すように、ポインタ *p* が指す要素の値 ***p** が、探索すべき値 *key* と等しければ、**if** 文の条件が成立するため、探索成功です。また、*key* と等しくなければ、*p*++ の実行によって、ポインタ *p* を更新して次の要素に着目します。

＊

探索成功時に、**return** 文で返却する値は *p* - a です。**同じ配列内の要素へのポインタどうしを減算すると、それらの指す要素が何要素分離れているのかが得られます。**

この場合、a は先頭要素 *x*[0] を指しており、*p* は *x*[4] を指していますから、*p* から a を引くと、*p* が指している要素の添字（図の例では 4）が得られます。

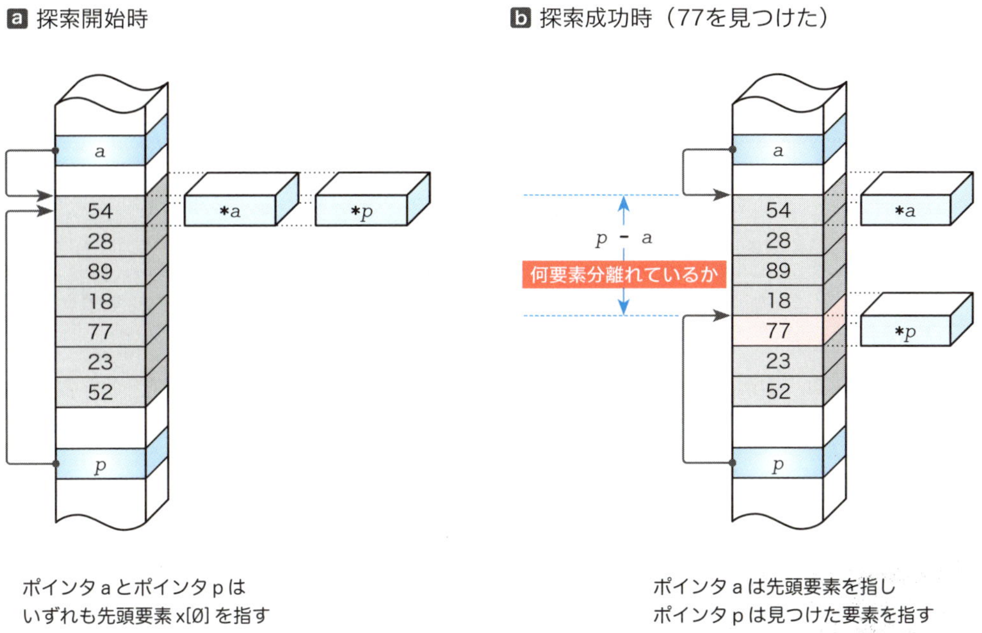

Fig.7-17 線形探索におけるポインタ

なお、ポインタどうしの減算によって得られる数値の型は、int型でなく、ptrdiff_t型という型です。

重要 同一配列内の要素へのポインタどうしを減算すると、それらの指す要素が何要素分離れているのかが、ptrdiff_t型の値として得られる。

<cstddef>ヘッダで提供されるptrdiff_t型は、符号付き整数型の同義語として定義されます。以下に示すのが、定義の一例です。

ptrdiff_t

```
typedef ptrdiff_t int;          // 定義の一例：ptrdiff_tはint型の同義語
```

なお、**異なる配列の要素を指すポインタどうしの減算を行ってはなりません**。そのような演算の結果がどうなるのかが、言語として定義されていないからです。

▶ ここでは、ポインタどうしの減算について学習しまた。ポインタどうしの加算はできないことに注意しましょう。

7-5 オブジェクトの動的な生成

プログラムの実行時に、自由なタイミングでオブジェクト用の領域を確保したり解放したりすることができます。本節では、その方法を学習します。

自動記憶域期間と静的記憶域期間

前章では、オブジェクトの一性質として、オブジェクトが生存する期間を表す概念である《記憶域期間》について学習しました。

自動記憶域期間や静的記憶域期間をもつオブジェクトは、その寿命を**プログラムの流れに委ねます**。

動的記憶域期間

私たちは、プログラムで必要となるオブジェクトを、開発する時点で把握できるとは限りません。どのようなオブジェクトが必要となるかが、プログラムを実行する時点になって初めて分かることもあります。そのため、**オブジェクトの寿命をプログラマが自由にコントロールできる**ようになっています。必要になった時点でオブジェクトを生成して、不要になった時点で破棄できるのです。

プログラム上から自由に制御できるオブジェクトの生存期間＝寿命は、動的記憶域期間（*dynamic storage duration*）と呼ばれます。Table 7-4 に示すのが、オブジェクトを動的に生成する new 演算子（*new operator*）です。この演算子を用いて、

```
new Type        // Type型オブジェクトを生成（記憶域を確保）
```

とすると、Type 型の値を格納できる sizeof(Type) バイトの記憶域が作られます。

この“生成”は、無から行われるのではありません。一般にヒープ（*heap*）と呼ばれる空き領域から、指定された型の大きさの領域が“確保される”のです。new 演算子の働きは、『ヒープという広い空き地があって、その中から一部分を確保した上で、“ここを使ってください”と、確保した領域のアドレスを返すことである。』と考えるとよいでしょう。

ただし、確保された領域には名前がありませんので、エイリアス（あだ名）を与えなければなりません。そのために使うのが**ポインタ**です。

Table 7-4 new 演算子

new 型	型を格納するオブジェクトを動的に生成する。

Table 7-5 delete 演算子

delete *x*	new によって生成した、*x* の指すオブジェクトを破棄する。

生成するのがType型オブジェクトであれば、それを指すポインタの型は、当然Typeへのポインタ型、すなわちType*型でなければなりません。

ポインタの名前をxとすれば、そのポインタの宣言とオブジェクトの生成は以下のように行います。なお、その様子を示したのが、**Fig.7-18** a・bです。

```
int* x;            // intへのポインタを準備
x = new int;       // int型オブジェクトを生成（記憶域を確保）
```

確保した記憶域のアドレスが代入されたポインタxは、その領域を指します。ポインタに間接演算子*を適用した式は、ポインタが指すオブジェクトそのものを表すため、生成したオブジェクトには、*xというエイリアスが与えられます。

＊

確保した記憶域は、貰（もら）ったものではなく、**借りたもの**です。借りたものは**返す**必要があります。不要になった記憶域を返してオブジェクトを破棄するのもプログラマの役目です。

＊

その際に利用するのが、**Table 7-5**に示す`delete`演算子（*delete operator*）です。

オブジェクトの破棄を行うのが、以下の式です。

```
delete x           // オブジェクトを破棄（解放）
```

図cに示すように、`delete`式の評価・実行によって、それまで確保されていた領域は、ヒープ領域に戻されて、再利用できる状態となります（領域が空き地に戻るわけです）。

重要 プログラム実行時に必要となったオブジェクトは、`new`演算子で確保・生成して（借りて）、`delete`演算子で解放・破棄する（返す）。

`new`と`delete`をペアにして正しく行うと、最初の状態に戻ります。

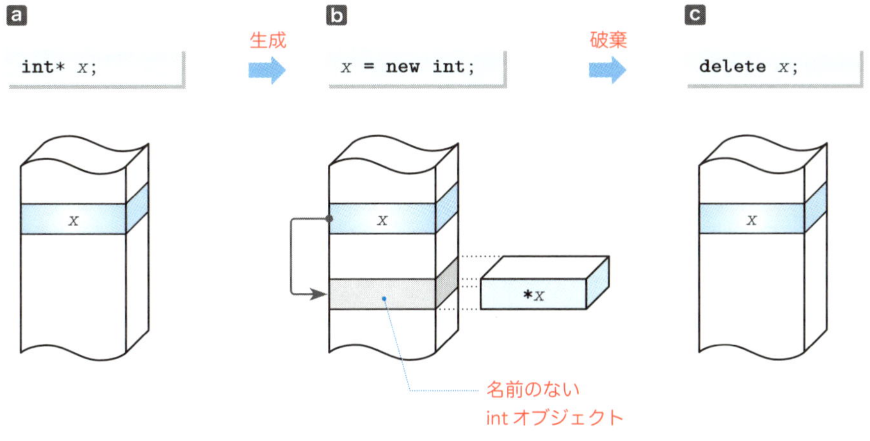

Fig.7-18 動的なオブジェクトの生成と破棄

実際にオブジェクトの生成・破棄を行ってみましょう。**List 7-16** に示すのが、そのプログラム例です。

List 7-16 chap07/list0716.cpp

```
// 整数オブジェクトを動的に生成

#include <iostream>

using namespace std;

int main()
{
    int* x = new int;                // 生成（記憶域の確保）

    cout << "整数：";
    cin >> *x;

    cout << "*x = " << *x << '\n';

    delete x;                        // 破棄（記憶域の解放）
}
```

生成したオブジェクトは *x としてアクセスできる

実行例

```
整数：6
*x = 6
```


生成したオブジェクトは、式 *x でアクセスできますので、網かけ部では、キーボードから読み込んだ値を *x に格納して画面に表示します。

*

さて、オブジェクトを宣言する際は、可能な限り、初期化子を与えて確実な初期化を行うべきであることを、第1章で学習しました。

オブジェクトの生成と同時に初期化を行うのが、**List 7-17** のプログラムです。

List 7-17 chap07/list0717.cpp

```
// 整数オブジェクトを動的に生成（初期化子による初期化）

#include <iostream>

using namespace std;

int main()
{
    int* x = new int(5);             // 生成：初期化子付き

    cout << "*x = " << *x << '\n';

    delete x;                        // 破棄
}
```

実行結果

```
*x = 5
```

new 演算子を利用するときは、( ) で囲んだ初期化子を型名の後ろに付けることによって、オブジェクトを生成と同時に初期化できます。new 演算子によって確保された領域が 5 で初期化されることは、実行結果からも確認できます。

なお、**( ) の中に初期化子が与えられていない場合は 0 で初期化されます**。まとめると次のようになります。

```
int* x = new int;          // 不定値（ゴミの値）で初期化
int* x = new int();        // 0で初期化
int* x = new int(5);       // 5で初期化
```

オブジェクトの初期化

これまで、自動あるいは静的記憶域期間をもつオブジェクトを初期化する宣言は、以下の1の形式で行ってきました。しかし、2や3の形式でも宣言できます。

```
int c = 5;          // 初期化 形式1
int c(5);           // 初期化 形式2
int c = int(5);     // 初期化 形式3
```

▶ 初期化子の構文図は、**Fig.5-10**（p.182）に示していました。

形式1には、以下の欠点があります。

- 代入との区別がつきにくい。

それに対して、形式2と3には以下の利点があります。

- new 演算子で動的に生成するオブジェクトの初期化と形式が似ている。
- クラス型オブジェクトの初期化と形式が似ている（第10章以降で学習します）。

表記上の一貫性を保つという点では、こちらの形式のほうが好ましいといえます。ただし、以下に示すのが、形式2の最大の欠点です。

- 配列の宣言と見間違えられやすい。

▶ 形式2は、Simula言語を参考にして、C++に導入されたものであり、C言語にはありません。ちなみに、この形式を配列の宣言に利用する言語もあります。
　なお、形式3は、1の初期化子に関数的記法のキャスト演算子を適用したものです。

自動・静的・動的の各記憶域期間をもつオブジェクトの宣言と初期化の形式をまとめたものを**Table 7-6**に示します。

Table 7-6　オブジェクトの宣言と初期化

		静的記憶域期間	自動記憶域期間	動的記憶域期間
初期化子なし	不定値で初期化	－	`int c;`	`int* x = new int;`
	0で初期化	`int c;`	－	`int* x = new int();`

初期化子あり		`int c(5);`
		`int c = 5;`
		`int c = int(5);`
			`int c(5);`
			`int c = 5;`
			`int c = int(5);`
				`int* x = new int(5);`

▶ C++11では、{}形式の初期化子も利用できます。

配列オブジェクトの動的生成

単一のオブジェクトの動的な生成について学習しました。次に、**配列オブジェクトの動的生成**を学習しましょう。配列オブジェクトの動的生成は、[ ] の中に要素数を与えた以下の形式で行います。

```
new Type[要素数]          // Type型の配列を生成（記憶域を確保）
```

new 演算子は、要素数で指定された個数の Type 型オブジェクトを連続して並べた領域を確保します。その領域を指すのは、Type* 型でなければなりません。

なお、**要素数が定数でなくても構わない**ことが、通常の配列（自動記憶域期間や静的記憶域期間をもつ配列）との大きな違いです。

要素数 5 の int 型配列を生成する様子を示したのが、**Fig.7-19** a・bです。

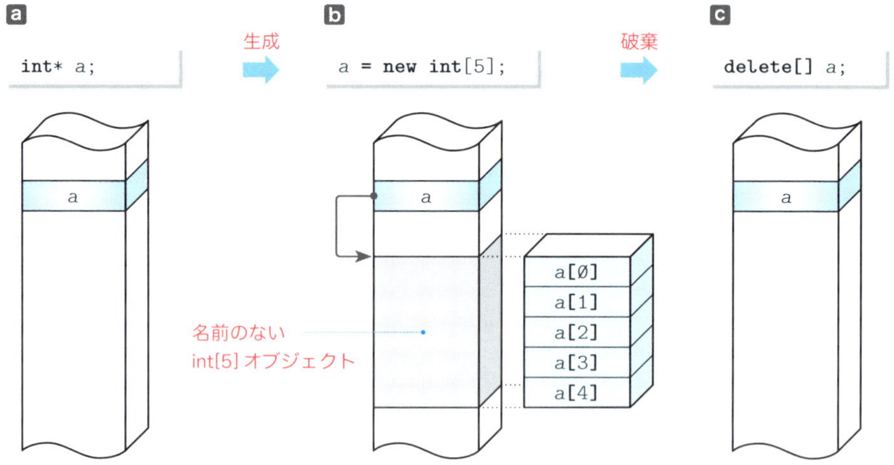

Fig.7-19 動的に生成した配列オブジェクト

int 型 5 個分の配列領域がヒープから確保され、ポインタ a はその先頭要素へのポインタとなります。**添字演算子 [ ] を適用されたポインタは、あたかも配列であるかのように振る舞いますから**（p.254）、生成された領域内の各要素は、a[0], a[1], …, a[4] としてアクセスできます。

なお、配列オブジェクトの破棄を行うのは、delete 演算子ではなくて、**Table 7-7** に示す **delete[ ] 演算子**（*delete[] operator*）です。

Table 7-7 delete[ ] 演算子

delete[] *x*	new によって生成した、*x* の指す配列オブジェクトを破棄する。

配列の破棄を行うのが、以下の式です。

```
delete[] a                // 配列を破棄（記憶域を解放）
```

このとき、要素数は指定できません（指定の必要がないからです）。図Cのように、配列用に確保していた記憶域が（正しくすべて）解放されます。

重要 new 演算子で配列を動的に生成すると、要素数を実行時に決定できる。生成した配列の破棄は、delete 演算子ではなく **delete[] 演算子**で行う。

配列を動的に生成し、全要素に添字と同じ値を代入・表示するプログラムを List 7-18 に示します。

List 7-18 chap07/list0718.cpp

```
// 整数配列オブジェクトを動的に生成

#include <iostream>

using namespace std;

int main()
{
    int asize;                       // 配列の要素数
    cout << "要素数：";
    cin >> asize;

    int* a = new int[asize];         // 生成

    for (int i = 0; i < asize; i++)
        a[i] = i;

    for (int i = 0; i < asize; i++)
        cout << "a[" << i << "] = " << a[i] << '\n';

    delete[] a;                      // 破棄
}
```

生成した領域は配列 a としてアクセスできる

実行例
```
要素数：5
a[0] = 0
a[1] = 1
a[2] = 2
a[3] = 3
a[4] = 4
```

生成時に与える要素数が定数でなくてもよいため（要素数はキーボードから読み込んでいます）、通常の配列よりも自由度の高い運用ができます。

各記憶域期間の配列オブジェクトの生成と初期化の概略をまとめた表を Table 7-8 に示します。動的記憶域期間をもつ配列は**初期化できない**ことに注意しましょう。

Table 7-8 配列オブジェクトの宣言と初期化

	自動／静的記憶域期間	動的記憶域期間
要素数	コンパイル時に定数式で指定。	実行時に指定（定数でなくてもよい）。
初期化子なし	int a[定数];	int* a = new int[変数$_{または}$定数];
初期化子あり	int a[定数$_{opt}$] = {1, 2, 3, 4};	—

▶ 初期化子を指定しない場合、自動記憶域期間または動的記憶域期間をもつ配列の要素は不定値（ゴミの値）で初期化され、静的記憶域期間をもつ配列の要素は 0 で初期化されます。
C++11 では、動的記憶域期間をもつ配列に対して { } 形式の初期化子を与えることができます。
なお $_{opt}$ は省略可能であることを示しています。

オブジェクト生成の失敗と例外処理

new 演算子によるオブジェクトの生成は、時間（タイミング）的にも空間（大きさ）的にも自由度の高いものです。もっとも、確保できる記憶域の大きさは**無限ではありません**。ヒープ領域を消費してしまった場合などは、オブジェクトの生成に失敗します。

生成に失敗した場合は、プログラムの実行を中断するなど、何らかの対処が必要です。 そのことを、List 7-19 に示すプログラムで考えていきましょう。

List 7-19 chap07/list0719.cpp

```
// 配列オブジェクトを繰り返し動的に生成（例外処理）

#include <new>
#include <iostream>

using namespace std;

int main()
{
    cout << "要素数30000のdouble型配列を繰り返し生成します。\n";

    while (true) {
        try {
            double* a = new double[30000];  // 生成
        }
        catch (bad_alloc) {
            cout << "配列の生成に失敗しましたのでプログラムを中断します。\n";
            return 1;
        }
    }
}
```

実行結果

```
要素数30000のdouble型配列を繰り返し生成します。
配列の生成に失敗しましたのでプログラムを中断します。
```

これは、要素数 30000 の double 型配列を繰り返し生成するプログラムです。領域を確保するだけであって、解放は行いません。そのため、記憶域の生成を繰り返すうちに、ヒープ領域が不足して生成に失敗します。

＊

Fig.7-20 に示すのが、プログラム網かけ部の構造です。

ここで使われているのは、例外処理（*exception handling*）と呼ばれる手法です。例外処理に関しては、第 14 章で改めて学習しますので、以下のように理解しておきましょう。

- まず try の後ろの { } で囲まれた部分を実行します。
- 配列の生成に失敗した場合にのみ、bad_alloc という《例外》が投げられます（bad_alloc という名前のボールが、どこからか飛んでくると考えましょう）。
- 投げられた例外を《捕捉》するのが catch です（その名のとおり、ボールをキャッチします）。例外を捕捉した場合には、catch（bad_alloc）の後ろの { } で囲まれた部分を実行します。

例外処理の構造

```
try {
    double* a = new double[30000];
}
catch (bad_alloc) {
    cout << "配列の生成に…";
    return 1;
}
```

以下のことを試してみる

もし生成エラー bad_alloc をキャッチしたら…

対処する

Fig.7-20　オブジェクト生成失敗時の例外処理

なお、オブジェクトの生成に失敗したことを示す“**bad_alloc**”は、プログラムの冒頭でインクルードしている<new>ヘッダで定義されています。

本プログラムでは、生成に失敗して **bad_alloc** を捕捉すると、『配列の生成に失敗しましたのでプログラムを中断します。』と表示して、プログラムを終了します。

▶ **main** 関数の **return** 文は、プログラムの実行を中断・終了させます（p.195）。

Column 7-4　ポインタと整数間のキャスト

C言語やC++では、《ポインタ→整数》あるいは《整数→ポインタ》のキャストを行うテクニックが使われることがあります。もっとも、このような型変換は、以下の点で好ましくありません。

- ポインタと整数は、まったく異なる型であること。
- ポインタを整数値に変換した結果が、物理的なアドレスと等しくなるとは限らないこと。

そのため、特殊な目的でない限り、このような型変換は、なるべく避けるべきです。どうしても必要であれば、6種類のキャスト演算子のうち、**強制キャスト**を行う **reinterpret_cast 演算子**（p.150）を使います。**List 7C-2** に示すのが、プログラム例です。

List 7C-2　chap07/list07c02.cpp

```
// ポインタ→整数への型変換
#include <iostream>
using namespace std;
int main()
{
    int n;
    cout << "nの番地：" << hex << reinterpret_cast<unsigned long>(&n) << '\n';
}
```

実行結果一例

```
nの番地：214
```

このプログラムではオブジェクト *n* へのポインタを、表現範囲が最も広い符号無し整数型である **unsigned long** 型に型変換しています。アドレスは負値とはならないこと、**short** 型や **int** 型では、アドレス値を表現するには十分な表現範囲をもたない可能性があること、などがその理由です。

空ポインタ

初期のC++では、例外処理の手法はなく、記憶域確保に失敗したnew演算子は空ポインタ（*null pointer*）という特別なポインタを返却していました。

標準C++でも、オブジェクト確保の際に(nothrow)を指定すると、例外を発生させずに空ポインタを返却させることができます。そのプログラムがList 7-20です。

List 7-20 chap07/list0720.cpp

```
// 配列オブジェクトを繰り返し動的に生成（例外発生を抑制）

#include <cstddef>
#include <iostream>

using namespace std;

int main()
{
    cout << "要素数30000のdouble型配列を繰り返し生成します。\n";

    while (true) {
        double* a = new(nothrow) double[30000];     // 生成（例外発生を抑制）

        if (a == NULL) {
            cout << "配列の生成に失敗しましたのでプログラムを中断します。\n";
            return 1;
        }
    }
}
```

実行結果

```
要素数30000のdouble型配列を繰り返し生成します。
配列の生成に失敗しましたのでプログラムを中断します。
```

さて、**空ポインタとは、いかなるオブジェクトも、いかなる関数も指さないことが保証される特別なポインタです。**

<cstddef>ヘッダでは、空ポインタを表す空ポインタ定数（*null pointer constant*）がオブジェクト形式マクロNULLとして定義されています。以下に示すのが、定義の一例です。

NULL

```
#define NULL 0          // 定義の一例
```

▶ なお、<cstring>, <ctime>, <cstdio>, <cstdlib>, <clocale>, <cwchar>のどのヘッダをインクルードしても、NULLの定義を取り込める仕組みとなっています。

Column 7-5　C言語での動的なオブジェクト生成

new演算子をもたないC言語では、動的なオブジェクトの生成は、標準ライブラリ関数で行います。以下に示すのが、プログラム例です。malloc関数は引数で指示されたバイト数の記憶域を確保します（この他にcalloc関数やrealloc関数があります）。解放を行うのがfree関数です。

```
#include <stdlib.h>
/* … */
int *x = malloc(sizeof(int));       /* sizeof(int)バイトの記憶域を生成 */
/* … */
free(x);                            /* xの指す記憶域を解放 */
```

void へのポインタ

どのような型のオブジェクトも指すことができる、という特殊なポインタがあります。それが、**void へのポインタ**（*pointer to void*）と呼ばれる **void*** 型のポインタです。

任意の型 Type へのポインタを **void** へのポインタに代入することはできますが、その逆は明示的なキャストを必要とします。

int* 型の *pi* の値は、キャストすることなく **void*** 型の *pv* に代入できますが、その逆はキャストが必要です。

```
int* pi;     // intへのポインタ
void* pv;    // voidへのポインタ
// …
pv = pi;                              // キャスト不要
pi = pv;                              // エラー：キャストが必要
pi = reinterpret_cast<int*>(pv);      // ＯＫ！
```

キャスト先の型名 “**int***” は二つの単語 **int** と * とから構成されています。キャスト先の型名が複数の単語で構成される場合、**関数的記法のキャストは利用できません。**

以下に例を示します。

```
pi = reinterpret_cast<int*>(pv);      // 強制キャスト：ＯＫ！
pi = (int*)(pv);                      // キャスト記法：ＯＫ！
pi = int*(pv);                        // 関数的記法：コンパイルエラー
```

▶ C++11 では、空ポインタを表す **nullptr** が導入されました。その型は **nullptr_t 型**であって、**sizeof(nullptr_t)** は **sizeof(void*)** と一致します。

Column 7-6 C言語の空ポインタ定数 NULL と void へのポインタ

C言語では、“何でも指すことのできる” **void** へのポインタが重宝されるとともに、有効に利用されてきました。そのため、空ポインタ定数 **NULL** は、

```
#define NULL 0              /* 定義例Ａ */
```

と定義できるだけでなく、

```
#define NULL (void *)0      /* 定義例Ｂ */
```

と定義してもよいことになっています。

ただし、型に関して厳しい姿勢をとっている標準 C++ では、空ポインタ定数の定義がC言語とは異なります。空ポインタ定数 **NULL** は、

『定義内容には、**0** および **0L** があり得る。しかし、**(void *)0** はあり得ない。』

と説明されています。そのため、C++ では定義例Ｂはあり得ません。

まとめ

● 記憶域上におけるオブジェクトの場所を示すのが、**アドレス**である。

● Type 型オブジェクト x に**アドレス演算子 &** を適用した式 &x は、x への**ポインタ**を生成する。生成されたポインタの型は **Type*** であり、値は x のアドレスである。

● ポインタ p の値がオブジェクト x のアドレスであるとき「p は x を**指す**」と表現する。

● ポインタ p に**間接演算子 *** を適用した式 *p は、ポインタ p が指すオブジェクトそのものを表す。すなわち、p が x を指すとき、*p は x の**エイリアス**である。ポインタに間接演算子を適用してオブジェクトを間接的にアクセスすることを“**参照外し**”という。

● 呼び出された関数の引数がポインタ型であれば、そのポインタに間接演算子を適用することによって、呼び出した側の（アドレスが渡された）オブジェクトに間接的にアクセスできる。

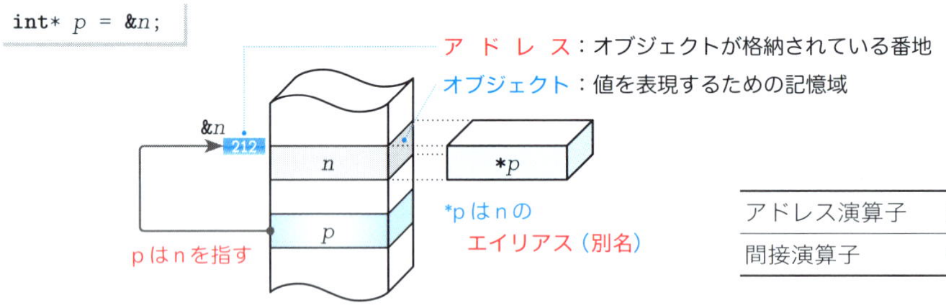

アドレス演算子	&n
間接演算子	*p

● 一部の例外的な文脈を除き、配列名は、その配列の先頭要素へのポインタと解釈される。

● 配列内の要素を指すポインタに整数 i を加減算した式は、そのポインタが指す要素の i 個前後の要素を指すポインタである。

● Type 型の配列 a の先頭要素 a[0] を Type* 型の p が指すとき、ポインタ p はあたかも配列 a そのものであるかのように振る舞う。

● 関数間の配列のやりとりは、先頭要素へのポインタという形で行う。呼び出された側ではポインタを通じて呼出し側の配列にアクセスできる。

● 受け取った配列要素の値を参照するだけで書きかえないのであれば、配列を受け取るための仮引数には **const** を付けて宣言すべきである。

● 多次元配列を受け取る関数は、最も先頭の添字に相当する n 次元の要素数のみが可変であり、(n - 1) 次元以下の要素数は定数である。

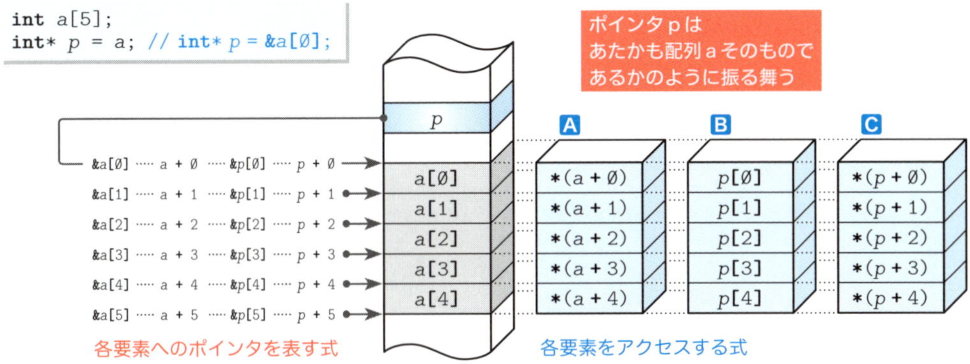

- 配列内の要素を指すポインタをインクリメントすると１個後方の要素を指すことになり、デクリメントすると１個前方の要素を指すことになる。

- 同一配列内の要素へのポインタどうしを減算すると、それらが何要素分だけ離れているのかが、**<cstddef> ヘッダ**で定義されている符号付き整数型 **ptrdiff_t 型**の値として得られる。

- プログラム実行時の任意のタイミングで、オブジェクトを動的に生成・破棄できる。このような、“借りて返す” オブジェクトの生存期間は、**動的記憶域期間**と呼ばれる。

- オブジェクトの**動的**な**生成**には **new 演算子**を、**破棄**には **delete 演算子**を利用する。ただし配列の破棄に利用するのは **delete[] 演算子**である。配列を動的に生成すると、要素数を実行時に決定できる。

- 動的に生成されたオブジェクトには名前がない。生成したオブジェクトを指すポインタを用意して、間接参照演算子 * や添字演算子 [] によってアクセスすればよい。

```
int* n = new int;            // 単一のオブジェクトを生成
int* a = new int[5];         // 配列オブジェクトを生成
// int型オブジェクト*nと配列要素a[0], a[1], …, a[4]にアクセスできる
delete n;                    // 単一のオブジェクトを破棄
delete[] a;                  // 配列オブジェクトを破棄
```

- new 演算子によるオブジェクトの生成に失敗した場合は、**bad_alloc 例外**が投げられるので、必要に応じて、その例外を**捕捉**して対処する**例外処理**を行うとよい。なお、bad_alloc 例外は、**<new> ヘッダ**で定義されている。

- いかなるオブジェクトも関数も指さないポインタが、**空ポインタ**である。空ポインタを表す**空ポインタ定数**は、**<cstddef> ヘッダ**でオブジェクト形式マクロ **NULL** として定義されている。

- あらゆる型のオブジェクトを指すことのできる特殊なポインタが **void へのポインタ**である。任意の型のポインタを void へのポインタに代入できるが、その逆の代入では明示的なキャストが必要である。

第 8 章

文字列とポインタ

文字列とポインタは、密接な関係にあります。本章では、文字列の基本や、ポインタによって文字列を操作するプログラム例などを学習します。

- 文字列
- 文字列リテラル
- ナル文字
- 空文字列
- 文字列の初期化と初期化子
- 配列による文字列
- ポインタによる文字列
- 関数間の文字列の受渡し
- 文字列の配列（配列による文字列の配列）
- 文字列の配列（ポインタによる文字列の配列）
- コマンドライン引数
- 大文字小文字変換関数（toupper 関数／ tolower 関数）
- キーボードからの文字列の読込み
- NTBS と string 型
- <cstring> ライブラリ
- strlen 関数
- strcpy 関数／ strncpy 関数
- strcat 関数／ strncat 関数
- strcmp 関数／ strncmp 関数

8-1 文字列とポインタ

文字列とポインタには密接な関係があります。本節では、文字列とポインタについて学習します。

文字列リテラル

"ABC" のように、文字の並びを二重引用符 " で囲んだものを文字列リテラルと呼ぶことは既に学習しました。ここでは、文字列リテラルについて詳しく学習していきます。

文字列リテラルの型と値

文字列リテラルは、const char 型の配列に格納されます。格納されるのは、文字列リテラル内の全文字と、その後ろに自動付加されるナル文字（*null character*）です。

そのナル文字は、文字コードが 0 の文字です。8 進拡張表記を用いた文字リテラルで表記すると '\0' となり、整数リテラルで表記すると 0 となります。

文字列リテラルの《型》と《大きさ》を表示しましょう。**List 8-1** がそのプログラムであり、表示の対象としているのは、**Fig.8-1** に示す三つの文字列リテラルです。

List 8-1 chap08/list0801.cpp

```
// 文字列リテラルの型と大きさを表示

#include <iostream>
#include <typeinfo>

using namespace std;

int main()
{
    cout << "■文字列リテラル\"ABC\"\n";
    cout << "  型："     << typeid("ABC").name()
         << "  大きさ：" << sizeof("ABC") << "\n\n";

    cout << "■文字列リテラル\"\"\n";
    cout << "  型："     << typeid("").name()
         << "  大きさ：" << sizeof("") << "\n\n";

    cout << "■文字列リテラル\"ABC\\0DEF\"\n";
    cout << "  型："     << typeid("ABC\0DEF").name()
         << "  大きさ：" << sizeof("ABC\0DEF") << "\n";
}
```

実行結果一例

```
■文字列リテラル"ABC"
 型：char const [4]   大きさ：4

■文字列リテラル""
 型：char const [1]   大きさ：1

■文字列リテラル"ABC\0DEF"
 型：char const [8]   大きさ：8
```

図と実行結果を見比べながら理解していきましょう。

図 a の文字列リテラル "ABC" は、ナル文字を含めて 4 文字分の領域を占有します。

図 b の文字列リテラル "" は、二重引用符だけで 1 個も文字がありません。ナル文字だけの 1 文字分の記憶域を占有します（0 文字ではないことに注意しましょう）。

図 c の文字列リテラル "ABC\0DEF" には、ナル文字 '\0' が途中に存在します。そのナル文字とは別に、末尾にナル文字が付加されます。

文字列リテラルの《大きさ》は、末尾のナル文字を含めた文字数と一致します。

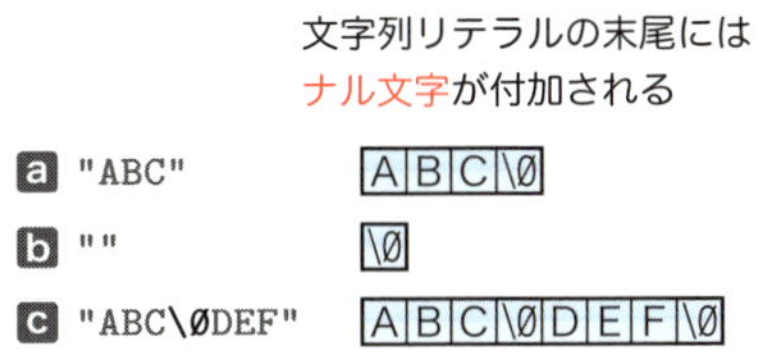

文字列リテラルの末尾にはナル文字が付加される
a "ABC" A B C \0
b "" \0
c "ABC\0DEF" A B C \0 D E F \0

Fig.8-1 文字列リテラルとその内部

文字列リテラルの評価

文字列リテラルの評価で得られるのは、《型》が const char* で、《値》は先頭文字へのポインタ（アドレス）です。

▶ 前章で学習したように、「a が Type 型の配列であるとき、配列名 a を評価すると、その先頭要素 a[0] へのポインタ（すなわち Type* 型の &a[0]）が得られる」のと同じです。

文字列リテラルの記憶域期間

文字列リテラルには**静的記憶域期間**が与えられます。そのため、ソースプログラム上の位置が関数の中であるか外であるのかとは無関係に、プログラム開始から終了までの生存期間をもちます。

▶ たとえ関数の中に置かれた文字列リテラルであっても、「関数の実行が開始するときに生成されて、終了するときに消滅する」ことはありません。

Column 8-1 同一綴りの文字列リテラル

同じ綴（つづ）りの文字列リテラルがプログラム中に複数存在する場合の対応は、処理系によって異なります。それを示したのが、**Fig.8C-1** です。

cout << "ABCD";
// …
cout << "ABCD";
a 同一綴りの文字列リテラルをまとめて格納
A B C D \0
1個のものを共有する
b 同一綴りの文字列リテラルを個別に格納
A B C D \0 A B C D \0
同じものが複数存在する

Fig.8C-1 同一綴りの文字列リテラルの取扱い

a 同一綴りの文字列リテラルを“同じもの”とみなす処理系では、記憶域上に1個だけを格納し、それらを共有します。占有領域が5バイトとなるため、記憶域が節約できます。

b 同一綴りの文字列リテラルを“別のもの”とみなす処理系では、別々の文字列リテラルとして記憶域上に格納されます。その結果、占有領域はあわせて10バイトです。

以下のように、改行文字だけの文字列リテラル "\n" を頻繁に使うプログラムをよく見かけます。

```
cout << "\n";
```

プログラムに "\n" が n 個あれば、aの処理系では占有される領域は2バイトですが、bの処理系では $2 \times n$ バイトです（"\n" は \n と \0 の2バイトです）。

配列による文字列

文字列リテラルは、整数の15や浮動小数点数の3.14に相当する《定数》というべきものです。算術型の値は、変数（オブジェクト）に入れることによって、自由な演算が可能になります。

文字の並びを表す文字列（*string*）も同様です。自在に扱うには、オブジェクトに格納しなければなりません。

文字列の格納に最適なのが、char型の配列です。文字列"ABC"は、配列要素の先頭から順に'A', 'B', 'C', '\0'を格納します（Fig.8-2）。

末尾のナル文字'\0'は、文字列の終端を表す目印です。

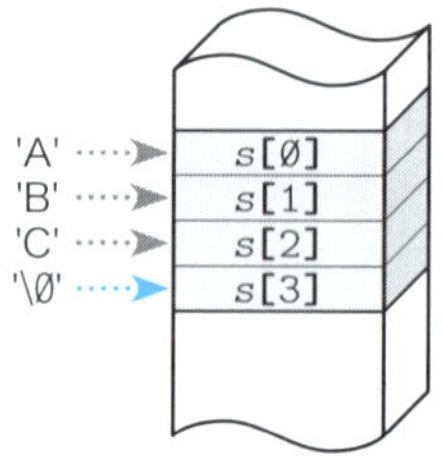

Fig.8-2 配列に格納する文字列

重要 文字列は、文字の並びとして表現される。文字列の末尾は、最初に出現するナル文字である。自在に扱うには、char型の配列に格納するとよい。

List 8-2に示すのは、文字の配列に"ABC"を格納して表示するプログラムです。配列*s*の各要素に文字を代入することによって、文字列"ABC"を作成します。

List 8-2 chap08/list0802.cpp

```
// 配列に文字列を格納して表示（代入）

#include <iostream>

using namespace std;

int main()
{
    char s[4];          // 文字列を格納する配列

    s[0] = 'A';         // 代入
    s[1] = 'B';         // 代入
    s[2] = 'C';         // 代入
    s[3] = '\0';        // 代入

    cout << "配列sに入っている文字列は\"" << s << "\"です。\n";      // 表示
}
```

実行結果

```
配列sに入っている文字列は"ABC"です。
```

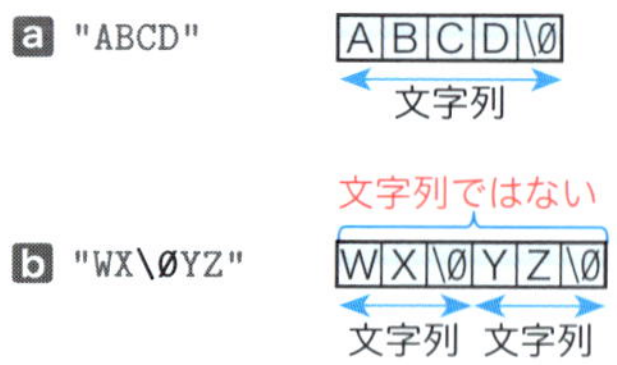

Fig.8-3 文字列リテラルと文字列

▶ 文字列リテラルは、途中にナル文字があっても構わないことになっています。そのため、文字列リテラルは必ずしも文字列となるわけではありません（Fig.8-3）。
"ABCD" … 文字列である文字列リテラル
"WX\0YZ" … 文字列ではない文字列リテラル
（二つの文字列が隣接した文字列リテラル）

配列による文字列の初期化

文字列を格納する際に、各要素に 1 文字ずつ代入していくのは大変ですから、

```
char s[4] = {'A', 'B', 'C', '\0'};
```

と宣言するとよさそうです。これは、第 5 章で学習した配列の初期化と同じ形式です。配列の生成時に要素を初期化できるだけでなく、プログラムが簡潔になります。

さらに、文字列に限って、以下の形式での初期化が行えます。

```
char s[4] = {"ABC"};        // char s[4] = {'A', 'B', 'C', '\0'};と同じ
```

しかも、この形式での初期化子を囲む { } は、省略可能です。

*

配列の個々の要素に文字を**代入**するのではなく、**初期化**するように書きかえましょう。**List 8-3** に示すのが、そのプログラムです。

List 8-3 chap08/list0803.cpp

```
// 配列に文字列を格納して表示（初期化）

#include <iostream>

using namespace std;

int main()
{
    char s1[] = {'A', 'B', 'C', '\0'};
    char s2[] = {"ABC"};
    char s3[] = "ABC";

    cout << "配列s1に文字列\"" << s1 << "\"が格納されています。\n";
    cout << "配列s2に文字列\"" << s2 << "\"が格納されています。\n";
    cout << "配列s3に文字列\"" << s3 << "\"が格納されています。\n";
}
```

実行結果

```
配列s1に文字列"ABC"が格納されています。
配列s2に文字列"ABC"が格納されています。
配列s3に文字列"ABC"が格納されています。
```

三つの配列 *s1*, *s2*, *s3* は、いずれも文字列 "ABC" を格納するように初期化されます。

重要 文字列を格納する文字の配列の初期化は、以下のいずれの形式でも行える。

- `char s[] = {'A', 'B', 'C', '\0'};`
- `char s[] = {"ABC"};`
- `char s[] = "ABC";`

なお、配列用の初期化子を**代入できない**（p.168）のは、文字列でも同様です。

```
s = {'A', 'B', 'C', '\0'};  // エラー：初期化子は代入できない
s = "ABC";                  // エラー：初期化子は代入できない
```

いずれも、コンパイルエラーとなります。

配列の全要素を文字列で満タンにしなければならない、といった決まりはありません。すなわち、配列の要素数は、ナル文字を含めた文字数より大きくても構いません。

このことを、**List 8-4** のプログラムで確認しましょう。

List 8-4 chap08/list0804.cpp

```
// 配列に文字列を格納して表示（代入）

#include <iostream>

using namespace std;

int main()
{
    char s[6] = "ABC";          // 文字列を格納する配列

    cout << "配列sに文字列\"" << s << "\"が格納されています。\n";
}
```

実行結果

```
配列sに文字列"ABC"が格納されています。
```

本プログラムの配列 s は、要素数が 6 で、初期化子の文字数は、ナル文字を含めて 4 です。初期化子の与えられない要素が 0 で初期化されるという規則 (p.168) に基づいて、以下の宣言と等価とみなされます。

```
char s[6] = {'A', 'B', 'C', '\0', '\0', '\0'};
```

要素 s[3] が、文字列の終端を示すナル文字（網かけ部）で初期化され、それより後方に位置する要素 s[4] と s[5] もナル文字で初期化されます。

なお、s[3] のナル文字が文字列の終端であるため、それ以降にどんな文字が格納されていようとも、その部分が cout への挿入によって画面に表示されることはありません。

▶ 本プログラムの配列 s の宣言を以下のように書きかえてみると確認できます。

```
char s[] = "ABC\0DEF";
```

このように変更しても、文字列として "ABC" のみが表示されます。

空文字列

中身が空（から）であってナル文字だけから構成される文字列を、一般に**空文字列**（くう）(*null string*) と呼びます。空文字列を格納する配列は、

```
char n[] = "";                 // 空文字列（ナル文字だけの文字列）
```

と宣言できます。要素 n[0] は、文字列の終端を表すナル文字で初期化されます。配列の要素数が 0 ではなく 1 となることに注意しましょう。

なお、以下のように宣言すると、4 個の要素すべてがナル文字で初期化されます。

```
char n[4] = "";
```

▶ なお、配列 s にどのような文字列が入っていても、

```
s[0] = '\0';          // 文字列sを空文字列にする
```

と先頭要素にナル文字を代入すれば、その文字列 s は空文字列となります。

8 文字列とポインタ

キーボードからの文字列の読込み

List 8-5 に示すのは、名前を文字列として読み込んで、挨拶するプログラムです。

List 8-5 chap08/list0805.cpp

```
// 名前を尋ねて挨拶（文字列の読込みと表示）

#include <iostream>

using namespace std;

int main()
{
    char name[36];

    cout << "お名前は：";
    cin >> name;

    cout << "こんにちは、" << name << "さん!!\n";
}
```

実行例

```
お名前は：Fukuoka⏎
こんにちは、Fukuokaさん!!
```


入力される名前の文字数を事前に知ることはできませんので、配列の要素数は少し大きめでなければなりません。本プログラムでは要素数を 36 としています。そのため、ナル文字を除くと、格納できるのは 35 文字です。

▶ キーボードから 36 文字以上の文字列が入力された場合の動作は保証されません。処理系や実行環境によっては、実行時エラーによってプログラムが中断します。

Fig.8-4 に示すのは、キーボードから文字列 "Fukuoka" を読み込んだときの配列 *name* の内部を示したものです。読み込んだ文字列の各文字が *name*[0] 〜 *name*[6] に格納され、文字列の終端を示す目印であるナル文字が *name*[7] に（自動的に）格納されます。

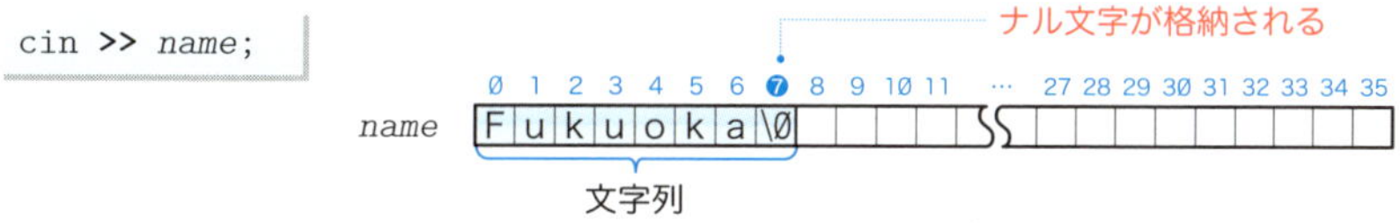

Fig.8-4 キーボードから読み込まれた文字列の配列への格納

読み込む文字数に制限を設けたい場合は、プログラムの網かけ部を以下のコードに置きかえます（"chap08/list0805a.cpp"）。

```
cin.getline(name, 36, '\n');
```

改行文字に相当するエンター（リターン）キーより前の、ナル文字を含めて最大 36 文字が配列 *name* に読み込まれます。

関数間の文字列の受渡し

文字列は《配列》ですから、関数間での受渡しは、通常の配列と同じように《先頭要素へのポインタ》という形で行います。ただし、文字列には終端を示す目印であるナル文字が存在するため、要素数を表す引数を別途渡す必要がありません。

そのことを、**List 8-6** に示すプログラムで学習しましょう。これは、キーボードから読み込んだ文字列を表示するプログラムです。

List 8-6 chap08/list0806.cpp

```
// 受け取った文字列を表示

#include <iostream>

using namespace std;

//--- 文字列sを表示 ---//
void put_str(const char s[])
{
    for (int i = 0; s[i] != 0; i++)
        cout << s[i];
}

int main()
{
    char str[36];

1   put_str("文字列：");
    cin >> str;

2   put_str(str);
    cout << '\n';
}
```

文字列sを先頭から末尾まで走査して表示

実行例

```
文字列：Fukuoka55⏎
Fukuoka55
```

▶ 関数 *put_str* の仮引数 *s* が **const** 付きで宣言されているのは、配列要素の値を変更しないからです（p.258）。

関数 *put_str* は、*s* に受け取った文字列（受け取ったポインタ *s* が指す要素を先頭文字とする文字列）を表示する関数です。

for 文は、文字列 *s* を 1 文字ずつ走査します。継続条件が“s[i] != 0”ですから、着目文字 s[i] がナル文字でないあいだ繰返しが行われます。

▶ ナル文字は、8 進拡張表記の文字リテラルで表すと '\0' で、整数リテラルで表すと 0 です（p.282）。C++ のプログラムでは、0 を使うのが一般的です。

非 0 の数値は **true** とみなされる（p.140）ため、**for** 文は以下のように実現できます（s[i] が 0 でなければ、継続条件の式 s[i] が **true** となるからです："chap08/list0806a.cpp"）。

```
for (int i = 0; s[i]; i++)
    cout << s[i];
```

main 関数では、関数 *put_str* を 2 回呼び出しています。**1** で与えている実引数は文字列リテラル "文字列：" で、**2** で与えている実引数は *str* すなわち &*str*[0] です。いずれの場合も、文字列の先頭文字へのポインタが渡されます。

関数 *put_str* を少しだけ書きかえて、受け取った文字列中の小文字を大文字に変換した上で表示する関数を作りましょう。**List 8-7** に示すのが、そのプログラムです。

List 8-7 chap08/list0807.cpp

```
// 受け取った文字列中の小文字を大文字に変換して表示

#include <cctype>
#include <iostream>

using namespace std;

//--- 文字列sを表示（小文字は大文字に変換）---//
void put_upper(const char s[])
{
    for (int i = 0; s[i]; i++)
        cout << static_cast<char>(toupper(s[i]));
}

int main()
{
    char str[36];

    cout << "文字列：";
    cin >> str;

    put_upper(str);
    cout << '\n';
}
```

実行例

```
文字列：Fukuoka55⏎
FUKUOKA55
```

文字を大文字に変換するために利用している **toupper 関数**は、**<cctype> ヘッダ**で関数宣言が提供される標準ライブラリ関数です。

Table 8-1 に示すように、*toupper* 関数とは逆の変換を行う **tolower 関数**も提供されます。

Table 8-1 大文字小文字変換関数

関数	解説
tolower	受け取った文字が大文字であれば小文字に変換した文字を返却し、そうでなければ受け取った文字をそのまま返却する。
toupper	受け取った文字が小文字であれば大文字に変換した文字を返却し、そうでなければ受け取った文字をそのまま返却する。

両関数とも、返却値型は **char** 型ではなく **int** 型です。**int** 型の値をそのまま表示すると、文字ではなく、文字コードが整数値として表示されてしまうため、本プログラムでは、**char** 型にキャストした上で表示しています。

▶ 本プログラムでは、"文字列："の表示を、*put_upper* 関数ではなく挿入子 << で行っています。これは、関数 *put_upper* が、漢字などの全角文字に対応できないからです。

ポインタによる文字列

List 8-8 のプログラムを考えましょう。二つの文字列 *str* と *ptr* が宣言されています。*str* はこれまで学習したものと同じ形式ですが、*ptr* は初めての形式です。

List 8-8 chap08/list0808.cpp

```
// 配列による文字列とポインタによる文字列

#include <iostream>

using namespace std;

int main()
{
    char  str[] = "ABC";        // 配列による文字列
    char* ptr   = "123";        // ポインタによる文字列

    cout << "str = \"" << str << "\"\n";
    cout << "ptr = \"" << ptr << "\"\n";
}
```

実行結果

```
str = "ABC"
ptr = "123"
```


本書では、*str* のように宣言された文字列を《配列による文字列》と呼び、*ptr* のように宣言された文字列を《ポインタによる文字列》と呼びます（あくまでも、便宜的な分類法です）。

これらの文字列の類似点や相違点を、Fig.8-5 を見ながら理解していきましょう。

■ 配列による文字列 str（図a）

str は char[4] 型の配列（要素型が char 型で要素数が 4 の配列）です。各要素は先頭から順に 'A', 'B', 'C', '\0' で初期化されます。

char 型の配列が占有する記憶域は、配列の要素数と一致します。この場合は 4 バイトであり、その値は式 sizeof(*str*) で求められます。

■ ポインタによる文字列 ptr（図b）

ptr は char* 型（char へのポインタ型）であり、"123" で初期化されます。**文字列リテラルを評価すると、先頭文字へのポインタが得られる**（p.283）ため、文字列リテラル "123" の先頭文字 '1' のアドレス（図の場合は 216 番地）で *ptr* が初期化されます。

その結果、ポインタ *ptr* は、文字列リテラル "123" の先頭文字 '1' を指します。

一般に、ポインタ *p* が文字列リテラル "string" の先頭文字 's' を指すことを、

ポインタ *p* は "string" を指す。

と表現します。本プログラムでは、ポインタ *ptr* が "123" を指すように初期化されます。

▶ ポインタの指す先は、文字列ではなく、文字列リテラルの先頭文字ですから、この表現は正確さに欠けます。ただし、一般的に利用される表現ですので、知っておく必要があります。

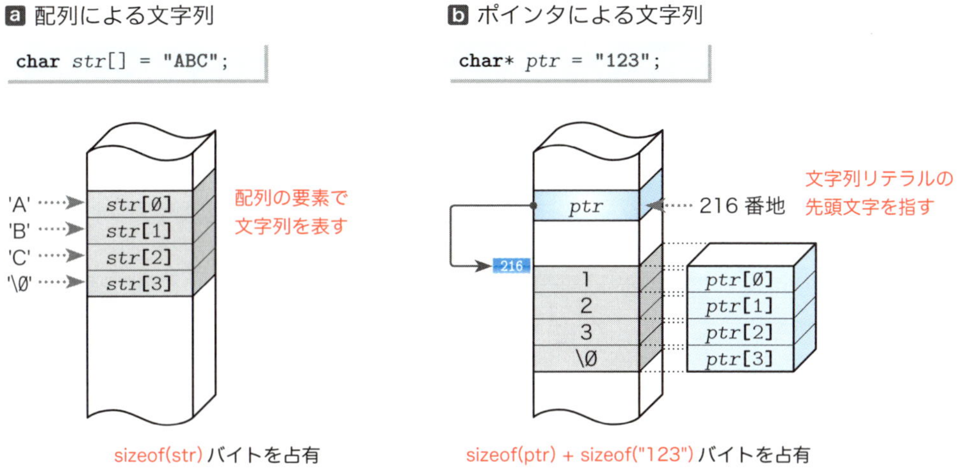

Fig.8-5　配列による文字列とポインタによる文字列

なお、ポインタ *ptr* を以下のように宣言するのは不可能です。

```
char* ptr = {'1', '2', '3', '\0'};        // エラー
```

{ } 形式の初期化子は、配列用のものであって、単一の変数には適用できないからです。

＊

さて、図bからも分かるように、ポインタ *ptr* と文字列リテラル "123" の両方が記憶域を占有します。

ポインタ *ptr* が占有するのは **sizeof**(*ptr*) すなわち **sizeof**(**char***) バイトであり、その大きさは処理系に依存します。また、文字列リテラル "123" が占有するのは **sizeof**("123") バイトであって、ナル文字を含めた文字数 4 と一致します。

ポインタによる文字列は、配列による文字列よりも、より多くの記憶域を必要とすることに注意しましょう。

> **重要** ポインタによる文字列は、以下の形式で宣言・初期化する。
>
> **char*** *p* = "XYZ";
>
> ポインタ *p* と、文字列リテラル "XYZ" の両方が記憶域を占有する。

ポインタ *ptr* は、文字列の先頭文字を指すポインタです。また、配列名である *str* も先頭文字を指すポインタです（配列名が先頭要素へのポインタと解釈されるからです）。

そのため、添字演算子 [ ] を適用すれば、文字列中の各文字をアクセスできることが、両者の共通点です。いずれも見かけ上は、同じように扱えます。

▶ たとえば *str*[0] は 'A' で、*ptr*[1] は '2' です。

2種類の文字列の相違点

配列による文字列とポインタによる文字列の概略が理解できました。次に、これらの相違点を学習しましょう。ここでは、以下に示す二つのプログラムを対比します。

List 8-9 chap08/list0809.cpp

```
// 配列による文字列の書きかえ

#include <iostream>

using namespace std;

int main()
{
    char s[] = "ABC";
    cout << "s = \"" << s << "\"\n";
    s = "XYZ";              // エラー
    cout << "s = \"" << s << "\"\n";
}
```

実行結果

コンパイルエラーのため実行不可能。

List 8-10 chap08/list0810.cpp

```
// ポインタによる文字列の書きかえ

#include <iostream>

using namespace std;

int main()
{
    char* p = "ABC";
    cout << "p = \"" << p << "\"\n";
    p = "XYZ";              // OK!
    cout << "p = \"" << p << "\"\n";
}
```

実行結果

```
p = "ABC"
p = "XYZ"
```

まずは **List 8-9** のプログラムです。

これは、《**配列による文字列**》を書きかえる意図で作られたプログラムです。"ABC" で初期化された配列 *s* に "XYZ" を代入して、代入前後の文字列を表示します。

ところが、青網部がコンパイルエラーとなるため、プログラムは実行できません。配列に対する代入を行えないことは、第5章で学習しました。左辺の配列名が配列の先頭要素のアドレスと解釈されるとはいえ、その値は書きかえ不能です。

▶ もし代入できるのであれば、配列のアドレスが変更される（配列が記憶域上で移動する）ことになってしまいます（p.255）。

*

同じことを《**ポインタによる文字列**》に対して行うのが、**List 8-10** のプログラムです。こちらは、コンパイルエラーが発生することなく、ちゃんと実行できます。**Fig.8-6** を見ながら理解していきましょう。

図a　ポインタ *p* が、文字列リテラル "ABC" で初期化されます。その結果、ポインタ *p* は、文字列リテラル "ABC" の先頭文字 'A' を指します。

図b　プログラム赤網部では、*p* に "XYZ" が代入されます。その結果、もともと文字列リテラル "ABC" の先頭文字 'A' を指していた *p* は、別の文字列リテラル "XYZ" の先頭文字 'X' を指すように更新されます。

重要　文字列リテラル（内の文字）を指すポインタには、別の文字列リテラル（内の文字）へのポインタを代入できる。代入後のポインタは、新しく代入された文字列リテラル（内の文字）を指す。

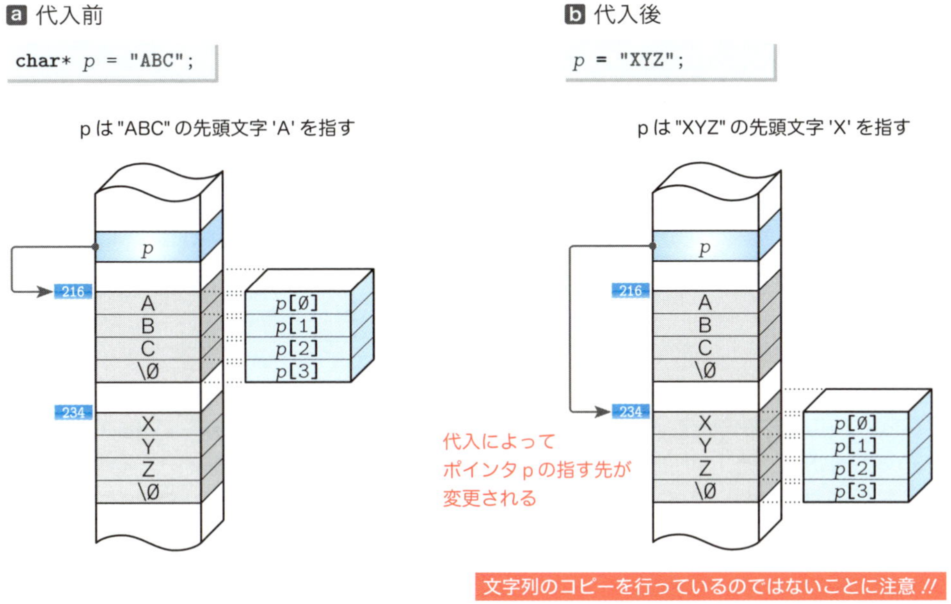
a 代入前
char* p = "ABC";
p は "ABC" の先頭文字 'A' を指す
p
216
A
B
C
\0
234
X
Y
Z
\0
p[0]
p[1]
p[2]
p[3]
b 代入後
p = "XYZ";
p は "XYZ" の先頭文字 'X' を指す
代入によって
ポインタ p の指す先が
変更される
文字列のコピーを行っているのではないことに注意 !!

Fig.8-6 ポインタに対する文字列リテラルの代入

文字列をごっそりコピーしていると勘違いしないように注意しましょう。あくまでも、ポインタの指す先が変わるだけです。

なお、文字列リテラル "ABC" は、どこからも指されなくなって、プログラムからアクセスできなくなります。すなわち、掃除できないゴミとなります。

Column 8-2　Cの文字列とC++の文字列

第1章で、文字列を表す ***string* 型**（正式には std::***string*** 型）を学習しました。本章で学習しているのは、C言語から引き継がれた文字列の表現法であり、NTBS（*null-terminated byte string*）と呼ばれるものです。

C++のプログラムでは、NTBSは利用するべきではなく、***string*** 型を利用することが望ましいと考えられています。

その一方で、以下のような理由から、C言語から引き継がれたNTBSの学習を避けて通ることはできないのも事実です。

- C++のプログラムで多用される文字列リテラルは、C言語の文字列表現を受け継いだものであり、その理解のためには、C言語の文字列表現の学習が不可欠である。
- C言語の文字列表現を利用したC++プログラムが数多く存在し、それらを理解するには、C言語の文字列表現に関する知識が必要である。

なお、C++の文字列関連ライブラリの関数宣言を提供するのが <string> ヘッダであるのに対し、C言語の文字列関連ライブラリの関数宣言を提供するのは <cstring> ヘッダです。

文字列の配列

文字列を表すのに、配列による表現法と、ポインタによる表現法とがあるのですから、文字列の配列も、それぞれの表現法による文字列を“配列化”したもので実現できます。

このことを、**List 8-11** のプログラムで学習していきましょう。

List 8-11 chap08/list0811.cpp

```
// 配列による文字列とポインタによる文字列
#include <iostream>

using namespace std;

int main()
{
    char a[][5] = {"LISP", "C", "Ada"};      // 配列による文字列の配列
    char* p[]   = {"PAUL", "X", "MAC"};      // ポインタによる文字列の配列

    for (int i = 0; i < 3; i++)
        cout << "a[" << i << "] = \"" << a[i] << "\"\n";

    for (int i = 0; i < 3; i++)
        cout << "p[" << i << "] = \"" << p[i] << "\"\n";
}
```

実行結果

```
a[0] = "LISP"
a[1] = "C"
a[2] = "Ada"
p[0] = "PAUL"
p[1] = "X"
p[2] = "MAC"
```

配列 a と p の構造と特徴をまとめたのが、**Fig.8-7** です。この図を見ながら二つの配列を比較していくことにします。

a 《配列による文字列》の配列 a … 2次元配列

配列 a は、3行5列の2次元配列です。占有する記憶域の大きさは、(行数×列数) すなわち 15 バイトです。すべての文字列の長さが同一ではないため、配列内に未使用の部分があります。たとえば、2番目の文字列 "C" を格納する a[1] は、領域 a[1][2] ～ a[1][4] の3文字分が未使用です。

▶ 極端に長い文字列と短い文字列が混在するような場合は、未使用部分の存在は、領域効率の点で無視できなくなります。

b 《ポインタによる文字列》の配列 p … ポインタの配列

ポインタ *p* は、要素型が **char** へのポインタ型 **char*** で要素数が3の配列です。

配列の要素 *p*[0], *p*[1], *p*[2] は、各文字列リテラルの先頭文字である 'P', 'X', 'M' へのポインタで初期化されます。

配列 *p* は **sizeof**(**char***) の領域を三つ占有し、三つの文字列リテラルも別途領域を占有します。

文字列リテラル "PAUL" 内の文字は、添字演算子 [ ] を連続適用することによって、先頭から順に *p*[0][0], *p*[0][1], … でアクセスできます。ポインタの配列である *p* が、あたかも2次元配列であるかのように振る舞います。

▶ 一般に、ポインタ *ptr* が、配列の先頭要素を指すとき、配列内の各要素は、先頭から順に *ptr*[0], *ptr*[1], … とアクセスできます。その *ptr* を *p*[0] と置きかえるわけです。

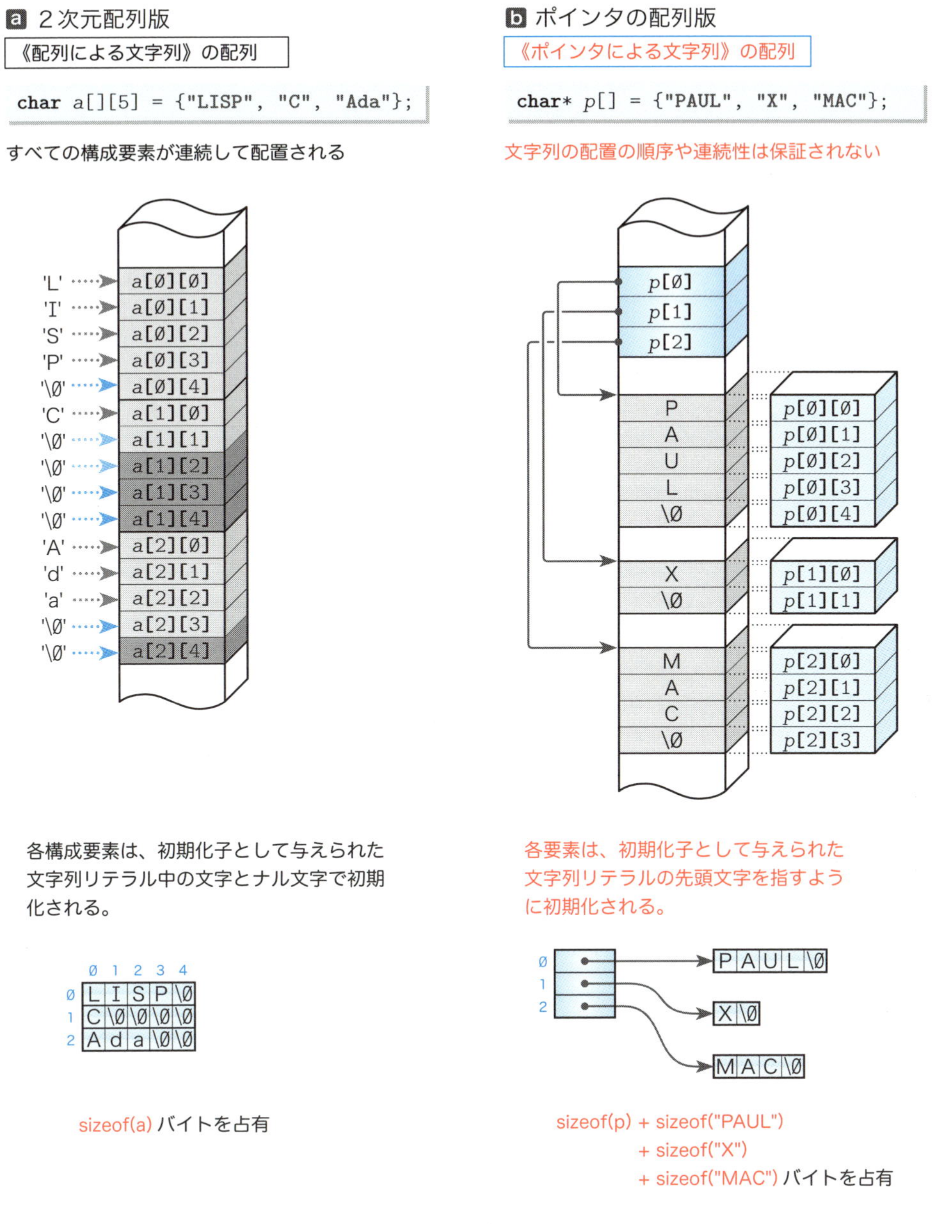

Fig.8-7 文字列の配列（2次元配列とポインタの配列）

ここでは p[0] を例に考えましたが、p[1] と p[2] も同様です。

▶ 初期化子の文字列リテラルが連続して配置されるという保証がないため、図bでは、各文字列リテラルのあいだを離して図示しています。"PAUL" の直後に "X" が配置されている、または "X" の直後に "MAC" が配置されているということを前提としたプログラムを作ってはいけません。

Column 8-3 コマンドライン引数

main 関数を以下の形式で定義すると、プログラムの起動時にコマンドラインから与えられるパラメータを、文字列の配列として受け取れるようになっています。

```
int main(int argc, char** argv)
{
    //...
}
```

受け取る引数は２個です。引数の名前は任意ですが、*argc* と *argv* が広く使われています（それぞれ *argument count* と *argument vector* の略です）。

■第１引数argc

int 型の引数 *argc* に受け取るのは、**プログラム名**（プログラム自身の名前）と**プログラム仮引数**（コマンドラインから与えられたパラメータ）をあわせた個数です。

■第２引数argv

引数 *argv* は《char へのポインタの配列》を受け取るポインタです。配列の先頭要素 *argv*[0] はプログラム名の文字列を指し、それ以降の要素はプログラム仮引数の文字列を指します。

main 関数の引数の受取りは、プログラム本体の実行開始前に行われます。

ここで、以下のようにプログラムが実行された場合を例に考えていきましょう。

```
▶argtest1 Sort BinTree ↵
```

実行プログラム "argtest1" の起動に際して、二つのコマンドライン引数 "Sort" と "BinTree" が与えられています。

プログラムが起動すると、以下の作業が行われます。

1 文字列領域の確保

プログラム名とプログラム仮引数を格納する三つの文字列 "argtest1", "Sort", "BinTree" 用の領域（**Fig.8C-2** の**c**の部分）が生成されます。

2 文字列を指すポインタの配列の確保

1で生成された文字列を指すポインタを要素とする配列用の領域（図**b**の部分）が生成されます。この配列の要素型および要素数は以下のとおりです：

- **要素型**

  要素型は char へのポインタです。各文字列（の先頭文字）を指します。

- **要素数**

  配列の要素数はプログラム名とプログラム仮引数をあわせた個数に１を加えたものです。末尾要素には空ポインタが格納されます。

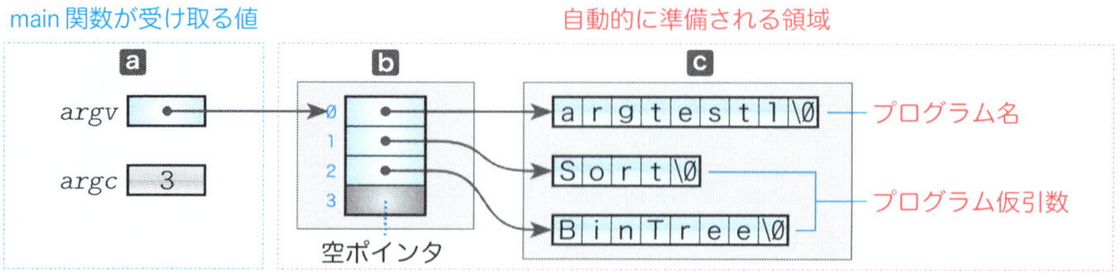

Fig.8C-2 main 関数が受け取る二つの仮引数

3 main 関数の呼出し

main 関数が呼び出される際に、以下の処理が行われます。

- コマンドライン引数の個数である整数値 3 が第 1 引数 *argc* に渡される。
- 2で作成された配列の先頭要素へのポインタが第 2 引数 *argv* に渡される。

すなわち、main 関数が受け取る二つの引数は、図aの部分です。

要素型が《char へのポインタ》である配列の先頭要素を指すポインタを受け取るのですから、仮引数 *argv* の型は《char へのポインタへのポインタ》となります。

argv が指す配列（図bの部分）の各要素は、先頭から順に *argv*[0], *argv*[1], … と表せます。

List 8C-1 ～ **List 8C-3** に示すのは、プログラム名とプログラム仮引数を表示するプログラムです。間接演算子と添字演算子の適用の方法が異なるものの、同一の結果を出力します。

List 8C-1 chap08/argtest1.cpp

```
// プログラム名・プログラム仮引数の表示（その１）
#include <iostream>
using namespace std;
int main(int argc, char** argv)
{
    for (int i = 0; i < argc; i++)
        cout << "argv[" << i << "] = " << argv[i] << '\n';
}
```

実行結果一例

```
▶argtest1 Sort BinTree⏎
argv[0] = argtest1
argv[1] = Sort
argv[2] = BinTree
```

List 8C-2 chap08/argtest2.cpp

```
// プログラム名・プログラム仮引数の表示（その２）
#include <iostream>
using namespace std;
int main(int argc, char** argv)
{
    int i = 0;
    while (argc-- > 0)
        cout << "argv[" << i++ << "] = " << *argv++ << '\n';
}
```

List 8C-3 chap08/argtest3.cpp

```
// プログラム名・プログラム仮引数の表示（その３）
#include <iostream>
using namespace std;
int main(int argc, char** argv)
{
    int i = 0;
    while (argc-- > 0) {
        cout << "argv[" << i++ << "] = ";
        while (char c = *(*argv)++)
            cout << c;
        argv++;
        cout << '\n';
    }
}
```

※ *argv*[0] として出力されるプログラム名は、ファイル名だけでなく、パス名や拡張子も表示される環境があります。

8-2 cstring ライブラリ

文字列処理のためのライブラリは、数多く提供されます。代表的な関数の仕様や利用例などを通じて、文字列とポインタに対する理解を深めていきましょう。

strlen：文字列の長さを求める

文字列処理を行うライブラリ関数は、<cstring> ヘッダで提供されています。

strlen 関数は、文字列の長さを求める関数です。文字列の《長さ》とは、ナル文字の直前までの文字数です（ナル文字は長さとしてはカウントされません）。

	strlen
ヘッダ	`#include <cstring>`
形　式	`size_t strlen(const char* s);`
解　説	*s* が指す文字列の長さ（ナル文字は含まない）を求める。
返却値	求めた文字列の長さを返す。

たとえば、**Fig.8-8** に示すように、`strlen("ABCD")` はナル文字を含まない 4 となります。

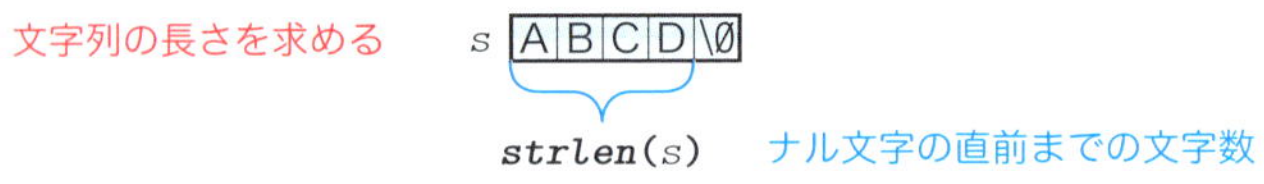

Fig.8-8　strlen 関数の働き

この関数の実現例を **List 8-12** と **List 8-13** に示します。

List 8-12　chap08/strlenA.cpp

```
//--- strlenの実現例A ---//
#include <cstddef>

size_t strlen(const char* s)
{
    size_t len = 0;        // 長さ

    while (*s++)
        len++;
    return len;
}
```

size_t 型：返却値型と一致

List 8-13　chap08/strlenB.cpp

```
//--- strlenの実現例B ---//
#include <cstddef>

size_t strlen(const char* s)
{
    const char* p = s;

    while (*s)
        s++;
    return s - p;
}
```

ptrdiff_t 型：返却値型と不一致

List 8-13 で返却する *s* - *p* は、ポインタどうしの減算の演算結果です（同一配列内の要素へのポインタどうしを減算すると、何要素分離れているのかが求められます）。そのため、得られる値の型は、符号付き整数型である `ptrdiff_t` 型です（p.267）。

一方、関数が返却する **size_t** 型は、符号無し整数型です（p.134）。両者が表現可能な値の範囲が異なるため、不都合が生じる可能性があります。そのため、**List 8-12** のほうが好ましいといえます。

List 8-14 と **List 8-15** に示すのは、***strlen*** 関数を利用するプログラム例です。

List 8-14 chap08/strlen_test1.cpp

```
// strlen関数の利用例（その１）
#include <cstring>
#include <iostream>

using namespace std;

int main()
{
    char str[100];

    cout << "文字列を入力してください：";
    cin >> str;

    cout << "文字列\"" << str << "\"の長さは" << strlen(str) << "です。\n";
}
```

実行例

```
文字列を入力してください：five⏎
文字列"five"の長さは4です。
```

List 8-15 chap08/strlen_test2.cpp

```
// strlen関数の利用例（その２）
#include <cstring>
#include <iostream>

using namespace std;

int main()
{
    char s1[8] = "";
    char s2[8] = "ABC";
    char s3[8] = "AB\0CDEF";

    cout << "strlen(s1)          = "   << strlen(s1)        << '\n';
    cout << "strlen(s2)          = "   << strlen(s2)        << '\n';
    cout << "strlen(&s2[1])      = "   << strlen(&s2[1])    << '\n';
    cout << "strlen(s3)          = "   << strlen(s3)        << '\n';
    cout << "strlen(\"XYZ\")       = " << strlen("XYZ")     << '\n';
    cout << "strlen(&\"XYZ\"[1])   = " << strlen(&"XYZ"[1]) << '\n';
    cout << "strlen(\"ABC\\0DEF\") = " << strlen("ABC\0DEF") << '\n';
    cout << "sizeof(\"ABC\\0DEF\") = " << sizeof("ABC\0DEF") << '\n';
}
```

実行結果

```
strlen(s1)          = 0
strlen(s2)          = 3
strlen(&s2[1])      = 2
strlen(s3)          = 2
strlen("XYZ")       = 3
strlen(&"XYZ"[1])   = 2
strlen("ABC\0DEF")  = 3
sizeof("ABC\0DEF")  = 8
```

▶ C++が提供する標準ライブラリがstd名前空間に所属することは、既に（簡単に）学習しました。
もしプログラム冒頭の“**using namespace** std;”の指令を削除するのであれば、***strlen*** 関数の呼出しは、std::***strlen***(...)と行う必要があります。もちろん、次ページ以降で学習する関数もすべて同様です。
なお、**List 8-12** と **List 8-13** のプログラムでは、**名前空間**の宣言を省略しています。実際には、以下のようになります（名前空間については、次章で詳しく学習します）。

```
namespace std {
    size_t strlen(const char* s)
    {
        // 中略
    }
}
```

strcpy, strncpy：文字列をコピーする

文字列をコピーするのが、**strcpy 関数**と**strncpy 関数**です。*strcpy* 関数は、文字列を丸ごとコピーします。もう一つの *strncpy* 関数は、文字数に制限を設けた上でコピーを行う関数です（Fig.8-9）。

strcpy	
ヘッダ	`#include <cstring>`
形　式	`char* strcpy(char* s1, const char* s2);`
解　説	*s2* が指す文字列を、*s1* が指す配列にコピーする。コピー元とコピー先が重なる場合の動作は定義されない。
返却値	*s1* の値を返す。

strncpy	
ヘッダ	`#include <cstring>`
形　式	`char* strncpy(char* s1, const char* s2, size_t n);`
解　説	*s2* が指す文字列を、*s1* が指す配列にコピーする。*s2* の長さが *n* 以上の場合は *n* 文字までをコピーし、*n* より短い場合は残りをナル文字で埋めつくす。コピー元とコピー先が重なる場合の動作は定義されない。
返却値	*s1* の値を返す。

これらの関数は、コピー先文字列 *s1* の先頭文字へのポインタを返す仕様です。そのようになっているのは、単純明快にいうと、《文字へのポインタ》が**何かと便利**だからです。

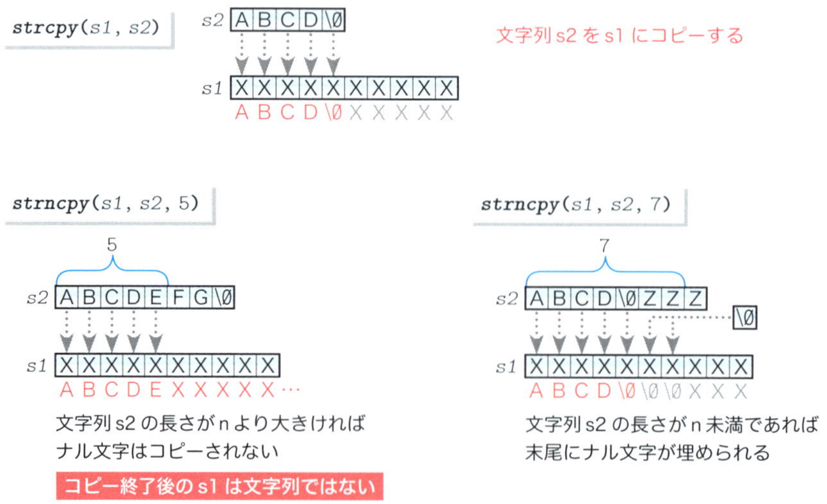

Fig.8-9　strcpy 関数と strncpy 関数の働き

そのことを、**List 8-16** で理解していきましょう。***strcpy*** 関数によって文字列をコピーするのが、**1**と**2**です。

List 8-16 chap08/strcpy_test.cpp

```
// strcpy関数とstrncpy関数の利用例
#include <cstring>
#include <iostream>

using namespace std;

int main()
{
    char tmp[16];
    char s1[16], s2[16], s3[16];

    cout << "文字列を入力してください：";
    cin >> tmp;

1   strcpy(s1, strcpy(s2, tmp));     // s2にコピーした文字列をs1にもコピー

    cout << "文字列s1は\"" << s1 << "\"です。\n";
    cout << "文字列s2は\"" << s2 << "\"です。\n";
2   cout << "文字列s3は\"" << strcpy(s3, tmp) << "\"です。\n";

    char* x = "XXXXXXXXX";           // 9個の'X'とナル文字 */

    strcpy(s3, x); strncpy(s3, "12345", 3);      cout << "s3 = " << s3 << '\n';
    strcpy(s3, x); strncpy(s3, "12345", 5);      cout << "s3 = " << s3 << '\n';
    strcpy(s3, x); strncpy(s3, "12345", 7);      cout << "s3 = " << s3 << '\n';
    strcpy(s3, x); strncpy(s3, "1234567890", 9); cout << "s3 = " << s3 << '\n';
}
```

実行例

```
文字列を入力してください：ABC⏎
文字列s1は"ABC"です。
文字列s2は"ABC"です。
文字列s3は"ABC"です。
s3 = 123XXXXXX
s3 = 12345XXXX
s3 = 12345
s3 = 123456789
```

Fig.8-10 を見ながら、**1**の箇所を理解しましょう。

まず、**A**によって、文字列 *tmp* を配列 *s2* にコピーします。そして、そのコピー先である *s2* を**B**の第２引数とすることで、同じ文字列を *s1* にもコピーします。

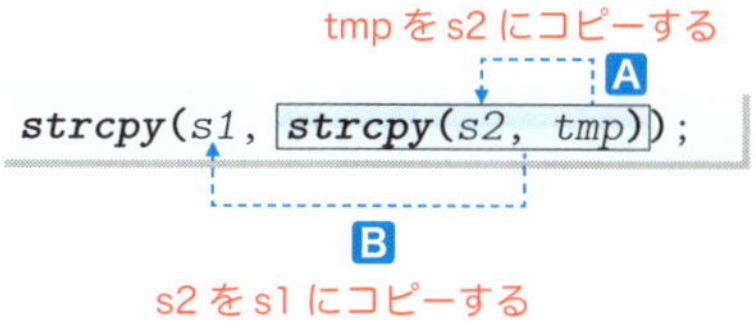

Fig.8-10　文字列の連続コピー

▶　ちょうど、二つの変数に同一値 0 を代入する x = y = 0 と同じ感覚です。

次は、**2**です。コピーを行う関数呼出し式 ***strcpy***(*s3*, *tmp*) が、そのまま cout に挿入されていますので、文字列 *tmp* を *s3* にコピーした上で、コピー後の *s3* が表示されます。

重 要　関数が返す《文字へのポインタ》を有効に活用しよう。

黒網部では、***strcpy*** 関数に加えて、***strncpy*** 関数を利用しています。***strncpy*** 関数を利用する際は、以下の点に注意が必要です。

重 要　***strncpy*** 関数は、コピー元の文字列 *s2* の先頭 *n* 文字以内にナル文字がない場合、コピー先の文字列にナル文字を格納しない。

▶　左ページの図の ***strncpy***(*s1*, *s2*, 5) では、*s1* にナル文字が格納されないため、コピー完了後の *s1* は文字列とはなりません。

strcat, strncat：文字列を連結する

strcat 関数と **strncat 関数**は、文字列を連結する関数です。前者は文字列を丸ごと連結し、後者は文字数に制限を設けた上での連結を行います。

▶ “cat” は、『連結する』という意味の concatenate に由来します（猫ではありません）。

strcat	
ヘッダ	`#include <cstring>`
形　式	`char* strcat(char* s1, const char* s2);`
解　説	*s2* が指す文字列を、*s1* が指す文字列の末尾に連結する。コピー元とコピー先が重なる場合の動作は定義されない。
返却値	*s1* の値を返す。

strncat	
ヘッダ	`#include <cstring>`
形　式	`char* strncat(char* s1, const char* s2, size_t n)`
解　説	*s2* が指す文字列を、*s1* が指す文字列の末尾に連結する。*s2* の長さが *n* より長い場合は、切り捨てる。コピー元とコピー先が重なる場合の動作は定義されない。
返却値	*s1* の値を返す。

List 8-17 に示すのが、二つの関数を利用するプログラム例です。

List 8-17 chap08/strcat_test.cpp

```
// strcat関数とstrncat関数の利用例

#include <cstring>
#include <iostream>

using namespace std;

int main()
{
    char s[10];
    char* x = "ABC";

    strcpy(s, "QWE");      // sは"QWE"となる
1   strcat(s, "RTY");      // sは"QWERTY"となる
    cout << "s = " << s << '\n';

    strcpy(s, x);   strncat(s, "123", 1);        cout << "s = " << s << '\n';
    strcpy(s, x);   strncat(s, "123", 3);        cout << "s = " << s << '\n';
2   strcpy(s, x);   strncat(s, "123", 5);        cout << "s = " << s << '\n';
    strcpy(s, x);   strncat(s, "12345", 5);      cout << "s = " << s << '\n';
    strcpy(s, x);   strncat(s, "123456789", 5);  cout << "s = " << s << '\n';
}
```

実行結果

```
s = QWERTY
s = ABC1
s = ABC123
s = ABC123
s = ABC12345
s = ABC12345
```

1では、配列 s に "QWE" をコピーし、その後ろに "RTY" を連結します。そのため、配列 s に格納されている文字列は "QWERTY" となります。

2では、いったん配列 *s* に文字列 "ABC" を格納し、それから **strncat** 関数によって文字列を連結しています。

strncat 関数の第 2 引数の文字列 *s2* の長さが第 3 引数 *n* の値より小さいとき／等しいとき／大きいときの挙動を、プログラムと実行結果とを対比しながら確認しましょう。

関数の仕様と、実行結果から、以下のことが分かります。

重要 **strncat** 関数による連結後の文字列 *s1* の最大文字数は、末尾のナルを含めて、**strlen**(連結前の *s1*) + *n* + 1 となる。

▶ 以下のコードを考えましょう。

1
```
char s[15] = "Soft";
strcat(s, "Bank");        // sに"Bank"を連結
```

2
```
char* p = "Soft";
strcat(p, "Bank");        // 駄目！
```

いずれも、文字列 "Soft" の後ろに "Bank" を連結するプログラムです。

1文字列 "Soft" は、末尾のナル文字を含めて *s*[0] ～ *s*[4] に格納されます。連結される "Bank" は、末尾のナル文字を含めて *s*[4] ～ *s*[8] に格納されます。

2ポインタ *p* は、文字列リテラル "Soft" の先頭文字を指すように初期化されます。その文字列リテラルが格納されている領域の後方が空いている保証はありません。そのため、他の変数の値を書きかえたり、プログラムを壊したりする可能性が生じます。処理系や実行環境によっては、プログラムの実行が中断します。

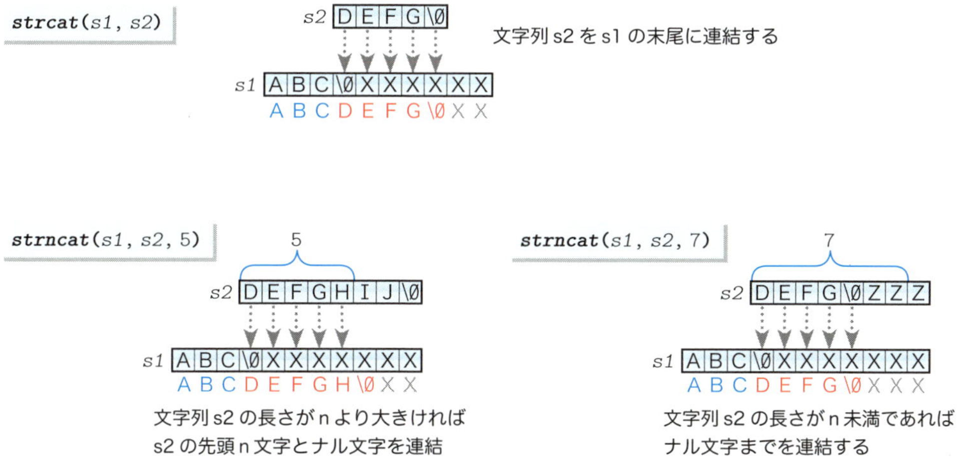

Fig.8-11 strcat 関数と strncat 関数の働き

strcmp, strncmp：文字列を比較する

strcmp 関数と ***strncmp*** 関数は、二つの文字列を比較する関数です。文字列を丸ごと比較するのが ***strcmp*** 関数で、比較する文字数に制限を設けるのが ***strncmp*** 関数です。

	strcmp
ヘッダ	`#include <cstring>`
形　式	`int strcmp(const char* s1, const char* s2);`
解　説	*s1* が指す文字列と *s2* が指す文字列の大小関係（先頭から順に 1 文字ずつ **unsigned char** 型の値として比較していき、異なる文字が出現したときに、それらの文字の対に成立する大小関係とする）の比較を行う。
返却値	等しければ 0、*s1* が *s2* より大きければ正の整数値、*s1* が *s2* より小さければ負の整数値を返す。

	strncmp
ヘッダ	`#include <cstring>`
形　式	`int strncmp(const char* s1, const char* s2, size_t n);`
解　説	*s1* が指す文字の配列と *s2* が指す文字の配列の先頭 *n* 文字までの大小関係の比較を行う。ナル文字以降の文字は比較しない。
返却値	等しければ 0、*s1* が *s2* より大きければ正の整数値、*s1* が *s2* より小さければ負の整数値を返す。

strcmp 関数は、引数に受け取った二つの文字列を先頭文字から順に比較していきます。ナル文字に出会うまでの全文字が等しければ 0 を返します。ただし、文字列中に異なる文字が存在する場合は 0 以外の値を返します。返すのは、第 1 引数の指す文字列が第 2 引数の指す文字列より小さければ負の値で、大きければ正の値です。

さて、文字列が大きい／小さいという判定の基準は何でしょう。常識的に考えると **"AAA"** は、**"ABC"** や **"XYZ"** よりも小さいはずです。このように、辞書順に並べたときに、

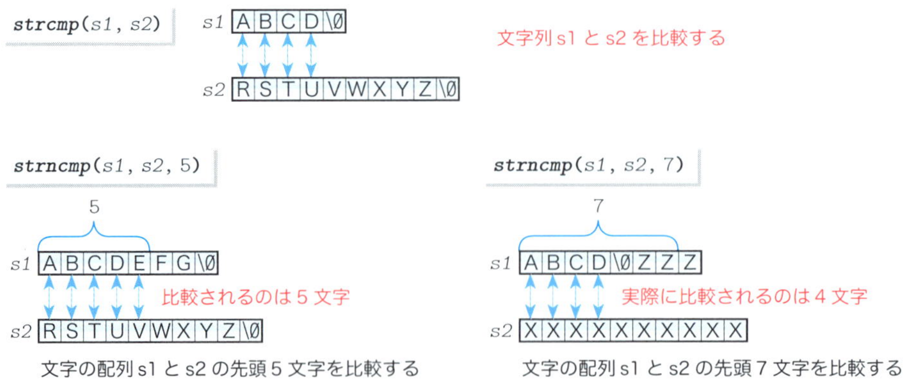

Fig.8-12　strcmp 関数と strncmp 関数の働き

前方に位置する文字列が“**小さい**”と判定され、後方に位置する文字列が“**大きい**”と判定されるのが基本です。

判定の対象となる文字列が、大文字だけ／小文字だけ／数字だけと、同種類の文字のみで構成されていれば話は単純ですが、そうでない場合は複雑です。たとえば、小文字の文字列 "abc" と、数字の文字列 "123" のどちらが大きいとはいえません。

そのため、***strcmp* 関数の判定は**、文字コードに基づいて行われます。文字の値を表す文字コードは、その環境で採用されている文字コード体系に依存しますので、"abc" が、"ABC" や "123" よりも大きいのか、あるいは小さいのか、といった判定の結果は、環境に依存するのです。

重要 *strcmp* 関数によって、可搬性のある（実行環境で採用されている文字コードなどに依存しない）文字列の比較は行えない。

すなわち、***strcmp*("abc", "123")** の返却値が正値である処理系もあれば、負値である処理系もある、ということです。

▶ *strncmp* 関数の仕様は、《文字列》ではなく《文字の配列》という用語で解説されています。ポインタの指す文字を先頭とする n バイトの領域内にナル文字がなくてもよい、すなわち文字列でなくてもよいことになっているからです。

二つの関数の利用例を **List 8-18** に示します。

List 8-18 chap08/strcmp_test.cpp

```
// strcmp関数とstrncmp関数の利用例

#include <cstring>
#include <iostream>

using namespace std;

int main()
{
    char st[128];

    cout << "\"ABCDE\"との比較を行います。\n";
    cout << "\"XXXXX\"で終了します。\n";

    while (1) {
        cout << "\n文字列st : ";
        cin >> st;

        if (strcmp(st, "XXXXX") == 0)
            break;
        cout << "strcmp( \"ABCDE\", st)     = " << strcmp( "ABCDE", st) << '\n';
        cout << "strncmp(\"ABCDE\", st, 3) = " << strncmp("ABCDE", st, 3) << '\n';
    }
}
```

実行結果一例

```
"ABCDE"との比較を行います。
"XXXXX"で終了します。

文字列st : ABC⏎
strcmp( "ABCDE", st)     = 68
strncmp("ABCDE", st, 3) = 0

文字列st : ABCDE⏎
strcmp( "ABCDE", st)     = 0
strncmp("ABCDE", st, 3) = 0

文字列st : AX⏎
strcmp( "ABCDE", st)     = -1
strncmp("ABCDE", st, 3) = -22

文字列st : XXXXX⏎
```

比較対象の文字列が等しいとみなされる場合は必ず 0 と表示されますが、そうでない場合に表示される値は、環境や処理系によって異なります。

まとめ

- 文字の並びを表現するのが**文字列**である。文字列の終端は、値が 0 の**ナル文字**である。

- **文字列リテラル**の型は《`const char` 型の配列》であり、その大きさは、末尾に付加されるナル文字を含めた文字数である。記憶域期間は**静的**であるため、プログラム開始から終了まで記憶域を占有する。同一綴りの文字列リテラルが複数ある場合、1 個のものとみなして記憶域を節約するのか、別個のものとみなすのかは処理系によって異なる。

- 文字列は《文字の配列》によって表現できる。この表現法を便宜上《**配列による文字列**》と呼ぶ。宣言の一例は以下のとおりである。

```
char a[] = "CIA";          // 配列による文字列
```

- 文字列はポインタによっても表現できる。この表現法を便宜上《**ポインタによる文字列**》と呼ぶ。文字列を格納している文字列リテラルの本体と、それを指すポインタの両方が記憶域を占有する。

```
char* p = "FBI";           // ポインタによる文字列
```

　他の文字列リテラル（の先頭文字を指すポインタ）を *p* に代入すると、代入された文字列リテラル（の先頭文字）を指すように更新される。

- 文字列の配列は、《**配列による文字列の配列**》と《**ポインタによる文字列の配列**》の両方で実現できる。後者では各文字列が連続した領域に格納されるとは限らない。

```
char a2[][5] = {"LISP", "C", "Ada"};     // 配列による文字列の配列
char* p2[]   = {"PAUL", "X", "MAC"};     // ポインタによる文字列の配列
```

- キーボードからの文字列の読込みは、**抽出子 >>** によって行える。文字列の終端を示す末尾のナル文字も配列に格納される。読み込む文字数を制限する必要がある場合には `cin.getline` を利用する。

a 配列による文字列

```
char str[] = "CIA";
```

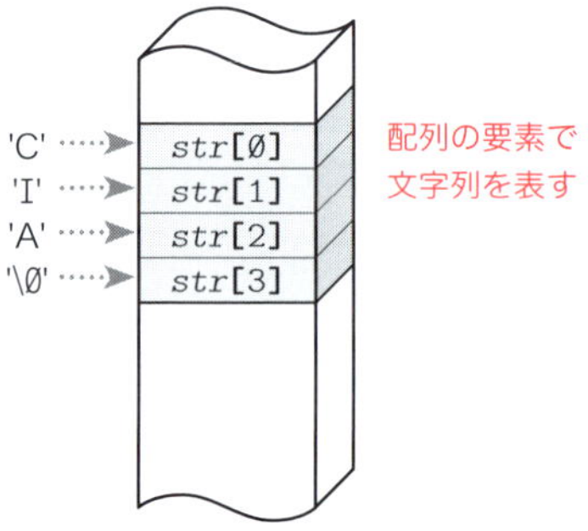

sizeof(str) バイトを占有

b ポインタによる文字列

```
char* ptr = "FBI";
```

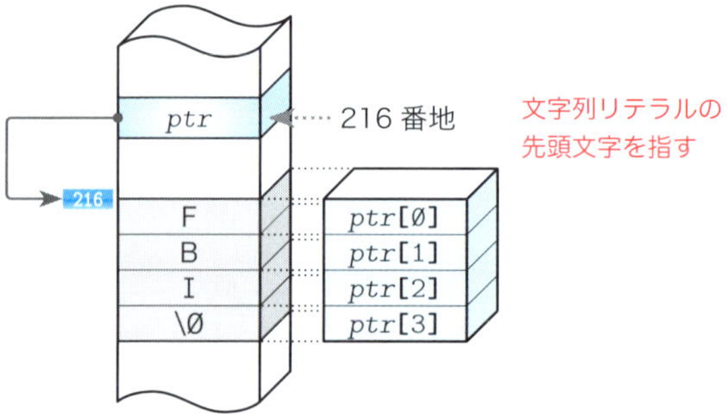

sizeof(ptr) + sizeof("FBI") バイトを占有

- 関数間での文字列の受渡しは、先頭文字へのポインタとして行う。文字列の末尾にナル文字があるため、要素数を別の引数としてやりとりする必要はない。

- ナル文字に出会うまでなぞっていけば、文字列中の全文字を走査できる。

- *toupper* 関数を用いると小文字を大文字に変換でき、*tolower* 関数を用いると大文字を小文字に変換できる。これらの関数は、<cctype> ヘッダで宣言されている。

- 文字列へのポインタを返す関数の返却値は、使いまわしがきく。

- 文字列処理のライブラリは、<cstring> ヘッダで数多く提供される。

- *strlen* 関数は、ナル文字を含まない文字列の長さを取得する。

- *strcpy* 関数は、文字列を丸ごとコピーする。*strncpy* 関数は、文字数に制限を設けた上で文字列をコピーする。

- *strcat* 関数は、文字列を連結する。*strncat* 関数は、文字数に制限を設けた上で文字列を連結する。

- *strcmp* 関数は、文字列を比較する。*strncmp* 関数は、文字数に制限を設けた上で文字の配列の比較を行う。

chap08/summary.cpp

```
#include <iostream>

using namespace std;

//--- 文字列sを""で囲んで表示 ---//
void put_str(const char* s)
{
    cout << '\"';
    while (*s)
        cout << *s++;
    cout << '\"';
}

int main()
{
    char a[] = "CIA";     // 配列による文字列
    char* p  = "FBI";     // ポインタによる文字列
    char a2[][5] = {"LISP", "C", "Ada"};     // 配列による文字列の配列
    char* p2[]   = {"PAUL", "X", "MAC"};     // ポインタによる文字列の配列

    cout << "a = ";  put_str(a);  cout << '\n';
    cout << "p = ";  put_str(p);  cout << '\n';

    for (int i = 0; i < sizeof(a2) / sizeof(a2[0]); i++) {
        cout << "a2[" << i << "] = ";   put_str(a2[i]);   cout << '\n';
    }

    for (int i = 0; i < sizeof(p2) / sizeof(p2[0]); i++) {
        cout << "p2[" << i << "] = ";   put_str(p2[i]);   cout << '\n';
    }
}
```

実行結果

```
a = "CIA"
p = "FBI"
a2[0] = "LISP"
a2[1] = "C"
a2[2] = "Ada"
p2[0] = "PAUL"
p2[1] = "X"
p2[2] = "MAC"
```

第9章

関数の応用

本章では、関数テンプレート・多数の関数から構成される大規模プログラム開発の手法・名前空間、関数について深く学習します。

- 生成性／総称性とジェネリクス
- ジェネリックな関数
- 関数テンプレートとテンプレート関数
- 関数テンプレートの具現化と明示的な具現化
- 関数テンプレートの特殊化と明示的な特殊化
- 定義と宣言
- 単一定義則（ODR）
- 分割コンパイル
- static と extern
- 内部結合／外部結合／無結合
- リンク時エラー
- ヘッダの作成
- #include "ヘッダ名" 形式によるヘッダのインクルード
- namespace と名前空間
- 名前空間メンバの宣言と定義
- 名前空間の別名
- 名前無し名前空間
- 有効範囲解決演算子 ::
- using 宣言と using 指令

9-1 関数テンプレート

本節では、処理の対象とするデータの型に依存しない関数を実現する関数テンプレートについて学習します。

関数テンプレートとテンプレート関数

List 9-1 に示すのは、int 型配列から最大値を求める処理と、double 型配列から最大値を求める処理を行うプログラムです。二つの型用に関数を別々に定義した上で、多重定義（p.230）によって同一の名前を与えています。

もちろん、それら二つの関数は、ごく一部が異なるものの、**同じ構造**です。

実際、int 用の関数 *maxof* をもとに、double 用の関数 *maxof* を作成するのは、以下の作業で行えます。

1. ソースプログラムの《切り貼り》によって、関数をコピーする。
2. 必要な箇所を変更・修正する（int を double に書きかえる）。

とはいえ、作業中に以下のようなミスを犯す可能性を否定できません。

- **コピーを失敗する。** 例 ある行をコピーし忘れる。
- **必要な変更を見落とす。** 例 返却値型を double に変更するのを忘れる。
- **余分な変更を行う。** 例 int のままでよい変数 *i* の型を double に変更する。

さて、long 型配列や float 型配列からの最大値探索を行う関数を作成することを想像しましょう。ソースプログラムの《切り貼り》を行って、よく似た別の関数を再び作ることになります。もちろん、その過程でミスを犯すかもしれません。もっとスマートに関数を再利用できたらよさそうです。

＊

一般に、要素型が Type で要素数が *n* である配列から最大値を求める関数は、以下のように表せるはずです。

仮想的な関数

```
Type maxof(const Type x[], int n)
{
    Type max = x[0];
    for (int i = 1; i < n; i++)
        if (x[i] > max)
            max = x[i];
    return max;
}
```

▶ これは、あくまでも仮想的なものです。このままコンパイルするとエラーになります。

Type としてどんな型を与えても、この関数がちゃんと動作すれば問題は解決します。それを実現するのが、**総称性**（*genericity*）あるいは**生成性**と呼ばれる考え方です。

List 9-1 chap09/list0901.cpp

```
// 配列の最大値を求める（多重定義版）

#include <iostream>

using namespace std;

//--- 要素数nの配列xの最大値を返却（int版）---//
int maxof(const int x[], int n)
{
    int max = x[0];
    for (int i = 1; i < n; i++)
        if (x[i] > max)
            max = x[i];
    return max;
}

//--- 要素数nの配列xの最大値を返却（double版）---//
double maxof(const double x[], int n)
{
    double max = x[0];
    for (int i = 1; i < n; i++)
        if (x[i] > max)
            max = x[i];
    return max;
}

int main()
{
    const int isize = 8;      // 配列ixの要素数
    int ix[isize];            // int型の配列

    // 整数配列の最大値
    cout << isize << "個の整数を入力せよ。\n";
    for (int i = 0; i < isize; i++) {
        cout << i + 1 << "：";
        cin >> ix[i];
    }
    cout << "最大値は" << maxof(ix, isize) << "です。\n\n";

    const int dsize = 5;      // 配列dxの要素数
    double dx[dsize];         // double型の配列

    // 実数配列の最大値
    cout << dsize << "個の実数を入力せよ。\n";
    for (int i = 0; i < dsize; i++) {
        cout << i + 1 << "：";
        cin >> dx[i];
    }
    cout << "最大値は" << maxof(dx, dsize) << "です。\n";
}
```

実行例

```
8個の整数を入力せよ。
1：12
2：35
3：125
4：2
5：532
6：95
7：187
8：34
最大値は532です。

5個の実数を入力せよ。
1：539.2
2：2.456
3：95.5
4：1239.5
5：3.14
最大値は1239.5です。
```

なお、この考え方は、《**ジェネリクス**》と呼ばれ、生成的な関数のことを《**ジェネリックな関数**》と呼びます。

*

関数 *maxof* を生成的に実現したプログラムを、次ページの **List 9-2** に示します。パッと見ただけで、プログラムが短くなっていることが分かります。

List 9-2 chap09/list0902.cpp

```
// 配列の最大値を求める（関数テンプレート版）

#include <iostream>

using namespace std;

//--- 要素数nのType型配列xの最大値を返却する関数テンプレート ---//
template <class Type>
Type maxof(const Type x[], int n)
{
    Type max = x[0];
    for (int i = 1; i < n; i++)
        if (x[i] > max)
            max = x[i];
    return max;
}

int main()
{
    const int isize = 8;      // 配列ixの要素数
    int ix[isize];            // int型の配列

    // 整数配列の最大値
    cout << isize << "個の整数を入力せよ。\n";
    for (int i = 0; i < isize; i++) {
        cout << i + 1 << " : ";
        cin >> ix[i];
    }
    cout << "最大値は" << maxof(ix, isize) << "です。\n\n";

    const int dsize = 5;      // 配列dxの要素数
    double dx[dsize];         // double型の配列

    // 実数配列の最大値
    cout << dsize << "個の実数を入力せよ。\n";
    for (int i = 0; i < dsize; i++) {
        cout << i + 1 << " : ";
        cin >> dx[i];
    }
    cout << "最大値は" << maxof(dx, dsize) << "です。\n";
}
```

実行例

```
8個の整数を入力せよ。
1 : 12
2 : 35
3 : 125
4 : 2
5 : 532
6 : 95
7 : 187
8 : 34
最大値は532です。

5個の実数を入力せよ。
1 : 539.2
2 : 2.456
3 : 95.5
4 : 1239.5
5 : 3.14
最大値は1239.5です。
```

9 関数の応用

1で宣言している関数には、以下に示す“前置き”が付いています。

```
template <class Type>
```

これから宣言するのが、通常の関数ではなく、**関数テンプレート**（*function template*）であって、テンプレート仮引数 *Type* に《**型**》を受け取ることの指示です。なお、*Type* は仮引数名ですから、別の名前でも構いません。

関数テンプレートを呼び出す式**2**と**3**の形式は、普通の関数と同じです。

int 型配列からの探索を行うのが、**2**の呼出しです。実引数 *ix* の要素型であって *isize* の型でもある“**int**”が、テンプレート仮引数 *Type* に対して暗黙裏に与えられます。

その結果、関数テンプレート *maxof* 中の“*Type*”を“**int**”に置きかえた **Fig.9-1** **a**の関数が、コンパイラによって自動的に作られます。

このように作られる関数の実体がテンプレート関数（*template function*）です。

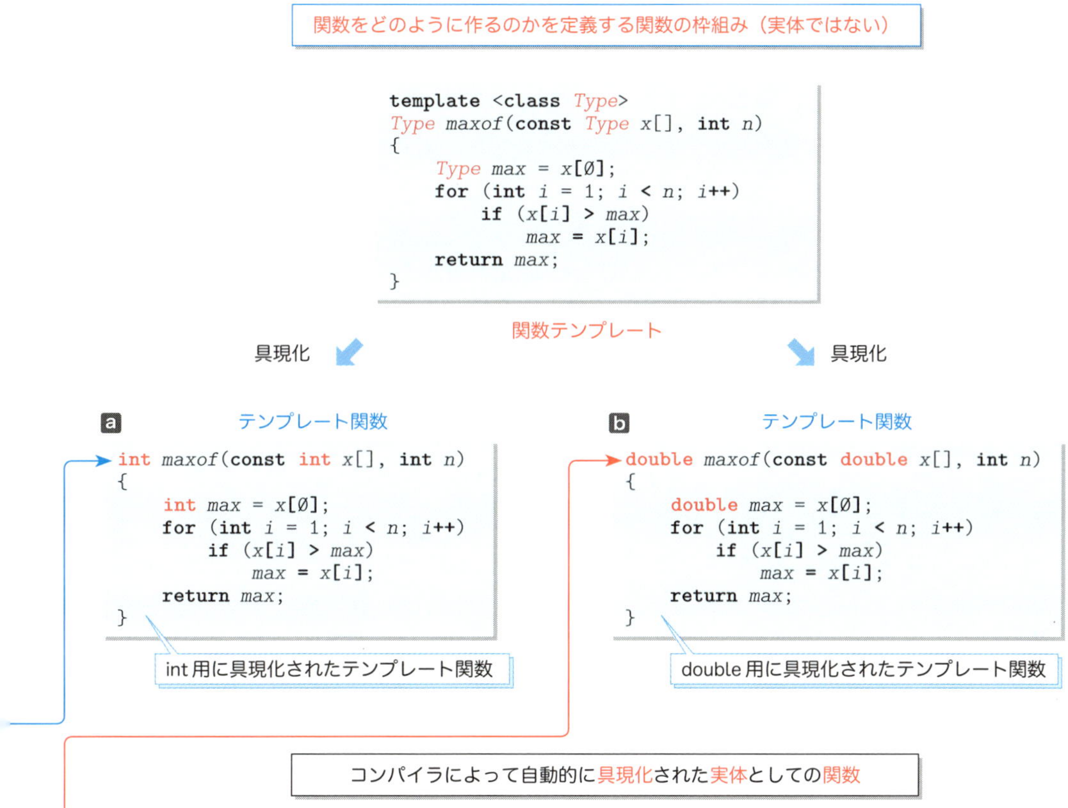
関数をどのように作るのかを定義する関数の枠組み（実体ではない）
template <class Type>
Type maxof(const Type x[], int n)
{
Type max = x[0];
for (int i = 1; i < n; i++)
if (x[i] > max)
max = x[i];
return max;
}
関数テンプレート
具現化
具現化
a テンプレート関数
int maxof(const int x[], int n)
{
int max = x[0];
for (int i = 1; i < n; i++)
if (x[i] > max)
max = x[i];
return max;
}
int 用に具現化されたテンプレート関数
b テンプレート関数
double maxof(const double x[], int n)
{
double max = x[0];
for (int i = 1; i < n; i++)
if (x[i] > max)
max = x[i];
return max;
}
double 用に具現化されたテンプレート関数
コンパイラによって自動的に具現化された実体としての関数

Fig.9-1　関数テンプレートから生成されるテンプレート関数

double 型配列からの探索も同様です。3の呼出しでは、*Type* に対して“**double**”が暗黙裏に与えられて、図bのテンプレート関数が作られます。

＊

私たちはプログラム開発時に、型に依存しないように抽象的に記述された関数の枠組みである関数テンプレートを1個だけ作ります。そして、関数テンプレートの呼出しを見つけたコンパイラは、受け取るべき型に対応したテンプレート関数の実体を自動的に具現化（*instantiation*）して生成します。

すなわち、p.310 で行った、「ソースプログラムをコピーした上で、必要な箇所（型名など）を書きかえて別の関数を作る作業」を**コンパイラに任せるわけです**。コンパイラは大変ですが、その分だけ人間がラクになります。

重 要　型に依存しないアルゴリズムは、関数テンプレートとして実現しよう。

▶　仮引数の宣言でのキーワード class の代わりに typename を使うこともできます（初期の頃は class のみでした）。

明示的な具現化

前のプログラムでは、関数テンプレートの呼出し時に与える実引数の型をもとに、テンプレート関数が自動的に具現化されました。ところが、実引数の型や個数の情報からだけでは、コンパイラが自動的な具現化が行えない文脈もあります。

その場合、引数の型をプログラマが指定することによって、**明示的な具現化**（*explicit instantiation*）を行う必要があります。具体的な例を、**List 9-3** で学習していきましょう。

List 9-3 chap09/list0903.cpp

```
// 二値の最大値を求める関数テンプレートと明示的な具現化

#include <iostream>

using namespace std;

//--- a, bの大きいほうの値を求める ---//
template <class Type> Type maxof(Type a, Type b)
{                                                       ←1
    return a > b ? a : b;
}

int main()
{
    int a, b;
    double x;

    cout << "整数a：";    cin >> a;
    cout << "整数b：";    cin >> b;
    cout << "実数x：";    cin >> x;

2   cout << "aとbで大きいのは" << maxof(a, b)         << "です。\n";
3   cout << "aとxで大きいのは" << maxof<double>(a, x) << "です。\n";
}
```

実行例

```
整数a：5
整数b：7
実数x：4.5
aとbで大きいのは7です。
aとxで大きいのは5です。
```

二つの値の大きいほうの値を求めるプログラムです。1の *maxof* は、**List 6-25**（p.231）の関数 *max* を関数テンプレートとして実現したものです。

この関数テンプレート *maxof* を呼び出しているのが、2と3の箇所です。

2 **int** 型変数 a と b の大きいほうの値を求めます。

二つの実引数 a と b の型は、いずれも **int** 型です。*Type* に **int** を受け取るテンプレート関数がコンパイラによって自動的に具現化されます。

3 **int** 型変数 a と **double** 型変数 x の大きいほうの値を求めます。

実引数の型は **int** 型と **double** 型であり、呼出し式は *maxof*<double>(a, x) です。

この式が *maxof*(a, x) となっていたら、**コンパイルエラーとなります**。というのも、**int** 版を呼び出すコードを生成すればよいのか、それとも **double** 版を呼び出すコードを生成すればよいのかを、コンパイラが判断できないため、自動的な具現化を行えないからです。

Type に渡すべき型を <> の中に与えるのが、**明示的な具現化**の指示です。テンプレートを呼び出す式 *maxof*<double>(a, *x*) を見つけたコンパイラは、その指示に基づいて double 版のテンプレート関数を生成し、それを呼び出すコードを作ります。

> **重 要** 具現化すべき関数をコンパイラが自動的に判断できない文脈や、自動的に具現化されるものとは異なる型の関数を呼び出したい文脈では、<型名>を与えることによって、テンプレートの明示的な具現化を行わねばならない。

▶ 実引数と仮引数の型が異なるときは、自動的に適切な型変換が行われます（p.203）ので、int 型実引数 a の値は、double 型に変換された上でテンプレート関数に渡されます。

Column 9-1　関数テンプレートと通常の関数の呼分け

関数テンプレートと、同一名の（テンプレートではない）関数の両方がある場合は、“呼分け”を行う必要があります。そのことを、**List 9C-1** で確認しましょう。

※プログラムの挙動が容易に検証できるようにするため、通常の関数版は、大きいほうの値ではなく、わざと小さいほうの値を返却しています。

List 9C-1　chap09/list09c01.cpp

```
// 二値の最大値を求める関数テンプレートと関数の呼分け

#include <iostream>

using namespace std;

//--- 通常の関数（注意：動作検証のために小さいほうの値を返却）---//
int maxof(int a, int b) { return a < b ? a : b; }

//--- 関数テンプレート ---//
template <class Type> Type maxof(Type a, Type b) { return a > b ? a : b; }

int main()
{
    int a, b;

    cout << "整数a：";    cin >> a;
    cout << "整数b：";    cin >> b;

1   cout << "大きいのは" << maxof(a, b)       << "です。\n";
2   cout << "大きいのは" << maxof<int>(a, b)  << "です。\n";
3   cout << "大きいのは" << maxof<>(a, b)     << "です。\n";
}
```

実行例

```
整数a：5
整数b：7
大きいのは5です。
大きいのは7です。
大きいのは7です。
```

1では <> の指定がないため、通常の関数版の呼出しとなります。

2では明示的な具現化を行っており、関数テンプレート版が呼び出されます。

3のように <> の中が空であれば、関数テンプレート版が呼び出されます。この場合、コンパイラによって型が判断され、int 版のテンプレート関数が自動的に具現化された上で、その関数を呼び出すコードが生成されます。

明示的な特殊化

関数テンプレート *maxof* を以下のように呼び出したらどうなるでしょう。

```
maxof("ABC", "DEF")
```

文字列リテラルを評価すると先頭文字へのポインタが得られる（p.283）ため、この呼出しは、《**二つの文字列リテラルのアドレスの比較**》となります。関数 *maxof* によって返却される値は、意味のないものです。

▶ 異なる配列の先頭要素のアドレスの比較結果がどのようになるかが、言語レベルで定義されないからです。

比較の対象が文字列であれば、その文字の並びの中身を比較すべきです。そのように書きかえたプログラムを **List 9-4** に示します。

List 9-4 chap09/list0904.cpp

```
// 二値の最大値を求める関数テンプレートと明示的な特殊化

#include <cstring>
#include <iostream>

using namespace std;

//--- a, bの大きいほうの値を求める ---//
template <class Type> Type maxof(Type a, Type b)
{                                                              ←1
    return a > b ? a : b;
}

//--- a, bの大きいほうの値を求める（const char*型の特殊化）---//
template <> const char* maxof<const char*>(const char* a, const char* b)
{                                                              ←2
    return strcmp(a, b) > 0 ? a : b;
}

int main()
{
    int a, b;
    char s[64], t[64];

    cout << "整数a：";    cin >> a;
    cout << "整数b：";    cin >> b;
    cout << "文字列s：";  cin >> s;
    cout << "文字列t：";  cin >> t;

3   cout << "aとbで大きいのは" <<       maxof(a, b)                   << "です。\n";
4   cout << "sとtで大きいのは" <<       maxof<const char*>(s, t)      << "です。\n";
5   cout << "sと\"ABC\"で大きいのは" << maxof<const char*>(s, "ABC") << "です。\n";
}
```

実行例

```
整数a：5
整数b：7
文字列s：AAA
文字列t：ABD
aとbで大きいのは7です。
sとtで大きいのはABDです。
sと"ABC"で大きいのはABCです。
```

1の関数テンプレート *maxof* の定義は、前のプログラムと同じです。

新しく追加された2は、const char* 用に**明示的な特殊化**（*explicit specialization*）を行うための関数定義です。呼出し時の型引数が const char* であれば、1のテンプレート関数ではなく、プログラマが特殊化した2のバージョンが呼び出されます。

const char* 用に明示的に特殊化された**2**の関数 *maxof* は、二つの文字列を ***strcmp*** 関数で比較した上で、より大きい（辞書の順序で後ろ側に位置する）ほうの文字列へのポインタを返します。

▶ 文字列の大小関係を判定する標準ライブラリである ***strcmp*** 関数は、第１引数の文字列のほうが大きければ正の値を、小さければ負の値を、等しければ 0 を返却します（p.304）。

重要 関数テンプレートの定義をそのまま適用すべきでない型に対しては、明示的な特殊化を行った専用の関数を定義しよう。

型 *T* 用に関数 *func* を明示的に特殊化する定義の一般的な形式は、以下のとおりです。

```
template <> 返却値型 func<T>( /*… 引数 …*/ ) { /*… 関数本体 …*/ }
```

main 関数では、*maxof* の呼出しを３回行っています。

3では、**1**の関数テンプレートが呼び出されます。

4と**5**では、const char* 用に特殊化された *maxof* を、明示的に具現化した上で呼び出しています。そのため、いずれの呼出しでも、返却されるのは、***strcmp*** 関数によって大きいと判定されたほうの文字列です。

なお、これらの呼出しから <const char*> を削除すると、**1**の関数テンプレートが呼び出されて、二つの引数の《アドレスの比較》が行われます。というのも、実引数 *s* と *t* の型が const char* ではなく char* だからです。

▶ **2**の引数の型を char* でなく const char* としているのは、《文字列リテラル》の受取りを容易にするためです。文字列リテラルの型は const char* ですから、*maxof*("ABC", "DEF") は、明示的に具現化をしなくても**2**が呼び出されます。

9-2 規模の大きなプログラムの開発

規模の大きなプログラムは、複数のソースファイルで構成されます。本節では、そのようなプログラムの実現に必要となる、結合やヘッダの作成法などを学習します。

分割コンパイルと結合

これまで作成してきたプログラムは、単一のソースファイルで実現される小規模なものでした。しかし、多数の関数で構成されるような大規模なプログラムは、開発や管理を容易にするために、**複数のソースファイルに分割して実現する**のが一般的です。

まずは、**List 6-6**（p.198）のプログラムを、二つのソースファイルに分割して実現してみましょう。それが、**List 9-5** と **List 9-6** のプログラムです。

List 9-5 chap09/list0905.cpp

```
// べき乗値を返却する関数

//--- xのn乗を返す ---//
double power(double x, int n)
{
    double tmp = 1.0;

    for (int i = 1; i <= n; i++)
        tmp *= x;     // tmpにxを掛ける
    return tmp;
}
```

実行例

```
aのb乗を求めます。
実数a：5.6⏎
整数b：3⏎
5.6の3乗は175.616です。
```

List 9-6 chap09/list0906.cpp

```
// べき乗値を求める
#include <iostream>

using namespace std;

//--- xのn乗を返す ---//
double power(double x, int n);

int main()
{
    double a;
    int    b;

    cout << "aのb乗を求めます。\n";
    cout << "実数a："; cin >> a;
    cout << "整数b："; cin >> b;
    cout << a << "の" << b << "乗は" <<
            power(a, b) << "です。\n";
}
```

複数に分けられたソースファイルから実行プログラムを作成するまでの手順の概略を示したのが **Fig.9-2** です。このような作業を、一般に**分割コンパイル**と呼びます。分割コンパイルの具体的な手順は処理系に依存しますので、お手もちのマニュアルなどを参照して、コンパイル・リンクを行ってください。

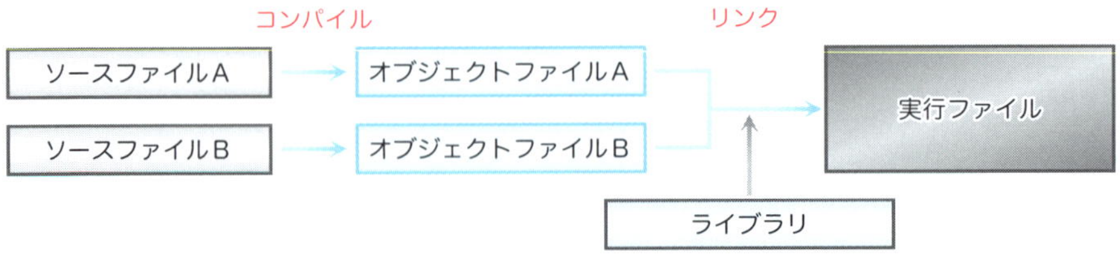

Fig.9-2 分割コンパイルの手順

プログラムの網かけ部は、呼出し元よりも後方で定義された関数や、他のソースファイル中で定義された関数の仕様をコンパイラに教えるための関数宣言です（p.196）。

▶ この宣言を削除すると、List 9-6 はコンパイルエラーとなります。

結合

もう少し大きなプログラムを作りましょう。

次ページに示すのは、三つのソースファイル "game.cpp"、"io.cpp"、"kazuate.cpp" で構成される《**数当てゲーム**》のプログラムです。まずは、ざっと見ていきましょう。

List 9-7："game.cpp"

数当てゲームの本質的な部分に関わる関数を集めたソースファイルです。

- 関数 *initialize* ：乱数生成の準備を行います。
- 関数 *gen_no* ：当てるべき数を生成します。
- 関数 *judge* ：プレーヤの入力した数が当たっているかどうかを判定します。

乱数生成の際に ***time*** 関数・***srand*** 関数・***rand*** 関数を利用しますので、<ctime> ヘッダと <cstdlib> ヘッダをインクルードしています。

List 9-8："io.cpp"

入出力に関する関数を集めたソースファイルです。

- 関数 *prompt* ：解答を入力するようにメッセージを表示します。
- 関数 *input* ：プレーヤがキーボードから入力した整数値を読み込みます。
- 関数 *confirm_retry* ：ゲームを再び行うかどうかを確認します。

cout への出力と cin からの入力を行いますので、<iostream> ヘッダをインクルードしています。

List 9-9："kazuate.cpp"

数当てゲームのメイン部分です。上記二つのソースファイルで定義された関数を呼び出すことによって、数当てゲーム全体の流れを制御します。

なお、当てるべき"数"の最大値は、以下のように宣言されています。

```
int max_no = 9;                // 当てるべき数の最大値
```

これまでは、きちんと説明していませんでしたが、このようにオブジェクトの実体を定義する宣言を、『定義（*definition*）**でもある宣言**』といいます。オブジェクトと関数の定義に関しては、以下の規則があります。

重要 オブジェクトや関数は、プログラム中で１回だけ定義しなければならない。

この規則は、単一定義則あるいは ODR（*one difinition rule*）と呼ばれます。

List 9-7 chap09/kazuate01/game.cpp

```
// 数当てゲーム（第１版：ゲーム部）
#include <ctime>
#include <cstdlib>

using namespace std;

static int kotae = 0;
extern int max_no;        単なる宣言

//--- 初期化 ---//
void initialize()
{
    srand(time(NULL));
}

//--- 問題（当てるべき数）の作成 ---//
void gen_no()
{
    kotae = rand() % (max_no + 1);
}

//--- 解答の判定 ---//
int judge(int cand)
{
    if (cand == kotae)       // 正解
        return 0;
    else if (cand > kotae)   // 大きい
        return 1;
    else                     // 小さい
        return 2;
}
```

List 9-8 chap09/kazuate01/io.cpp

```
// 数当てゲーム（第１版：入出力部）
#include <iostream>

using namespace std;

extern int max_no;        単なる宣言

//--- 入力を促す ---//
static void prompt()
{
    cout << "0～" << max_no << "の数：";
}

//--- 解答の入力 ---//
int input()
{
    int val;
    do {
        prompt();    // 入力を促す
        cin >> val;
    } while (val < 0 || val > max_no);
    return val;
}

//--- 続行の確認 ---//
bool confirm_retry()
{
    int cont;
    cout << "もう一度しますか？\n"
         << "<Yes…1／No…0>：";
    cin >> cont;
    return static_cast<bool>(cont);
}
```

9 関数の応用

一方、"game.cpp" と "io.cpp" の *max_no* の宣言である青網部には、extern というキーワード付いています。これは、以下のことを表明する宣言です。

別の箇所で int 型として定義されている max_no を使います。

オブジェクトの利用を宣言するだけで、実体を定義するわけではありません。すなわち、この宣言は『**定義ではない（単なる）宣言**』です。定義を行わない“単なる”宣言は、**プログラム中で何回でも行えます**。

*

当てるべき“数”を格納するための変数 *kotae* は、"game.cpp" 中で

```
static int kotae = 0;
```

と宣言・定義されています。先頭の static は以下の指示です。

宣言する識別子（名前）は、このソースファイルの中でのみ通用するものですよ。

そのため、*kotae* という名前は、"game.cpp" 特有のものとなります。

"io.cpp" 中の関数 *prompt* に付けられた static も同じ意味です。static 付きで定義された関数の名前は、そのソースファイルだけに通用するものとなるため、外部のソースファイル（すなわち "game.cpp" や "kazuate.cpp" など）から呼び出せなくなります。

List 9-9 chap09/kazuate01/kazuate.cpp

```
// 数当てゲーム（第1版：メイン部）
#include <iostream>

using namespace std;

void initialize();             // 【初期化】 乱数の種を現在の時刻に基づいて設定
void gen_no();                 // 【問題の作成】 0～max_noの値を乱数で生成
int judge(int cand);           // 【解答の判定】 candが正解かどうかを判定
int input();                   // 【解答の入力】 0～max_noの値を入力させる
bool confirm_retry();          // 【続行の確認】 再ゲームを行うかを確認

int max_no = 9;      // 当てるべき数の最大値     ← 実体の定義

int main()
{
    initialize();        // 初期化
    cout << "数当てゲーム開始！\n";

    do {
        gen_no();        // 問題（当てるべき数）の作成
        int hantei;
        do {
            hantei = judge(input());     // 解答の判定
            if (hantei == 1)
                cout << "\aもっと小さいですよ。\n";
            else if (hantei == 2)
                cout << "\aもっと大きいですよ。\n";
        } while (hantei != 0);
        cout << "正解です。\n";
    } while (confirm_retry());
}
```

実行例

```
数当てゲーム開始！
0～9の数：8
♪もっと小さいですよ。
0～9の数：5
♪もっと大きいですよ。
0～9の数：7
正解です。
もう一度しますか？
<Yes…1／No…0>：0
```

このように、宣言された識別子が、そのソースファイルでのみ通用することを、**内部結合**（*internal linkage*）といいます。

なお、本プログラムにはありませんが、以下のものに関しては、**static** を付けなくても、その識別子には**内部結合**が自動的に与えられます。

- **インライン関数**（p.232）
- **const を付けて宣言された定値オブジェクト**（p.26）

▶ このことは、第10章以降のほとんどのプログラムで前提となる、重要な事項です。

一方、**static** を与えられずに定義された関数や、関数の外で定義されたオブジェクトの識別子は、そのソースファイルだけでなく、外部のソースファイルにも通用します。この性質が、**外部結合**（*external linkage*）です。関数 *prompt* 以外の関数が、別のソースファイルから呼び出せるのは、外部結合をもっているからです。

なお、別々に作られたソースファイル中に、外部結合をもつ同一名の識別子があると、コンパイルは成功するものの、識別子重複の**リンク時エラー**が発生します。

重 要 単一のソースファイルの中でのみ利用する関数やオブジェクトの識別子には、**内部結合**を与えなければならない。

関数の中で定義された変数は結合がありません。関数の中でのみ名前が通用する（名前が関数の中に隠れてしまっている）ため、その結合性は**無結合**（*no linkage*）と呼ばれます。

ヘッダの作成

大規模なプログラムでは、外部結合をもつ変数や関数などの宣言を、ヘッダに集めておくと、管理・保守が容易になります。

数当てゲームプログラムをそのように実現しましょう。ヘッダを **List 9-10** に、ソースプログラムを **List 9-11**、**List 9-12**、**List 9-13** に示します。

List 9-10 chap09/kazuate02/kazuate.h

```
// 数当てゲーム（第２版：ヘッダ部）
void initialize();                // 【初期化】  乱数の種を現在の時刻に基づいて設定
void gen_no();                    // 【問題の作成】 0〜max_noの値を乱数で生成
int judge(int cand);              // 【解答の判定】 candが正解かどうかを判定
int input();                      // 【解答の入力】 0〜max_noの値を入力させる
bool confirm_retry();             // 【続行の確認】 再ゲームを行うかを確認

extern int max_no;                // 当てるべき数の最大値
```

List 9-11 chap09/kazuate02/game.cpp

```
// 数当てゲーム（第２版：ゲーム部）
#include <ctime>
#include <cstdlib>
#include "kazuate.h"

using namespace std;

static int kotae = 0;

//--- 初期化 ---//
void initialize()
{
    srand(time(NULL));
}

//--- 問題（当てるべき数）の作成 ---//
void gen_no()
{
    kotae = rand() % (max_no + 1);
}

//--- 解答の判定 ---//
int judge(int cand)
{
    if (cand == kotae)          // 正解
        return 0;
    else if (cand > kotae)      // 大きい
        return 1;
    else                        // 小さい
        return 2;
}
```

List 9-12 chap09/kazuate02/io.cpp

```
// 数当てゲーム（第２版：入出力部）
#include <iostream>
#include "kazuate.h"

using namespace std;

//--- 入力を促す ---//
static void prompt()
{
    cout << "0〜" << max_no << "の数：";
}

//--- 解答の入力 ---//
int input()
{
    int val;
    do {
        prompt();       // 入力を促す
        cin >> val;
    } while (val < 0 || val > max_no);
    return val;
}

//--- 続行の確認 ---//
bool confirm_retry()
{
    int cont;
    cout << "もう一度しますか？\n"
         << "<Yes…1／No…0>：";
    cin >> cont;
    return static_cast<bool>(cont);
}
```

"kazuate.h" は、数当てゲームのプロジェクト全体に共通するヘッダです。"game.cpp" と "io.cpp" で定義された関数の宣言と、変数 *max_no* の **extern** 宣言を含みますので、各ソースプログラムで、変数や関数を宣言する必要がなくなっています。

▶ 何らかの理由によって、関数の仕様変更を行うとします。たとえば、*confirm_retry* 関数の返却値型を **bool** から **int** に変更するとします。もし、"io.cpp" の関数定義だけ **int** に変更して、ヘッダ "kazuate.h" 内の宣言が **bool** のままであれば、"io.cpp" のコンパイル時にエラーが発生します。
関数宣言をヘッダ化することにより、このようなミスの発見が行いやすくなります。

List 9-13 chap09/kazuate02/kazuate.cpp

```
// 数当てゲーム（第２版：メイン部）

#include <iostream>
#include "kazuate.h"

using namespace std;

int max_no = 9;          // 当てるべき数の最大値

int main()
{
    initialize();        // 初期化
    cout << "数当てゲーム開始！\n";

    do {
        gen_no();        // 問題（当てるべき数）の作成
        int hantei;
        do {
            hantei = judge(input());     // 解答の判定
            if (hantei == 1)
                cout << "\aもっと小さいですよ。\n";
            else if (hantei == 2)
                cout << "\aもっと大きいですよ。\n";
        } while (hantei != 0);
        cout << "正解です。\n";
    } while (confirm_retry());
}
```

実行例

```
数当てゲーム開始！
0〜9の数：8
♪もっと小さいですよ。
0〜9の数：5
♪もっと大きいですよ。
0〜9の数：7
正解です。
もう一度しますか？
<Yes…1／No…0>：0
```

なお、特定のソースファイルの中でのみ利用する関数の宣言（この場合は、関数 *prompt*）をヘッダに入れてはなりません。

ヘッダ "**kazuate.h**" は、三つのソースプログラムすべてからインクルードされています。

コンパイルするソースプログラムと同一ディレクトリに置かれたヘッダのインクルードは、**#include <ヘッダ名>** でなく、**#include "ヘッダ名"** とします。

▶ **#include** 指令における <ヘッダ名> と "ヘッダ名" のそれぞれにおいて、コンパイラがどのような手順でヘッダを探索するのかは、処理系に依存します。
　多くの処理系では、<ヘッダ名> 形式では、コンパイラが提供する <iostream> などの標準ヘッダが格納されている場所を優先的に探索し、"ヘッダ名" 形式では、コンパイルの対象となっているファイルが格納されているディレクトリを優先的に探索します。
　なお、拡張子 .h をヘッダに付けるのは、C言語からの慣習です。

*

外部結合をもつ変数と関数の宣言が、独立したヘッダにまとめられたため、第１版に比べると、各ソースファイルがすっきりとなりました（特に "**kazuate.cpp**"）。

重要 複数のソースファイルで共有する変数や関数の宣言などは、独立したヘッダにまとめよう。

なお、**ヘッダ中で、インライン関数と定値オブジェクトを宣言する場合は、単なる宣言でなく定義でなければなりません。**ヘッダをインクルードする全ソースファイル中に定義が埋め込まれますが、それらの識別子は内部結合をもつため、識別子重複のリンク時エラーが発生することはありません。

9-3 名前空間

識別子の通用する範囲を論理的に制御するための手段として用意されているのが、名前空間です。本節では、名前空間の定義法や利用法などを学習します。

名前空間の定義

宣言する位置が関数の外であるか中であるかによって、識別子の有効範囲が変わることを第6章（p.222）で学習しました。また、定義における static の有無によって、識別子に与えられる結合性（名前の通用する範囲がソースファイルの中にとどまるか／外にまで通用するのか）が変わることを前節で学習しました。

ソースファイル中の宣言の**物理的**な位置に有効範囲が依存することや、ソースファイルという**物理的**な単位に名前の通用範囲が依存することは、C++ のベースとなったC言語から引き継がれた性質です。

C++ では、個々の識別子の通用する範囲を名前空間（*namespace*）という**論理的**な単位で制御できるように改良されています。**List 9-14** に示すのは、異なる名前空間内に同一名の変数と関数を定義して、それらを使い分けるプログラム例です。

名前空間定義（*namespace definition*）は、以下の形式で行います。識別子は名前空間の名前であり、その名前空間に所属する関数や変数の定義や宣言を { } 中に置きます。

```
namespace 識別子 {
    // 定義や宣言
}
```

本プログラムでは、1で名前空間 *English* を定義し、2で名前空間 *Japanese* を定義しています。さらに、それぞれの名前空間の中では、変数 *x* と関数 *print_x* と関数 *hello* が定義されています。

変数と関数が名前空間に入っている様子を示したのが、**Fig.9-3** です。名前空間が異なっているため、同一名の *x*, *print_x*, *hello* の**名前が衝突することはありません**。

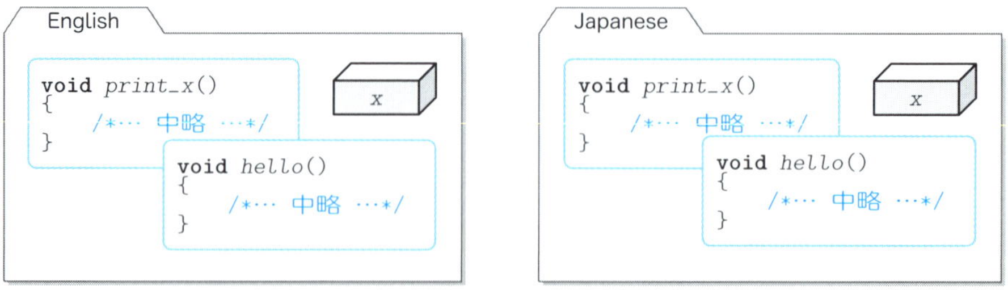

Fig.9-3 二つの名前空間

List 9-14 chap09/list0914.cpp

```
// 二つの名前空間
#include <iostream>
using namespace std;

namespace English {
    int x = 1;
    void print_x()
    {
        cout << "The value of x is " << x << ".\n";
    }
    void hello()
    {
        cout << "Hello!\n";
    }
}

namespace Japanese {
    int x = 2;
    void print_x()
    {
        cout << "変数xの値は" << x << "です。\n";
    }
    void hello()
    {
        cout << "こんにちは！\n";
    }
}

int main()
{
    cout << "English::x = " << English::x << '\n';
    English::print_x();
    English::hello();

    cout << "Japanese::x = " << Japanese::x << '\n';
    Japanese::print_x();
    Japanese::hello();
}
```

1 （English 名前空間）　2 （Japanese 名前空間）

実行結果

```
English::x = 1
The value of x is 1.
Hello!
Japanese::x = 2
変数xの値は2です。
こんにちは！
```


もっとも、ただ *x* とか *print_t* とか *hello* といっても、どの *x* のことなのか、あるいは、どの *print_x* や *hello* のことなのかを特定できません。

その識別のために利用するのが**有効範囲解決演算子 ::** です。変数名や関数名などの識別子の前に“**名前空間名 ::**”を付けると、その名前空間に所属する変数や関数をアクセスできます。

▶ 単項形式の有効範囲解決演算子 :: は第 6 章で学習しました（p.223）。

main 関数では、有効範囲解決演算子を利用して、*English*::*x* と *Japanese*::*x* とを使い分けています。関数 *print_x* と *hello* の使い分けも同様です。

なお、同一名前空間内の識別子をアクセスする際は、“**名前空間名 ::**”は不要です。たとえば、名前空間 *English* 内の関数 *print_x* では、変数 *x* の値を表示しています。もちろん、ここでの *x* は、名前空間 *English* に所属する *x* です。また、名前空間 *Japanese* 内の関数 *print_x* で表示する *x* は、名前空間 *Japanese* に所属する *x* です。

名前空間メンバの宣言と定義

名前空間に所属する変数や関数などのことを、**名前空間メンバ**（*namespace member*）と呼びます。

名前空間定義の中で名前空間メンバの**宣言**だけを埋め込んでおき、メンバの**定義**を別の場所に置くこともできます。

たとえば、名前空間 English のメンバの**宣言と定義を分離する**コードは、右のようになります。

変数の定義や関数の定義では、変数名や関数名の識別子の前に “**名前空間名 ::**” が必要です。

```
//----- 名前空間メンバの宣言 -----//
namespace English {
    extern int x;
    void print_x();
    void hello();
}
//----- 名前空間メンバの定義 -----//
int English::x = 1;
void English::print_x()
{
    cout << "The … is" << x << "\n";
}
void English::hello()
{
    cout << "Hello!\n";
}
```


入れ子になった名前空間

名前空間の階層は、1 階層に限られるわけではありません。名前空間は**入れ子にして階層化できます**。入れ子となった名前空間の例を示したのが **Fig.9-4** です。

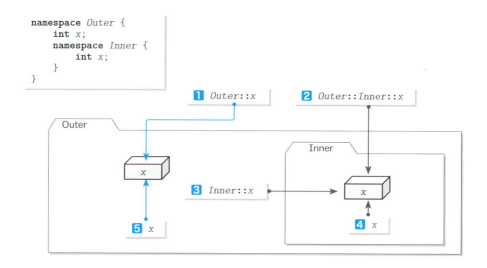

```
namespace Outer {
    int x;
    namespace Inner {
        int x;
    }
}
```

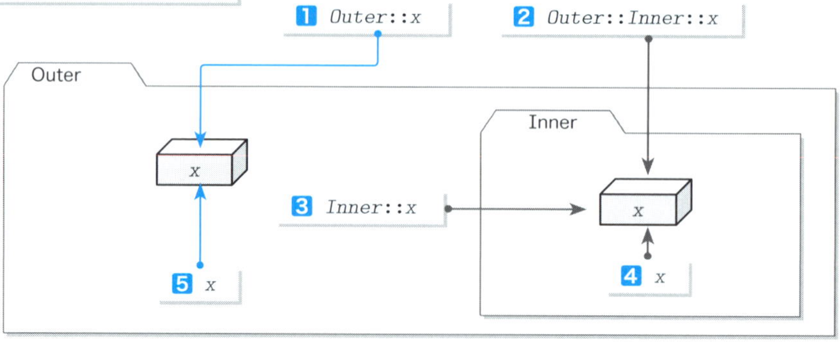

Fig.9-4　入れ子となった名前空間

名前空間 Outer で定義された x は、Outer::x でアクセスでき（1）、その中の名前空間 Inner で定義された x は、Outer::Inner::x でアクセスできます（2）。

▶ 名前空間 Inner 中の x は、名前空間 Outer の中では Inner::x でアクセスでき（3）、名前空間 Inner の中では x でアクセスできます（4）。もちろん、名前空間 Outer 中の x は、その名前空間 Outer の中では単なる x でアクセスできます（5）。

名前無し名前空間

名前をもたない**名前無し名前空間**（*unnamed namespace*）も定義できます。名前無し名前空間に属するメンバの識別子は、それが定義された**ソースファイルのみに通用します**。

そのため、**識別子に内部結合を与える**（staticを付けて宣言された変数や関数が、そのソースファイル中にのみ通用する識別子となる：p.321）のと実質的に同じことを、名前空間によって制御できます。

たとえば、**List 9-11**（p.322）の変数*kotae*の定義は、以下のように書きかえられます。

名前を与えない

```
namespace {
    int kotae = 0;
}
```

名前を与えずに名前空間定義を行っているため、*kotae*は、名前無し名前空間に所属します。

同様に、**List 9-12**（p.322）の関数*prompt*は、以下のように定義できます。

名前を与えない

```
namespace {
    void prompt()
    {
        cout << "0～" << max_no << "の数：";
    }
}
```

C++のプログラムでは、staticの付加によって変数や関数に内部結合を与えることは推奨されません。より多機能で柔軟な《名前無し名前空間》を利用しましょう。

重要 ソースファイル中でのみ利用する関数やオブジェクトは、**名前無し名前空間**に所属するものとして定義しよう。

staticによる手法が推奨されない理由の一つが、文脈によってstaticが異なる意味に解釈されるため、文法の仕様が複雑になり過ぎていることです。

たとえば、以下のようになっています。

- 関数の中で定義する変数に付けられたstaticは**静的記憶域期間**の指定です（p.224）。
- 関数と関数の外で定義する変数に付けられたstaticは**内部結合**の指定です（p.321）。
- クラスのメンバに付けられたstaticは**静的メンバ**の指定です（p.446、p.453）。

名前空間の別名の定義

名前空間の名前は、他の名前空間名と重複しないものでなければなりません。そのため名前空間の名前は長くなる傾向にあります。名前が長くて不便な局面などを考慮して、名前空間には**別名**（あだ名）が定義できるようになっています。

以下に示すのが、*English* に別名 *ENG* を与えて、*Japanese* に別名 *JPN* を与える宣言です。

```
namespace ENG = English;        // Englishに別名ENGを与える
namespace JPN = Japanese;       // Japaneseに別名JPNを与える
```

こうすると、*ENG::x* や *JPN::hello* としてアクセスできます。

*

List 9-14（p.325）のプログラムは、小規模であってわざとらしい例でした。実際には、**ライブラリに固有の名前空間を与える**、**大規模プロジェクト内の一部である小プロジェクトに名前空間を与える**、といった場合に使います。

▶ 名前空間と識別子は、それぞれ**ディレクトリ**（**フォルダ**）と**ファイル**にたとえて考えると、理解しやすいでしょう。ディレクトリ（名前空間）は階層構造をもつことができます。同じ名前のファイル（識別子）も、別々のディレクトリ（名前空間）に格納されていれば、使い分けが可能です。また、別名は Windows のショートカットや、UNIX のリンク／エイリアスに相当します。

using 宣言と using 指令

特定の名前空間に所属する識別子を使いやすくするのが、**using** 宣言と **using** 指令です。

using 宣言

ある識別子を“**名前空間名 ::**”によって有効範囲を解決することなく、単純名（すなわち識別子の名前だけ）で識別子をアクセスできるようにするのが**using 宣言**です。

Japanese::hello を **using** 宣言したプログラム例を **List 9-15** に示します。

List 9-15 chap09/list0915.cpp

```
// 二つの名前空間とusing宣言

#include <iostream>

using namespace std;

namespace English  { /* 省略：List 9-14と同じ */ }

namespace Japanese { /* 省略：List 9-14と同じ */ }

int main()
{
 1 using Japanese::hello;    // Japanese名前空間の利用を宣言

    cout << "English::x = " << English::x << '\n';
    cout << "Japanese::x = " << Japanese::x << '\n';

    English::hello();
 2 hello();                  // Japanese::は不要
}
```

実行結果

```
English::x = 1
Japanese::x = 2
Hello!
こんにちは！
```

1 で **using** 宣言を行っているため、2 では関数名だけで関数 *hello* を呼び出せるようになっています。もちろん、ここで呼び出される関数は、*Japanese*::*hello* です。

using 指令

個々の識別子を単純名で使えるようにする **using** 宣言とは異なり、**ある名前空間に属するすべての識別子**を単純名で使えるようにするのが **using 指令**です。

C++ が提供する**標準ライブラリ**はすべて std 名前空間に属します。そのため、本書の第 1 章から、すべてのプログラムで以下の指令を使ってきました。

```
using namespace std;              // using指令
```

なお、**using** 宣言を使うのであれば、プログラムの行数が確実に増えます。たとえば、コンソールに対する入出力と乱数の生成を行う **List 3-3**（p.80）のプログラムであれば、以下のように 5 個の宣言が必要です。

```
using std::cout;                  // using宣言
using std::cin;                   // using宣言
using std::time;                  // using宣言
using std::rand;                  // using宣言
using std::srand;                 // using宣言
```

だからといって、プログラム中で **using** 指令を多用すると、そもそも《名前空間》を導入する意義が薄れてしまいます。

原則として **using** 宣言のみを使うようにしましょう。**using** 指令の適用は std 名前空間のみにとどめるべきです。

重要 **using 指令**の適用は、極力 std 名前空間にとどめ、それ以外の名前空間に対しては **using 宣言**を使おう。

▶ std 名前空間にも **using** 指令を使うべきではない、という方針を採用するプログラミングスタイルも存在します。

まとめ

- 処理の対象となる変数の型に依存しないアルゴリズムは、**関数テンプレート**として実現するとよい。関数テンプレートとは、関数を作るための《枠組み》である。

- 関数テンプレートを呼び出す実引数の型に基づいて、《実体》としての**テンプレート関数**がコンパイラによって自動的に**具現化**される。

- 具現化すべき関数をコンパイラが自動的に判断できない文脈や、自動的に具現化されるものとは異なる関数を呼び出したい文脈では、**明示的な具現化**を行わなければならない。

- 関数テンプレートの定義をそのまま適用すべきでない型に対しては、**明示的な特殊化**を行った専用の関数を定義する必要がある。

- 変数や関数は、**単一定義則**（ODR）に基づいて、プログラム中のどこかで**１回だけ定義**する。なお、定義ではない単なる宣言は何度でも行える。

- 多数の関数から構成されるような規模の大きなプログラムは、複数のソースファイルで実現するとよい。

chap09/maxof.h

```
// 二値の最大値を求める関数テンプレートと明示的な特殊化

#include <cstring>

//--- a，bの大きいほうの値を求める ---//
template <class Type> Type maxof(Type a, Type b)
{
    return a > b ? a : b;
}

//--- a，bの大きいほうの値を求める（const char*型の特殊化）---//
template <> const char* maxof<const char*>(const char* a, const char* b)
{
    return std::strcmp(a, b) > 0 ? a : b;
}
```

chap09/summary.cpp

```
#include <iostream>
#include "maxof.h"

using namespace std;

int main()
{
    int a, b;
    char s[64], t[64];

    cout << "整数a：";    cin >> a;
    cout << "整数b：";    cin >> b;
    cout << "文字列s：";  cin >> s;
    cout << "文字列t：";  cin >> t;

    cout << "aとbで大きいのは" <<         maxof(a, b)                     << "です。\n";
    cout << "sとtで大きいのは" <<         maxof<const char*>(s, t)        << "です。\n";
    cout << "sと\"ABC\"で大きいのは" << maxof<const char*>(s, "ABC") << "です。\n";
}
```

実行結果

```
整数a：5
整数b：7
文字列s：AAA
文字列t：ABD
aとbで大きいのは7です。
sとtで大きいのはABDです。
sと"ABC"で大きいのはABCです。
```

- 複数のソースファイルで共有する変数の宣言や関数宣言などは、独立した**ヘッダ**にまとめるとよい。

- 標準ライブラリのインクルードを<ヘッダ名>形式で行うのに対し、同一ディレクトリ上のヘッダのインクルードは"ヘッダ名"形式で行う。

- **static**付きで定義された関数、インライン関数、関数の外で**static**を付けて定義されたオブジェクト、定値オブジェクトの識別子には、そのソースファイルにのみ通用する**内部結合**が与えられる。

- **static**を付けずに定義された関数と、関数の外で**static**を付けずに定義されたオブジェクトには、識別子がソースファイル外にまで通用する**外部結合**が与えられる。

- 外部結合をもつ同一名の識別子が別々のソースファイルにあると、識別子重複の**リンク時エラー**が発生する。

- 関数の中で定義された変数は、**無結合**となる。

- 識別子の通用する論理的な範囲は、**名前空間**として定義できる。所属する名前空間が異なる同一名の識別子が衝突することはない。

- 名前空間は入れ子にできる。

- 長い名前空間名には、短い別名を与えるとよい。

- 名前空間内の識別子にアクセスするには、**有効範囲解決演算子 ::** を利用する。

- **using 宣言**を用いると、単一の識別子を :: を使うことなく単純名でアクセスできる。

- **using 指令**を用いると、ある名前空間に属するすべての識別子を :: を使うことなく単純名でアクセスできる。

- **名前無し名前空間**に属する識別子は、そのソースファイルにのみ通用する。

```
// 名前空間メンバの宣言
namespace English {
    extern int x;
    void hello();
}
// 名前空間メンバの定義
int English::x = 1;
void English::hello()
{
    cout << "Hello!\n";
}
```

```
// 名前空間メンバの宣言
namespace Japanese {
    extern int x;
    void hello();
}
// 名前空間メンバの定義
int Japanese::x = 2;

void Japanese::hello()
{
    cout << "こんにちは。\n";
}
```

第10章

クラスの基本

オブジェクト指向プログラミングにおいて最も基礎的で重要なのが、クラスの概念です。本章では、クラスの基本を学習します。

- クラスとは
- クラス定義
- ユーザ定義型
- データメンバとステート（状態）
- メンバ関数と振舞い／メッセージ
- コンストラクタ
- クラス型オブジェクトの初期化
- アクセス指定子（公開 public と非公開 private）
- 情報隠蔽
- カプセル化
- アクセッサ（ゲッタとセッタ）
- クラス有効範囲
- クラス定義の外でのメンバ関数の定義
- メンバ関数の結合性
- クラスメンバアクセス演算子（ドット演算子 . とアロー演算子 ->）
- クラスと構造体と共用体（class ／ struct ／ union）
- ヘッダ部とソース部
- ヘッダと using 指令
- string クラス

10-1 クラスの考え方

プログラムの部品である関数と、その処理対象となるデータを組み合わせた構造を表すのが、クラスです。関数より一回り大きな単位の部品であるクラスは、オブジェクト指向プログラミングを支える最も根幹的で基礎的な技術です。本節では、クラスの基本を学習します。

データの扱い

List 10-1 は、鈴木君と武田君の銀行口座に関するデータを扱うプログラムです。変数に値を設定した上で、それらの値を表示します。

List 10-1 chap10/list1001.cpp

```
// 鈴木君と武田君の銀行口座
#include <string>
#include <iostream>

using namespace std;

int main()
{
    string suzuki_name    = "鈴木龍一";     // 鈴木君の口座名義
    string suzuki_number  = "12345678";     //   〃  の口座番号
    long   suzuki_balance = 1000;           //   〃  の預金残高

    string takeda_name    = "武田浩文";     // 武田君の口座名義
    string takeda_number  = "87654321";     //   〃  の口座番号
    long   takeda_balance = 200;            //   〃  の預金残高

    suzuki_balance -= 200;                  // 鈴木君が200円おろす
    takeda_balance += 100;                  // 武田君が100円預ける

    cout << "■鈴木君の口座：\"" << suzuki_name << "\" (" << suzuki_number
         << ") " << suzuki_balance << "円\n";

    cout << "■武田君の口座：\"" << takeda_name << "\" (" << takeda_number
         << ") " << takeda_balance << "円\n";
}
```

実行結果

```
■鈴木君の口座："鈴木龍一" (12345678) 800円
■武田君の口座："武田浩文" (87654321) 300円
```

2人分の銀行口座に関するデータを6個の変数で表しています。口座名義と口座番号は**string**型で、預金残高は**long**型です。たとえば、変数*suzuki_name*は**口座名義**で、*suzuki_number*は**口座番号**で、*suzuki_balance*は**預金残高**です。

> 名前が*suzuki_*で始まる変数は**鈴木君の銀行口座に関するデータである。**

ということは、変数名やコメントから推測できます。

しかし、鈴木君の口座名義を*takeda_number*としたり、武田君の口座番号を*suzuki_name*とすることも可能です。

問題は、変数間の《関係》を、変数名から**推測**できるものの**確定ができない**ことです。

バラバラに宣言された口座名義・口座番号・預金残高の変数が一つの銀行口座に関するものであるという関係は、プログラム上で表現されていません。

クラス

私たちは、プログラム作成時に、**現実世界のオブジェクト（物）や概念を、プログラムの世界のオブジェクト（変数）に投影します**。

本プログラムでは、**Fig.10-1** ⓐに示すように、一つの《口座》の口座名義・口座番号・預金残高のデータが個別の変数へと投影されています。

▶ この図は、一般化して表したものです。鈴木君の口座・武田君の口座に対して、三つのデータが別々の変数として投影されます。

口座の一つの側面ではなく、複数の側面に着目しましょう。そうすると、図ⓑに示すように、口座のデータは、口座名義・口座番号・預金残高をまとめたオブジェクトとして投影できます。このような投影を行うのが**クラス**（*class*）の考え方の基本です。

ⓐ 口座に関するデータを個別に投影

ⓑ 口座に関するデータをひとまとめにして投影（クラス）

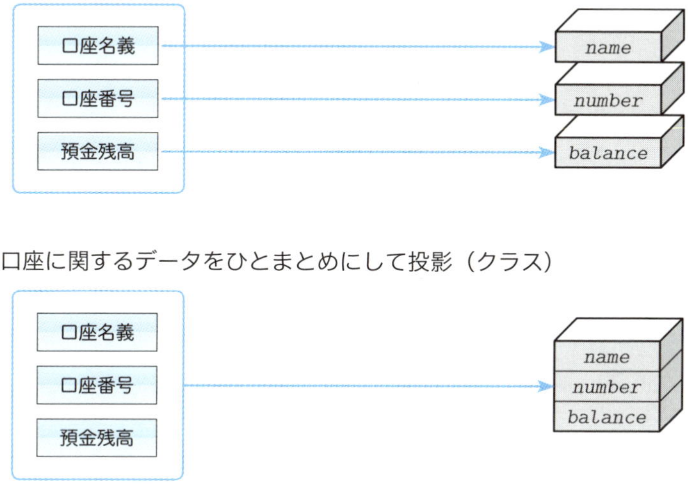

Fig.10-1 オブジェクトの投影とクラス

プログラムで扱う問題の種類や範囲によっても異なりますが、現実の世界からプログラムの世界への投影は、

- まとめるべきものは、まとめる。
- 本来まとまっているものは、そのままにする。

といった方針にのっとると、より自然で素直なプログラムとなります。

*

クラスを用いて書き直すことにしましょう。そのプログラムを **List 10-2**（次ページ）に示します。

List 10-2 chap10/list1002.cpp

```
// 銀行口座クラス（第１版）とその利用例

#include <string>
#include <iostream>

using namespace std;

class Account {
public:
    string name;     // 口座名義
    string number;   // 口座番号
    long balance;    // 預金残高
};

int main()
{
    Account suzuki;       // 鈴木君の口座
    Account takeda;       // 武田君の口座

    suzuki.name    = "鈴木龍一";     // 鈴木君の口座名義
    suzuki.number  = "12345678";   //    〃  の口座番号
    suzuki.balance = 1000;         //    〃  の預金残高

    takeda.name    = "武田浩文";     // 武田君の口座名義
    takeda.number  = "87654321";   //    〃  の口座番号
    takeda.balance = 200;          //    〃  の預金残高

    suzuki.balance -= 200;         // 鈴木君が200円おろす
    takeda.balance += 100;         // 武田君が100円預ける

    cout << "■鈴木君の口座：\"" << suzuki.name << "\"（" << suzuki.number
         << "）" << suzuki.balance << "円\n";

    cout << "■武田君の口座：\"" << takeda.name << "\"（" << takeda.number
         << "）" << takeda.balance << "円\n";
}
```

1 クラス定義

2 クラス型オブジェクトの定義

実行結果

```
■鈴木君の口座："鈴木龍一"（12345678）800円
■武田君の口座："武田浩文"（87654321）300円
```

クラス定義

まずは、1に着目しましょう。これは、クラス Account が“口座名義・口座番号・預金残高をまとめたクラス”であることを表す宣言です。

なお、この宣言は、**クラス定義**（*class definition*）と呼ばれます。

先頭の“`class Account {`”がクラス定義の開始であり、そのクラス定義は“`};`”まで続きます。関数定義とは違い、**クラス定義の末尾にはセミコロンが必要です。**

{}の中は、クラスの構成要素である**メンバ**（*member*）の宣言です。クラス Account を構成するのは、右に示す三つのメンバです。

- 口座名義を表す **string** 型の *name*
- 口座番号を表す **string** 型の *number*
- 預金残高を表す **long** 型の *balance*

いずれも値をもつ変数であって、このようなメンバは、**データメンバ**（*data member*）と呼ばれます。

クラス Account の定義とその構造を示したのが、**Fig.10-2** です。**配列**は同一型の要素を組み合わせて作る型でしたが、**クラス**は、任意の型の要素を組み合わせて作る型です。

なお、メンバに先立つ `public:` は、それ以降に宣言するメンバを、**クラスの外部に対して公開する**ことの指示です。

▶ public とコロン：のあいだには空白類を入れても構いません。

クラス Account は name, number, balance がまとめられた型

```
class Account {
public:
    string name;     // 口座名義
    string number;   // 口座番号
    long balance;    // 預金残高
};
```

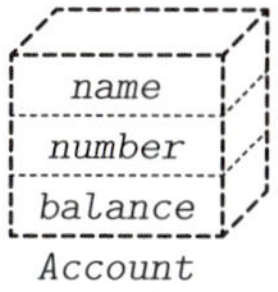

Fig.10-2　クラス定義とデータメンバの構成

クラス型のオブジェクト

クラス定義は、(名前は定義であるものの) 単なる《**型**》**の宣言**です。クラス *Account* 型の**実体**である《**オブジェクト**》を**宣言・定義**しているのが、**2**の箇所です。

この宣言を理解しやすくするために、**int** 型オブジェクトの宣言と並べてみます。

```
型名      オブジェクト名;
int       x;                // int     型のオブジェクトx      の宣言・定義
Account   suzuki;           // Account型のオブジェクトsuzukiの宣言・定義
Account   takeda;           // Account型のオブジェクトtakedaの宣言・定義
```

Account が型名で、*suzuki* や *takeda* がオブジェクト名であることがはっきりします。

さて、クラスは、タコ焼きを焼くための“**カタ**”のようなものです。上のように宣言・定義すると、カタから作られた本物の“**タコ焼き**”ができます (**Fig.10-3**)。

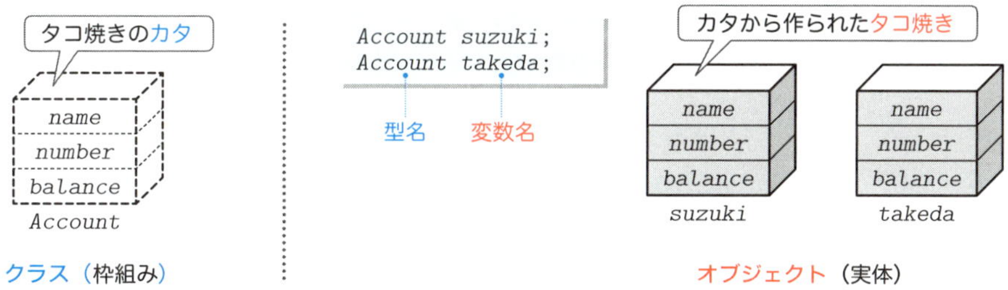

Fig.10-3　クラスとオブジェクト

ユーザ定義型

整数や実数などの数値を表現する **int** 型や **double** 型などの、言語が提供する型が**組込み型**と呼ばれることは、第４章で学習しました (p.132)。

これに対して、銀行口座のデータをひとまとめにしたクラス *Account* は、プログラマが自分で作成する型です (もちろん、誰かが作ったものを利用することもあります)。このような型は、**ユーザ定義型** (*user-defined type*) と呼ばれます。

メンバのアクセス

プログラムでは、鈴木君と武田君の各メンバに値を代入して表示しています。

クラス型オブジェクト内のメンバのアクセスに使うのが、**Table 10-1** に示す**クラスメンバアクセス演算子**（*class member access operator*）です。この演算子は、**. 演算子**（*.operator*）や**ドット演算子**（*dot operator*）とも呼ばれます。

Table 10-1 クラスメンバアクセス演算子（ドット演算子）

x.y	xのメンバyをアクセスする。

▶ ドット（dot）は『点』という意味です。『クラスメンバアクセス演算子』という名称は、ドット演算子 . と、**Table 10-2**（p.359）で学習するアロー演算子 -> の総称です。

たとえば、鈴木君の口座の各データメンバをアクセスする式は、次のようになります。

```
suzuki.name          // 鈴木君の口座名義
suzuki.number        //    〃    の口座番号
suzuki.balance       //    〃    の預金残高
```

武田君の口座を表すオブジェクト *takeda* も同様です（**Fig.10-4**）。

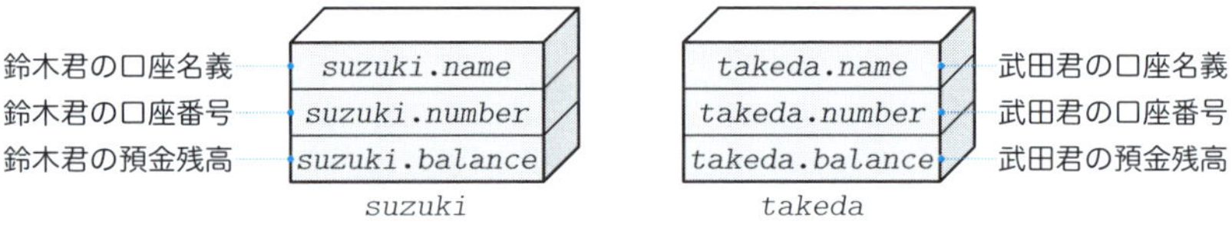

Fig.10-4 データメンバのアクセス

問題点

クラスの導入によって、口座のデータを表す変数間の関係がプログラム中に明確に埋め込まれました。しかし、まだ問題が残っています。

1 確実な初期化に対する無保証

プログラムでは、口座オブジェクトのメンバが**初期化されていません**。オブジェクトを作った後に値を**代入**しているだけです。値を設定するかどうかがプログラマに委ねられているため、初期化を忘れた場合は、思いもよらぬ結果が生じる危険性があります。初期化すべきオブジェクトは、初期化を強制するとよさそうです。

2 データの保護に対する無保証

鈴木君の預金残高である *suzuki.balance* は、誰もが自由に扱うことができます。このことを現実の世界に置きかえると、鈴木君でなくても（通帳や印鑑がなくても）、鈴木君の口座から自由にお金をおろせるということです。

口座番号を公開することはあっても、預金残高を操作できるような状態で公開するといったことは、現実の世界ではあり得ません。

ここで掲げた問題点を解決するように改良したのが、**List 10-3** のプログラムです。

クラス *Account* が複雑になった一方で、それを利用する **main** 関数が簡潔になっています。

List 10-3 chap10/list1003.cpp

```
// 銀行口座クラス（第２版）とその利用例
#include <string>
#include <iostream>

using namespace std;

class Account {
private:
    string full_name;       // 口座名義
    string number;          // 口座番号
    long crnt_balance;      // 預金残高

public:
    //--- コンストラクタ ---//
    Account(string name, string num, long amnt) {
        full_name = name;       // 口座名義
        number = num;           // 口座番号
        crnt_balance = amnt;    // 預金残高
    }
    //--- 口座名義を調べる ---//
    string name() {
        return full_name;
    }
    //--- 口座番号を調べる ---//
    string no() {
        return number;
    }
    //--- 預金残高を調べる ---//
    long balance() {
        return crnt_balance;
    }
    //--- 預ける ---//
    void deposit(long amnt) {
        crnt_balance += amnt;
    }
    //--- おろす ---//
    void withdraw(long amnt) {
        crnt_balance -= amnt;
    }
};

int main()
{
    Account suzuki("鈴木龍一", "12345678", 1000);      // 鈴木君の口座
    Account takeda("武田浩文", "87654321",  200);      // 武田君の口座

    suzuki.withdraw(200);                  // 鈴木君が200円おろす
    takeda.deposit(100);                   // 武田君が100円預ける

    cout << "■鈴木君の口座：\"" << suzuki.name() << "\" (" << suzuki.no()
         << ") " << suzuki.balance() << "円\n";

    cout << "■武田君の口座：\"" << takeda.name() << "\" (" << takeda.no()
         << ") " << takeda.balance() << "円\n";
}
```

実行結果

```
■鈴木君の口座："鈴木龍一"（12345678）800円
■武田君の口座："武田浩文"（87654321）300円
```

▶ 本章以降では、“プログラムを一目で見渡せるように” という観点から、プログラムやコメントの表記をぎっしり詰めています。ご自身でプログラムを作る際は、スペース・タブ・改行を入れるとともに、詳細なコメントを記入して、ゆとりある表記をするようにしましょう。

クラスAccount第2版の骨格を右に示しています。第1版と異なるのは、主として以下の3点です。

- データメンバの宣言の前に置かれていた **public:** が **private:** に変更されている。
- **public:** 以降で関数が定義されている。
- 口座名義と預金残高のデータメンバの変数名が変更されている。

```
class Account {
private:                                      非公開
    string full_name;      // 口座名義
    string number;         // 口座番号
    long crnt_balance;     // 預金残高

public:                                       公 開
    Account(string , string, long)
                           { /*…*/ }
    string name()          { /*…*/ }
    string no()            { /*…*/ }
    long balance()         { /*…*/ }
    void deposit(long)     { /*…*/ }
    void withdraw(long)    { /*…*/ }
};
```

第2版のイメージを表した **Fig.10-5** を見ながら、これらの点を理解していきましょう。

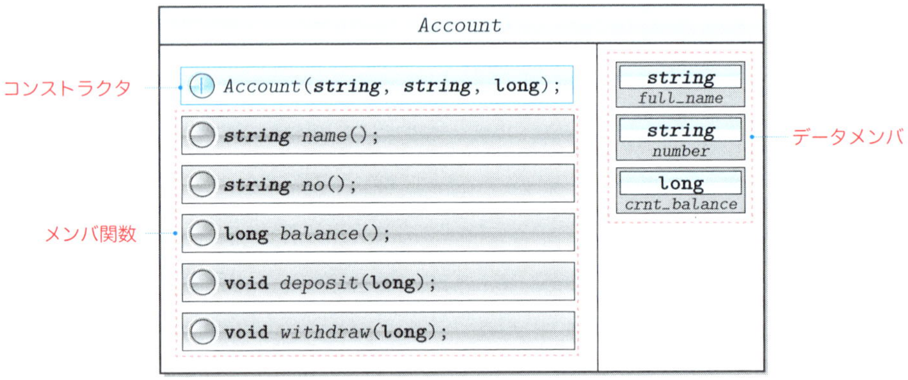

Fig.10-5 クラスAccountの構造

非公開メンバと公開メンバ

クラスAccountの第1版では、**public:** によって全データメンバを**公開**していました。第2版では、全データメンバを**非公開**にしています。**非公開メンバは、クラスの外部に対して存在を隠します**。非公開を指示するのが、**private:** です。

重要 **private** 宣言されたメンバは、クラスの外部に対して非公開となる。

そのため、クラスAccountにとって外部の存在である **main** 関数では、非公開のデータメンバ full_name, number, crnt_balance のアクセスは不可能です。もし **main** 関数に以下のようなコードがあれば、いずれもコンパイルエラーとなります。

```
suzuki.full_name = "柴田望洋";    // エラー：鈴木君の口座名義を書きかえる
suzuki.number = "99999999";       // エラー：鈴木君の口座番号を書きかえる
cout << suzuki.crnt_balance;      // エラー：鈴木君の預金残高を表示
```

情報を公開するかどうかを決定するのはクラス側です。『お願いですから、このデータを特別に見せてください。』と、クラスの外部から依頼することはできません。

みなさんは、各種のパスワードや暗証番号を秘密にしているでしょう。それと同じです。

データを外部から隠して不正なアクセスから守ることを**データ隠蔽**（いんぺい）（*data hiding*）といいます。データメンバを非公開としてデータ隠蔽を行えば、**データの保護性・隠蔽性だけでなく、プログラムの保守性も向上することが期待できます。**

すべてのデータメンバは、非公開とするのが原則です。

重要 データ隠蔽を実現してプログラムの品質を向上させるために、クラス内のデータメンバは、原則として非公開にすべきである。

▶ この後で学習するように、データメンバの値は、コンストラクタとメンバ関数を通じて間接的に読み書きできます。そのため、データメンバを非公開とすることによって不都合が生じることは基本的にありません。

`public:` も `private:` も指定されていなければ、メンバは**非公開**となります。また、クラス定義中には、`public:` や `private:` は何度出てきても構いません。再び `public:` や `private:` が現れるまで、指定は有効です。以上の規則をまとめたのが、**Fig.10-6** です。

なお、キーワード `public` と `private` は、**アクセス指定子**（*access specifier*）と呼ばれます。

▶ この他に、限定公開を指定する `protected` があります。

クラス *Account* の三つのデータメンバは、クラス定義中の先頭で宣言されています。そのため、仮に `private:` の指定を取り除いたとしても、これらは非公開となります。

```
class X {
    int a;      // 非公開
public:
    int b;      // 公開
    int c;
private:
    int d;      // 非公開
};
```

・アクセス指定がなければ非公開
・public: 以降は公開となる
・private: 以降は非公開となる
・public: や private: の順序は任意であって何度現れても構わない

Fig.10-6 アクセス指定とメンバの宣言

コンストラクタとメンバ関数

第１版の *Account* は、データメンバだけで構成されていました。第２版では、データメンバ以外に、《コンストラクタ》と《メンバ関数》と呼ばれる関数が追加されています。それぞれについて学習していきましょう。

▶ 第２版のクラス *Account* の定義では、“データメンバ➡コンストラクタ➡メンバ関数” の順に宣言が並んでいます。それぞれは、まとまっている必要もありませんし、順序も任意です。

コンストラクタ

クラス名と同じ名前の関数が**コンストラクタ**（*constructor*）です。コンストラクタの役割は、**オブジェクトを確実かつ適切に初期化する**ことです。

▶ construct は『構築する』という意味です。そのため、コンストラクタは**構築子**とも呼ばれます。

コンストラクタが呼び出されるのは、クラス型オブジェクトの生成時です。すなわち、プログラムの流れが以下の宣言文を通過して、網かけ部の式が評価される際に、コンストラクタが呼び出されて実行されます。

```
1 Account suzuki("鈴木龍一", "12345678", 1000);     // 鈴木君の口座
2 Account takeda("武田浩文", "87654321",  200);     // 武田君の口座
```

これらの宣言の形式は、次のようになっています。

クラス名 変数名 (実引数の並び);

▶ これは、組込み型の変数を ( ) 形式の初期化子で初期化する宣言（p.271）と同じ形式です。

```
int x(5);           // int型変数xを5で初期化：int x = 5;と同じ
```

コンストラクタの働きを示したのが、**Fig.10-7** です。呼び出されたコンストラクタは、仮引数 *name*, *num*, *amnt* に受け取った三つの値を、それぞれデータメンバ *full_name*, *number*, *crnt_balance* に代入します。

代入先の式は、*suzuki.number* や *takeda.number* ではなく、"単なる *number*" です。1で呼び出されたコンストラクタでの *number* は *suzuki.number* のことであり、2で呼び出されたコンストラクタでの *number* は *takeda.number* のことです。

このようにデータメンバの名前だけで表せるのは、コンストラクタが、**自分自身のオブジェクトが何であるかを知っているからです**。図に示すように、個々のオブジェクトに対して、専用のコンストラクタが存在します。

換言すると、"**コンストラクタは、特定のオブジェクトに所属する**" のです。たとえば、1で呼び出されたコンストラクタは *suzuki* に所属して、2で呼び出されたコンストラクタは *takeda* に所属します。

▶ 個々のオブジェクトに専用のコンストラクタを用意するのは、現実には不可能です。"コンストラクタが特定のオブジェクトに所属する" というのは、概念上のものであって、物理的にそうなっているわけではありません。コンパイルの結果生成されるコンストラクタ用の内部的なコードは、実際は1個だけです。

コンストラクタは、非公開データメンバ *full_name*, *number*, *crnt_balance* に自由にアクセスする権利をもっています。というのも、コンストラクタはクラス *Account* にとって内輪（うちわ）の存在だからです。

*

さて、1と2の宣言を以下のように書きかえてみましょう。そうすると、コンパイルエラーが発生します。

```
Account suzuki;                     // エラー：引数がない
Account takeda("武田浩文");          // エラー：引数が不足
```

コンストラクタが**不完全あるいは不正な初期化を防止する**ことが分かります。

重要 クラス型を作るときは、コンストラクタを用意して、オブジェクトを確実かつ適切に初期化する手段を提供しよう。

なお、コンストラクタは**値を返却できません**。

▶ すなわち、コンストラクタの宣言で返却値型を与えることはできません（voidと宣言することもできません）。

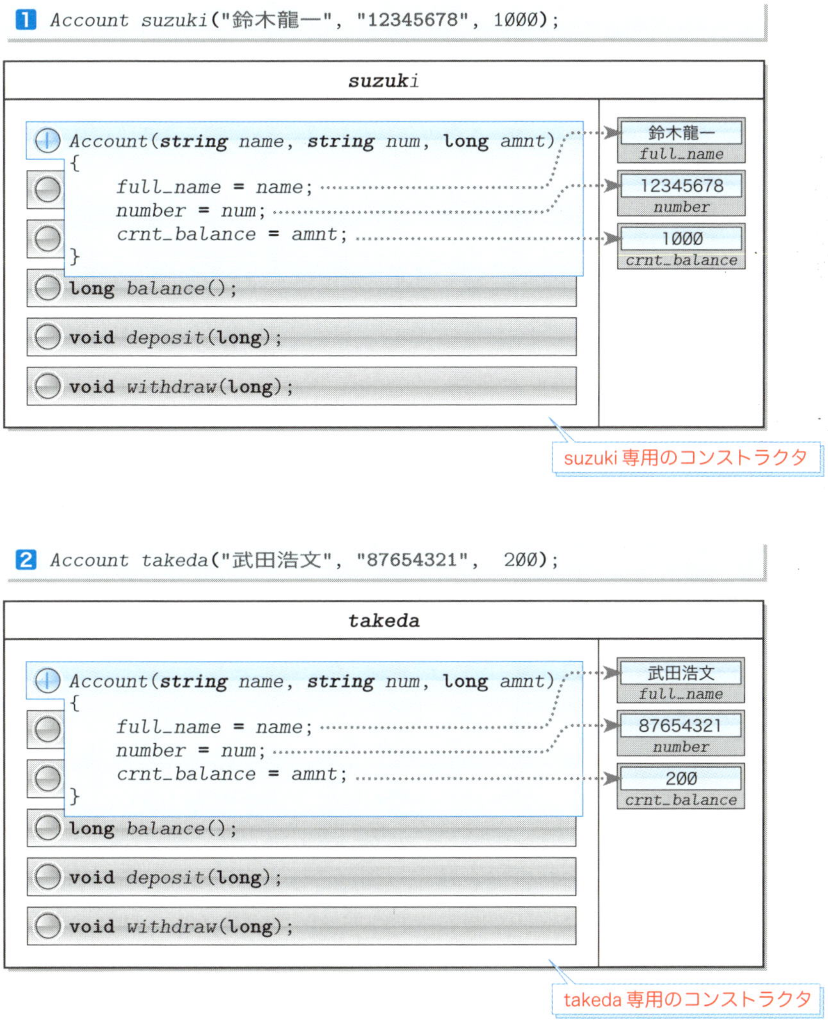

Fig.10-7 オブジェクトとコンストラクタ

メンバ関数とメッセージ

コンストラクタを含め、クラスの内部に存在して、非公開のメンバにもアクセスできる特権をもった関数が**メンバ関数**（*member function*）です。

▶ コンストラクタは、オブジェクト生成時に呼び出される特殊なメンバ関数です。

クラス Account には、コンストラクタ以外に５個のメンバ関数があります。

- *name* ：口座名義を **string** 型で返す。
- *no* ：口座番号を **string** 型で返す。
- *balance* ：預金残高を **long** 型で返す。
- *deposit* ：お金を預ける（預金残高を増やす）。
- *withdraw* ：お金をおろす（預金残高を減らす）。

前章までに学習してきた関数とは異なり、クラスのメンバ関数は、そのクラスの個々のオブジェクトごとに作られます。そのため、*suzuki* も *takeda* も、自分専用のメンバ関数 *name*, *no*, *balance*, … をもちます。

換言すると、**"メンバ関数は、特定のオブジェクトに所属する"** のです。

重要 メンバ関数は、概念的には、個々のオブジェクトごとに作られて、そのオブジェクトに所属する。

▶ 個々のオブジェクトごとにメンバ関数が作られるというのは、あくまでも概念上のものです。コンストラクタと同様に、コンパイルの結果作られる内部的なコードは１個です。

メンバ関数は、クラスにとって内輪の存在ですから、非公開のデータメンバに自由にアクセスできます。この点はコンストラクタと共通です。

また、メンバ関数の中では、*suzuki.number* や *takeda.number* ではなく、単なる *number* によって、自分が所属するオブジェクトの口座番号のデータメンバにアクセスできます。この点も、コンストラクタと同じです。

メンバ関数の呼出しには、**Table 10-1**（p.338）で学習した**ドット演算子 .** を利用します。以下に示すのが、メンバ関数呼出し式の一例です。

```
1 suzuki.balance()          // 鈴木君の預金残高を調べる
2 suzuki.withdraw(200)      // 鈴木君の口座から200円おろす
3 takeda.deposit(100)       // 武田君の口座に100円預ける
```

1の呼出しによって、鈴木君の預金残高を調べる様子を示したのが、**Fig.10-8** です。*suzuki* に対して呼び出されたメンバ関数 balance は、データメンバ *crnt_balance* の値をそのまま返却します。

クラスの外部から直接アクセスできない口座番号や預金残高などの非公開のデータメンバも、**メンバ関数を通じて間接的にアクセスできます。**

10 クラスの基本

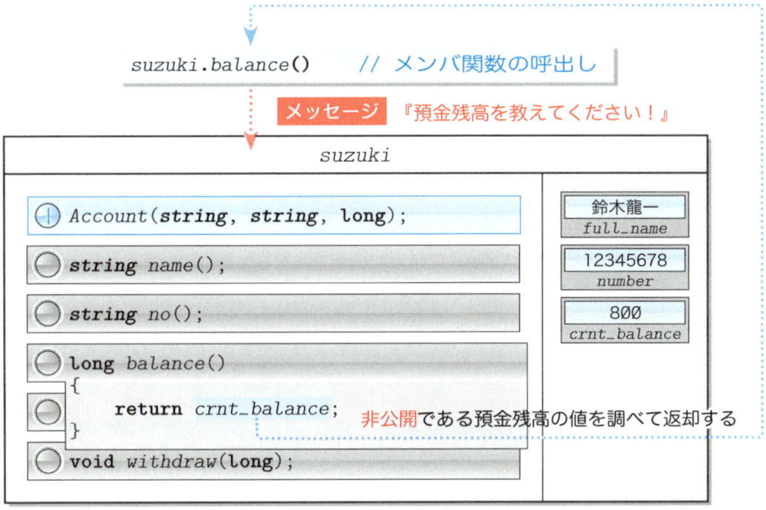

Fig.10-8　メンバ関数の呼出しとメッセージ

オブジェクト指向プログラミングの世界では、メンバ関数は**メソッド**（*method*）とも呼ばれます。また、メンバ関数を呼び出すことは、次のように表現されます。

オブジェクトに“メッセージを送る”。

図に示すように、メンバ関数の呼出し式 *suzuki.balance()* は、オブジェクト *suzuki* に対して『預金残高を教えてください！』というメッセージを送ります。

その結果、オブジェクト *suzuki* は『預金残高を返却してあげればいいのだな。』と能動的に意思決定を行って、『○○円ですよ。』と返答します。

そうすると、次のような疑問がわき上がってくるでしょう。

データメンバの値を設定したり調べたりするだけのために、わざわざ関数を呼び出していては、実行効率が低下するのではないか？

もっともな疑問ですが、**心配は無用です。クラス定義の中に埋め込まれたメンバ関数は、自動的にインライン関数**（p.232）**となる**からです。そのため、

```
suzuki.balance()
```

は、次に示すのと同等なコードに変換された上でコンパイルされます。

```
x = suzuki.crnt_balance;      // 実質的なコード
```

▶　インライン関数が、必ずしもインラインに展開されるとは限らないことを第６章で学習しました。メンバ関数も同様です。

データメンバとアクセッサ

クラス *Account* の第２版への改良にあたっては、データメンバの名前を変更しています。口座名義を *name* から *full_name* に変更し、預金残高を *balance* から *crnt_balance* に変更しています。そして、口座名義を調べるメンバ関数名を *name* にして、預金残高を調べるメンバ関数名を *balance* にしています。

『データメンバと、その値を調べるメンバ関数は、同一名にすればよいのではないか。』と疑問をもたれたかもしれません。しかし、以下に示す制限があります。

重要 同じクラスに所属するデータメンバとメンバ関数とが同一の名前をもつことは許されない。

さて、メンバ関数 *name*, *no*, *balance* は、それぞれ、データメンバ *full_name*, *number*, *crnt_balance* の値を調べて返却するだけの働きをします。このように、**特定のデータメンバの値を取得して返却するメンバ関数は、ゲッタ**（*getter*）**と呼ばれます。**

なお、ゲッタとは逆に、**データメンバに特定の値を設定するメンバ関数はセッタ**（*setter*）**と呼ばれます。**また、**ゲッタとセッタの総称がアクセッサ**（*accessor*）**です。**

▶ クラス Account には、ゲッタはありますが、セッタはありません。

メンバ関数とコンストラクタ

コンストラクタは、特殊なメンバ関数です。そのため、次のように、生成ずみオブジェクトに対してコンストラクタを呼び出すことはできません。

```
suzuki.suzuki("鈴木龍一", "12345678", 5000);     // コンパイルエラー
```

＊

さて、第１版のクラス *Account* では、コンストラクタを定義していないにもかかわらず、オブジェクトの生成が可能でした。

実は、コンストラクタを定義していないクラスには、本体が空であって引数を受け取らないコンストラクタが、コンパイラによって自動的に作られます。なお、そのコンストラクタは、公開アクセス性をもつインライン関数です。

重要 コンストラクタを定義しないクラスには、本体が空であって引数を受け取らない public で inline のコンストラクタが、コンパイラによって自動的に定義される。

すなわち、第１版のクラス *Account* には、以下のコンストラクタがコンパイラによって自動的に作られていたのです。

```
class Account {
public:
    Account() { }    // コンパイラによって自動的に作られたコンストラクタ
};
```

Column 10-1 データメンバとゲッタの命名

データメンバと、そのゲッタの名前を同一にできないため、それらの命名に関して、いくつかのスタイルが考案されています。

① データメンバとゲッタ名を異なる名前とする

データメンバとゲッタに、まったく異なる名前を与えます。

```
class C {
    int number;
    string full_name;
public:
    int no() { return number; }                 // numberのゲッタ
    string name() { return full_name; }         // full_nameのゲッタ
};
```

クラス Account 第２版で採用したスタイルです。データメンバとゲッタの名前の両方を考案した上で、名前を使い分ける必要があるという点で、クラス開発者に負担がかかります。ただし、このことを裏返すと、クラス利用者に公開されたゲッタ名から、非公開のデータメンバ名を推測される危険性がなくなる、という長所につながります。

② データメンバ名に下線を付ける

データメンバ名の末尾に下線 _ を付けておき、ゲッタの名前は、下線を外したものとします。

```
class C {
    int no_;
    string name_;
public:
    int no() { return no_; }                    // no_のゲッタ
    string name() { return name_; }             // name_のゲッタ
};
```

データメンバ名に下線が付くため、プログラムの記述や解読が行いにくくなり、クラス開発者に負担がかかります。また、非公開であるデータメンバ名が、クラス利用者に推測されてしまう可能性があります。

なお、下線をデータメンバ名の後ろでなく、前に付けるスタイルもあります。

③ ゲッタの先頭に get_ を付ける

データメンバ名の前に get_ を付けたものをゲッタの名前とします。

```
class C {
    int no;
    string name;
public:
    int get_no() { return no; }                 // noのゲッタ
    string get_name() { return name; }          // nameのゲッタ
};
```

命名規則がシンプルであるため、クラス開発者がメンバ関数の命名に迷うこともありませんし、プログラムの記述も楽に行えます。その一方で、メンバ関数名が長くなり、非公開のデータメンバ名がクラス利用者にバレてしまいます。

なお、Java では、フィールド（データメンバ）abc のゲッタ名を getAbc とし、セッタ名を setAbc とするスタイルが広く使われています。

C++ が提供する標準ライブラリのメンバ関数名は、シンプルなものが多く、①や②のようなスタイルで命名が行われています。③のように、get_ が付けられたメンバ関数は存在しません。

クラスとオブジェクト

一般に、メンバ関数は、自分が所属するオブジェクトのデータメンバの値をもとに処理を行ったり、データメンバの値を更新したりします。メンバ関数とデータメンバは、緻密に連携しているわけです。

▶ たとえば、suzuki.balance() は、オブジェクト suzuki の預金残高の値を調べて返却します。また、takeda.deposit(100) は、オブジェクト takeda の預金残高の値を 100 だけ増やします。

データメンバを非公開として外部から保護した上で、メンバ関数とうまく連携させることをカプセル化（*encapsulation*）といいます。

▶ 成分を詰めて、それが有効に働くようにカプセル薬を作ること、と考えればいいでしょう。

Fig.10-9 に示すのは、クラス Account 型と、その型の二つのオブジェクトです。

図**a**のクラスを「回路」の《設計図》と考えましょう。そうすると、その設計図に基づいて作られた実体としての《回路》が、図**b**に示すクラス型のオブジェクトです。

回路であるオブジェクトのパワーを起動するとともに、受け取った口座名義と口座番号と預金残高を各データメンバにセットするのが**コンストラクタ**です。コンストラクタは、《電源ボタン》によって呼び出されるチップ＝小型の回路と考えられますね。

そして、**データメンバの値**は、その回路＝オブジェクトの現在の状態を表します。そのため、データメンバの値は、ステート（*state*）とも呼ばれます。

▶ state は『状態』という意味です。たとえば、データメンバ crnt_balance は、現在の預金残高がいくらなのか、という状態を long 型の整数値として表します。

Column 10-2 **インラインメンバ関数と前方参照**

通常の非メンバ関数は、宣言されていない変数や関数の前方参照（自分より後ろ側で定義された変数や関数をアクセスしたり呼び出したりすること）ができません（p.196）。ところが、クラスのメンバ関数には、そのような制限は課せられません。**同一クラス内であれば、後方で宣言・定義されている変数や関数にアクセスできます。**以下に示すのが、コードの一例です。

```
class C {
public:
    int func1() { return func2(); }    // 後方で定義されている関数の呼出し
    int func2() { return x; }          // 後方で宣言されている変数のアクセス
private:
    int x;
};
```

関数 func1 では、自分より後方で定義されている関数 func2 を呼び出しています。また、その関数 func2 では、自分より後方で宣言されている変数（データメンバ）をアクセスしています。コンパイルエラーとならないのは、コンパイラが、クラス定義を一通り最後まで読んだ後で、メンバ関数を含むクラス全体のコンパイル作業を始めるからです。

ここに示すクラス C は、公開メンバが先頭側、非公開メンバが末尾側で宣言・定義されています。このように、公開メンバを先頭側で宣言・定義すべきである、という原則を採用するプログラミングスタイルもあります（本書では、データメンバを先頭側に置くスタイルを採用しています）。

一方、**メンバ関数**は回路の**振舞い**（*behavior*）を表します。各メンバ関数は、回路の現在のステート（状態）を調べたり、変更するためのチップです。

▶ たとえば、非公開である預金残高 `crnt_balance` の値（状態）は、外部からは直接見ることができません。その代わり、`balance()` ボタンを押すことによって調べられるようになっています。

C言語のプログラムや、本書の前章までのプログラムは、（実質的には）**関数の集合**ですが、クラスを多用するC++のプログラムは、（理想的には）**クラスの集合**となります。

集積回路の設計図＝クラスを優れたものとすれば、C++がもつ強大なパワーを発揮できます。

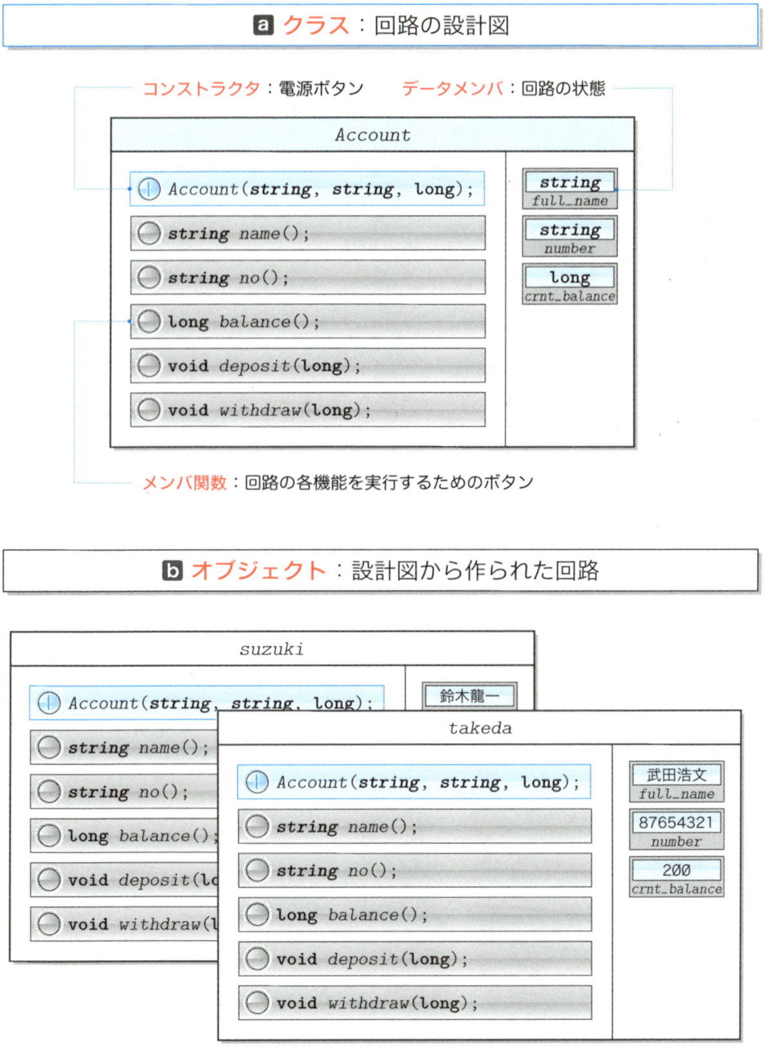

Fig.10-9 クラスとオブジェクト

10-2 クラスの実現

本節では、クラスを記述するための、ソースプログラムやヘッダの実現法などを学習していきます。

クラス定義の外でのメンバ関数の定義

第2版の口座クラス Account では、すべてのメンバ関数の定義がクラス定義の中に埋め込まれています。しかし、大規模なクラスであれば、クラスのすべてを単一のソースファイルで管理するのは困難です。

そのため、コンストラクタを含め、メンバ関数の定義は、クラス定義の外でも行えるようになっています。**List 10-4** に示すのが、コンストラクタと二つのメンバ関数 deposit と withdraw の関数定義を、クラス定義の外に移動したプログラムです。

▶ 第2版のクラス定義の冒頭にあった **private:** は削除しています。

クラス定義の外でメンバ関数の**定義**を行う場合でも、**宣言**だけはクラス定義の中に必要です。すなわち、宣言・定義は、以下のように行います。

1. クラス定義の**中**ではメンバ関数の関数宣言を行う。
2. クラス定義の**外**ではメンバ関数の関数定義を行う。

さて、コンストラクタを含め、クラスの外で定義されたメンバ関数の名前は、以下に示す形式となっています。

クラス名 :: メンバ関数名

関数名の前に“**クラス名 ::**”を付けるのは、宣言するメンバ関数の名前が**クラス有効範囲**（*class scope*）中にあることを示すためです。

たとえば、預金残高を調べるメンバ関数 deposit は、

クラス Account に所属する deposit

ですから、Account::deposit となります。

重要 **クラス C のメンバ関数 func は、クラス定義の外では以下の形式で定義する。**
返却値型 C::func(仮引数宣言節) { /* … */ }

クラス定義の中で定義されたメンバ関数が、自動的にインライン関数とみなされることを p.345 で学習しました。

一方、**クラス定義の外で定義されたメンバ関数は、インライン関数ではありません。**

▶ そのため、コンストラクタとメンバ関数 deposit および withdraw は、非インライン関数です。

List 10-4 chap10/list1004.cpp

```
// 銀行口座クラス（第３版：メンバ関数の定義を分離）とその利用例

#include <string>
#include <iostream>

using namespace std;

class Account {
	string full_name;	// 口座名義
	string number;		// 口座番号
	long crnt_balance;	// 預金残高

public:
	Account(string name, string num, long amnt);	// コンストラクタ	宣言

	string name()	{ return full_name; }		// 口座名義を調べる
	string no()	{ return number; }		// 口座番号を調べる
	long balance() { return crnt_balance; }	// 預金残高を調べる

	void deposit(long amnt);			// 預ける	宣言
	void withdraw(long amnt);			// おろす	宣言
};

//--- コンストラクタ ---//
Account::Account(string name, string num, long amnt)
{
	full_name = name;		// 口座名義
	number = num;		// 口座番号				定義
	crnt_balance = amnt;	// 預金残高
}

//--- 預ける ---//
void Account::deposit(long amnt)
{								定義
	crnt_balance += amnt;
}

//--- おろす ---//
void Account::withdraw(long amnt)
{								定義
	crnt_balance -= amnt;
}

int main()
{
	Account suzuki("鈴木龍一", "12345678", 1000);	// 鈴木君の口座
	Account takeda("武田浩文", "87654321",  200);	// 武田君の口座

	suzuki.withdraw(200);			// 鈴木君が200円おろす
	takeda.deposit(100);			// 武田君が100円預ける

	cout << "■鈴木君の口座：\"" << suzuki.name() << "\" (" << suzuki.no()
	     << ") " << suzuki.balance() << "円\n";

	cout << "■武田君の口座：\"" << takeda.name() << "\" (" << takeda.no()
	     << ") " << takeda.balance() << "円\n";
}
```

実行結果

```
■鈴木君の口座："鈴木龍一"（12345678）800円
■武田君の口座："武田浩文"（87654321）300円
```

実行効率が重視されるプログラムを開発するには、この点を押さえておかなければなりません。

重要 クラス定義の外で定義されたメンバ関数は、インライン関数ではない。

▶ インライン関数にするためには、明示的に inline を付けて定義する必要があります。

ヘッダ部とソース部の分離

これまでのプログラムは、クラスの定義と、それを利用する main 関数を単一のソースファイルで実現しています。

とはいえ、設計・開発から利用までのすべてを一人で行って、しかもそれが単一のソースファイルに収まるのは、小規模なクラスに限られます。

クラスを利用しやすくするには、独立したファイルとすべきです。また、クラスの利用者にとって、メンバ関数の宣言は必要ですが、必ずしも定義は必要ではありません。保守の点などから考えても、クラス定義と、メンバ関数の定義は、別々のファイルとして実現すべきです。そのため、クラスの一般的な構成は **Fig.10-10** のようになります。

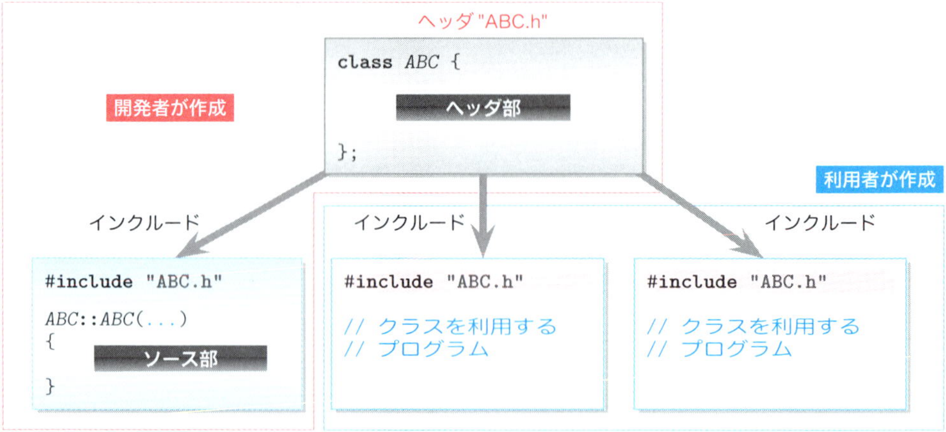

Fig.10-10　クラスの実現

クラスの開発者は、以下の二つのソースファイルを作ります。

- ヘッダ部 … クラス定義などを含む。
- ソース部 … メンバ関数の定義などを含む。

▶ 図に示すのは、ソース部が単一のファイルで実現できる例です。大規模なクラスになると、ソース部自体が複数個のファイルに分割されます。なお、本書では、クラスのヘッダ部を保存するファイルには、拡張子 .h を付けます。

クラス定義を含むヘッダ部は、クラスを開発・利用するプログラムにとっての《窓口》です。窓口をヘッダ "ABC.h" で供給するのですから、クラスのソース部でも、クラスを利用するプログラムでも、

```
#include "ABC.h"
```

とインクルードすることによって、*ABC* のクラス定義を取り込みます。

クラスの利用者にとって、ヘッダ部は必須です。クラス定義がなければコンパイルが行えないからです。その一方で、ソース部は必須ではありません。というのも、コンパイルずみオブジェクトファイルが用意されていれば、それをリンクすることでクラスを利用できるからです。実際、C++ の標準ライブラリは、ヘッダ部のみが提供され、ソース部はコンパイルずみのライブラリファイルとして提供されるのが一般的です。

＊

ヘッダ部とソース部を独立したファイルとして実現した銀行口座クラスのプログラムを作りましょう。**List 10-5** に示すのがヘッダ部で、**List 10-6** に示すのがソース部です。

List 10-5 Account04/Account.h

```
// 銀行口座クラス（第４版：ヘッダ部）

#include <string>

class Account {
    std::string full_name;  // 口座名義
    std::string number;     // 口座番号
    long crnt_balance;      // 預金残高

public:
    Account(std::string name, std::string num, long amnt);  // コンストラクタ

    std::string name()  { return full_name; }       // 口座名義を調べる
    std::string no()    { return number; }          // 口座番号を調べる
    long balance()      { return crnt_balance; }    // 預金残高を調べる

    void deposit(long amnt);                        // 預ける
    void withdraw(long amnt);                       // おろす
};
```

List 10-6 Account04/Account.cpp

```
// 銀行口座クラス（第４版：ソース部）

#include <string>
#include <iostream>
#include "Account.h"

using namespace std;

//--- コンストラクタ ---//
Account::Account(string name, string num, long amnt)
{
    full_name = name;       // 口座名義
    number = num;           // 口座番号
    crnt_balance = amnt;    // 預金残高
}

//--- 預ける ---//
void Account::deposit(long amnt)
{
    crnt_balance += amnt;
}

//--- おろす ---//
void Account::withdraw(long amnt)
{
    crnt_balance -= amnt;
}
```

ヘッダと using 指令

List 10-5 のヘッダ部には、これまでのプログラムとは異なる点があります。それは、文字列を表す ***string*** 型を、“std::***string***” で表していることです（**Fig.10-11** **a**）。

string クラスは、std 名前空間に所属する型です。そのため、図**b**に示すように、ヘッダ内に **using** 指令を置けば、単なる ***string*** で表せます。

a ヘッダ内にusing指令を置かない ○

```
// Account.h

class Account {
    std::string full_name;
    std::string number;
    long crnt_balance;
    // ...
};
```

```
#include "Account.h"

int main()
{

    // 中略

}
```

b ヘッダ内にusing指令を置く ×

```
// Account.h
using namespace std;

class Account {
    string full_name;
    string number;
    long crnt_balance;
    // ...
};
```

```
#include "Account.h"

int main()
{
    // 中略

}
```

インクルードするファイルにまで影響が及ぶ

Fig.10-11　ヘッダ内の using 指令の有無

ただし、図**b**のように実現されたヘッダには、一つ大きな問題が潜んでいます。それは、そのヘッダをインクルードするソースファイルで、“**using namespace** std;” という **using** 指令が有効になってしまうことです。もちろん、クラスの利用者が、必ずしも、そのような状況を好むわけではありません。そのため、以下の教訓が導かれます。

重要 原則として、ヘッダの中に **using** 指令を置いてはならない。

▶ たとえば、名前空間 *hakata* に所属する博多弁文字列クラス *hakata*::***string*** を自作して、標準ライブラリ std::***string*** と使い分けているとします。そのような場合、ヘッダをインクルードするだけで、“**using namespace** std;” の **using** 指令が勝手に有効になると、不都合が生じます。

なお、List 10-6 のソース部には、**using** 指令が置かれています。ここでの **using** 指令は、このソースファイルの中でのみ通用するものであって、他のソースファイルに影響を与えないからです。

▶ もちろん、冒頭の **using** 指令を削除した上で、すべての ***string*** を std::***string*** に書きかえることもできます。

Column 10-3 stringクラス

文字列を扱う*string*クラスは、第１章からたびたび利用してきました。実は、C++の標準ライブラリには、"*string*" という名称のクラスは存在しません。その正体は、**クラステンプレート** *basic_string*を "明示的に特殊化した" テンプレートクラスです。

※第９章では、関数テンプレートや特殊化について学習しました。本書では学習しないのですが、テンプレートは、関数だけでなく、クラスにも適用できます。

クラステンプレート **basic_string** を文字 **char** 用に特殊化したテンプレートクラスが *string* で、ワイド文字 **wchar_t** 用に特殊化したテンプレートクラスが *wstring* です。

ここでは、重要な事項のみを簡単に学習します。

■ 文字列の長さ

文字列の格納先は動的に確保されます。文字列の長さは、非公開データメンバによって管理されています（ナル文字を末尾に配置して終端の目印とするＣ言語の手法は使われていません）。

■ 容量

文字列の長さに応じて必要な記憶域の大きさが増減するため、格納できる文字数である《容量》を指定したり予約したりできるようになっています。長さを調べるsize、容量を指定するresize、最低限の容量を予約するreserveといったメンバ関数が提供されます。

■ 要素のアクセス

文字列内の個々の文字をアクセスする手段として、以下に示す２種類の方法が提供されます。

- 添字の範囲をチェックしない添字演算子 **[]**
- 不正な添字に対して *out_of_range* の例外を送出するメンバ関数at

*string*クラスを利用するプログラム例を、**List 10C-1** に示します。

List 10C-1 chap10/list10c01.cpp

```
// stringクラスの利用例

#include <string>
#include <iostream>

using namespace std;

int main()
{
    string s1 = "ABC";
    string s2 = "HIJKLMN";
    string digits = "0123456789";

    s1 += "DEF";                              // s1の末尾に"DEF"を連結
    s1 += 'G';                                // s1の末尾に'G'を連結
    s1 += s2;                                 // s1の末尾に"HIJKLMN"を連結
    s1.insert(6, digits.substr(5, 3));        // s1[6]に"567"を挿入

    s2.replace(3, 2, "kl");                   // s2[3]～s2[4]を"kl"に置換
    s2.erase(6);                              // s2[6]を削除

    cout << "s1 = ";
    for (int i = 0; i < s1.length(); i++)
        cout << s1[i];
    cout << '\n';
    cout << "s2 = " << s2 << '\n';
}
```

実行結果

```
s1 = ABCDEF567GHIJKLMN
s2 = HIJklM
```

メンバ関数の結合性

クラス定義の中で定義されたメンバ関数がインライン関数となり、クラス定義の外で定義されたメンバ関数がインライン関数とならないことを、本節で学習しました。

▶ これは、inline 指定子を明示的に与えない場合でのことです。クラス定義の外での関数定義に inline 指定子を付けると、インライン関数となります。

また、メンバ関数ではない通常の関数について、インライン関数は内部結合をもち、そうでない関数は（static を付けて宣言しない限り）外部結合をもつことを、第９章で学習しました。メンバ関数の場合も同様であり、次のようになります。

重要 クラス定義の中で定義されたメンバ関数は内部結合をもち、クラス定義の外で（明示的に inline を指定せずに）定義されたメンバ関数は外部結合をもつ。

このことについて、クラスの中で定義されたメンバ関数 *balance* と、クラスの外で定義されたメンバ関数 *deposit* を例に、Fig.10-12 を見ながら理解していきましょう。

▶ スペースの都合上、これら二つのメンバ関数以外は省略しています。実行プログラムを作成する際は、"Account.cpp" と "func.cpp" と "main.cpp" の３個のソースファイルをコンパイルして得られる３個のオブジェクトファイルをリンクします。

■ クラス定義の中で（ヘッダ部で）定義されたメンバ関数 *balance*

ヘッダ "Account.h" をインクルードする、すべてのソースファイルに関数定義が取り込まれます。そのため、"func.cpp" と "main.cpp" の両方に、メンバ関数 *balance* の定義が埋め込まれます。すなわち、定義は２個です。

▶ この図では、関数 *balance* をインラインに展開されていない状態で示しています。
"func.cpp" で呼び出されている❶の *balance* は、"func.cpp" に埋め込まれた *balance* であり、"main.cpp" で呼び出されている❸の *balance* は、"main.cpp" に埋め込まれた *balance* です。

インラインで内部結合をもつため、メンバ関数の識別子は、ソースファイルに特有のものです（他のソースファイルから見えないように隠されています）。

そのため、３個のソースファイルをコンパイルしたオブジェクトファイルをリンクする際に、識別子重複のリンク時エラーが発生することはありません。

■ クラス定義の外で（ソース部で）定義されたメンバ関数 *deposit*

このメンバ関数は、ソース部 "Account.cpp" で定義されており、定義は１個のみです。その識別子は外部結合をもちますので、他のソースファイルから呼び出せる状態です。

▶ ソースプログラム "func.cpp" と "main.cpp" から呼び出されている❷と❹の *deposit* は、"Account.cpp" で定義された関数 *deposit* です。

関数の実体が１個だけですから、三つのソースファイルをコンパイルしたオブジェクトファイルのリンク時に、識別子重複のリンク時エラーが発生することはありません。

※スペースの都合上、メンバ関数 balance と deposit 以外は省略しています。

```
// Account.h … クラスAccountのヘッダ部
class Account {
public:
    long balance() { return crnt_balance; }
    void deposit(long amnt);
};
```

内部結合かつインライン

このヘッダをインクルードするすべてのソースファイルに関数定義が埋め込まれる。

```
// Account.cpp … クラスAccountのソース部
#include "Account.h"

void Account::deposit(long amnt)
{
    crnt_balance += amnt;
}
```

外部結合かつ非インライン

関数の定義は１個のみ。他のソースプログラムから呼び出せる。

Account.cpp で定義されたメンバ関数 deposit の呼出し

インクルードの結果、同一名の関数の定義が複数のソースファイルに埋め込まれる。
その識別子は内部結合をもつため、ソースファイル内でのみ通用する。
定義は２個だが、識別子重複のリンク時エラーが発生することはない。

```
// func.cpp
#include "Account.h"

インクルードの結果 埋め込まれる、内部結合かつインラインである関数 balance の定義
inline long Account::balance() { return crnt_balance; }

void func()
{
    Account x("Mr.X", "99999999", 100);
    long b = x.balance();  1
    x.deposit(100);
}  2
```

```
// main.cpp
#include "Account.h"

インクルードの結果 埋め込まれる、内部結合かつインラインである関数 balance の定義
inline long Account::balance() { return crnt_balance; }
void func();
int main()
{
    func();
    Account y("Mr.Y", "88888888", 300);
    long c = y.balance();  3
    y.deposit(100);
}  4
```

Fig.10-12 クラス定義の内外で定義されたメンバ関数

ヘッダとメンバ関数

クラス Account 第４版では、三つのメンバ関数 name、no、balance の関数定義が、クラス定義の中にあります。このことは、以下のことを示しています。

1 インライン関数となるため、効率のよい処理が期待できる。
2 クラスの利用者に対して、非公開部の詳細までをも暴露している。

1は好ましいことですが、2はどうでしょう。

実は、**C++ のクラス定義は、非公開部の中身が（それなりに）見えてしまう状態で利用者に提供せざるを得ない仕様となっています。**

メンバ関数のインライン関数化によるプログラムの実行効率を向上させる努力を完全に放棄するのであれば、クラスの利用者に対して《公開部》のみを提供するような言語仕様とすることもできるでしょう。

しかし、そうすると、コンパイルの結果作成される実行プログラムは、実行速度という点での《**品質**》が低下します。C++ のクラスは、"C 言語と同程度（あるいは、それ以上）の実行効率をもたなければならない" という使命を与えられているがゆえの中途半端な仕様となっているのです。C++ の本音は、次のような感じなのではないでしょうか。

効率のためだったら、他人さまに見せるべきではないものを見られてもいいや！

なお、ヘッダ部で提供するクラス定義に適切なコメントを記入しておけば、単なるプログラムではなく、立派なドキュメントにもなります。

重要 外部との窓口であり、ブラックボックスでもあるクラス定義は、原則としてヘッダに記述する。それは、クラスの《仕様書》となる。

-> 演算子によるメンバのアクセス

クラス Account 第４版を利用するプログラム例を **List 10-7** に示します。

▶ "Account.cpp" と "AccountTest.cpp" の両方をそれぞれコンパイルした上で、リンクする必要があります（p.363）。

これまでのプログラムとは異なり、口座の情報を表示する処理を、独立した関数 print_Account として実現しています。この関数は、文字列の title と、Account へのポインタ型の p を仮引数として受け取って、文字列 title と、p が指すクラス Account 型オブジェクトの口座情報である口座名義・口座番号・預金残高を表示します。

さて、ポインタ p が指すオブジェクトを *p と表せることは、第７章で学習しました。そのため、p が指すクラスオブジェクト *p のメンバ m を表す式は以下のようになります。

```
(*p).m                    // pが指すオブジェクト*pのメンバm
```
同じ

▶ この式から *p を囲む ( ) を削除することはできません。アドレス演算子 * よりドット演算子 . の優先度のほうが高いからです。

List 10-7 Account04/AccountTest.cpp

```
// 銀行口座クラス（第４版）の利用例

#include <string>
#include <iostream>
#include "Account.h"

using namespace std;

//--- pが指すAccountの口座情報（口座名義・口座番号・預金残高）を表示 ---//
void print_Account(string title, Account* p)
{
    cout << title
         << p->name() << "\" (" << p->no() << ") " << p->balance() << "円\n";
}

int main()
{
    Account suzuki("鈴木龍一", "12345678", 1000);        // 鈴木君の口座
    Account takeda("武田浩文", "87654321",  200);        // 武田君の口座

    suzuki.withdraw(200);          // 鈴木君が200円おろす
    takeda.deposit(100);           // 武田君が100円預ける

    print_Account("■鈴木君の口座：", &suzuki);

    print_Account("■武田君の口座：", &takeda);
}
```

実行結果

```
■鈴木君の口座："鈴木龍一" (12345678) 800円
■武田君の口座："武田浩文" (87654321) 300円
```

ただし、この式は煩雑ですから、以下の形式で表記できるようになっています。

```
p->m                     // pが指すオブジェクト*pのメンバm
```

アロー演算子（*arrow operator*）と呼ばれる **-> 演算子**（*-> operator*）は、ドット演算子と同様に、クラスオブジェクトのメンバをアクセスする演算子です。**Table 10-2** に示すように、*x*->*y* は、(**x*).*y* と同等です。

Table 10-2 クラスメンバアクセス演算子（アロー演算子）

x->*y*	*x* が指すオブジェクトのメンバ *y* をアクセスする（すなわち (**x*).*y* と同じ）。

▶ アロー演算子という名称は、-> の形状が**矢印**（*arrow*）に似ていることに由来します。

関数 print_Account では、アロー演算子 -> を利用して、メンバ関数 name、no、balance を呼び出しています。

重要 ポインタ *p* が指すオブジェクトのメンバ *m* である (**p*).*m* は、**アロー演算子 ->** を利用した式 *p*->*m* でアクセスできる。

▶ ここでは、関数 print_Account の第２引数を《**ポインタの値渡し**》によって実現しています。よりよい方法は、《**const 参照渡し**》で実現することです。その詳細は、第 12 章で学習します。

自動車クラス

クラス定義の中で、すべてのメンバ関数を定義すれば、**そのクラスはヘッダ部だけで提供できます**。そのことを、自動車クラス *Car* を作りながら学習しましょう。

ここでは、自動車クラス *Car* には、以下に示す７個のデータを、データメンバとしてもたせることにします（**Fig.10-13**）。

- 名前
- 幅
- 長さ
- 高さ
- 現在位置のＸ座標
- 現在位置のＹ座標
- 残り燃料

右側の三つは、自動車の“移動”に必要なデータです。Ｘ座標とＹ座標は、図**b**の平面上の“どこに”自動車が位置しているのかを表します。もちろん、移動に伴って燃料は減ります。そこで、燃料が残っているあいだだけ移動できるものとします。

また、すべてのデータメンバは外部からアクセスできないように《非公開》とします。そのため、たとえば燃料が盗まれて０になるということは、なくなります。

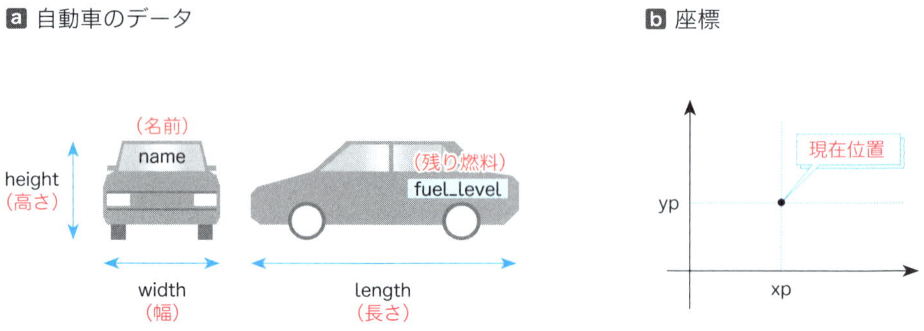

Fig.10-13　自動車クラスのデータ

▶ 幅・長さ・高さの単位はmmとし、残り燃料の単位はℓ（リットル）とします。また、座標の単位はkmとします。

クラスには、データメンバだけでなく、コンストラクタとメンバ関数が必要です。それらの概要は、以下のようにします。

▪ コンストラクタ

現在位置の座標を、原点（0.0, 0.0）にセットします。なお、座標以外のデータメンバには、仮引数に受け取った値を設定します。

■ メンバ関数

以下のメンバ関数を作ります。

- 現在位置のX座標を調べる。
- 現在位置のY座標を調べる。
- 残り燃料を調べる。
- 車のスペックを表示する。
- 自動車を移動する。

List 10-8 に示すのが、以上の設計に基づいて作成した自動車クラスです。

List 10-8 Car01/Car.h

```
// 自動車クラス

#include <cmath>
#include <string>
#include <iostream>

class Car {
    std::string name;                  // 名前
    int width, length, height;         // 車幅・車長・車高
    double xp, yp;                     // 現在位置座標
    double fuel_level;                 // 残り燃料

public:
    //--- コンストラクタ ---//
    Car(std::string n, int w, int l, int h, double f) {
        name = n;  width = w;  length = l;  height = h;  fuel_level = f;
        xp = yp = 0.0;
    }

    double x() { return xp; }                    // 現在位置のX座標を返す
    double y() { return yp; }                    // 現在位置のY座標を返す

    double fuel() { return fuel_level; }         // 残り燃料を返す

    void print_spec() {                          // スペック表示
        std::cout << "名前：" << name   << "\n";
        std::cout << "車幅：" << width  << "mm\n";
        std::cout << "車長：" << length << "mm\n";
        std::cout << "車高：" << height << "mm\n";
    }

    bool move(double dx, double dy) {        // X方向にdx・Y方向にdy移動
        double dist = sqrt(dx * dx + dy * dy);        // 移動距離

        if (dist > fuel_level)
            return false;                    // 燃料不足
        else {
            fuel_level -= dist;              // 移動距離の分だけ燃料が減る
            xp += dx;
            yp += dy;
            return true;
        }
    }
};
```

ヘッダ部のみで実現しているため、**すべてのメンバ関数は、内部結合をもつインライン関数となります。**

▶ クラス *string* 型を std::*string* で表している点は、クラス *Account* 第４版と同じです。それと同じ理由によって、cout も std::cout で表しています。

各メンバ関数を理解していきましょう。

■ コンストラクタ

座標以外の５個のデータを受け取って各メンバにセットします。*xp* と *yp* の値を 0.0 とすることで、自動車の位置を原点（0.0, 0.0）に設定します。

■ メンバ関数 *x*, *y*, *fuel*

これらのメンバ関数は、X 座標 *xp* の値、Y 座標 *yp* の値、残り燃料 *fuel_level* の値をそのまま返します。

▶ すなわち、データメンバ *xp*, *yp*, *fuel_level* のゲッタです。

■ メンバ関数 *print_spec*

車のスペック（名前と車幅・車長・車高）を表示します。

■ メンバ関数 *move*

自動車を X 方向に *dx*、Y 方向に *dy* だけ移動させます。移動する距離 *dist* は **Fig.10-14** に示す計算によって求めます。

▶ <cmath> ヘッダで関数宣言が提供される *sqrt* 関数は、引数に与えられた **double** 型実数値の平方根を求めて **double** 型の値として返却します。関数の形式は以下のとおりです。

```
double sqrt(double);
```

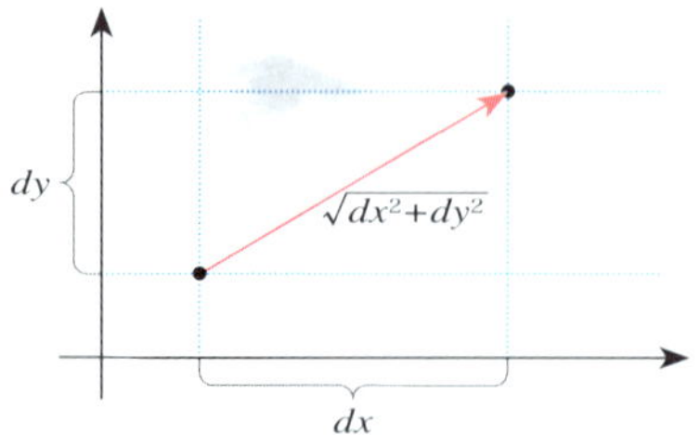

Fig.10-14 移動における座標と距離

なお、燃費は１としています。すなわち距離１の移動に必要な燃料は１です。

残り燃料 *fuel_level* が移動距離 *dist* に満たなければ、移動は不可能であるため、**false** を返します。また、移動に必要な燃料がある場合は、現在位置 *xp*, *yp* と残り燃料 *fuel_level* を更新した上で **true** を返します。

＊

自動車クラスを利用するプログラム例を **List 10-9** に示します。

最初に名前や車幅などのデータを読み込んで、その値をもとにクラス *Car* 型のオブジェクト *myCar* を構築します。それからメンバ関数 *print_spec* を呼び出してスペックを表示します。その後、車の移動を対話的に繰り返します。

List 10-9 Car01/CarTest.cpp

```
// 自動車クラスの利用例

#include <iostream>
#include "Car.h"

using namespace std;

int main()
{
    string name;
    int width, length, height;
    double gas;

    cout << "車のデータを入力せよ。\n";
    cout << "名前は："; cin >> name;
    cout << "車幅は："; cin >> width;
    cout << "車長は："; cin >> length;
    cout << "車高は："; cin >> height;
    cout << "ガソリン量は："; cin >> gas;

    Car myCar(name, width, length, height, gas);

    myCar.print_spec();           // スペック表示

    while (true) {
        cout << "現在地(" << myCar.x() << ", " << myCar.y() << ")\n";
        cout << "残り燃料：" << myCar.fuel() << '\n';
        cout << "移動[0…No／1…Yes]：";
        int move;
        cin >> move;
        if (move == 0) break;

        double dx, dy;
        cout << "Ｘ方向の移動距離："; cin >> dx;
        cout << "Ｙ方向の移動距離："; cin >> dy;
        if (!myCar.move(dx, dy))
            cout << "\a燃料が足りません！\n";
    }
}
```

実行例

```
車のデータを入力せよ。
名前は：僕の愛車⏎
車幅は：1885⏎
車長は：5220⏎
車高は：1490⏎
ガソリン量は：90⏎
名前：僕の愛車
車幅：1885mm
車長：5220mm
車高：1490mm
現在地(0, 0)
残り燃料：90
移動[0…No／1…Yes]：1⏎
Ｘ方向の移動距離：5.5⏎
Ｙ方向の移動距離：12.3⏎
現在地(5.5, 12.3)
残り燃料：76.5263
移動[0…No／1…Yes]：0⏎
```

▶ ヘッダ部のみで実現されている車クラス *Car* は、インクルードするだけで利用できます。クラス定義が **#include** 指令によって自動的に取り込まれるため、**List 10-9** の "CarTest.cpp" が、クラス *Car* の定義を含むことになるからです。そのため、"CarTest.cpp" をコンパイル・リンクするだけで、実行ファイルが生成されます。

一方、ヘッダ部とソース部とに分けられて実現されたクラスを利用するプログラムの実行ファイルを作る際は、**クラスを利用するプログラムと、ソース部の両方のコンパイルが必要です。**

たとえば、クラス *Account* 第４版を利用する **List 10-7** の "AccountTest.cpp" の実行ファイルを作るには、そのプログラムと、ソース部である **List 10-6** の "Account.cpp" の両方をコンパイルした上で、その結果作られる二つのオブジェクトファイルをリンクします。

クラス名を *ABC* として、一般的にまとめると、以下のようになります。

- **クラス ABC がヘッダ部 "ABC.h" のみで実現されているとき**

クラス *ABC* を利用するプログラム "test.cpp" では、"ABC.h" をインクルードする。実行ファイルを作る際は、"test.cpp" のみをコンパイルする。

- **クラス ABC がヘッダ部 "ABC.h" とソース部 "ABC.cpp" とで実現されているとき**

クラス *ABC* を利用するプログラム "test.cpp" では、"ABC.h" をインクルードする。実行ファイルを作る際は、"test.cpp" と "ABC.cpp" の両方をコンパイルした上でリンクする。

次章以降も同様です。御自身で適宜判断して、コンパイル・リンクの作業を行いましょう。

まとめ

- プログラムを作る際は、現実世界のオブジェクトや概念を、プログラムの世界のオブジェクトへと投影する。その投影に際しては『まとめるべきものは、まとめる。』『本来まとまっているものは、そのままにする。』といった方針をとると、自然で素直なプログラムとなる。この方針を実現するのが、**クラス**の考え方の基本である。

- クラスをプログラムの集積回路の設計図にたとえると、その設計図から作られた実体としての回路がオブジェクトである。

- クラス*C*のクラス定義は、`class C { /* … */ };`と、末尾にセミコロンを付けて行う。{ }の中は、**データメンバ**や**メンバ関数**などのメンバの宣言である。データメンバの値は、オブジェクトの**状態**（ステート）を表し、メンバ関数はオブジェクトの**振舞い**を表す。

- クラスのメンバは、クラスの外部に対して**公開**することもできるし、**非公開**にすることもできる。公開を指示するのが`public:`であり、非公開を指示するのが`private:`である。非公開のメンバをクラスの外部から直接アクセスすることはできない。

- **データ隠蔽**を実現するために、データメンバは原則として非公開とすべきである。

- データメンバは、個々のオブジェクトの一部である。同様に、メンバ関数は、論理的には**個々のオブジェクトに所属する**。コンストラクタを含めたメンバ関数の中では、公開メンバにも非公開メンバにも自由にアクセスできる。

- クラスのメンバは、所属するクラスの有効範囲の中に入る。そのため、クラス*C*のメンバ*m*の名前は`C::m`となる。

- オブジェクト*x*のメンバ*m*は、**ドット演算子 .** を用いた`x.m`でアクセスできる。
ポインタ*p*が指すオブジェクトのメンバ*m*は、`(*p).m`でアクセスできるが、**アロー演算子 ->** を用いた`p->m`によるアクセスのほうが簡潔である。

- オブジェクトの生成時に呼び出されるメンバ関数が、**コンストラクタ**である。コンストラクタの目的は、オブジェクトを確実かつ適切に初期化することである。コンストラクタの名前はクラス名と同一であり、返却値をもたない。

- メンバ関数を呼び出すことで、オブジェクトに対して**メッセージ**を送ることができる。メッセージを受け取ったオブジェクトは能動的に処理を行う。
メンバ関数の中では、同一クラス内のデータメンバやメンバ関数を**前方参照**できる。

- データメンバの値を取得して返却するメンバ関数を**ゲッタ**と呼び、データメンバに値を設定するメンバ関数を**セッタ**と呼ぶ。両者の総称が**アクセッサ**である。

- クラス定義は独立したヘッダとして実現するとよい（本書では**ヘッダ部**と呼ぶ）。
ヘッダ部に`using`指令を置いてはならない。

- クラス定義の中で定義されたメンバ関数は、内部結合をもつインライン関数となる。

- クラス定義の外で定義されたメンバ関数は、明示的な指定のない限り、外部結合をもつ非インライン関数となる。このような関数の定義は、ヘッダ部とは別に、独立したソースファイルとして実現するとよい（本書では**ソース部**と呼ぶ）。

■ クラスの開発者が作成

chap10/Member.h

```
//--- 会員クラス（ヘッダ部）---//
#include <string>
class Member {
    std::string full_name;  // 氏名
    int         no;         // 会員番号
    int         rank;       // 会員ランク
public:
    // コンストラクタ【宣言】
    Member(std::string name, int number, int grade);
    // ランク取得（ゲッタ）
    int get_rank() { return rank; }
    // ランク設定（セッタ）
    void set_rank(int grade) { rank = grade; }
    // 表示【宣言】
    void print();
};
```

非公開：データメンバ（full_name, no, rank）
公　開：コンストラクタ（Member）、メンバ関数（get_rank, set_rank, print）

chap10/Member.cpp

```
//--- 会員クラス（ソース部）---//
#include <iostream>
#include "Member.h"
using namespace std;
// コンストラクタ【定義】
Member::Member(string name, int number, int grade)
{
    full_name = name;   no = number;   rank = grade;
}
// 表示【定義】
void Member::print()
{
    cout << "No." << no << " : " << full_name << "[ランク:" << rank << "] \n";
}
```

■ クラスの利用者が作成

chap10/MemberTest.cpp

```
//--- 会員クラスの利用例 ---//
#include <iostream>
#include "Member.h"
using namespace std;
void print(Member* p)
{
    p->print();             // メンバ関数printの呼出し
}

int main()
{
    Member kaneko("金子真二", 15, 4);           // コンストラクタの呼出し
    kaneko.set_rank(kaneko.get_rank() + 1);    // ランクを1だけアップする
    print(&kaneko);                            // 表示
}
```

実行結果

```
No.15：金子真二［ランク：5］
```

第11章

単純なクラスの作成

本章では、構造が単純な日付クラスの作成を通じて、クラスやコンストラクタなどについて、前章より詳しく学習します。

- デフォルトコンストラクタ
- コピーコンストラクタ
- 単一の実引数で呼び出すコンストラクタ
- コンストラクタの明示的な呼出し
- 一時オブジェクト
- 同一クラス型オブジェクトの代入
- メンバ関数・コンストラクタの多重定義
- const メンバ関数と mutable メンバ
- this ポインタと *this
- クラス型の返却
- クラス型のメンバ
- メンバ部分オブジェクト
- データメンバの初期化の順序
- コンストラクタ初期化子とメンバ初期化子
- 文字列ストリーム
- 挿入子と抽出子の多重定義
- ヘッダの設計とインクルードガード
- コメントアウト
- 現在の日付・時刻の取得

11-1 日付クラスの作成

本節では、西暦年・月・日の三つのデータで構成される日付クラスを作成しながら、クラスに対する理解を深めていきます。

日付クラス

本章では、西暦年・月・日の３項目で構成される日付クラスDateを作っていきます。

いずれもint型で表すのであれば、データメンバだけを考えたクラスDateの定義は、右のようになります。

```
class Date {
    int y;        // 西暦年
    int m;        // 月
    int d;        // 日
};
```

すべてのデータメンバを**非公開**としているのは、前章で学習した原則どおりです。そのため、外部からのアクセスは、コンストラクタとメンバ関数を通して間接的に行います。

コンストラクタの定義

オブジェクトの生成時に確実な初期化を行うには、コンストラクタが必要です。コンストラクタは、右のように実現できます。

```
//--- コンストラクタ ---//
Date::Date(int yy, int mm, int dd)
{
    y = yy;        // 西暦年
    m = mm;        // 月
    d = dd;        // 日
}
```

仮引数に受け取った三つの整数値を各データメンバに代入する単純な構造です。

クラスDate型のオブジェクト生成時には、このコンストラクタに対して三つのint型引数を渡します。以下に示すのが、Date型オブジェクトの定義の一例です。

```
Date birthday(1963, 11, 18);        // 誕生日
```

コンストラクタが起動されて、オブジェクトbirthdayのデータメンバy, m, dに対して、それぞれ1963, 11, 18が代入されます。

もちろん、以下の宣言は許されず、コンパイルエラーとなります。正しく引数を与えない方法での初期化は受け付けられないからです。

```
Date xday;                          // エラー：いつか分からない日？
```

以下に示す三つのメンバ関数を追加してクラスDateを完成させましょう。ヘッダ部を**List 11-1**に、ソースを**List 11-2**に示します。

- year … 年を返却（データメンバyのゲッタ）
- month … 月を返却（データメンバmのゲッタ）
- day … 日を返却（データメンバdのゲッタ）

List 11-1 Date01/Date.h

```
// 日付クラスDate（第１版：ヘッダ部）

class Date {
    int y;      // 西暦年
    int m;      // 月
    int d;      // 日

public:
    Date(int yy, int mm, int dd);   // コンストラクタ    ← 宣言
    int year()  { return y; }       // 年を返却
    int month() { return m; }       // 月を返却
    int day()   { return d; }       // 日を返却
};
```

List 11-2 Date01/Date.cpp

```
// 日付クラスDate（第１版：ソース部）

#include "Date.h"

//--- クラスDateのコンストラクタ ---//
Date::Date(int yy, int mm, int dd)
{
    y = yy;     // 西暦年     ← 定義
    m = mm;     // 月
    d = dd;     // 日
}
```

コンストラクタは、ソース部で定義しています。それ以外のメンバ関数は、ヘッダ部で定義していますので、**内部結合をもつインライン関数**となります。

Column 11-1 日付と暦

C++ の前身であるＣ言語や、それと同時期に作られた UNIX の誕生は 1970 年代初頭でした。システムの時刻やファイルに記録される更新日の時刻などが、1970 年より前にはならないことから、Ｃ言語および C++ の標準ライブラリで処理できる日付は、1970 年１月１日以降となっています。

さて、現在、多くの国で使われている**グレゴリオ暦**は、地球が太陽を１周するのに要する日数である１回帰年（約 365.2422 日）を 365 日として数え、その調整を以下のように行う方法です。

1. 年が４で割り切れる年は閏（うるう）年にする。
2. 100 で割り切れる年は平年にする。
3. 400 で割り切れる年は閏年にする。

ヨーロッパでは、古くは**ユリウス暦**が使われていました。これは１回帰年を 365.25 日としたもので、実際の１回帰年である 365.2422 日との差の補正を行わず、４で割り切れる年を閏年とするものです。すなわち、①のみを適用するため、誤差が累積していたわけです。

そこで、その誤差を一気に解消するために、ユリウス暦の 1582 年 10 月４日の翌日をグレゴリオ暦の 10 月 15 日とし、現在のグレゴリオ暦に切りかえられました。

なお、イギリスがユリウス暦からグレゴリオ暦に切りかえたのは 1752 年 11 月 24 日からであり、日本が太陰太陽暦からグレゴリオ暦に切りかえたのは 1873 年１月１日からです。

このように、各国によって異なる暦を使っているために、古い文献の日付を調べたり、プログラムで取り扱ったりする際には、細心の注意が必要です。

コンストラクタの呼出し

クラス Date を利用するプログラム例を **List 11-3** に示します。Date 型のオブジェクトを3個作って、その日付を表示するプログラムです。

List 11-3 Date01/DateInit.cpp

```
// 日付クラスDate（第1版）とオブジェクトの初期化

#include <iostream>
#include "Date.h"

using namespace std;

int main()
{
1  Date a(2025, 11, 18);
2  Date b = a;
3  Date c = Date(2023, 12, 27);

    cout << "a = " << a.year() << "年" << a.month() << "月" << a.day() << "日\n";
    cout << "b = " << b.year() << "年" << b.month() << "月" << b.day() << "日\n";
    cout << "c = " << c.year() << "年" << c.month() << "月" << c.day() << "日\n";
}
```

実行結果

```
a = 2025年11月18日
b = 2025年11月18日
c = 2023年12月27日
```


本プログラムでは、3個の Date 型オブジェクト a, b, c が、それぞれ異なった形式で宣言されています。これらの違いを学習して、コンストラクタによるオブジェクトの初期化について理解を深めていくことにします。

まずは、本プログラムの Date 型オブジェクトの宣言と、**int** 型オブジェクトの宣言を対比した **Fig.11-1** を考えましょう。

a Date型オブジェクトの宣言

```
1 Date a(2025, 11, 18);
2 Date b = a;
3 Date c = Date(2023, 12, 27);
```

b int型オブジェクトの宣言

```
4 int i(5);
5 int j = i;
6 int k = int(8.5);
```

Fig.11-1 初期化を伴う宣言（Date型とint型）

Date 型の1・2・3の宣言形式は、それぞれ **int** 型の4・5・6に対応します。

図bの各宣言によって、オブジェクトが以下のように初期化されます。

4 **int** 型の変数 *i* が5で初期化される。

5 **int** 型の変数 *j* が同一型変数 *i* の値である5で初期化される。

6 **int** 型の変数 *k* が **double** 型の 8.5 を **int** 型にキャストした8で初期化される。

それでは、クラス Date 型オブジェクトの宣言を理解していきましょう。

1 Date a(2025, 11, 18);

この宣言は、前章で学習した、クラス Account やクラス Car のオブジェクトの宣言と、同一の形式です。

プログラムの流れが宣言を通過する際に、コンストラクタが呼び出されます。コンストラクタの働きによって、**Fig.11-2** ⓐに示すように、各メンバに値が代入されます。

▶ 3個の int 型の実引数 2025, 11, 18 がコンストラクタに渡されて、それらの値が、各データメンバ y, m, d に代入されます。

2 Date b = a;

宣言されているのが Date 型のオブジェクト b で、それに与えられている初期化子は、同じ Date 型の a です。

図ⓑに示すように、a の全メンバの値が、対応する b のメンバにコピーされて"2025 年 11 月 18 日"として初期化されます。そうなるのは、以下の規則があるからです。

重要 クラスオブジェクトが同じ型のクラスオブジェクトの値で初期化されるときは、**すべてのデータメンバの値がコピーされる**。

このコピーは、**メンバ単位のコピー**と呼ばれます。

▶ クラス内の全データメンバが、宣言された順に記憶域上に並ぶ保証はありませんし、連続した記憶域に配置される保証もありません。また、データメンバ間には、1バイト～数バイト程度の《**詰め物**》が埋められる可能性があります。
　コピーは、あくまでも"データメンバ単位"で行われるのであって、"ビット単位"で行われるのではありません。すなわち、全データメンバの値がコピーされる際に、詰め物がコピーされるとは限りません。

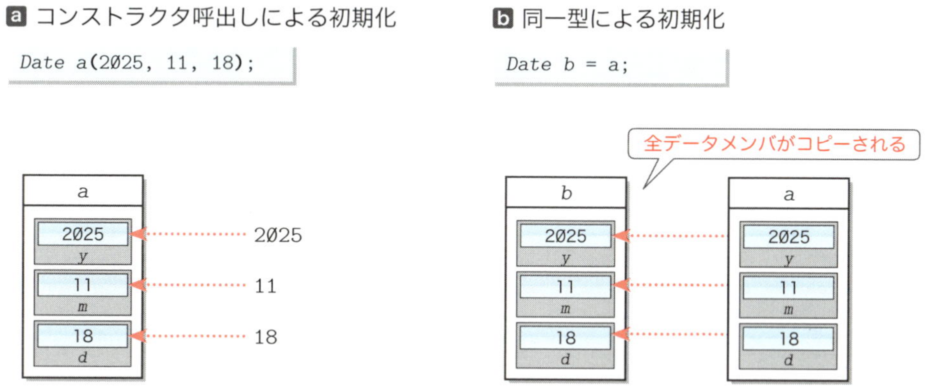

Fig.11-2 コンストラクタによる初期化

コピーコンストラクタ

同一クラス型の値による初期化の際に全データメンバの値がコピーされるのは、当然のように感じられるかもしれませんが、そこには奥の深い話が隠されています。

そもそも《初期化》は、コンストラクタの重要な仕事です。そのため、“*Date* 型の値をもとにして *Date* 型オブジェクトを初期化する” コンストラクタ、すなわち

```
// コンパイラによって自動的に提供される《コピーコンストラクタ》
Date::Date(const Date& x) {
    // xの全データメンバを、これから初期化するオブジェクトにコピー
}
```

という形式のコンストラクタが、コンパイラによって暗黙のうちに準備されるのです。

自分自身と同じクラス型の値によって初期化を行うコンストラクタは、コピーコンストラクタ（*copy constructor*）**と呼ばれます。**

コンパイラによって暗黙のうちに提供されるコピーコンストラクタは、引数として受け取ったオブジェクトの全データメンバの値を、これから初期化しようとするオブジェクトの各メンバにコピーします。

この “メンバ単位のコピー” を行うコピーコンストラクタは、公開アクセス性をもつインライン関数として提供されます。

重要 クラス *C* には、以下の形式の **public** かつ **inline** のコピーコンストラクタが暗黙のうちに定義される。

    C::C(const C& x);

このコピーコンストラクタは、仮引数として受け取ったオブジェクト *x* の全データメンバの値を、コンストラクタが所属する初期化対象オブジェクトにコピーする。

▶ コピーコンストラクタが受け取る仮引数の型が *C* 型でなく、`const C&` 型となっている理由は、第 12 章で学習します。

日付クラス *Date* のような単純なクラスでは、コンパイラが暗黙裏に提供するコピーコンストラクタが役立ちます（自分で定義することなく、そのまま使えます）。そのため、コピーコンストラクタの存在を意識せずにすみます。

＊

ところが、動的に生成した記憶域などの外部の資源を利用するような複雑なクラスでは、コンパイラが提供するコピーコンストラクタは役立ちません。その場合、プログラマ自身がコピーコンストラクタを定義する必要があります。

▶ プログラマがコピーコンストラクタを定義することによって、コピーコンストラクタの動作を変更する方法は、第 14 章で学習します。

一時オブジェクト

三つの宣言のうちの二つを理解しました。残っているのは、以下の宣言です。

3 `Date c = Date(2023, 12, 27);`

初期化子の `Date(2023, 12, 27)` は、コンストラクタの明示的な呼出しです。この呼出しは、`Date` 型オブジェクトを生成する式です。ただし、生成されるオブジェクトは、名前がないため、**一時オブジェクト**（*temporary object*）と呼ばれます。

この場合、**Fig.11-3** に示すように、2023, 12, 27 という 3 個の整数の値をもとにして `Date` 型の一時オブジェクトが 1 個作られます。

その一時オブジェクトによって *c* が初期化されるため、一時オブジェクトの全メンバが対応する *c* のメンバにコピーされます。

▶ コンパイラが提供するコピーコンストラクタが呼び出され、そのコピーコンストラクタの働きによって、一時オブジェクトの全メンバが *c* のメンバにコピーされます。

なお、オブジェクト *c* の初期化が完了すると、一時オブジェクトは不要となって、自動的に破棄されます。

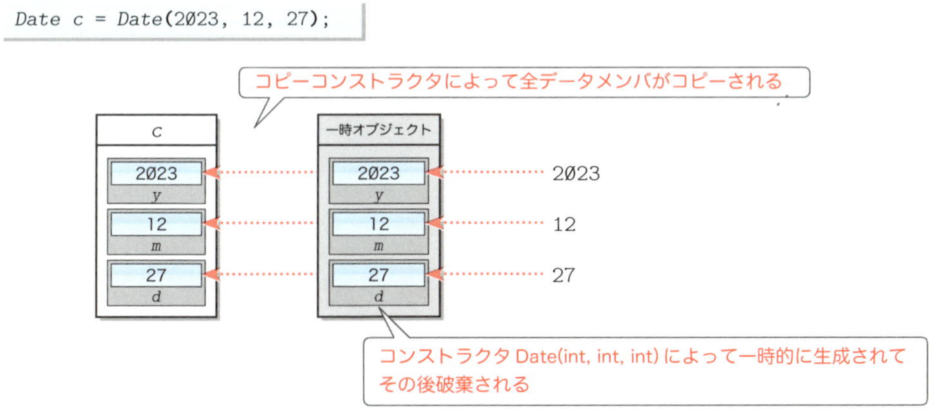

Fig.11-3 コンストラクタの明示的な呼出しによる初期化

▶ 3の宣言は、原理的には、次の２ステップで構成されていると理解しましょう。

```
Date temp(2023, 12, 27);    // Date::Date(int, int, int)でtempを生成
Date c = temp;              // Date::Date(const Date&)でcを初期化
```

まず、コンストラクタ `Date::Date(int, int, int)` によって、一時オブジェクト *temp* が生成されます。

次に、*temp* を初期化子として *c* が生成・初期化されます。その際、コピーコンストラクタ `Date::Date(const Date&)` によって、全データメンバがコピーされます。

クラス型オブジェクトの代入

初期化について理解を深めました。次に学習するのは代入です。ここでは、**List 11-4** のプログラムを例に考えていきます。

List 11-4 Date01/DateAssign.cpp

```
// 日付クラスDate（第1版）と代入

#include <iostream>
#include "Date.h"

using namespace std;

int main()
{
    Date a(2025, 11, 18);
    Date b(1999, 12, 31);
    Date c(1999, 12, 31);

1   b = a;                       // 代入

2   c = Date(2023, 12, 27);      // 代入

    cout << "a = " << a.year() << "年" << a.month() << "月" << a.day() << "日\n";
    cout << "b = " << b.year() << "年" << b.month() << "月" << b.day() << "日\n";
    cout << "c = " << c.year() << "年" << c.month() << "月" << c.day() << "日\n";
}
```

実行結果

```
a = 2025年11月18日
b = 2025年11月18日
c = 2023年12月27日
```


代入が行われているのは、1と2の箇所です。それぞれを理解していきましょう。

1 b = a;

b に *a* が代入されています。**Fig.11-4** に示すように、《代入》の際は、クラスオブジェクト中の全データメンバの値が、代入先のメンバにコピーされます。というのも、以下の規則があるからです。

> **重要** クラスオブジェクトの値が同じ型のクラスオブジェクトに代入される際は、すべてのデータメンバの値がコピーされる。

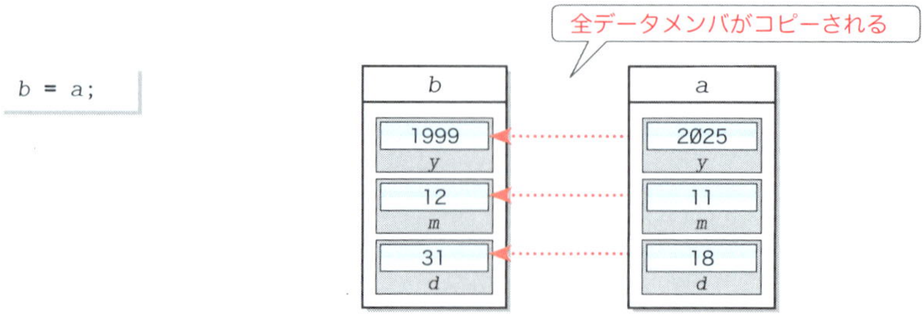

Fig.11-4 同一クラス型オブジェクトの代入

全データメンバのコピーによって初期化を行う**コピーコンストラクタ**がコンパイラによって自動的に提供されることを、p.372 で学習しました。

代入演算子 = も同様です。同一型オブジェクトを代入できるようにするために、全データメンバを"メンバ単位のコピー"で行う**代入演算子 =** が、コンパイラによって自動的に提供されます。

▶ なお、代入演算子の働きを変える（自分で代入演算子を定義する）こともできます。その方法は、第 14 章で学習します。

2 c = Date(2023, 12, 27);

c に代入されるのは *Date*(2023, 12, 27) です。三つの整数 2023, 12, 27 からクラス *Date* の一時オブジェクトが生成され、その一時オブジェクトが左オペランド *c* に代入されます（**Fig.11-5**）。

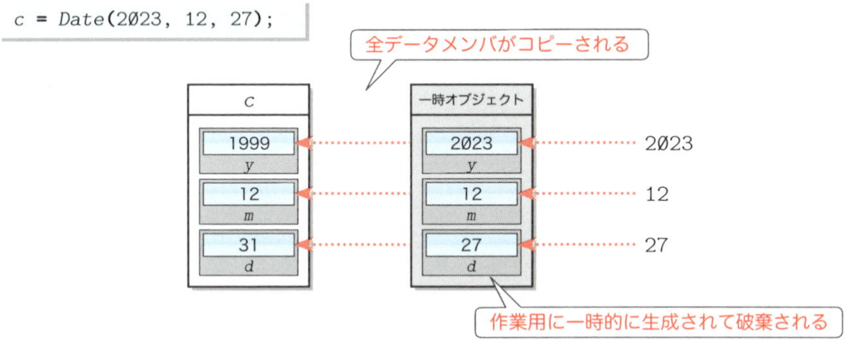

Fig.11-5 一時オブジェクトを経由するクラスオブジェクトの代入

さて、代入演算子 = と見間違えやすい**等価演算子 ==** をクラス型オブジェクトに適用したらどうなるでしょう。

```
if (b == c)                              // コンパイルエラー
    cout << "bとcは同じ日付です。\n";
```

このコードは、コンパイルエラーとなります。式 *b* == *c* によって、*b* と *c* の全データメンバの値が等しいかどうかの判定を行うことはできないのです。もちろん、もう一つの等価演算子 != も同様です。

重要 クラスオブジェクトの全データメンバの値の等価性を、== と != の等価演算子で判定することはできない。

▶ ただし、次章で学習する**演算子多重定義**を使えば、== 演算子と != 演算子を定義した上で利用できるようになります。

デフォルトコンストラクタ

クラスDate型の配列オブジェクトを作ってみましょう。以下のように宣言できそうな気がしますが、この宣言はコンパイルエラーとなります。

```
✕ Date darray[3];        // コンパイルエラー：コンストラクタを呼び出せない
```

というのも、各要素に対する初期化子が与えられておらず、**コンストラクタを呼び出せないから**です。エラーを回避するには、要素オブジェクトの1個1個に対して初期化子を与える必要があります。以下に示すのが、正しい宣言の例です。

```
○ // ＯＫ：すべての要素に初期化子を与えてコンストラクタを呼び出す
  Date darray[3] = {Date(2021, 1, 1), Date(2022, 2, 2), Date(2023, 3, 3)};
```

このように、要素が3個程度と少なければよいでしょう。しかし、要素が多くなれば、全要素に初期化子を与えて宣言するのは、事実上不可能です。

コンストラクタの目的はオブジェクト生成時に“確実な初期化”を行うことですから、**初期化子を与えなくとも“確実な初期化”を行えるようにすればよさそうです。**

そのためには、**引数を与えずに呼び出せるコンストラクタである**デフォルトコンストラクタ（*default constructor*）**をクラスに対して定義します。**

11
単純なクラスの作成

重要 デフォルトコンストラクタとは、引数を与えずに呼び出せるコンストラクタのことである。

右に示すのが、デフォルトコンストラクタの定義例です。すべてのデータメンバに1を代入して、日付を西暦1年1月1日とします。

```
Date::Date()
{
    y = 1;
    m = 1;
    d = 1;
}
```

このコンストラクタがあれば、引数を与えることなく、オブジェクトの生成が可能となります。たとえば、

```
Date someday;       // デフォルトコンストラクタが呼び出される
Date darray[3];     // 全要素に対してデフォルトコンストラクタが呼び出される
```

と宣言すると、someday, darray[0], darray[1], darray[2]のすべてが、西暦1年1月1日で初期化されます。

▶ 西暦1年1月1日などという日付は普段使いません。今日（すなわちプログラムを実行している現在）の日付で初期化すると使い勝手がよくなります。第2版でそのように改良します。

クラスの**コンストラクタやメンバ関数は多重定義が可能です。コンストラクタを多重定義すれば、クラスの利用者にとって、クラスオブジェクト構築法の選択肢が広がります。**

重要 必要であれば、コンストラクタを多重定義して、クラスオブジェクト構築のための複数の手段を提供しよう。

次に示す二つのコンストラクタを用意しましょう。

1 引数を受け取らないデフォルトコンストラクタ *Date::Date();*

2 年月日の三つの整数を受け取るコンストラクタ *Date::Date*(**int**, **int**, **int**);

第6章で学習した**デフォルト実引数**（p.206）は、コンストラクタを含むメンバ関数にも与えられます。

月と日に相当する、第2引数と第3引数のデフォルト実引数の値を1にしてみましょう。クラス定義を次のように書きかえます。

```
class Date {
    // …
public:
 ❶ Date();                    // デフォルトコンストラクタ（定義は左ページ）
 ❷ Date(int yy, int mm = 1, int dd = 1);   // コンストラクタ（List 11-2）
    // …
};
```

デフォルト実引数は、ヘッダ部の関数宣言に与えればよいので、ソース部（List 11-2）のコンストラクタの定義を修正する必要はありません。

これで、以下に示す4通りの初期化ができるようになります。

```
Date p;                   // 西暦   1年1月1日
Date q(2021);             // 西暦2021年1月1日
Date r(2022, 2);          // 西暦2022年2月1日
Date s(2023, 3, 5);       // 西暦2023年3月5日
```

▶ コンストラクタ❷の第1引数 *yy* にデフォルト実引数の指定を行って、

```
Date(int yy = 1, int mm = 1, int dd = 1); … ❸
```

と宣言することは**できません**。というのも、引数を与えないコンストラクタの呼出し

```
Date p;
```

が、コンストラクタ❶と❸のいずれを呼び出すべきかが判定できなくなるからです。

もしコンストラクタ❸を定義するのであれば、コンストラクタ❶を削除する必要があります。

なお、その場合は、❸がデフォルトコンストラクタとして機能します。デフォルトコンストラクタは、“引数を受け取らないコンストラクタ”ではなく、“引数を与えずに呼び出せるコンストラクタ”だからです。

なお、*Date* クラス型のオブジェクト *p* を、以下のように宣言することはできません。

```
Date p();              // コンストラクタの呼出しではない
```

というのも、これは、コンストラクタの呼出しではなく、「関数 *p* が、引数を受け取らず *Date* 型を返却する」ことを表明する**関数宣言**とみなされるからです。

単一の実引数で呼び出せるコンストラクタは、( ) 形式に加えて、= 形式でも呼び出せます。そのため、*q* は以下のようにも宣言できます。

```
Date q = 2021;         // Date q = Date(2021);と同じ
```

▶ 何だか“日付を整数で初期化している”ように見えるため、ちょっと違和感を覚えるかもしれません。このような初期化を抑制する方法は、第14章で学習します。

const メンバ関数

オブジェクトには、いったん設定された値が最後まで変化しないものと、プログラムの実行の途中に変化するものとがあります。クラス型オブジェクトに、いったん設定された値が変化しないのであれば、以下のように const を付けて宣言すべきです。

```
const Date birthday(1963, 11, 18);        // 値の変更はできない
```

ところが、このオブジェクト *birthday* に対してメンバ関数 *birthday.year*, *birthday.month*, *birthday.day* を呼び出そうとすると、以下のエラーが発生します。

エラー：非 const メンバ関数を const オブジェクトに対して呼び出しています。

あるメンバ関数が、所属するオブジェクトの状態（データメンバの値）を変更するかどうかは、メンバ関数の中身を調べつくさない限り判断できません。もし、そのような判断をコンパイル時あるいは実行時に行うのであれば、コストが高くつきます。

このような事情から、**const オブジェクトに対しては、（原則として）メンバ関数は呼び出せないようになっています。**

const オブジェクトに対して呼び出す可能性があるメンバ関数は、

このメンバ関数は、オブジェクトの値を変更しませんよ。

との宣言が必要であり、そのようなメンバ関数を **const メンバ関数** (*const member function*) と呼びます。

メンバ関数を const メンバ関数とするのは簡単です。**Fig.11-6** に示すように、関数頭部の末尾に const を付けるだけです。

図**a**に示すのが、クラス定義の中での関数定義で、図**b**に示すのが、クラス定義の外での関数定義です。

a クラス定義の中でのconstメンバ関数

```
class Date {
    // ...
    int year() const {  // 定義
        return y;
    }
};
```

b クラス定義の外でのconstメンバ関数

```
class Date {
    // ...
    int year() const;    // 宣言
};

int Date::year() const    // 定義
{
    return y;
}
```

Fig.11-6 const メンバ関数の宣言と定義

クラスの利用者が const なオブジェクトを作るかどうかは、クラスの作成者には分かりません。そのため、以下の教訓が導かれます。

重要 オブジェクトの状態（データメンバの値）を変更しない、すべてのメンバ関数は const メンバ関数として定義すべきである。

Column 11-2 mutable メンバ

データメンバの値を変更できない const メンバ関数も、例外的に mutable 付きで宣言されたデータメンバだけは値を変更できます。

換言すると、**データメンバに対する mutable 指定子は、それを含むクラスオブジェクトに適用された const 指定子の効果を取り消す働きをもちます。**

mutable メンバをもつクラス *Date* の例を **List 11C-1** に示します。mutable メンバ *counter* が表すのは、メンバ関数 *year*, *month*, *day* が呼び出された回数です。その値はコンストラクタで 0 に設定されて、メンバ関数 *year*, *month*, *day* の中でインクリメントされます。

List 11C-1 chap11/list11c01.cpp

```
// 日付クラスDate（メンバ関数呼出し回数カウンタ付き）
#include <iostream>

using namespace std;

class Date {
    int y;          // 西暦年
    int m;          // 月
    int d;          // 日
    mutable int counter;    // メンバ関数が呼び出された総回数

public:
    Date(int yy, int mm, int dd) {                  // コンストラクタ
        y = yy;  m = mm;  d = dd;  counter = 0;
    }
    int year()  const { counter++; return y; }      // 年を返却
    int month() const { counter++; return m; }      // 月を返却
    int day()   const { counter++; return d; }      // 日を返却
    int count() const { return counter; }           // カウンタを返却
};

int main()
{
    const Date birthday(1963, 11, 18);       // 誕生日

    cout << "birthday = " << birthday.year()  << "年"
                          << birthday.month() << "月"
                          << birthday.day()   << "日\n";
    cout << "birthdayのメンバ関数を" << birthday.count() <<
            "回呼び出しました。\n";
}
```

実行結果

```
birthday = 1963年11月18日
birthdayのメンバ関数を3回呼び出しました。
```

もし *counter* が mutable でなければ、const メンバ関数 *year*、*month*、*day* の定義はコンパイルエラーとなります（データメンバ *counter* の値を更新しているからです）。

クラス *Date* の利用者にとって、定数かどうかの判断基準となるのは、年・月・日の値であって、*counter* の値は（一般的には）無関係です。利用者にとって、『そのオブジェクトが論理的に定数であるかどうか』の判断に影響を与えない、オブジェクト内部のデータを mutable メンバとします。

これまで学習した内容をふまえて日付クラスを改良しましょう。日付クラス*Date*第２版のヘッダ部を **List 11-5** に、ソース部を **List 11-6** に示します。

List 11-5 Date02/Date.h

```
// 日付クラスDate（第２版：ヘッダ部）

#include <string>
#include <iostream>

class Date {
    int y;          // 西暦年
    int m;          // 月
    int d;          // 日

public:
    Date();                                    // デフォルトコンストラクタ
    Date(int yy, int mm = 1, int dd = 1);      // コンストラクタ

    int year()  const { return y; }       // 年を返却
    int month() const { return m; }       // 月を返却
    int day()   const { return d; }       // 日を返却

    Date preceding_day() const;           // 前日の日付を返却（閏年に非対応）

    std::string to_string() const;        // 文字列表現を返却
};

std::ostream& operator<<(std::ostream& s, const Date& x);    // 挿入子
std::istream& operator>>(std::istream& s, Date& x);          // 抽出子
```

第１版と異なるのは、以下の点です。

▪ デフォルトコンストラクタを追加したこと

デフォルトコンストラクタは、現在（プログラム実行時）の日付に設定します。

▶ 現在の日付・時刻の取得法は、**Column 11-4**（p.390）で学習します。

▪ コンストラクタの宣言にデフォルト実引数を追加したこと

三つの int 型引数を受け取るコンストラクタの第２引数と第３引数に対して、デフォルト値として１を指定しています。

▪ 年月日を調べるメンバ関数を const メンバ関数としたこと

年月日の各値を調べるメンバ関数 *year*, *month*, *day* を const メンバ関数に変更しています（それぞれデータメンバ *y*, *m*, *d* のゲッタです）。

▪ 前日の日付を求めるメンバ関数 *preceding_day* を追加したこと※

前日の日付を求めて返却するメンバ関数 *preceding_day* を追加しています。

▶ たとえば、ある日付 *day* が 2125 年１月１日であれば、*day.preceding_day*() が返却する日付は、2124 年 12 月 31 日です。

▪ 文字列表現を返却するメンバ関数 *to_string* を追加したこと※

文字列で表現した日付を作成して返却するメンバ関数 *to_string* を追加しています。

▶ たとえば、日付が 2125 年 12 月 18 日であれば、返却する文字列は "2125年12月18日" です。

List 11-6 [A]　　Date02/Date.cpp

```
// 日付クラスDate（第２版：ソース部）

#include <ctime>
#include <sstream>
#include <iostream>
#include "Date.h"

using namespace std;

//--- Dateのデフォルトコンストラクタ（今日の日付に設定）---//
Date::Date()
{
    time_t current = time(NULL);                // 現在の暦時刻を取得
    struct tm* local = localtime(&current);     // 要素別の時刻に変換

    y = local->tm_year + 1900;      // 年：tm_yearは西暦年-1900
    m = local->tm_mon + 1;          // 月：tm_monは0～11
    d = local->tm_mday;             // 日
}

//--- Dateのコンストラクタ（指定された年月日に設定）---//
Date::Date(int yy, int mm, int dd)
{
    y = yy;
    m = mm;
    d = dd;
}

//--- 前日の日付を返却（閏年に非対応）---//
Date Date::preceding_day() const
{
    int dmax[] = {31, 28, 31, 30, 31, 30, 31, 31, 30, 31, 30, 31};
    Date temp = *this;      // 同一の日付

    if (temp.d > 1)
        temp.d--;
    else {
        if (--temp.m < 1) {
            temp.y--;
            temp.m = 12;
        }
        temp.d = dmax[temp.m - 1];
    }
    return temp;
}

//--- 文字列表現を返却 ---//
string Date::to_string() const
{
    ostringstream s;
    s << y << "年" << m << "月" << d << "日";
    return s.str();
}
```

p.389 に続く▶

■挿入子および抽出子の追加※

挿入子 << と抽出子 >> を追加しています。すなわち、cout に対して日付を << で挿入できるようにし、cint から >> で抽出できるようにしています。

＊

※の付いた項目について、詳しく学習していきましょう。

this ポインタと *this

まず最初に学習するのはメンバ関数 *preceding_day* です。この関数は、前日の日付を求めて返却します（右ページにプログラムを示しています）。

▶ ある日付 *day* が 2125 年 1 月 1 日であれば、メンバ関数の呼出し *day.preceding_day*() が返却する日付は、2124 年 12 月 31 日です。なお、閏年に対応していないため、閏年・平年とは関係なく、3 月 1 日の前日は 2 月 28 日となります。
この関数を含めて、日付クラスを閏年に対応させる改良は、第 13 章で行います。

まずは、1に着目します。***this** という式は初めてです。

Fig.11-7 に示すように、**this は、メンバ関数が所属するオブジェクトを指すポインタです**。一般に、クラス *C* 型のオブジェクトのメンバ関数における **this** の型は *C** です。

▶ ただし、メンバ関数が **const** 宣言されていれば **this** の型は **const** *C**、**volatile** 宣言されていれば **volatile** *C**、**const volatile** 宣言されていれば **const volatile** *C** となります。

本プログラムの場合は、**this** の型は **const** *Date** 型です。

さて、ポインタに間接演算子 ***** を適用した式は、そのポインタが指すオブジェクトそのものを表します（第 7 章）ので、**式 *this は、メンバ関数が所属するオブジェクトそのものを表します。**

重要 クラス *C* のメンバ関数は、所属するオブジェクトを指す *C** 型の **this ポインタ**をもっている。そのため、***this** は所属するオブジェクトそのものを表す。

1はクラス *Date* 型オブジェクト *temp* の宣言であって、その初期化子が ***this** ですから、**変数 *temp* は、所属するオブジェクトと同じ日付で初期化されます。**

▶ 初期化子の型が同一型オブジェクトであるため、コピーコンストラクタの働きによって全データメンバがコピーされて初期化されます。

2で行うのは、*temp* の日付を一つ戻した前日の日付へと更新する計算です。

▶ 日が 1 より大きければ、*temp.d* をデクリメントするだけです。
そうでない場合、前の月に戻さねばならないため、*temp.m* をデクリメントします。
デクリメント後の月の値が 1 より小さくなる（デクリメント前の日付が 1 月である）場合は、前年の 12 月に戻さなければなりません。そこで、*temp.y* をデクリメントするとともに、*temp.m* を 12 とします。そして、*temp.d* を前月の最終日（月に応じて、28, 30, 31 のいずれかの値）に調整します。

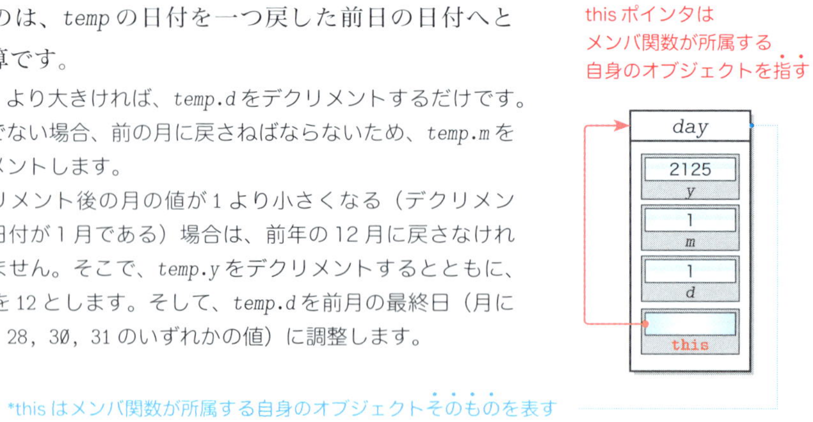
this ポインタは
メンバ関数が所属する
自身のオブジェクトを指す
day
2125
y
1
m
1
d
this
*this はメンバ関数が所属する自身のオブジェクトそのものを表す

Fig.11-7 this ポインタと *this

クラス型の返却

ここまでの処理によって、メンバ関数*preceding_day*を起動した*Date*型オブジェクトの日付の前日の日付が求められて、変数*temp*に格納されました。

最後に行うのが3です。ここでは、*temp*の値を**return**文で返却しています。

このメンバ関数の返却値型が*Date*クラス型であることに注意しましょう。

全要素の型が同一である配列を関数の返却値型にできないことを、第7章で学習しました。

その一方で、要素の型が任意であるクラスは、関数の返却値型とすることが可能になっているのです。

```
//--- 前日の日付を返却 ---//
Date Date::preceding_day() const
{
  int dmax[] = { /*-- 中略 --*/ };
  Date temp = *this;                          ←1

  if (temp.d > 1)
    temp.d--;
  else {
    if (--temp.m < 1) {
      temp.y--;                               ←2
      temp.m = 12;
    }
    temp.d = dmax[temp.m - 1];
  }

  return temp;                                ←3
}
```

重要 関数は、配列を返却することはできないが、クラス型の値は返却できる。

メンバ関数*preceding_day*の働きを**List 11-7**で確認しましょう。

List 11-7 Date02/DateTest1.cpp

```
// 日付クラスDate（第２版）の利用例（メンバ関数preceding_dayの働きを確認）

#include <iostream>
#include "Date.h"

using namespace std;

int main()
{
    Date today;          // 今日

    cout << "今日は" << today << "です。\n";
    cout << "昨日は" << today.preceding_day() << "です。\n";
}
```

実行例

```
今日は2125年1月1日です。
昨日は2124年12月31日です。
```

▶ 実行によって表示される日付は、プログラム実行時の日付と、その前日の日付です。coutへの挿入子<<の適用によって日付が表示できる理由は、 p.388 で学習します。

本プログラムで宣言されているのが、クラス*Date*型のオブジェクト*today*です。デフォルトコンストラクタで初期化されるため、今日（プログラム実行時）の日付で初期化されます。

メンバ関数*preceding_day*を呼び出しているのが、網かけ部です。前日の日付が返却されることが、実行結果から確認できます。

thisポインタによるメンバのアクセス

以下に示すのは、*thisではなくてthisを利用してメンバ関数*preceding_day*を書きかえたプログラムです。

```
//--- 前日の日付を返却 ---//
Date Date::preceding_day() const
{
    int dmax[] = { /*-- 中略 --*/ };
    int y = this->y;
    int m = this->m;                    ―1
    int d = this->d;

    if (d > 1)
        d--;
    else {
        if (--m < 1) {
            y--;                        ―2
            m = 12;
        }
        d = dmax[m - 1];
    }

    return Date(y, m, d);              ―3
}
```

1では、三つの変数が宣言されています。これらの変数に与えられている初期化子では、以下に示す形式でthisポインタを利用しています。

this -> メンバ名

ポインタ*p*が指すクラス型オブジェクトのメンバ*m*が、式*p*->*m*でアクセスできることを前章で学習しました（p.359）。

アロー演算子->の左オペランドthisが自身のオブジェクトを指すポインタですから、this->y**は、自身のオブジェクトに所属するデータメンバyを表します**。もちろん、this->mとthis->dも同様です。

＊

さて、1で宣言している変数y, m, dの名前は、データメンバy, m, dと同じです。

このように、**データメンバと同じ名前の変数がメンバ関数の中で宣言されると、データメンバの名前が“隠されて”、宣言されたほうの変数の名前が“見える”ようになります**。

メンバ関数*preceding_day*の中では、関数内で宣言した変数を単なるy, m, dでアクセスして、データメンバをthis->y, this->m, this->dでアクセスする、という“使い分け”を行っているわけです。

＊

2は、前日の日付を求める箇所です。変数名こそ異なりますが、前ページのプログラムと同じ計算を行っています。

日付を返すのが、関数末尾の3です。*Date*(y, m, d)では、年月日y, m, dの値を*Date*型のコンストラクタに渡しています。そのため、y年m月d日の日付をもつ*Date*型の**一時オブジェクト**が生成されて、その値が返却されます。

重要 クラス*C*型の値を返却する関数では、コンストラクタを明示的に呼び出すことによって*C*型の一時オブジェクトを生成した上で、その値を返却するとよい。

```
return C(/*…中略…*/);
```

さて、本プログラムでは、データメンバと同じ名前の変数を関数の中で宣言した上で、this->の有無によって使い分けました。もっとよく使われるのが、**関数が受け取る仮引数の名前をデータメンバと同じ名前とした上で、this->の有無で使い分ける方法です**。

その手法を用いてクラスDateのコンストラクタを書き直すと、次のようになります。

```
Date::Date(int y, int m, int d)
{
    this->y = y;    this->m = m;    this->d = d;
}
```

メンバ関数の仮引数の名前がデータメンバの名前と同一である場合、データメンバの名前が"隠されて"、宣言されたほうの変数の名前が"見える"ようになります。

そのため、このメンバ関数（コンストラクタ）の中では、仮引数を単なるy, m, dでアクセスして、データメンバをthis->y, this->m, this->dでアクセスする、という"使い分け"を行っているのです。

この手法は、主として《コンストラクタ》と《セッタ》で利用されます。というのも、以下のメリットがあるからです。

- **仮引数の名前を何にするのかを悩まずにすむ。**
- **どのメンバに値を設定するための引数であるのかが分かりやすくなる。**

＊

メンバ関数の仮引数と、関数本体内で宣言された変数については、名前について同じ扱いを受けますので、以下のようにまとめられます。

重要 データメンバmと同一名の仮引数あるいは局所変数をコンストラクタやメンバ関数で宣言すると、データメンバの名前が隠されて、仮引数あるいは局所変数の名前が見える。そのため、データメンバをthis->mでアクセスして、仮引数あるいは局所変数をmでアクセスする"使い分け"が行える。

なお、データメンバmをアクセスする式this->mのthis->を書き忘れないよう、細心の注意が必要です。

▶ コンストラクタやメンバ関数の仮引数名をデータメンバと同じにする際に、もう一つ注意すべき点があります。そのことを、以下のように宣言されたコンストラクタで考えてみます。
第1引数にどのような値を渡しても、その値はデータメンバheightに設定されません。

```
class Human {
    int height, weight;      // 身長と体重
public:
    Human(int heigth, int weight) {
        this->height = height;
        this->weight = weight;
    }
};
```

仮引数名がheightではなくheigthとなっていることに気付きましたか。コンストラクタの本体では、this->heightに対して、不定値で初期化ずみのheight（すなわちthis->height）の値を代入します。そのため、データメンバheightに対して、それ自身の値を代入する

```
this->height = this->height;
```

が実行されます。

仮引数のheigthは宣言されているだけで、コンストラクタ本体では使われていないのです。
コンパイルエラーは発生しませんので、エラー原因の発見は困難です。

文字列ストリーム

次に学習するのは、第２版で新しく追加したメンバ関数 *to_string* です。このメンバ関数は、"2125年12月18日" といった形式の文字列表現の日付を返却します。

```
//--- 文字列表現を返却 ---//
string Date::to_string() const
{
1  ostringstream s;
2  s << y << "年" << m << "月" << d << "日";
3  return s.str();
}
```

画面への出力やキーボードからの入力を、文字が流れる川にたとえられる《ストリーム》を通じて行うことを、第１章で学習しました。この関数では、ストリームをうまく利用して《**文字列の作成**》を行っています。

入出力の接続先が文字列となっているストリームが、文字列ストリーム（*string stream*）です。以下に示す３種類のストリームが <sstream> ヘッダで提供されます。

- ostringstream … 文字列への出力を行うためのストリーム。
- istringstream … 文字列からの入力を行うためのストリーム。
- stringstream … 文字列への入出力を行うためのストリーム。

もちろん、いずれの型も std 名前空間に所属します。メンバ関数 *to_string* で利用しているのは **ostringstream** です。

Column 11-3 文字列ストリーム istringstream からの抽出

List 11C-2 は、istringstream を利用して文字列からの抽出を行うプログラムです。

List 11C-2 chap11/list11c02.cpp

```
// 文字列からの抽出
#include <sstream>
#include <iostream>

using namespace std;

int main()
{
    string s = "2125/12/18";
    istringstream is(s);     // 文字列sに接続された文字列入力ストリーム
    int y, m, d;
    char ch;                 // スラッシュを空読みする
    is >> y >> ch >> m >> ch >> d;
    cout << y << "年" << m << "月" << d << "日\n";
}
```

実行結果

```
2125年12月18日
```

日付が格納されている文字列 *s* を接続先とする **istringstream** 型の変数 *is* を作り、そのストリーム *is* から、年・月・日の整数値と区切り文字を抽出子 >> によって抽出します。

関数 *to_string* の本体で行うことを理解していきましょう。

1 文字列への出力を行うための文字列ストリーム ***ostringstream*** 型変数の宣言です。この宣言によって、変数 *s* は、文字列や整数値などを自由に挿入できる文字列出力ストリームとなります。

2 生成したストリーム *s* に対して日付を挿入します。挿入の要領は、画面である cout に対する挿入とまったく同じです（出力先が cout ではなく *s* になっているだけです）。

3 挿入の結果、ストリーム *s* に "2125年12月18日" といった文字列が蓄えられています。

ストリームに蓄えられている文字列は、str メンバ関数によって ***string*** 型の値として取得できるようになっています。str メンバ関数が返却する文字列を、そのまま **return** 文で返却します。

ここでの処理の手順の概略を一般的にまとめると、以下のようになります。

重要 **文字列出力ストリーム**である ***ostringstream*** に対しては、挿入子 << によって数値や文字列などを自由に挿入できる。ストリームに蓄えられた文字列は、str メンバ関数の呼出しによって取得できる。

メンバ関数 *to_string* の働きを **List 11-8** で確認しましょう。

List 11-8 Date02/DateTest2.cpp

```
// 日付クラスDate（第２版）の利用例（メンバ関数to_stringの働きを確認）

#include <iostream>
#include "Date.h"

using namespace std;

int main()
{
    const Date birthday(1963, 11, 18);       // 誕生日
    Date day[3];                              // 配列（今日の日付）

    cout << "birthday = " << birthday << '\n';
    cout << "birthdayの文字列表現：\"" << birthday.to_string() << "\"\n";

    for (int i = 0; i < 3; i++)
        cout << "day[" << i << "]の文字列表現：\"" << day[i].to_string() << "\"\n";
}
```

実行例

```
birthday = 1963年11月18日
birthdayの文字列表現："1963年11月18日"
day[0]の文字列表現："2125年12月18日
day[1]の文字列表現："2125年12月18日
day[2]の文字列表現："2125年12月18日
```

網かけ部が、メンバ関数 *to_string* の呼出しです。メンバ関数によって作られて返却された文字列が画面に表示されます。

▶ 配列 day には初期化子が与えられていないため、day[0], day[1], day[2] の全要素がデフォルトコンストラクタによって、今日（プログラム実行時）の日付で初期化されます。

挿入子と抽出子の多重定義

第２版のクラス *Date* では、cout に対する挿入子 << の適用によって、日付の表示が行えるようになっています。たとえば、**List 11-7** (p.383) のプログラムでは、クラス *Date* 型オブジェクト *today* の日付を以下のように出力しています。

```
cout << "今日は" << today << "です。\n";                // クラスDate第２版
```

クラス *Date* 第１版を利用した場合では、同じことを実現するコードは、以下のように長くなります。

```
cout << "今日は" << today.year()  << "年"              // クラスDate第１版
                 << today.month() << "月"
                 << today.day()   << "日です。\n";
```

第２版では、たったの１行で実現できるのですが、その秘密は、ソース部で定義されている operator<< 関数にあります。

これは"演算子 << の多重定義"によって実現された関数です。演算子の多重定義については次章で学習しますので、現時点では以下のように理解しておきましょう。

---

operator<< 関数と operator>> 関数を **Fig.11-8** の形式で定義すると、挿入子 << と抽出子 >> とで Type 型の値を入出力できるようになる。

---

a 挿入子の多重定義（演算子関数 << の定義）

```
ostream& operator<<(ostream& s, const Type& x)
{
    s << ****;
    // xの値を出力ストリームsに出力
    return s;
}
```

出力すべき式を **** の箇所に記述

b 抽出子の多重定義（演算子関数 >> の定義）

```
istream& operator>>(istream& s, Type& x)
{
    s >> ****;
    // 入力ストリームsから読み込んだ値をもとにxの値を設定・変更
    return s;
}
```

入力すべき式を **** の箇所に記述

Fig.11-8　挿入子と抽出子の多重定義

List 11-6 [B] Date02/Date.cpp

```
//--- 出力ストリームsにxを挿入 ---//
ostream& operator<<(ostream& s, const Date& x)
{
    return s << x.to_string();
}

//--- 入力ストリームsから日付を抽出してxに格納 ---//
istream& operator>>(istream& s, Date& x)
{
    int yy, mm, dd;
    char ch;

    s >> yy >> ch >> mm >> ch >> dd;
    x = Date(yy, mm, dd);
    return s;
}
```

図aに示すように、関数 **operator<<** の第1引数sは出力ストリーム **ostream** への参照で、第2引数xは出力するオブジェクトへの **const 参照**です。

▶ クラス型の引数の受渡しは、値渡しではなく、参照渡しで行うのが原則です。その理由は、次章で詳しく学習します。

関数 **operator<<** の本体では、ストリームsに対して出力を行います。そして、返却するのは、第1引数として受け取ったsです。

▶ クラス Date の挿入子関数では、メンバ関数 to_string が返却する文字列をそのままストリームに出力しています。もしクラス Date にメンバ関数 to_string がなければ、挿入子関数の定義は、以下のようになります。

```
//--- 出力ストリームsにxを挿入 ---//
ostream& operator<<(ostream& s, const Date& x)
{
   return s << x.year() << "年" << x.month() << "月" << x.day() << "日";
}
```

こちらも、たったの1行で実現できます。

*

図bに示すのが、抽出子 **>>** を利用できるようにするための、**operator>> 関数**の定義の形式です。

第1引数sは入力ストリーム **istream** への参照で、第2引数xは読み込んだ値を格納するオブジェクトへの参照です。読み込んだ値をもとにxの値を設定・変更するため、**const ではない参照**です（この点は、挿入子とは違います）。

関数本体では、入力ストリームsから読み込んだ値をもとにしてxの値を設定・変更するといった作業を行います。返却するのは、第1引数として受け取ったsです。

*

クラス Date の抽出子 **>>** は、年・月・日の三つの整数値をキーボードから読み込んで、それらの値を x.y, x.m, x.d に設定したうえで、sを返却しています。

Column 11-4 現在の日付と時刻の取得

現在（プログラム実行時）の日付・時刻の取得は、標準ライブラリを利用することで、容易に実現できます。その方法を、**List 11C-3** に示すプログラムで学習していきましょう。

List 11C-3 chap11/list11c03.cpp

```
// 現在の日付・時刻を表示

#include <ctime>
#include <iostream>

using namespace std;

int main()
{
1   time_t current = time(NULL);                    // 現在の暦時刻
2   struct tm* timer = localtime(&current);         // 要素別の時刻（地方時）
    char* wday_name[] = {"日", "月", "火", "水", "木", "金", "土"};

    cout << "現在の日付・時刻は"
         << timer->tm_year + 1900      << "年"
         << timer->tm_mon + 1          << "月"
         << timer->tm_mday             << "日 ("
3        << wday_name[timer->tm_wday] << ") "
         << timer->tm_hour             << "時"
         << timer->tm_min              << "分"
         << timer->tm_sec              << "秒です。\n";
}
```

実行例

```
現在の日付・時刻は2125年12月18日（火）12時23分21秒です。
```

▪ time_t 型：暦時刻

暦時刻（*calendar time*）と呼ばれる **time_t 型**の実体は、long 型や double 型などの加減乗除が可能な算術型です。どの型の同義語となるのかは処理系によって異なるため、**<ctime> ヘッダ**で定義されます。以下に示すのが、定義の一例です。

```
typedef long time_t;          // 定義の一例：処理系によって異なる
```

暦時刻は、型だけでなく、その具体的な値も処理系に依存します。

time_t 型を unsigned int 型または unsigned long 型の同義語とし、1970 年 1 月 1 日 0 時 0 分 0 秒からの経過秒数を具体的な値とする処理系が多いようです。

▪ time 関数：現在の時刻を暦時刻で取得

現在の時刻を暦時刻として取得するのが **time 関数**です。求めた暦時刻を返却値として返すだけでなく、引数が指すオブジェクトにも格納します。

そのため、右に示すどの呼出しでも、変数 *current* に現在の時刻が格納されます。本プログラムはBです。

```
A time(&current);
B current = time(NULL);
C current = time(&current);
```

▪ tm 構造体：要素別の時刻

暦時刻 time_t 型は、コンピュータにとって計算しやすい算術型の数値であって、私たち人間が直感的に理解できるものではありません。そのために提供されるもう一つの時刻の表現法が、**要素別の時刻**（*broken-down time*）と呼ばれる **tm 構造体**型です。

※構造体とは、クラスを縮小したものです（**Column 11-8**：p.404）。

右ページに示すのは、tm 構造体の定義例です。年・月・日・曜日などの日付や時刻に関する要素をメンバとしてもちます。各メンバが表す値は、コメントに記入しています。

tm 構造体型

```
struct tm {              // 定義の一例：処理系によって異なる
    int tm_sec;            // 秒 (0〜61)
    int tm_min;            // 分 (0〜59)
    int tm_hour;           // 時 (0〜23)
    int tm_mday;           // 日 (1〜31)
    int tm_mon;            // 1月からの月数 (0〜11)
    int tm_year;           // 1900年からの年数
    int tm_wday;           // 曜日：日曜〜土曜 (0〜6)
    int tm_yday;           // 1月1日からの日数 (0〜365)
    int tm_isdst;          // 夏時間フラグ
};
```

なお、この定義は一例であり、メンバの宣言順序などの細かい点は処理系に依存します。

- メンバ tm_sec の値の範囲が 0 〜 59 ではなく 0 〜 61 となっています。最大 2 秒までの閏（うるう）秒が考慮されているためです。
- メンバ tm_isdst の値は、夏時間が採用されていれば正、採用されていなければ 0、その情報が得られなければ負です（夏時間とは、夏期に 1 時間ほど時刻をずらすことであり、現在の日本では採用されていません）。

■ localtime 関数：暦時刻から地方時要素別の時刻への変換

暦時刻の値を、地方時要素別の時刻に変換するのが ***localtime* 関数**です。

この関数の動作イメージを示したのが **Fig.11C-1** です。単一の算術型の値をもとに、構造体の各メンバの値を計算して設定します。

localtime という名前が示すとおり、変換によって得られるのは地方時（日本国内用に設定されている環境では日本の時刻）です。

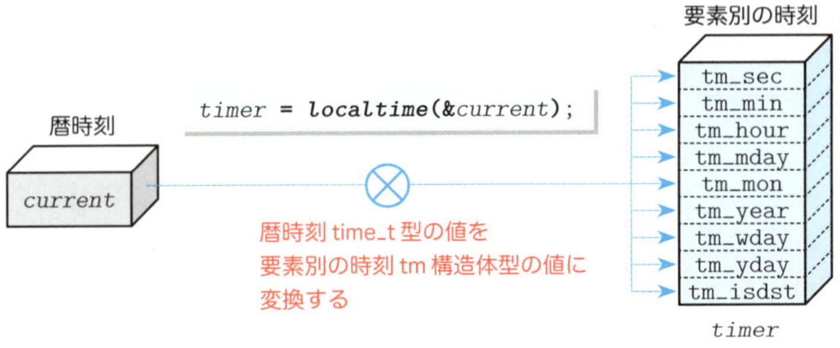

Fig.11C-1 localtime 関数による暦時刻から要素別の時刻への変換

それでは、プログラム全体を理解していきましょう。

1 現在の時刻を ***time*** 関数を用いて **time_t** 型の暦時刻として取得します。

2 その値を要素別の時刻である **tm** 構造体に変換します。

3 要素別の暦時刻を西暦で表示します。その際、tm_year には 1900 を、tm_mon には 1 を加えます。曜日を表す tm_wday は、日曜日から土曜日が 0 から 6 に対応しているため、配列 *wday_name* を利用して文字列 "日", "月", … に変換します。

※本プログラムには、"**using namespace** std;" の **using** 指令があります。もし、この指令を省略するのであれば、型名や関数名の前に std:: を付ける必要があります。

11-1 日付クラスの作成

11-2 メンバとしてのクラス

本節では、データメンバがクラス型となっているクラスを例にとりながら、コンストラクタ初期化子やヘッダの作成法などを学習します。

クラス型のメンバ

前章で作成した銀行口座クラス *Account* に《口座開設日》の日付データを加えることにしましょう。もちろん、口座開設の日付は、本章で作成した、クラス *Date* 第２版で表すものとします。

そのように改良した銀行口座クラス *Account* 第５版のヘッダ部が **List 11-9** で、ソース部が **List 11-10** です。口座開設日のデータメンバ *open* と、それを返却するメンバ関数 *opening_date* が追加されています。

▶ データメンバの値を調べるだけであって変更しないメンバ関数 *name*, *no*, *balance* を、const メンバ関数に変更しています。

なお、プログラムをコンパイルする際には、クラス *Date* 第２版の "Date.h" と "Date.cpp" が必要です。処理系によっても異なりますが、一般的には（ヘッダ探索ルールの設定やリンク先の指定などをしない限り）"Date.h" と "Date.cpp" は、"Account.h" と "Account.cpp" が格納されているのと同じディレクトリの中に入れておく必要があります。

has-A の関係

銀行口座クラスと日付クラスの関係を示したのが **Fig.11-9** です。この図は、

クラス *Account* はその部分としてクラス *Date* をもつ。

ことを表します。このように、“**あるクラスがその一部分として別のクラスをもつ**” ことを **has-A の関係**と呼びます。

クラスだけでなく、設計図であるクラスから作られた実体としての**オブジェクト**にも同じ関係が成立します。

銀行口座クラス *Account* 型オブジェクトは、日付クラス *Date* 型オブジェクトを含みます。

Fig.11-9 クラスAccountとクラスDate（has-Aの関係）

他のクラスオブジェクトの部分として含まれるオブジェクトのことを**メンバ部分オブジェクト**（*member sub-object*）と呼びます。

▶ たとえば suzuki が Account 型のオブジェクトであるとき、suzuki.open は、オブジェクト suzuki のメンバ部分オブジェクトとなります。

オブジェクトが内部に別のオブジェクトをもつ構造のことを**コンポジション**（**合成**）と呼びます。has-A はコンポジションを実現する一手段です。

List 11-9 Account05/Account.h

```
// 銀行口座クラス（第５版：ヘッダ部）

#include <string>
#include "Date.h"                                   クラス Date 第２版

class Account {
    std::string full_name;      // 口座名義
    std::string number;         // 口座番号
    long crnt_balance;          // 預金残高
    Date open;                  // 口座開設日

public:
    // コンストラクタ
    Account(std::string name, std::string num, long amnt, int y, int m, int d);

    void deposit(long amnt);                              // 預ける
    void withdraw(long amnt);                             // おろす

    std::string name() const  { return full_name; }      // 口座名義を調べる
    std::string no() const    { return number; }         // 口座番号を調べる
    long balance() const      { return crnt_balance; }   // 預金残高を調べる
    Date opening_date() const { return open; }           // 口座開設日を調べる
};
```

List 11-10 Account05/Account.cpp

```
// 銀行口座クラス（第５版：ソース部）

#include <string>
#include <iostream>
#include "Account.h"

using namespace std;

//--- コンストラクタ ---//
Account::Account(string name, string num, long amnt, int y, int m, int d)
                                                : open(y, m, d)
{
    full_name = name;          // 口座名義
    number = num;              // 口座番号
    crnt_balance = amnt;       // 預金残高
}

//--- 預ける ---//
void Account::deposit(long amnt)
{
    crnt_balance += amnt;
}

//--- おろす ---//
void Account::withdraw(long amnt)
{
    crnt_balance -= amnt;
}
```

コンストラクタ初期化子

口座開設日の追加に伴って、コンストラクタも変更されています。

```
//--- コンストラクタA（List 11-10）---//
Account::Account(string name, string num, long amnt, int y, int m, int d)
                                                   : open(y, m, d)
{
    full_name = name;          // 口座名義
    number = num;              // 口座番号
    crnt_balance = amnt;       // 預金残高
}
```

コンストラクタ初期化子
オブジェクトの構築・初期化

コロン：を含めた網かけ部は、**コンストラクタ初期化子**（*constructor initializer*）と呼ばれます。このコンストラクタ初期化子の働きは、Date型メンバ *open* を、クラス Date のコンストラクタ Date(**int**, **int**, **int**) で初期化することです。

もちろん、口座開設日 *open* への値の設定は、以下のように、コンストラクタの本体でも行えます。こうすると、コンストラクタ初期化子は不要です。

```
//--- コンストラクタB ---//
Account::Account(string name, string num, long amnt, int y, int m, int d)
{
    full_name = name;          // 口座名義
    number = num;              // 口座番号
    crnt_balance = amnt;       // 預金残高
    open = Date(y, m, d);      // 口座開設日 •── 構築ずみオブジェクトに対する代入
}
```

AとBのどちらがよいのかというと、Aです。それは以下の“事実”によります。

コンストラクタ本体で行うメンバへの値の設定は、初期化ではなくて代入である。

そのため、コンストラクタBでは、*open* への値の設定が以下のように行われます。

1. Account型のオブジェクトが生成される際、部分オブジェクトであるDate型の *open* が生成される。クラス Date のデフォルトコンストラクタが呼び出されて、データメンバ *open* は、“今日（プログラム実行時）の日付”で**初期化**される。

2. コンストラクタ本体が実行される。そこで行われる *open* = Date(*y*, *m*, *d*); では、Date(*y*, *m*, *d*) で作られたDate型の一時オブジェクトの値が *open* に**代入**される。

すなわち、**初期化・代入**と、**値の設定が２回も行われる**のです（そればかりか、データメンバ *open* とは別に、Date型の一時オブジェクトが作られます）。クラス型メンバに対してBのようにコンストラクタ本体で代入を行う方法には、次の問題点があります。

- **部分オブジェクトが生成される際に、デフォルトコンストラクタで《初期化》される。そのクラス型にデフォルトコンストラクタがなければコンパイルエラーとなる。**
- **生成されて初期化された部分オブジェクトに対する《代入》が行われる。メンバに対する値の設定が、初期化・代入の２段階となるため、コストが高くつく。**

コンストラクタはクラスオブジェクトを初期化するためのものです。ところが、クラスオブジェクトに含まれる部分オブジェクト単位で考えると、次のようにいえます。

重要 コンストラクタ本体での代入演算子 = によるデータメンバへの値の設定は、構築ずみの部分オブジェクトへの値の《代入》であって、《初期化》ではない。

口座名義のデータメンバ *full_name* と口座番号のデータメンバ *number* の型は、いずれも ***string*** **クラス**型です。そのため、両メンバとも値の設定は以下のように行われます。

1. ***string*** 型の部分オブジェクトである *full_name* と *number* が生成される。デフォルトコンストラクタが呼び出され、空文字列として**初期化**される。

2. コンストラクタ本体が実行され、仮引数 *name* と *num* に受け取った文字列が、データメンバ *full_name* と *number* に**代入**される。

string 型は、任意の長さの文字列を格納できるという特徴があります。そのため、現在の文字列とは異なる長さの文字列が代入された場合は、新しく代入される文字列を格納できるように、**new** 演算子（あるいはそれと同等な方法）による記憶域の確保がオブジェクト内部で行われます。

string **クラス型のデータメンバに対して、コンストラクタ本体内での代入によって値を設定することは、日付クラス型よりもコストが高くつきます。**

以上のことから、次の教訓が導かれます。

重要 クラス型のデータメンバは、コンストラクタ本体の中で値を《代入》するのではなく、**コンストラクタ初期化子**によって《初期化》すべきである。

コンストラクタ初期化子は、**int** 型や **double** 型などの組込み型データメンバにも適用できます。銀行口座クラスの全データメンバをコンストラクタ初期化子で初期化するように書きかえると、コンストラクタは以下のように実現されます。

```
//--- コンストラクタC ---//
Account::Account(string name, string num, long amnt, int y, int m, int d)
        : full_name(name), number(num), crnt_balance(amnt), open(y, m, d)
{
}
```
（メンバ初期化子）

コンストラクタ初期化子内の、個々のメンバ用の初期化子は、**メンバ初期化子**（*member initializer*）と呼ばれます。メンバ初期化子はコンマ , で区切ります。

コンストラクタCのように、全データメンバに対してメンバ初期化子を与えると、コンストラクタ本体は空になります。

▶ データメンバの初期化が行われる順序と、コンストラクタ初期化子におけるメンバ初期化子の並びの順序は無関係です。**Column 11-5**（p.397）で学習します。

銀行口座クラス第５版を利用するプログラム例を **List 11-11** に示します。

List 11-11 Account05/AccountTest.cpp

```
// 銀行口座クラス（第５版）の利用例

#include <iostream>
#include "Account.h"

using namespace std;

int main()
{
    Account suzuki("鈴木龍一", "12345678", 1000, 2125, 1, 24);  // 鈴木君の口座
    Account takeda("武田浩文", "87654321",  200, 2123, 7, 15);  // 武田君の口座

    suzuki.withdraw(200);    // 鈴木君が200円おろす
    takeda.deposit(100);     // 武田君が100円預ける

    cout << "鈴木君の口座\n";
    cout << "口座名義＝" << suzuki.name() << '\n';
    cout << "口座番号＝" << suzuki.no() << '\n';
    cout << "預金残高＝" << suzuki.balance() << "円\n";
1   cout << "開 設 日＝" << suzuki.opening_date() << '\n';

    cout << "\n武田君の口座\n";
    cout << "口座名義＝" << takeda.name() << '\n';
    cout << "口座番号＝" << takeda.no() << '\n';
    cout << "預金残高＝" << takeda.balance() << "円\n";
    cout << "開 設 日＝" << takeda.opening_date().year()  << "年"
2                        << takeda.opening_date().month() << "月"
                         << takeda.opening_date().day()   << "日\n";
}
```

実行結果

```
鈴木君の口座
口座名義＝鈴木龍一
口座番号＝12345678
預金残高＝800円
開 設 日＝2125年1月24日

武田君の口座
口座名義＝武田浩文
口座番号＝87654321
預金残高＝300円
開 設 日＝2123年7月15日
```


このプログラムは、鈴木君と武田君の口座情報を表示する単純なものです。

鈴木君の口座開設日を表示するのが**1**で、武田君の口座開設日を表示するのが**2**です。

1 口座開設日を返却するメンバ関数 *opening_date* を呼び出しています。その返却値型は *Date* 型です。

Date 型の日付をストリームに挿入する **operator<<** 関数の働きによって、口座開設日が表示されます。

2 クラス *Account* のメンバ関数 *opening_date* の呼出しによって返却された *Date* 型の日付に対して、クラス *Date* のメンバ関数 *year*, *month*, *day* を呼び出しています。そのため、ドット演算子 **.** が二重に適用された形式となっています。

それぞれ西暦年・月・日を **int** 型の値として取得して表示します。

重要 クラス型オブジェクト a のメンバ関数 *b* が返却するクラス型のメンバ関数 *c* は a.*b*().*c*() によって呼び出せる。

本プログラムでは、ドット演算子 . とメンバ関数呼出しの原理を理解するために、武田君の口座の開設日の年・月・日を個別に取得して表示しています。もちろん、鈴木君の口座の開設日と同様に、以下のようにすれば、一度に出力できます。

```
cout << "開 設 日＝" << takeda.opening_date() << '\n';
```

▶ 2の部分が理解できないのであれば、以下のように分解して考えるとよいでしょう。

```
Date temp = takeda.opening_date();
cout << "開 設 日＝" << temp.year()  << "年"
                    << temp.month() << "月"
                    << temp.day()   << "日\n";
```

Column 11-5 データメンバの初期化の順序

データメンバの初期化は、クラス定義中のデータメンバの宣言の順で行われます。すなわち、コンストラクタ初期化子におけるメンバ初期化子の並びの順序とは無関係です。

そのことを確認するプログラムを **List 11C-4** に示します。

List 11C-4 chap11/list11c04.cpp

```
// コンストラクタ初期化子の呼出し順序を確認

#include <iostream>

using namespace std;

class Int {
    int v;   // 値
public:
    Int(int val) : v(val) { cout << v << '\n'; }
};

class Abc {
    Int a;
    Int b;
    Int c;

public:
    Abc(int aa, int bb, int cc) : c(cc), b(bb), a(aa) { }    // コンストラクタ
};

int main()
{
    Abc x(1, 2, 3);
}
```

○宣言順に初期化される

×初期化はこの順ではない

実行結果

```
1
2
3
```

クラス *Int* は、データメンバ *v* とコンストラクタのみをもつクラスです。コンストラクタでは、データメンバ *v* に値を設定するとともに、その値を画面に表示します。

クラス *Abc* には、三つのデータメンバ a, b, c とコンストラクタがあります。データメンバの型は、いずれも *Int* 型です。コンストラクタ初期化子は、c, b, a の順に並んでいます。

実行すると『1』『2』『3』と表示されます。コンストラクタ初期化子におけるメンバ初期化子の並び c, b, a の順ではなく、メンバそのものの宣言の並び a, b, c の順で、コンストラクタが呼び出されて初期化されることが確認できます。

ヘッダの設計とインクルードガード

クラス Account は、クラス Date 型のデータメンバをもっています。そのため、クラス Account のヘッダ部 "Account.h"（p.393）の網かけ部では、クラス Date の定義を取り込むために "Date.h" をインクルードしています。

さて、クラス Account を利用するプログラムで、次のように "Date.h" と "Account.h" の両方をインクルードしたらどうなるでしょうか。

```
#include "Date.h"          // "Date.h"を直接インクルード
#include "Account.h"       // "Date.h"を間接的にインクルード
```

まず "Date.h" をインクルードし、さらに "Account.h" からも間接的に "Date.h" をインクルードします。**クラス Date の定義が 2 回行われる**ため、

エラー：既に定義されているクラス Date を重複して定義しています。

といったコンパイルエラーが発生します。

クラス定義を含むヘッダは、何回インクルードされてもコンパイルエラーが発生しないようにしなければなりません。そのためには、インクルードガードと呼ばれる手法を用いて、Fig.11-10 ⓐまたはⓑのようにヘッダを実現するのが定石です。

▶ 図ⓑの先頭行の ___XXX を囲む ( ) は、省略可能です。

ⓐ
```
#ifndef ___XXX
#define ___XXX

    // クラス定義など

#endif
```

ⓑ
```
#if !defined(___XXX)
#define ___XXX

    // クラス定義など

#endif
```

1回目のインクルード時のみ有効
2回目以降のインクルード時は読み飛ばされる

Fig.11-10　インクルードガードされたヘッダ

まずは、ヘッダの最初の行である、**#ifndef 指令**と **#if 指令**を理解しましょう。

"#ifndef 識別子" と "#if !defined(識別子)" はいずれも、"識別子" がマクロ名として定義されている場合（あらかじめ定義されているか、または #define 指令の対象となったことがあり、しかも、その後に #undef 指令による定義の取消しが行われていない場合）に 0 と評価され、そうでない場合に 1 と評価されます。

1 と評価された場合は、**#endif 指令**にいたるまでの行が、プログラムとして有効となります。しかし、0 と評価された場合は、プログラムとして無効となります（すなわち #ifndef あるいは #if と、#endif とで囲まれた行は**読み飛ばされて無視されます**）。

このヘッダをインクルードするとどうなるのかを考えましょう。

▪ 初めてインクルードした場合

マクロ ___XXX は定義されていませんので、先頭行の **#ifndef** あるいは **#if !defined** 指令の判定は、1 と評価されて成立します。そのため、網かけ部の部分がプログラムとして有効になります。

その網かけ部では、まず **#define** 指令によってマクロ ___XXX が定義されて、それからクラスの定義などが行われます。

▪ 2回目以降にインクルードした場合

1回目のインクルード時にマクロ ___XXX が定義されているため、先頭行の **#ifndef** あるいは **#if !defined** 指令の判定は、0 と評価されて成立しません。網かけ部の部分はプログラムとして無効となって読み飛ばされます。

クラス定義などのヘッダの大部分が無視されるため、重複定義のコンパイルエラーが発生することはありません。

インクルードガードされたヘッダの作成法が分かりました。もちろん、マクロ名 ___XXX は、ヘッダごとに異なる名前としなければなりません。

▶ 他のヘッダ用のマクロ名と同じ名前になると困りますので、先頭にアンダライン文字 ___ を付けるなどの工夫が必要です。なお、アンダラインを3個も続けているのは、__（アンダライン2個）で始まる名前が、C++ で予約されているからです。

重要 ヘッダは、複数回インクルードされてもコンパイルエラーが発生しないように、**インクルードガード**して実現しなければならない。

インクルードガードを施して日付クラスを改良しましょう。日付クラス *Date* 第3版のヘッダ部を **List 11-12** に、ソース部を **List 11-13** に示します（いずれも次ページ）。

Column 11-6 前処理指令

第1章で学習した **#include** 指令や第4章で学習した **#define** 指令など、# で始まる指令の総称が**前処理指令**（*preprocessing directive*）です。前処理という名称は、『初期のC言語処理系では、コンパイルより前の段階で #… 指令の解釈が行われていた。』という歴史的な経緯に由来します（現在はコンパイルより前の段階ではなく、最初のほうの段階とみなされています）。

前処理指令には、以下のものがあります。

```
#          #include     #define     #undef     #line     #error     #pragma
#if        #ifdef       #ifndef     #elif      #else     #endif
```

先頭の **#** は**空指令**（*null directive*）と呼ばれる何もしない指令です（他の指令との見かけ上のバランスをとるために使われます）。**#define** 指令で定義されたマクロを取り消すのが **#undef 指令**です。

List 11-12 Date03/Date.h

```
// 日付クラスDate（第３版：ヘッダ部）

#ifndef ___Class_Date
#define ___Class_Date

#include <string>
#include <iostream>

//===== 日付クラス =====//
class Date {
    int y;      // 西暦年
    int m;      // 月
    int d;      // 日

public:
    Date();                                   // デフォルトコンストラクタ
    Date(int yy, int mm = 1, int dd = 1);     // コンストラクタ

    int year()  const { return y; }       // 年を返却
    int month() const { return m; }       // 月を返却
    int day()   const { return d; }       // 日を返却

    Date preceding_day() const;           // 前日の日付を返却（閏年に非対応）

    int day_of_week() const;              // 曜日を返却

    std::string to_string() const;        // 文字列表現を返却
};

std::ostream& operator<<(std::ostream& s, const Date& x);    // 挿入子
std::istream& operator>>(std::istream& s, Date& x);          // 抽出子

#endif
```

List 11-13 Date03/Date.cpp

```
// 日付クラスDate（第３版：ソース部）
// 新規追加されたメンバ関数以外は省略（第２版に以下のメンバ関数を追加）

//--- 曜日を返却（日曜～土曜が0～6に対応）---//
int Date::day_of_week() const
{
    int yy = y;
    int mm = m;
    if (mm == 1 || mm == 2) {
        yy--;
        mm += 12;
    }
    return (yy + yy / 4 - yy / 100 + yy / 400 + (13 * mm + 8) / 5 + d) % 7;
}
```

▶ ソース部では、メンバ関数day_of_weekのみを示しています。それ以外の部分は、第２版のソース部と同一です（すなわち、第２版に対してメンバ関数day_of_weekを加えたものが、第３版のソース部です）。

第３版では、メンバ関数day_of_weekを追加しています。これは、曜日を求めて整数値として返す関数です。日曜日であれば0、月曜日であれば1、…、土曜日であれば6を返却します。

▶ メンバ関数day_of_weekでは、ツェラーの公式に基づいて曜日を求めています。グレゴリオ暦を前提としているため、正しく曜日を求められる日付は1582年10月15日以降です。

Column 11-7 前処理指令によるコメントアウト

右に示すプログラム部分は、a に x を代入する文を、何らかの理由でそっくりコメントアウトしようという意図で作られたものです。

```
/*
    a = x;  /* aにxを代入 */
*/
```

ところが、/* */ 形式のコメントは入れ子にはできない（p.6）ことから、コメントとみなされるのは２行目の */ までとなり、最後の */ がコンパイルエラーの原因となります。

そもそもコメントは、プログラムを読む人間に伝えたい情報を与えるものであって、プログラムをコメントアウトするものではありません。

＊

右のように、#if 指令を用いて記述するのが、よりよい実現法です。条件判定に用いられる式の値が 0 すなわち偽ですから、網かけ部はコンパイル時に読み飛ばされて無視されることになります。

```
#if 0
    a = x;  /* aにxを代入 */
#endif
```

なお、デバッグ時など、プログラムの一部をコメントアウトしたり／しなかったり … と頻繁に切りかえる場合は、**List 11C-5** のように実現するとよいでしょう。

List 11C-5 chap11/list11c05.cpp

```
// #if指令によるプログラムのコメントアウト

#include <iostream>

using namespace std;

#define DEBUG   0

int main()
{
    int a = 5;
    int x = 7;

#if DEBUG == 1
    a = x;                  // aにxを代入
#endif

    cout << "aの値は" << a << "です。\n";
}
```

1 に書きかえると…

実行例 1
```
aの値は5です。
```

実行例 2
```
aの値は7です。
```

プログラム冒頭で DEBUG が 0 と定義されていますので、プログラムの網かけ部は読み飛ばされて無視されます。

この部分を読み飛ばしたくなければ、DEBUG の定義を 1 に変えます。そうすると、実行結果②が得られます。

クラス型の引数

銀行口座クラス *Account* 第５版を利用する **List 11-11**（p.396）のコンストラクタの呼出しに着目しましょう。

```
Account suzuki("鈴木龍一", "12345678", 1000, 2125, 1, 24);  // 鈴木君の口座
Account takeda("武田浩文", "87654321",  200, 2123, 7, 15);  // 武田君の口座
```

引数の《口座名義》と《口座番号》の後ろに四つも整数値が並んでいますので、預金額の数値なのか日付の数値なのかが分かりにくくなっています。

口座開設日を *Date* 型の引数としてやりとりすれば、読みやすくて使いやすくなります。そのように銀行口座クラスを改良しましょう。

クラス *Account* 第６版のヘッダ部を **List 11-14** に、ソース部を **List 11-15** に示します。

List 11-14 Account06/Account.h

```
// 銀行口座クラス（第６版：ヘッダ部）

#ifndef ___Class_Account
#define ___Class_Account

#include <string>
#include "Date.h"                                    クラス Date 第３版

//===== 銀行口座クラス =====//
class Account {
    std::string full_name;   // 口座名義
    std::string number;      // 口座番号
    long crnt_balance;       // 預金残高
    Date open;               // 口座開設日

public:
    // コンストラクタ
    Account(std::string name, std::string num, long amnt, const Date& op);

    void deposit(long amnt);                           // 預ける
    void withdraw(long amnt);                          // おろす

    std::string name() const     { return full_name; }      // 口座名義を調べる
    std::string no() const       { return number; }         // 口座番号を調べる
    long balance() const         { return crnt_balance; }   // 預金残高を調べる
    Date opening_date() const { return open; }              // 口座開設日を調べる
};

#endif
```

List 11-15 Account06/Account.cpp

```
// 銀行口座クラス（第６版：ソース部）

#include <string>
#include <iostream>
#include "Account.h"

using namespace std;

//--- コンストラクタ ---//
Account::Account(string name, string num, long amnt, const Date& op) :
                 full_name(name), number(num), crnt_balance(amnt), open(op)
{

}
```

```
//--- 預ける ---//
void Account::deposit(long amnt)
{
    crnt_balance += amnt;
}

//--- おろす ---//
void Account::withdraw(long amnt)
{
    crnt_balance -= amnt;
}
```

コンストラクタの引数が6個から4個に減少して、すっきりしました。**List 11-16** に示すのが、クラス *Account* 第6版を利用するプログラム例です。

List 11-16 Account06/AccountTest.cpp

```
// 銀行口座クラス（第6版）の利用例

#include <iostream>
#include "Date.h"            クラス Date 第3版
#include "Account.h"

using namespace std;

int main()
{
    // 鈴木君の口座
    Account suzuki("鈴木龍一", "12345678", 1000, Date(2125, 1, 24));
    string dw[] = {"日", "月", "火", "水", "木", "金", "土"};

    cout << "鈴木君の口座\n";
    cout << "口座名義＝" << suzuki.name() << '\n';
    cout << "口座番号＝" << suzuki.no() << '\n';
    cout << "預 金 額＝" << suzuki.balance() << "円\n";
    cout << "開 設 日＝" << suzuki.opening_date();
    cout << " (" << dw[suzuki.opening_date().day_of_week()] << ") \n";
}
```

実行結果

```
鈴木君の口座
口座名義＝鈴木龍一
口座番号＝12345678
預 金 額＝1000円
開 設 日＝2125年1月24日（水）
```

コンストラクタの最後の引数の型は **const** *Date*& 型です。そのため、赤網部ではクラス *Date* のコンストラクタを明示的に呼び出しています。

この呼出しによって、三つの **int** 型から *Date* 型の一時オブジェクトが作られます。そして、その一時オブジェクトが、*Account* 型の引数 *op* に渡されます。

▶ 3個の **int** 型値を "合わせ技" で *Date* 型の値を作って、それを1個の引数として与えます。

＊

青網部では、クラス *Date* 第3版で追加したメンバ関数 *day_of_week* によって、口座開設日の曜日を求めています。

Column 11-8 C言語の構造体と共用体

ここでは、C言語の構造体（*structure*）と共用体（*union*）について簡単に学習します。

▪ 構造体

C言語の構造体では、日付は以下のように宣言できます。

```
struct date {
    int year;       /* 西暦年 */
    int month;      /* 月 */
    int day;        /* 日 */
};
```

C++のクラスと比べると、C言語の構造体には以下のような制限があります。

1 構造体名は型名とならない

上のようにdateが宣言されても、"date型" ができるのではなく、"構造体date型" が作られるだけです。構造体名 "date" 単独ではなく、"**struct** date" が型名です。そのため、"構造体date型" のオブジェクトdayの定義は以下のようになります。

```
struct date day;    /* struct date型のオブジェクトdayの宣言・定義 */
```

この宣言から**struct**を省略すると、コンパイルエラーになります。

2 すべてのメンバは公開される

構造体のメンバはすべて公開されます。すなわち、全メンバが "公開部" で宣言されているものとして扱われます。メンバを非公開として、クラス外部からメンバを保護することはできません。

3 メンバ関数をもつことができない

構造体のメンバとしては、データメンバのみが許されます。メンバ関数をもつことはできません。もちろん、メンバ関数の一種である "コンストラクタ" をもつこともできませんので、確実な初期化の手段を提供することはできません。初期化を行う際は、

```
struct date day = {2010, 11, 18};
```

と、{ }を用いた初期化子を与えます。配列に与える初期化子と同様に、各メンバに対する初期化子をコンマで区切って並べたものを{ }で囲んだ形式です。

いくつかの制限をあげましたが、次章以降で学習する《クラス》特有の機能は、ほとんどすべて使えません。

※実際には、"C++のクラスを制限したものがC言語の構造体" ではなく、"C言語の構造体をもとにして大幅に拡張して作られたものがC++のクラス" です。

▪ 共用体

構造体が直列的なデータ構造を実現するのに対し、共用体は並列的かつ選択的なデータ構造を実現します。構造体と共用体のイメージを対比したのが**Fig.11C-2**です。記憶域上に構造体のデータメンバが宣言順に並ぶのに対して、共用体はすべてのメンバが横並びになっています。

共用体であることを宣言するためのキーワードが`union`です。メンバの宣言法や、**.** 演算子と **->** 演算子によってメンバをアクセスできる点は、クラスや構造体と同じです。

なお、構造体と同様に、メンバ関数をもったり、非公開とすることはできません。

共用体ではすべてのメンバが同一アドレス上に並びます。すなわち、"全メンバが同時に存在する" というよりも、"同時には一つのメンバだけが意味をもつ" といった性格です。

たとえば、

```
q.x = 5;            /* int型のメンバxに5を代入 */
```

という代入を行って、その直後に、

```
c = q.z;            /* double型のメンバzとして値を取り出す */
```

としても意味のない値が得られます。共用体は、

『メンバx, y, zを同時に使うことはないから、一緒の領域に閉じこめてしまえ。』

といった目的で利用されるのです。

なお、C++ では、共用体も大幅に機能が拡張されています。

a 構造体

```
struct abc {
    int    a;
    long   b;
    double c;
};

struct abc p;
```

b 共用体

```
union xyz {
    int    x;
    long   y;
    double z;
};

union xyz q;
```

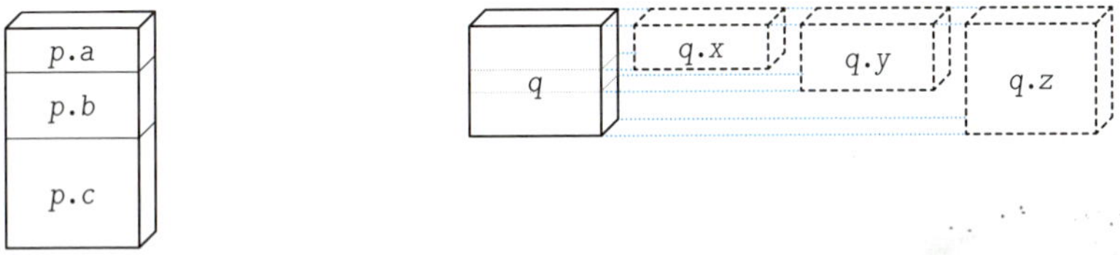

Fig.11C-2　構造体と共用体

C++ における **class**, **struct**, **union** の各キーワードは、《クラス》、《構造体》、《共用体》の概念と一対一では対応しません。C++ でのキーワード **struct** は、キーワード **class** とほとんど同じ意味が与えられており、《クラス》の宣言に使うことができます。唯一の相違点は、**struct** によってクラスを宣言すると、アクセス権を指定しないメンバが（非公開でなく）公開メンバとなる、ということだけです。

また、C++ では、宣言された順にデータメンバが記憶域上に並ぶことが保証されるのは、《POD構造体》に限られており、それ以外の構造体では保証されません。

POD とは、plain old data の略であり、以下のメンバをもたない構造体のことです。

- メンバへのポインタ型の非静的データメンバ
- 非 POD 構造体や非 POD 共用体（やその配列）へのポインタ型の非静的データメンバ
- 参照型の非静的データメンバ
- ユーザ定義の代入演算子
- ユーザ定義のデストラクタ

まとめ

- クラス型のオブジェクトが、同一型のオブジェクトの値で初期化されるときは、コピーコンストラクタによって、すべてのデータメンバがコピーされる。コピーコンストラクタは、コンパイラによって自動的に作られて提供される。

- クラス型のオブジェクトに、同一型のオブジェクトの値が代入されるときは、すべてのデータメンバがコピーされる。この働きを行う代入演算子は、コンパイラによって自動的に作られて提供される。

- コンストラクタを明示的に呼び出す文脈などで、一時オブジェクトが生成されることがある。名前をもたない一時オブジェクトは、不要になった時点で自動的に破棄される。

- コンストラクタを含めたメンバ関数は、多重定義できる。

- 引数を与えずに呼び出せるコンストラクタを、デフォルトコンストラクタと呼ぶ。

- 単一の実引数で呼び出せるコンストラクタは、( ) 形式だけでなく、= 形式でも起動できる。

- 等価演算子 == あるいは != によって、同一クラス型オブジェクトの全データメンバの値が等しいかどうかの判定を行うことはできない。

- 定値オブジェクトに対して、通常のメンバ関数を起動することはできない。定値オブジェクトに対しても起動する必要のあるメンバ関数は、const メンバ関数として実現しなければならない。

- クラスの利用者にとっての定値性とは無関係であり、オブジェクトの内部的な状態を表すようなデータメンバは、mutable メンバとするとよい。

- 文字列ストリームは文字列に接続されたストリームであり、挿入子 << と抽出子 >> によって、文字の挿入・抽出が可能である。

- クラスに対して挿入子 << や抽出子 >> を多重定義すると、入出力の実現が容易になる。

- クラスのデータメンバ型が他のクラス型であるとき、has-A の関係が成立する。

- オブジェクトに含まれるメンバとしてのオブジェクトのことを、メンバ部分オブジェクトと呼ぶ。

- メンバ関数は、自分が所属するオブジェクトを指す this ポインタをもっている。そのため、所属するオブジェクトそのものは、式 *this で表せる。

- 関数は、配列を返却することはできないが、クラス型の値は返却できる。

- **コンストラクタ初期化子**によるデータメンバの初期化は、コンストラクタ本体の実行に先立って行われる。

- コンストラクタ本体内でのデータメンバへの値の設定は、初期化ではなく代入である。クラス型のメンバは、コンストラクタ本体内で値を代入するのではなく、コンストラクタ初期化子によって初期化すべきである。

- クラス定義を含むヘッダは、何度インクルードされてもコンパイルエラーとならないように**インクルードガード**を施さなければならない。

chap11/Point2D.h

```
#ifndef ___Point2D
#define ___Point2D
//--- 2次元座標クラス ---//
class Point2D {
    int xp, yp;       // X座標とY座標
public:
    Point2D(int x = 0, int y = 0) : xp(x), yp(y) { }
    int x() const { return xp; }                       // X座標
    int y() const { return yp; }                       // Y座標
    void print() const { std::cout << "(" << xp << "," << yp << ")"; } // 表示
};
#endif
```

chap11/Circle.h

```
#ifndef ___Circle
#define ___Circle
#include "Point2D.h"
//--- 円クラス ---//
class Circle {
    Point2D center;       // 中心座標
    int radius;           // 半径
public:
    Circle(const Point2D& c, int r) : center(c), radius(r) { }
    Point2D get_center() const { return center; }   // 中心座標
    int get_radius() const { return radius; }        // 半径
    void print() const {                             // 表示
        std::cout << "半径[" << radius << "] 中心座標";  center.print();
    }
};
#endif
```

chap11/CircleTest.cpp

```
#include <iostream>
#include "Point2D.h"
#include "Circle.h"
using namespace std;
int main()
{
    Point2D origin(0, 0);             // 原点
    Circle c1(Point2D(3, 5), 7);      // 中心座標(3, 5) 半径7の円
    Circle c2(Point2D(), 8);          // 中心座標(0, 0) 半径8の円
    Circle c3(origin, 9);             // 中心座標(0, 0) 半径9の円
    cout << "c1 = ";  c1.print();   cout << '\n';
    cout << "c2 = ";  c2.print();   cout << '\n';
    cout << "c3 = ";  c3.print();   cout << '\n';
}
```

実行結果

```
c1 = 半径[7] 中心座標(3,5)
c2 = 半径[8] 中心座標(0,0)
c3 = 半径[9] 中心座標(0,0)
```

第12章

変換関数と演算子関数

組込み型と同じような感覚でクラス型のオブジェクトを扱えるように、+や=や++などの演算子の挙動を自由に定義できます。本章では、演算子の挙動を定義するための、演算子の多重定義について学習します。

- operator キーワード
- 変換関数
- 変換コンストラクタ
- ユーザ定義変換
- 演算子の多重定義
- 演算子関数
- 増分演算子と減分演算子の多重定義（前置と後置）
- 挿入子の多重定義
- 演算子関数とオペランドの型
- フレンド関数
- 非メンバ関数として実現する演算子の多重定義
- ヘッダ内で定義する非メンバ関数の結合性
- クラス内で定義された型とクラス有効範囲
- 定数への参照
- 異なる型のオブジェクトへの参照
- 値渡しと参照渡しの決定的な違い
- const 参照引数によるクラスオブジェクトの関数間の受渡し

12-1 カウンタクラス

本節では、数を数え上げるためのカウンタクラスを作成しながら、変換関数と演算子の多重定義の基本を学習します。

カウンタクラス

本節では、整数値を数え上げる《**カウンタ**》を、クラス Counter として実現します。なお、Counter オブジェクトに対して行えることは、以下の四つとします。

1. 初期化。生成するとともにカウンタを0にする。
2. カウントアップする（カウンタをインクリメントする）。
3. カウントダウンする（カウンタをデクリメントする）。
4. カウンタを調べる。

クラス Counter は小規模ですから、すべてのメンバ関数をインライン関数とし、ヘッダだけで実現しましょう。**List 12-1** に示すのが、そのプログラムです。

＊

カウンタを格納するのが、非公開データメンバ cnt です。その型は **unsigned** 型ですから、カウンタとして表現できる値は、**unsigned** 型で表現可能な範囲、すなわち、下限値が0で、上限値が **UINT_MAX** です。

▶ **unsigned** 型の最大値を表すマクロ **UINT_MAX** は、第4章で学習しました（p.120）。値は処理系に依存するものの、少なくとも 65,535 です。

各メンバ関数の概要は、以下のとおりです。

■ Counter … コンストラクタ

引数を受け取らないコンストラクタです。メンバ cnt を0で初期化して、カウンタを0にします。以下に示すのが、クラス Counter 型のオブジェクトの宣言・定義例です。

```
Counter c;                  // cのカウンタは0で初期化される
```

この宣言によって、オブジェクト c のカウンタは0となります。

引数を与えずに呼び出せる**デフォルトコンストラクタ**ですから、Counter 型の配列オブジェクトも、以下のように初期化子を与えずに定義できます。

```
Counter a[10];              // 配列aの全要素のカウンタは0で初期化される
```

この宣言によって、配列 a の全要素 a[0], a[1], …, a[9] のカウンタが0となります。

List 12-1　　Counter01/Counter.h

```
// カウンタクラスCounter（第1版）

#ifndef ___Class_Counter
#define ___Class_Counter

#include <climits>

//===== カウンタクラス =====//
class Counter {
    unsigned cnt;          // カウンタ

public:
    //--- コンストラクタ ---//
    Counter() : cnt(0) { }

    //--- カウントアップ ---//
    void increment() {
        if (cnt < UINT_MAX) cnt++;        // カウンタの上限はUINT_MAX
    }

    //--- カウントダウン ---//
    void decrement() {
        if (cnt > 0) cnt--;               // カウンタの下限は0
    }

    //--- カウンタを返却 ---//
    unsigned value() {                    // cntのゲッタ
        return cnt;
    }
};

#endif
```


■ *increment* … カウントアップ

カウントアップを行います（カウンタ *cnt* の値をインクリメントします）。インクリメントは、**unsigned** 型の表現範囲の上限値 **UINT_MAX** を超えない範囲で行います。

▶ すなわち、上限値 **UINT_MAX** に達しているカウンタに対して、本メンバ関数 *increment* を呼び出しても、カウンタは更新されません。

■ *decrement* … カウントダウン

カウントダウンを行います（カウンタ *cnt* の値をデクリメントします）。**unsigned** 型の表現範囲の下限値 0 より小さくならないようにします。

▶ すなわち、下限値 0 に達しているカウンタに対して、本メンバ関数 *decrement* を呼び出しても、カウンタは更新されません。

■ *value* … カウンタの返却

現在のカウンタを返却します。すなわち、データメンバ *cnt* のゲッタです。

クラスCounterの利用例

クラス*Counter*を利用するプログラム例を**List 12-2**に示します。

List 12-2 Counter01/CounterTest.cpp

```
// カウンタクラスCounter（第1版）の利用例

#include <iostream>
#include "Counter.h"

using namespace std;

int main()
{
    int no;
    Counter x;

    cout << "現在のカウンタ：" << x.value() << '\n';

    cout << "カウントアップ回数：";
    cin >> no;

    for (int i = 0; i < no; i++) {
        x.increment();                    // カウントアップ
        cout << x.value() << '\n';
    }

    cout << "カウントダウン回数：";
    cin >> no;

    for (int i = 0; i < no; i++) {
        x.decrement();                    // カウントダウン
        cout << x.value() << '\n';
    }
}
```

実行例

```
現在のカウンタ：0
カウントアップ回数：4
1
2
3
4
カウントダウン回数：2
3
2
```

まず最初に、クラス*Counter*のオブジェクト*x*を生成して、カウンタの値を表示します。オブジェクト生成時に、カウンタが0となることが実行例からも分かります。

その後、キーボードから**int**型変数*no*に読み込んだ回数だけ、メンバ関数*increment*によるカウントアップを繰り返しながらカウンタを表示します。それが終わると、再びキーボードから**int**型変数*no*に回数を読み込んで、カウントダウンとカウンタの表示を行います。

*

カウンタを**クラスによって実現するメリット**を確認しましょう。

a オブジェクトの生成時に、コンストラクタの働きによって確実な初期化が行われるため、カウンタは必ず0になります。初期化が確実に行われるため、“初期化忘れ”というプログラム上のミス発生を抑止できます。

b 情報隠蔽を行うカプセル化によって、カウンタの値がクラスの外部から保護されます。メンバ関数の外部からカウンタを直接書きかえることはできません。もし期待する実行結果が得られなかったり、何らかの不具合が発生したとしても、その発生源をクラスの内部に特定してデバッグできます。

カウンタに対する操作

クラス *Counter* のオブジェクト *x* を、カウントアップする式とカウントダウンする式は、以下のようになっています。いずれも、メンバ関数を呼び出す式です。

```
x.increment()          // カウントアップ
x.decrement()          // カウントダウン
```

クラス Counter

もし *x* が、**int** 型や **long** 型などの組込み型の整数型であれば、増分演算子 **++** と減分演算子 **--** を適用して、以下のように簡潔に実現できます。

```
x++                    // カウントアップ
x--                    // カウントダウン
```

int 型

ユーザ定義型であるクラス *Counter* には、**int** 型や **long** 型などの組込み型と比べると、以下の**デメリット**があることが分かります。

- タイプ数が増える ➡ タイプミス発生の可能性が高くなる。
- プログラムが長く冗長になる ➡ プログラムの可読性が低下する。

クラス型オブジェクトに対して増分演算子 **++** や減分演算子 **--** を適用できれば、**int** 型や **long** 型などの組込み型と同じ感覚で操作できるはずです。

また、カウンタを得るための、メンバ関数の呼出し式

```
x.value()              // xのカウンタを取得
```

クラス Counter

も同様です。*x* が **int** 型や **long** 型などの組込み型であれば、この式は、

```
x                      // xのカウンタを取得
```

int 型

だけで実現できます。

*

クラスの導入によるデメリットを検証しました。しかし、心配は無用です。ユーザ定義型のクラス型オブジェクトを、組込み型オブジェクトと同様な感覚で扱えるようにする機能があるからです。

それは、クラスに対して、以下に示す“特殊なメンバ関数”を定義することによって実現します。

- **変換関数**
- **演算子関数**

これらについて学習していきましょう。

変換関数

まずは、カウンタを返却する関数 *value* を書きかえます。この関数の実現に最適なのが、**変換関数**（*conversion function*）です。

変換関数は、任意の型の値を生成して返却するメンバ関数です。一般に、"Type 型への変換関数" は、以下に示す名前のメンバ関数として定義します。

```
operator Type                                   ※変換関数の関数名
```

カウンタクラスに必要なのは、unsigned 型への変換関数です。その関数名は "operator unsigned" であり、その定義は以下のようになります。

```
operator unsigned() const { return cnt; }        // unsigned型への変換関数
```

関数名 "operator unsigned" は、二つの語句で構成されます。また、**関数名そのものが返却値型を表している**わけですから、返却値型の指定はできません。なお、引数を受け取ることもできません。

▶ メンバ関数に指定する "const" については、前章で学習しました。本クラスの場合を含め、変換関数は、const メンバ関数として実現するのが原則です。

上記の変換関数 operator unsigned が提供されれば、*Counter* から unsigned への型変換は、明示的キャスト・暗黙的キャストのいずれでも行えます。

以下に示すのが、その一例です：

```
unsigned x;
Counter cnt;
// …
x = unsigned(cnt);                  // 明示的キャスト：変換関数が呼び出される
x = (unsigned)cnt;                  //     〃       ：       〃
x = static_cast<unsigned>(cnt);     //     〃       ：       〃
x = cnt;                            // 暗黙的キャスト：       〃
```

いずれも、*cnt* のカウンタを unsigned 型の整数値として取り出します。

▶ 上記に示した例は、組込み型に対して行われる型変換と同じ形式です。

```
int    i;
double z;
// ...
z = double(i);                  // 明示的キャスト：関数的記法のキャスト演算子
z = (double)i;                  //     〃       ：キャスト記法のキャスト演算子
z = static_cast<double>(i);     //     〃       ：静的キャスト演算子
z = i;                          // 暗黙的キャスト
```

なお、変換関数 operator unsigned は、クラス *Counter* のメンバ関数ですから、以下のようにドット演算子 . を用いて、明示的に呼び出すこともできます。

```
x = cnt.operator unsigned();     // 変換関数をフルネームで呼び出す
```

すなわち、変換関数をフルネームで呼び出すわけです。もっとも、冗長になるだけですので、この形式で呼び出すことは、通常はありません。

重要 オブジェクトを Type 型の値に頻繁に変換する必要があるクラスには、Type 型への**変換関数**である `operator Type` を定義しよう。

変換関数が提供されると、クラスの利用者はメンバ関数 *value* の名前や仕様を覚えたり使いこなしたりする手間から解放されます。

▶ 第４章で学習したとおり、型名 **unsigned** は **unsigned int** の省略形です。ここでは、変換関数の名前やキャストを "**unsigned**" としましたが、"**unsigned int**" としても構いません（その場合は、関数名 "**operator unsigned int**" は、三つの語句で構成されます）。

演算子関数の定義

次に学習するのが、**演算子関数**（*operator function*）です。変換関数と同様、演算子関数の定義方法も単純です。一般に、"☆演算子" は、以下の名前の関数として定義します。

```
operator ☆                                    ※演算子関数の関数名
```

演算子関数 **operator ☆**を定義すると、クラス型オブジェクトに対して、その☆演算子が適用できるようになります。

それでは、クラス *Counter* に対して三つの演算子 **!**, **++**, **--** を定義していきましょう。

論理否定演算子

まず最初は、論理否定演算子 **!** です。クラス *Counter* の論理否定演算子は、カウンタが 0 であるかどうかを判定するものとします。

関数名は **operator!** であり、その定義は、以下のようになります。

```
bool operator!() const { return cnt == 0; }        // 論理否定演算子!
```

▶ **operator** と演算子 **!** のあいだにスペースを入れて表記しても構いません。

この関数は、カウンタが 0 であれば **true** を返却し、そうでなければ **false** を返却します。すなわち、C++ 言語に組み込まれている **!** 演算子が、**true** あるいは **false** の真理値を生成するのと同じ仕様です。

そのため、この関数は、たとえば以下のように利用できます。

```
if (!cnt) 文            // カウンタcntが0であれば文を実行
```

これだと、使い方を新たに覚える必要がありません。

重要 演算子関数は、その演算子の本来の仕様と可能な限り同一あるいは類似した仕様となるように定義しよう。

増分演算子と減分演算子

クラスに対して増分演算子や減分演算子の演算子関数を定義する場合、前置形式と後置形式を区別します。以下に示すのが、典型的な宣言形式の一例です。

```
class C {
    // …
public:
    Type operator++();          // 前置増分演算子：引数無し
    Type operator++(int);       // 後置増分演算子：int型の引数
    // …
};
```

前置形式は引数を受け取らない形式で、後置形式は int 型引数を受け取る形式とします。また、各関数の返却値型 Type は任意ですが、以下のようにするのが一般的です。

- 前置演算子 … C& 型
- 後置演算子 … C 型

これで、組込み型に適用される増分演算子 ++ と同じ仕様となります。二つの形式の演算子を適用した式には、以下の違いがあることを思い出しましょう（p.89）。

- 前置演算子が適用された式 ++x は、**左辺値式**（代入の左辺にも右辺にも置ける式）。
- 後置演算子が適用された式 x++ は、**右辺値式**（代入の右辺にしか置けない式）。

■ 前置演算子

クラス Counter の前置増分演算子の定義を、以下に示します。

```
//--- 前置増分演算子 ---//
Counter& operator++() {
    if (cnt < UINT_MAX) cnt++;     // カウンタの上限はUINT_MAX
    return *this;                  // 自分自身への参照を返却
}
```

インクリメント後の《自分自身》への参照を返却するために、*this（p.382）の返却を行っています。

重要 クラス C の前置の増分／減分演算子は、その呼出し式が左辺値式となるようにするために、C& 型の *this を返却するものとして定義する。

■ 後置演算子

クラス Counter の後置増分演算子の定義は、次のようになります。

```
//--- 後置増分演算子 ---//
Counter operator++(int) {
    Counter x = *this;             // インクリメント前の値を保存
    if (cnt < UINT_MAX) cnt++;     // カウンタの上限はUINT_MAX
    return x;                      // 保存していた値を返却
}
```

インクリメント前の値を返却する必要があるため、前置版よりも処理の手順が複雑です。

1. 自分自身である ***this** のコピーを作業用の変数 *x* に保存しておく。
2. カウンタをインクリメントする。
3. 関数から抜け出るときに、保存しておいたインクリメント前の値 *x* を返却する。

このように、後置増分演算子では、いったん ***this** をコピーしておき、そのコピーを返却する必要があります。

重要 クラス *C* の後置の増分／減分演算子は、インクリメント／デクリメント前の自身の値を返却するように定義する。

そのため、一般的には以下のことが成立します。

重要 増分演算子 ++ と減分演算子 -- の演算子関数は、前置形式よりも後置形式のほうが高コストとなる可能性がある。そのため、前置形式と後置形式のいずれを利用してもよい文脈では、前置形式を利用するとよい。

▶ 前置形式のほうを利用すべき理由は、他にもあります。**Column 12-1**（p.419）で学習します。

なお、似たようなコード（青網部）を散在させるべきではありません。**後置増分演算子の中で前置増分演算子を呼び出すと、重複が解消します。**

そのため、クラス *Counter* の後置増分演算子の定義は、次のようになります。

```
//--- 後置増分演算子 ---//
Counter operator++(int) {
    Counter x = *this;          // インクリメント前の値を保存
    ++(*this);                  // 前置増分演算子によってインクリメント
    return x;                   // 保存していた値を返却
}
```

▪ 演算子関数の呼出し

定義された演算子をクラスオブジェクトに適用することは、メンバ関数である演算子関数を呼び出すことを意味します。各演算子の適用は、以下のように解釈されます。

```
++x  ➡  x.operator++()     // 前置増分演算子（引数無し）
x++  ➡  x.operator++(0)    // 後置増分演算子（ダミーの引数が渡される）
```

規定により、後置演算子にはダミーの値として 0 が渡されます。次のように、フルネームで呼び出しても構いませんが、プログラムが読みにくくなるだけです。

```
x.operator++()              // 前置増分演算子を呼び出す：++xと同じ
x.operator++(0)             // 後置増分演算子を呼び出す：x++と同じ
```

▶ 後置増分演算子の関数頭部は、“*Counter* **operator++(int)**” となっています。宣言されている **int** 型の仮引数には、名前すら与えられていません。

変換関数と演算子関数を追加してカウンタクラスを書きかえましょう。**List 12-3** に示すのが、クラス *Counter* 第２版のプログラムです。

▶ ここまでは、増分演算子 ++ を例に、演算子関数の定義法を学習してきました。減分演算子 -- も同じ要領で定義しています。

List 12-3 Counter02/Counter.h

```
// カウンタクラスCounter（第２版）

#ifndef ___Class_Counter
#define ___Class_Counter

#include <climits>

//===== カウンタクラス =====//
class Counter {
    unsigned cnt;           // カウンタ

public:
    //--- コンストラクタ ---//
    Counter() : cnt(0) { }

    //--- unsigned型への変換関数  ---//
    operator unsigned() const { return cnt; }

    //--- 論理否定演算子! ---//
    bool operator!() const { return cnt == 0; }

    //--- 前置増分演算子++ ---//
    Counter& operator++() {
        if (cnt < UINT_MAX) cnt++;    // カウンタの上限はUINT_MAX
        return *this;                 // 自分自身への参照を返却
    }

    //--- 後置増分演算子++ ---//
    Counter operator++(int) {
        Counter x = *this;            // インクリメント前の値を保存
        ++(*this);                    // 前置増分演算子によってインクリメント
        return x;                     // 保存していた値を返却
    }

    //--- 前置減分演算子-- ---//
    Counter& operator--() {
        if (cnt > 0) cnt--;           // カウンタの下限は0
        return *this;                 // 自分自身への参照を返却
    }

    //--- 後置減分演算子-- ---//
    Counter operator--(int) {
        Counter x = *this;            // デクリメント前の値を保存
        --(*this);                    // 前置減分演算子によってデクリメント
        return x;                     // 保存していた値を返却
    }
};

#endif
```

クラス *Counter* 第２版の利用例を **List 12-4** に示します。

カウンタ *x* には後置形式の増分／減分演算子を適用して、カウンタ *y* には前置形式の増分／減分演算子を適用しています。増分／減分演算子が、前置形式と後置形式とを、正しく使い分けられることが、実行結果からも分かります。

12 変換関数と演算子関数

List 12-4 Counter02/CounterTest.cpp

```
// カウンタクラスCounter（第２版）の利用例

#include <iostream>
#include "Counter.h"

using namespace std;

int main()
{
    int no;
    Counter x;
    Counter y;

    cout << "カウントアップ回数：";
    cin >> no;

    for (int i = 0; i < no; i++)         // カウントアップ（xは後置でyは前置）
        cout << x++ << ' ' << ++y << '\n';

    cout << "カウントダウン回数：";
    cin >> no;

    for (int i = 0; i < no; i++)         // カウントダウン（xは後置でyは前置）
        cout << x-- << ' ' << --y << '\n';

    if (!x)                              // 論理否定演算子による判定
        cout << "xは0です。\n";
    else
        cout << "xは0ではありません。\n";
}
```

実行例

```
カウントアップ回数：4
0 1
1 2
2 3
3 4
カウントダウン回数：2
4 3
3 2
xは0ではありません。
```

変換関数と演算子関数を定義することによって、組込み型とまったく同じような感覚でクラス *Counter* を利用できるようになりました。

第１版と比較すると、使いやすくなるだけでなく、利用する側のプログラムの簡潔さ・読みやすさも向上しています。

Column 12-1 前置演算子と後置演算子の区別

増分演算子 **++** と減分演算子 **--** の前置版と後置版とを区別して定義できるようになったのは、Release 2.1 からです。

それ以前のバージョンでは、本文で解説した**前置形式**に相当する関数（引数を受け取らない演算子関数）のみを定義できました。*x*++ としても、++*x* としても、区別されることなく、その関数が呼び出されていました。

もし前置演算子と後置演算子を区別できない古い C++ の処理系を利用しているのであれば、

```
++x
```

と、呼び出す側でも前置形式のみを利用しておいたほうが、将来性の点で安心です。

12-2 真理値クラス

本節では、真理値型であるbool型を模したクラスBooleanを作りながら、ユーザ定義変換や挿入子の多重定義について学習していきます。

真理値クラス

本節で作るのは、真理値型であるbool型を模したクラス*Boolean*です。以下に示す設計方針をとります。

1. 偽を*False*、真を*True*の列挙子で表す。これら以外の値はもたない。
2. クラスの内部では、*False*を0で表し、*True*を1で表す。
3. int型の値と相互に変換できるようにする。int型として値を取り出す際は、*False*は0とし、*True*は1とする。int型の値が代入される際は、0であれば*False*とし、0以外の値であれば（たとえ1ではなくても）*True*とする。
4. 文字列表現"False"あるいは"True"として取り出せる。
5. 出力ストリームに対する挿入子<<によって、文字列"False"あるいは"True"として出力できる。

クラス*Boolean*のプログラムを**List 12-5**に示します。すべてのメンバ関数がインライン関数であり、ヘッダだけで実現されています。

クラス有効範囲

青網部は、真と偽の真理値を表す列挙体*boolean*の宣言です。この列挙体*boolean*がもつ列挙子は、*False*と*True*です。

▶ 列挙体については、4-3節で学習しました。値が指定されていない先頭の列挙子は値が0で、それから一つずつ値が増加していくため、*False*の値は0で、*True*の値は1となります。

列挙体*boolean*は、クラスの内部で定義されており、その名前はクラス*Boolean*の有効範囲に入ります。このように、識別子の通用範囲がクラスに所属することを、クラス有効範囲と呼ぶことは既に学習しました。

*boolean*は、“単なる*boolean*”ではなくて、“クラス*Boolean*に所属する*boolean*”です。そのため、たまたま同一名の列挙体*boolean*が、クラス*Boolean*の外部で定義されたとしても、名前の衝突が発生することはありません。

なお、この列挙体*boolean*はpublic:で公開されていますので、列挙子*False*と*True*は、クラス*Boolean*の外部からも利用できます。

List 12-5　　Boolean01/Boolean.h

```
// 真理値クラスBoolean

#ifndef ___Class_Boolean
#define ___Class_Boolean

#include <iostream>

//===== 真理値クラス =====//
class Boolean {
public:
    enum boolean {False, True};              // Falseは偽／Trueは真

private:
    boolean v;              // 真理値

public:
    //--- デフォルトコンストラクター--//
    Boolean() : v(False) { }                  // 偽で初期化

    //--- コンストラクタ ---//
    Boolean(int val) : v(val == 0 ? False : True) { }

    //--- int型への変換関数 ---//
    operator int() const { return v; }

    //--- const char*型への変換関数 ---//
    operator const char*() const { return v == False ? "False" : "True"; }
};

//--- 出力ストリームsにxを挿入 ---//
inline std::ostream& operator<<(std::ostream& s, Boolean& x)
{
    return s << static_cast<const char*>(x);
}

#endif
```

ただし、クラスの外部から列挙子の単純名をそのまま使うことはできません。

```
Boolean x = False;                // エラー
```

こうすると、以下に示すコンパイルエラーが発生します。

エラー：識別子“False”は定義されていません。

*boolean*をクラス*Boolean*の外部で利用する際は、その識別子がクラス*Boolean*のクラス有効範囲中にあることの指定が必要です。以下に示すのが、正しいコードです。

```
Boolean x = Boolean::False;       // ＯＫ
```

▶ いうまでもなく、クラス*Boolean*のメンバ関数内では“*Boolean::*”といった前置きは不要です。

重要 クラス*C*の内部で定義された、型や列挙子などの識別子*id*は、クラス有効範囲をもつ。クラスの外部からは*C::id*でアクセスする。

変換コンストラクタ

クラス*Boolean*には、２個のコンストラクタが多重定義されています。

1 *Boolean*()

引数を与えずに呼び出せる**デフォルトコンストラクタ**です。データメンバ*v*を*False*で初期化します。

2 *Boolean*(**int** *val*)

int型の値を仮引数*val*に受け取るコンストラクタです。受け取った*val*の値が0であればデータメンバ*v*を*False*で初期化し、そうでなければ*True*で初期化します。

2のような、**単一の実引数で呼び出せるコンストラクタは、実引数の型をクラスの型に変換する働きをするため、変換コンストラクタ**（*conversion constructor*）**と呼ばれます。**

この場合は、**Fig.12-1** **a**に示すように、**int**型から*Boolean*型への型変換を行います。

重要 単一のType型の実引数で呼び出せる、クラス*C*のコンストラクタは、Type型から*C*型への型変換を行う**変換コンストラクタ**である。

変換コンストラクタを利用する例を考えましょう。

```
A  Boolean x = 1;      // 初期化：Boolean x(1);
   Boolean y;
B  y = 0;              // 代入：y = Boolean(0);
```

Aの初期化子は1で、**B**の右オペランドは0です。いずれのケースも、**int**型の整数値を*Boolean*型に変換するために、変換コンストラクタが呼び出されます。呼出しは暗黙裏に行われますが、コメントに記入しているように、明示的に呼び出すことも可能です。

▶ 前章で作成した、第２版以降のクラス*Date*のコンストラクタ

```
Date::Date(int yy, int mm = 1, int dd = 1);
```

は、以下のように、単一の**int**型引数で呼び出せます（p.377）。

```
Date q = 2021;          // Date q(2021);と同じ
```

そのため、このコンストラクタも**変換コンストラクタ**として機能します。**int**型の整数値2021から、“2021年１月１日”という*Date*型の日付が作られます。

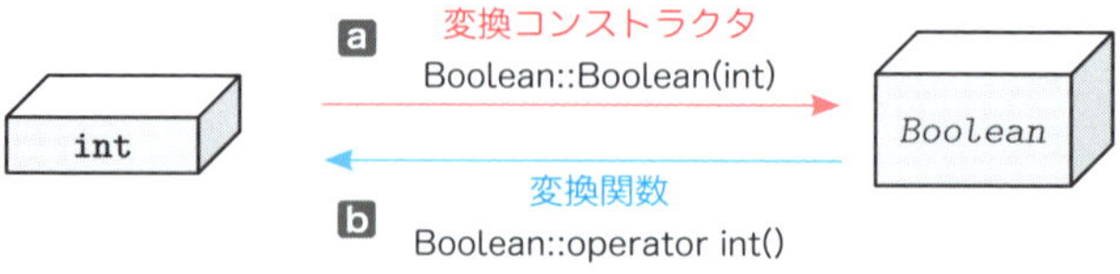

Fig.12-1 ユーザ定義変換

ユーザ定義変換

クラス *Boolean* には、**"int 型への変換関数"** が定義されています。

```
operator int() const { return v; }
```

この変換関数は、データメンバ v の値をそのまま返すゲッタであり、図**b**に示すように、*Boolean* 型から int 型への型変換を行います。ちょうど int 型から *Boolean* 型への型変換を行う図**a**の変換コンストラクタと反対の働きをします。

変換コンストラクタと変換関数の総称がユーザ定義変換（*user-defined conversion*）**です。両者がそろうと、二つの型間の型変換が相互に可能になります。**

なお、クラス *Boolean* には、int 型への変換関数に加えて、**"const char* 型への変換関数"** も定義されています。

```
operator const char*() const { return v == False ? "False" : "True"; }
```

そのため、クラスの利用者は、"False" もしくは "True" といった文字列表現を、簡単に入手できるようになります。

挿入子の多重定義

挿入子 << を実現するための演算子関数 operator<< の定義については、クラス *Date* を例にとって、前章で簡単に学習しました（p.388）。

クラス *Boolean* の挿入子 << は、次のように定義されています。const char* への変換関数を呼び出して "True" あるいは "False" の文字列を作った上で cout に出力します。

```
inline std::ostream& operator<<(std::ostream& s, Boolean& x)
{
    return s << static_cast<const char*>(x);
}
```

キャスト先の型名 "const char*" は複数の単語で構成されています。このような場合、**関数的記法のキャストは利用できません。**

```
static_cast<const char*>(x)            // ＯＫ！：静的キャスト
(const char*)x;                        // ＯＫ！：キャスト的記法

const char*(x);                        // エラー：関数的記法
```

クラス *Counter* で多重定義したすべての演算子は、単項演算子であり、メンバ関数として定義されていました。一方、挿入子である << 演算子は、２項演算子です。

単項演算子・２項演算子ともに、メンバ関数として実現することも、非メンバ関数として実現することもできます。

本プログラムでは、operator<< を非メンバ関数として定義しています。

非メンバ関数として定義された2項演算子では、左オペランドが関数の第1引数として渡されて、右オペランドが第2引数として渡されます。

そのため、クラス *Boolean* のオブジェクト *z* を出力する "std::cout << *z*" は、以下のように解釈されます。

```
operator<<(std::cout, z)                    // std::cout << z
```

また、**挿入子関数 operator<< が、第1引数に受け取った *ostream* への参照をそのまま返却することが、挿入子の連続適用を可能にしています。**

たとえば、"std::cout << *x* << *y*" は、以下のように解釈されます。

```
operator<<(operator<<(std::cout, x), y)     // std::cout << x << y
```

最初に呼び出される内側の関数呼出し式（網かけ部）が返却する std::cout が、そのまま2番目に呼び出される外側の operator<< の第1引数として渡されます。

ヘッダ内で定義する非メンバ関数の結合性

演算子関数 operator<< は、inline 付きで定義されています。そのため、この関数は、

- 関数がインラインに展開されるため、プログラムの実行効率が高くなる。
- 関数に内部結合が与えられる。

という性質をもちます。

もし inline を省略して、operator<< **に外部結合を与えると、どうなるでしょう。**

ここで、あるプログラムが "a.cpp" と "b.cpp" の二つのソースファイルで構成されていて、両方のプログラムで "Boolean.h" をインクルードしているとします。

その場合、各ソースプログラムのコンパイルは正常に終了するものの、**識別子の重複定義に関するリンク時エラーが発生します。**というのも、"a.cpp" と "b.cpp" に、同一名の関数 operator<< の定義が埋め込まれ、外部結合を与えられたその名前が、各ソースプログラムの外部にまで通用するからです。

同一の関数が複数のソースプログラムに埋め込まれていても、内部結合を与えておけば、その名前はソースプログラムの内部でのみ通用するものになります。そのため、リンク時エラーは発生しません。

重要 挿入子関数などの非メンバ関数をヘッダ内で定義する場合、その関数に inline あるいは static を与えて内部結合をもたせなければならない。

▶ クラス定義の中で定義されるメンバ関数は、自動的に inline とみなされて、内部結合が与えられますので、明示的に inline あるいは static を与える必要はありません。

クラス *Boolean* の利用例を **List 12-6** に示します。

List 12-6 Boolean01/BooleanTest.cpp

```
// 真理値クラスBooleanの利用例

#include <iostream>
#include "Boolean.h"

using namespace std;

//--- 二つの整数xとyが等しいかどうか ---//
Boolean int_eq(int x, int y)
{                                                          ―1
    return x == y;
}

int main()
{
    int n;
2   Boolean a;           // a ← False：デフォルトコンストラクタ
3   Boolean b = a;       // b ← False：コピーコンストラクタ
4   Boolean c = 100;     // c ← True  ：変換コンストラクタ
5   Boolean x[8];        // x[0]～x[7] ← False：デフォルトコンストラクタ

    cout << "整数値：";
    cin >> n;
    x[0] = int_eq(n, 5);          // x[0]
    x[1] = (n != 3);              // x[1] ← Boolean(n != 3)
    x[2] = Boolean::False;        // x[2] ← False
    x[3] = 1000;                  // x[3] ← True：Boolean(1000)
    x[4] = c == Boolean::True;    // x[4] ← Boolean(c == True)

6   cout << "aの値：" << int(a) << '\n';
7   cout << "bの値：" << static_cast<const char*>(b) << '\n';

    for (int i = 0; i < 8; i++)
        cout << "x[" << i << "] = " << x[i] << '\n';
}
```

実行例

```
整数値：4⏎
aの値：0
bの値：False
x[0] = False
x[1] = True
x[2] = False
x[3] = True
x[4] = True
x[5] = False
x[6] = False
x[7] = False
```

1の関数 *int_eq* は、二つの **int** 型引数を受け取って、それらの値が等しいかどうかの判定結果を *Boolean* 型の値として返却する関数です。

2、3、4では、それぞれ、**デフォルトコンストラクタ**、**コピーコンストラクタ**、**変換コンストラクタ**が呼び出されます。また、5では全要素がデフォルトコンストラクタで初期化されます。

キャスト演算子によって変換関数を明示的に呼び出す箇所が6と7です。それぞれ、以下のキャストを行います。

6 関数的記法 "Type(式)" による **int** へのキャスト。

7 静的キャスト演算子 "**static_cast**<Type>(式)" による **const char*** へのキャスト。

*

データメンバ *v* が *False* であれば **bool** 型の **true** を、*True* であれば **bool** 型の **false** を返却する演算子関数 **!** を追加すると、さらに実用的になります（"Boolean02/Boolean.h" ／ "Boolean02/BooleanTest.cpp"）。

12-3 複素数クラス

本節でとりあげる複素数は、演算子の多重定義に対する理解を深めるのに格好の題材です。ここでは、演算子の多重定義に加えて、関数間のクラスの受渡しなどを学習します。

複素数

複素数は、演算子関数に対する理解を深めるのに、格好の題材です。ここでは簡易的なクラス *Complex* を作っていきます。

▶ ここで作成するのは、加減算のみが行える学習用の簡易版です。複素数がよく分からなくても、『二つの double 型値の組合せ』と理解すれば十分です（**Column 12-2**）。なお、C++ の標準ライブラリでは、多機能で実用的な複素数クラスが提供されています。

複素数は、《**実部**》と《**虚部**》の組合せで表現されますので、クラス *Complex* のデータメンバは二つです。実部と虚部の変数名を *re* と *im* とし、コンストラクタを用意すると、複素数クラス *Complex* のクラス定義は、次のようになります。

```
class Complex {
    double re;        // 実部
    double im;        // 虚部
public:
    Complex(double r = 0, double i = 0) : re(r), im(i) { }
};
```

コンストラクタは、仮引数 *r* と *i* に受け取った値で、データメンバ *re* と *im* を初期化します。なお、引数 *r* と *i* の両方に、デフォルト実引数 0 が与えられていますので、以下に示す 3 通りの形式でオブジェクトを作れます。

```
Complex x;              // デフォルトコンストラクタ  （実部 0.0, 虚部 0.0）
Complex y(1.2);         // 変換コンストラクタ        （実部 1.2, 虚部 0.0）
Complex z(1.2, 3.7);    // コンストラクタ            （実部 1.2, 虚部 3.7）
```

もちろん、以下のように初期化子を与えずに配列を作ることも可能です。

```
Complex a[10];          // デフォルトコンストラクタが10回呼び出される
```

▶ 初期化子を与えずにクラスオブジェクトの配列を定義するには、そのクラスにデフォルトコンストラクタ（引数を与えずに呼び出せるコンストラクタ）が提供されていなければならないことを思い出しましょう。
　クラス *Complex* のコンストラクタの引数は 2 個ですが、引数を与えずに、あるいは引数 1 個で呼び出せますので、デフォルトコンストラクタ、あるいは変換コンストラクタとしても機能します。

実部と虚部のゲッタ

次に、単純なメンバ関数を作ります。最初に作るのは、実部の値を調べるメンバ関数と、虚部の値を調べるメンバ関数です。それらは、次のように定義できます。

```
//--- 実部reと虚部imのゲッタ ---//
double real() const { return re; }        // 実部を返す
double imag() const { return im; }        // 虚部を返す
```

データメンバの値を調べるだけで変更しないため、**const** メンバ関数として実現します。

メンバ関数 *real* はデータメンバ *re* のゲッタであり、メンバ関数 *imag* は、データメンバ *im* のゲッタです。

単項の算術演算子

次に作るのは、**単項 + 演算子**と**単項 - 演算子**です。これらの演算子関数の定義は、次のようになります。

```
//--- 単項算術演算子 ---//
Complex operator+() const { return *this; }                  // 単項+演算子
Complex operator-() const { return Complex(-re, -im); }      // 単項-演算子
```

単項 + 演算子関数は自分自身の値 ***this** をそのまま返却します。また、単項 - 演算子は、二つのデータメンバ *re* と *im* の符号を反転した値をもつ *Complex* 型オブジェクトを生成して、その値を返却します。

▶ 単項 - 演算子関数では、コンストラクタの明示的な呼出しによって**一時オブジェクト**を生成した上で、その値を返却しています（前章で学習した手法です）。

Column 12-2 複素数について

ここでは、**複素数**について基礎的なことを学習します。まずは、次の方程式の解を求める問題を考えます。

$$(x + 1)^2 = -1$$

これは、xに1を加えた値を2乗した値が−1になるという式です。もっとも、正の値を2乗しても、負の値を2乗しても、得られる値の符号は正となるはずです。たとえば、2^2 は $2 \times 2 = 4$ ですし、$(-2)^2$ は $(-2) \times (-2) = 4$ です。

2乗値が負の数というのは合理的ではありません。そこで、両方の平方根をとって変形すると、

$$x + 1 = \pm\sqrt{-1}$$
$$x = -1 \pm\sqrt{-1}$$

となります。$\sqrt{-1}$ が通常の実数でないことは明らかです。このような $\sqrt{-1}$ を i としたときに、

$$a + b \times i$$

の形式をもつ数が**複素数**（*complex number*）です。ここで、a は**実部**（*real part*）、b は**虚部**（*imaginary part*）、i は**虚数単位**（*imaginary unit*）と呼ばれます。

クラス *Complex* では、実部 a の値を表すデータメンバが *re* で、虚部 b の値を表すデータメンバが *im* です。

なお、虚部が0でない複素数を**虚数**（*imaginary number*）といい、実部が0である複素数を**純虚数**（*purely imaginary number*）といいます。

演算子関数とオペランドの型

次に作るのは、二つの複素数を加算する**2項+演算子**です。

演算子関数は、**メンバ関数**と**非メンバ関数**のいずれでも実現できます（p.423）ので、ここでは、**メンバ関数**として実現します。

なお、複素数の加算は、**実部どうしの加算**と**虚部どうしの加算**を行うだけの単純な計算です。そのため、2項+演算子の定義は以下のようになります。

```
class Complex {
    // …
    Complex operator+(const Complex& x) {
        return Complex(re + x.re, im + x.im);
    }
};
```

演算子関数 operator+ は、自身が所属するオブジェクトと、引数として受け取った x との和をもった Complex 型オブジェクトを生成して返却します。返却する複素数の実部と虚部は、以下のとおりです。

- 実部 … 関数が所属するオブジェクトの実部 re と、x の実部 x.re の和。
- 虚部 … 関数が所属するオブジェクトの虚部 im と、x の虚部 x.im の和。

▶ 仮引数 x の型を、単なる Complex ではなく、const Complex への参照としている理由は、p.431 で学習します。

ところが、この定義では、2項+演算子が使えるケースと、使えないケースとが生じてしまいます。以下に示すコードが、その一例です。

```
  Complex x, y, z;
  // …
1 z = x + y;         // OK
2 z = x + 7.5;       // OK
3 z = 7.5 + x;       // コンパイルエラー
```

1と2は問題なく加算を行えるのですが、3はコンパイルエラーとなります。その理由を考えていきましょう。

1 z = x + y;

演算子+の実体は、メンバ関数として実現された演算子関数 operator+ ですから、+演算子の適用は、その演算子関数の呼出しを意味します。

メンバ関数として実現された2項演算子では、左オペランドは演算子関数を呼び出すオブジェクトで、右オペランドは演算子関数に渡される引数ですから、この代入は、次のように解釈されます。

```
z = x.operator+(y);              // xにyを加える
```

▶ もし z = y + x であれば、z = y.operator+(x) と解釈されます。

メンバ関数の呼出し元オブジェクトが*x*で、引数として渡されるのが*y*です。いずれもクラス*Complex*型であり、関数**operator+**の仕様と一致します。

2 z = x + 7.5;

左オペランドの*x*はクラス*Complex*型オブジェクトですが、右オペランドの7.5は浮動小数点リテラルです。そのため、この代入は、次のように解釈されます。

```
z = x.operator+(7.5);                // xにdouble型値7.5を加える
```

演算子関数**operator+**が受け取る*Complex*型の仮引数に対して渡されている実引数7.5の型は**double**型です。

両者の型が一致しないため、実引数を*Complex*型に変換するために**コンストラクタ**が暗黙裏に呼び出されます。

すなわち、この代入は、次のように解釈されます。

```
z = x.operator+(Complex(7.5));       // xにComplex型値(7.5)を加える
```

クラス*Complex*のコンストラクタに与える引数が1個なので、ここでのコンストラクタ呼出しは、**double**型から*Complex*型への**変換コンストラクタ**として機能します。

▶ 第2引数に対してデフォルト実引数0.0が渡されて、コンストラクタは*Complex*(7.5, 0.0)として呼び出されます。すなわち、より正確に表現すると、以下のように解釈されます。

```
z = x.operator+(Complex(7.5, 0.0));    // xにComplex型値(7.5, 0.0)を加える
```

網かけ部のコンストラクタの呼出しによって、実部が7.5で虚部が0.0である一時オブジェクトが作られます。

3 z = 7.5 + x;

左オペランドの7.5は**double**型の浮動小数点リテラルで、右オペランドの*x*はクラス*Complex*型オブジェクトです。

この代入は、次のように解釈されるはずです。

```
z = 7.5.operator+(x);                // コンパイルエラー
```

浮動小数点リテラル7.5の型は、組込み型である**double**型です。（クラスでない組込み型の）**double**型には、メンバ関数はありませんし、呼び出すことは不可能です。

*

コンパイルエラーとなる原因が分かりました。2項+演算子を**メンバ関数**として実現することを考えましたが、うまくいきませんでした。

フレンド関数

以下に示すのが、**非メンバ関数**として実現し直した２項＋演算子の定義です。

```
class Complex {
    // …
    friend Complex operator+(const Complex& x, const Complex& y) {
        return Complex(x.re + y.re, x.im + y.im);
    }
};
```

この関数operator+は、二つの引数xとyの和を計算して、その結果をComplex型の値として返却します。

関数の冒頭には、キーワード**friend**が与えられています。このように宣言された関数は、メンバ関数ではなく、**随伴関数（ずいはん）＝フレンド関数**（*friend function*）となります。

クラス定義の中でfriendを付けて『この関数は、私の友達ですよ！』と宣言すると、その“お友達関数”には、（メンバ関数でないにもかかわらず）**そのクラスの非公開メンバを自由にアクセスする権限が与えられる**のです。

＊

メンバ関数とフレンド関数は、まったく異なります。違いを明確にしましょう。

■ メンバ関数

オブジェクトxのメンバ関数memは、ドット演算子 . を適用したx.mem(...)という形式の式で呼び出します。

クラスオブジェクトxに対して起動されたメンバ関数memは、非公開メンバに自由にアクセスできます。また、xを指すthisポインタをもっています。

メンバ関数は“クラスに所属する”ため、二つ以上のクラスのメンバ関数になる、といったことはありません。

■ フレンド関数

フレンド関数になれるのは、クラスの外部で定義される通常の関数＝非メンバ関数（すなわち第９章までに学習してきた関数）か、別のクラスに所属するメンバ関数です。

一般に、クラスCのフレンド関数は、そのクラスC型のオブジェクトに対して起動されるわけではないという点で、（第９章までに学習してきた）通常の関数と同じです。

そのため、ドット演算子 . を適用してx.mem(...)として呼び出すことはできませんし、thisポインタをもちません。メンバでないにもかかわらず、“クラス内部にこっそりアクセスできる”特別な許可が与えられた関数です。

重要 フレンド関数は、メンバでないにもかかわらず、そのクラスの非公開部にアクセスできる特権が与えられた“お友達関数”である。

なお、ある関数を、二つ以上のクラスのフレンド関数とすることができます。

メンバ関数版の演算子 + では、左オペランド（第1引数）は必ず *Complex* 型オブジェクトでなければなりませんでした。

非メンバ関数版の演算子 + では、左右のオペランド（第1引数と第2引数）は、*Complex* 型である必要はありません。というのも、以下に示すように、演算子関数 **operator+** に引数が渡される際に、**変換コンストラクタが必要に応じて暗黙裏に呼び出される**からです。

```
Complex x, y, z;
// …
z = x + y;          // z = operator+(x, y);
z = x + 7.5;        // z = operator+(x, Complex(7.5));
z = 7.5 + x;        // z = operator+(Complex(7.5), x);
```

▶ 非メンバ関数として定義された２項演算子では、左オペランドが第１引数として渡され、右オペランドが第２引数として渡されます（p.424）。

浮動小数点数と整数を加算する **int + double** や **double + int** の演算では、**int** 型オペランドの値が暗黙裏に **double** 型に変換された上で加算が行われることを第４章で学習しました。**２項 + 演算子は、組込み型のオペランドに対して自動的に型変換を行います。**

その仕様に準じるようにクラス *Complex* 型の演算子を定義するには、メンバ関数ではなく非メンバ関数として実現しなければならないことが分かりました。

重要 演算の対象となる左オペランドが、非クラス型となる利用が想定される２項演算子関数は、クラスのメンバ関数ではなく、非メンバ関数として実現しなければならない。

ここでは、クラス定義の中でフレンド関数を定義しました。**クラス定義の中で定義したフレンド関数は、自動的にインライン関数となります。**そのため、実行効率の低下に対する懸念（けねん）は、基本的には不要です。

▶ クラス定義の中で定義されたフレンド関数は、クラスの有効範囲の中に入ります。一方、クラスの外で定義されたフレンド関数は、クラスの有効範囲に入りませんし、キーワード **inline** を明示的に指定して宣言しない限り、インライン関数になることもありません。

const 参照引数

２項 + 演算子関数が受け取る仮引数の型は *Complex* ではなく **const** *Complex&* です。

引数として“*Complex* の値”ではなくて、“**const** *Complex* への参照”を受け取る理由は、以下の二つです。

- **引数の受渡しにおいてコピーコンストラクタが起動されないようにするため。**
- **int 型や double 型などの定数値を受け取れるようにするため。**

これらの点について、一つずつ学習していきましょう。

クラス型の引数を参照渡しとする理由

クラス型を引数としてやりとりする際に、引数を参照渡しとすると、値渡しよりもコストが小さくなります。というのも、値渡しではコンストラクタが呼び出されて、参照渡しではコンストラクタが呼び出されない、という決定的な違いがあるからです。

これは、第1章で学習した『初期化と代入の違い』とも密接に関連します。**List 12-7** のプログラムの具体例で検証してみましょう。

このプログラムで定義されているクラス *Test* は、**Table 12-1** に示す三つのメンバ関数をもつクラスです（検証目的で作られたものであって、実用性はありません）。

Table 12-1 クラス Test のメンバ関数

関数	機能
デフォルトコンストラクタ	引数を受け取らないコンストラクタ。『初期化：Test()』と表示。
コピーコンストラクタ	同一型の値でオブジェクトを初期化するコンストラクタ。 『初期化：Test(const Test&)』と表示。
代入演算子	*Test* 型の値を *Test* 型オブジェクトに代入する演算子関数。 『代　入：Test = Test』と表示。

main 関数を見ていきましょう。

1 *Test* 型のオブジェクト *x* を定義しています。**デフォルトコンストラクタ**が呼び出されるため、『初期化：Test()』と表示されます。

2 *Test* 型のオブジェクト *y* を定義しています。初期化子 *x* が *Test* 型なので、**コピーコンストラクタ**が呼び出されます。『初期化：Test(const Test&)』と表示されます。

3 *Test* 型のオブジェクト *z* を定義しています。**2**と同様に、**コピーコンストラクタ**が呼び出されて、『初期化：Test(const Test&)』と表示されます。

4 **代入演算子**によって、*Test* 型のオブジェクト *y* に *x* を**代入**しています。演算子関数 **operator=** が呼び出されて、『代　入：Test = Test』と表示されます。

5 関数 *value* を呼び出します。ここで行われる引数のやりとりは《値渡し》です。そのため、受け取る側の仮引数は、呼出し側の実引数の値で**初期化**されます。

仮引数 *a* を実引数 *x* で初期化するために**コピーコンストラクタ**が呼び出されますので、『初期化：Test(const Test&)』と表示されます。

6 関数 *reference* を呼び出します。ここで行われる引数のやりとりは《参照渡し》です。参照渡しでは、呼び出された側の仮引数は、呼出し側の実引数のエイリアス（別名）となります。

実引数 *x* に仮引数の名前 *a* をエイリアス（あだ名）として与えるだけですから、コンストラクタも代入演算子も呼び出されません。もちろん、画面には何も表示されません。

List 12-7 chap12/test.cpp

```
// 初期化と代入／値渡しと参照渡しの検証
#include <iostream>

using namespace std;

//===== 検証用クラス =====//
class Test {
public:
    Test() {                              // デフォルトコンストラクタ
        cout << "初期化：Test()\n";
    }

    Test(const Test& t) {                 // コピーコンストラクタ
        cout << "初期化：Test(const Test&)\n";
    }

    Test& operator=(const Test& t) {      // 代入演算子
        cout << "代　入：Test = Test\n";  return *this;
    }
};

//--- 値渡し ---//
void value(Test a) { }           ← コンストラクタが呼び出される

//--- 参照渡し ---//
void reference(Test& a)  { }     ← コンストラクタは呼び出されない

int main()
{
1   Test x;           // デフォルトコンストラクタ
2   Test y = x;       // コピーコンストラクタ
3   Test z(x);        // コピーコンストラクタ
4   y = x;            // 代入演算子
5   value(x);         // 関数呼出し（値渡し）
6   reference(x);     // 関数呼出し（参照渡し）
}
```

実行結果

```
1 初期化：Test()
2 初期化：Test(const Test&)
3 初期化：Test(const Test&)
4 代　入：Test = Test
5 初期化：Test(const Test&)
```

さて、値渡しの5でコンストラクタが呼び出されるということは、**引数の受渡しに伴って新たなオブジェクトが生成される**、ということです。

また、参照渡しの6でコンストラクタが呼び出されないということは、**引数の受渡しに伴って新たなオブジェクトが生成されない**、ということです。

値渡しと参照渡しのコストの差は、占有する記憶域が大きいクラスや、第14章で学習する“動的に記憶域を確保するクラス”では、無視できないものとなります。そのため、**クラス型の引数は《参照渡し》でやりとりする**のが原則となるのです。

▶ コピーコンストラクタと代入演算子の引数の受渡しは《参照渡し》です（プログラム黒網部）。もし、これが《値渡し》となっていたら、どうなるでしょうか。**コンストラクタや代入演算子の呼出しのたびに、引数初期化のためにコピーコンストラクタが起動されて、新たな一時オブジェクトが生成されてしまいます。**

文法の仕様上、コピーコンストラクタが受け取る引数を値渡しとすることはできませんが、代入演算子の引数を値渡しに変更する（仮引数 t の宣言の const と & を削除する）ことは可能です。

そのように変更すると、代入を行うたびに、コピーコンストラクタが起動されます。そのため、4の実行結果は右のようになります（引数の受渡しの段階で、コピーコンストラクタが呼び出されます："chap12/test2.cpp"）。

```
4 初期化：Test(const Test&)
  代　入：Test = Test
```

クラス型の引数を単なる参照でなくconst参照とする理由

クラス型の引数を**参照渡し**とする理由が分かりました。その参照を const としておけば、関数の呼出し側が『引数の値を勝手に書きかえられないだろうか。』との心配が無用となります。それに加えて、参照を const とする理由がもう一つあります。

そのことを理解するために、まずは、**List 12-8** のプログラムで、参照そのものに対する理解を深めましょう。

List 12-8 chap12/reference.cpp

```
// 参照オブジェクトの参照先を検証

#include <iostream>

using namespace std;

int main()
{
    double      d = 1.0;     // dはdouble型（値は1.0）
    const int& p = 5;        // pは定数を参照？
    const int& q = d;        // qはdouble型を参照？

    const_cast<int&>(q) = 3.14;      // 3.14の代入先はintそれともdouble？

    cout << "d = " << d << '\n';
    cout << "p = " << p << '\n';
    cout << "q = " << q << '\n';
}
```

実行結果

```
d = 1
p = 5
q = 3
```

int 型定数 5 を参照する p と、double 型オブジェクト d を参照する q が、単なる参照ではなく const 参照として宣言されています。というのも、**定数への参照や、異なる型のオブジェクトへの参照は、const でなければならない**からです。

すなわち、const を取り除いた以下の宣言は、コンパイルエラーとなります

```
✕ int& p = 5;      // エラー：const intからint&へは変換できない
  int& q = d;      // エラー：doubleからint&へは変換できない
```

さて、**網かけ部**では、d を参照する q に対して、3.14 を代入しています。q は d のエイリアスですから、q への代入によって、d の値が書きかわるはずです。ところが、実行結果を見ると、d の値は変更されていません。この結果は、"**q の参照先が d ではない**" ことを示しています。

▶ 本プログラムでは、const_cast 演算子による定値性キャストによって、const 属性を "強引に" 外（はず）した上で代入しています（多くのコンパイラでは警告メッセージが出力されます）。
もしキャストしなければ、const である q への代入は不可能です。

このように、**定数や異なる型のオブジェクトが初期化子として与えられた const 参照オブジェクトの参照先は、初期化子そのものではなく、コンパイラによって自動的に生成される一時オブジェクトとなります**。

d, p, q の関係を表したのが **Fig.12-2** です。p と q の参照先は、記憶域上に自動的に生成された一時オブジェクトです。

```
double      d = 1.0;
const int& p = 5;     // pの参照先は一時オブジェクト
const int& q = d;     // qの参照先は一時オブジェクト（※dではない）
```

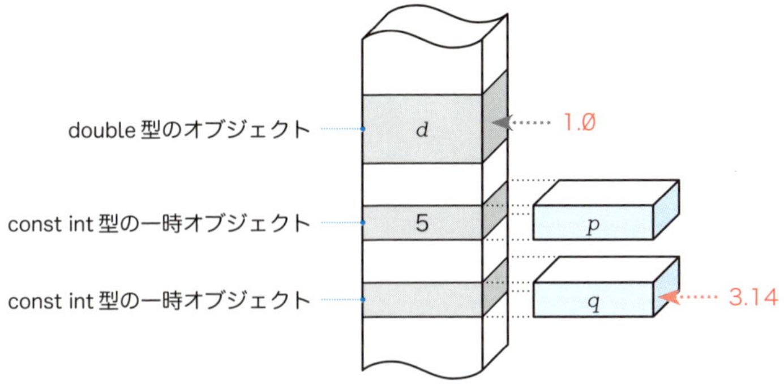

Fig.12-2　参照オブジェクトと一時オブジェクト

なお、*q* の参照先は、**int** 型の一時オブジェクトですから、たとえ 3.14 を代入しても、その値は 3 となります。

▶ 親切な処理系であれば、コンパイル時に以下のような警告メッセージを表示します。
　警告：*q* を初期化するために一時オブジェクトを生成しました。
　なお、初期の C++ は、非 **const** の参照先が定数であってもよい仕様でした。そのため、**const** を付けずに *p* や *q* を宣言してもコンパイルエラーとならない処理系もあります。

さて、クラス *Complex* で定義された演算子関数 **operator+** の各引数を、単なる参照でなくて **const** 参照とする理由を考えているのでした。

```
friend Complex operator+(const Complex& x, const Complex& y)
```

引数の宣言から **const** を削除するとどうなるでしょう。**const** でない参照を定数で初期化することはできませんので、

```
Complex x, y;
y = x + 7.5;          // 引数の参照がconstでなければコンパイルエラー
```

と、定数 7.5 を引数として渡そうとすると、**コンパイルエラーとなります。**

引数の型が const *Complex&* となっている理由の一つが、double 型（あるいは int 型や float 型などの double 型へと変換できる型）の定数や変数の値を受け取るためであることが分かりました。

▶ C言語で多用される《ポインタの値渡し》は、C++ ではほとんど利用されません。というのも、引数として、空ポインタなどの不正な値のポインタが渡される可能性があるからです。危険性が高いだけでなく、空ポインタでないかどうかの検証のためのコストが必要となります。

加算演算子の多重定義

複素数 y と整数 5 との加算を行う以下の式を考えましょう。

```
y + 5                                   // Complex + int
```

この式で行われることを分解すると、次のようになります。

```
operator+Complex(y, Complex(double(5), 0.0))     // int➡double➡Complex
```

int 型の 5 が **double** 型に変換され（**標準変換**）、その後、引数として渡すために変換コンストラクタによって *Complex* 型に変換されます（**ユーザ定義変換**）。

加算のたびにコンストラクタが呼び出されるため、実行効率の面で不満が残ります。次に示す 3 種類の演算用関数を多重定義すると、コンストラクタの呼出しを回避できます。

1. *Complex* + *Complex*
2. **double** + *Complex*
3. *Complex* + **double**

各関数の定義は、以下のようになります。

```
1 friend Complex operator+(const Complex& x, const Complex& y) {
      return Complex(x.re + y.re, x.im + y.im);
  }

2 friend Complex operator+(double x, const Complex& y) {
      return Complex(x + y.re, y.im);
  }

3 friend Complex operator+(const Complex& x, double y) {
      return Complex(x.re + y, x.im);
  }
```

▶ 当然のことですが、**double + double** の関数を定義して、言語に組み込まれている演算子の働きを変えることは不可能です。**2 項演算子関数のオペランドは、少なくとも一方がユーザ定義型でなければなりません。**

なお、引数の型ごとに専用の関数を定義するのは、実行効率が要求される場合のみにとどめるべきです。似たようなコードがあちこちに散らばると、プログラムの保守性が低下します。

複合代入演算子の多重定義

加算を行う + の定義が完了しました。次は、複合代入演算子である **+=** を定義します。というのも、**int** 型や **double** 型などの組込み型に対して成立する

本質的には “a = a + b” と “a += b” は同等である。

といった規則が、ユーザ定義型に対して自動的には成立しないからです。

以下に示すのが、**+=** 演算子の定義です。

```
Complex& operator+=(const Complex& x) {     // +=演算子
    re += x.re;
    im += x.im;
    return *this;
}
```

メンバ関数が所属するオブジェクト（左オペランド）の *re* と *im* に、仮引数 *x* に受け取ったオブジェクト（右オペランド）の *re* と *im* の値を加えます。

なお、この関数は、**メンバ関数**として定義しています。そのため、たとえば“a **+=** *b*”と呼び出された場合は、以下のように解釈されます。

```
a.operator+=(b)                              // a += b
```

左オペランドは、必ず *Complex* 型でなければならないため、7.5 **+=** *x* といった式は、コンパイルエラーとなります。

▶ ちなみに、**+** 演算子と **+=** 演算子とを、まったく異なった働きをするように定義することもできますが、プログラムの読み手に意図が伝わらなくなります。

等価演算子の多重定義

代入演算子 **=** が、“全データメンバをコピーする”ものとして、コンパイラによって自動的に定義される一方で、“全データメンバが等しいか／そうでないかを判断する”等価演算子 **==** と **!=** とが、暗黙裏には定義されないことを、前章で学習しました。

二つの *Complex* クラスオブジェクトが等しいか／そうでないかを判断する等価演算子は、クラス開発者が自前で用意しなければなりません。

重要 等価演算子 **==** と **!=** は、クラスに対して自動的には提供されない。必要であればクラス開発者が定義しなければならない。

等価演算子用の演算子関数は、以下のように定義できます。

```
friend bool operator==(const Complex& x, const Complex& y) {   // ==演算子
    return x.re == y.re && x.im == y.im;
}

friend bool operator!=(const Complex& x, const Complex& y) {   // !=演算子
    return !(x == y);
}
```

メンバ関数ではなく非メンバ関数として定義している理由は、２項 **+** 演算子の場合と同じです。*Complex* 型以外の **double** 型などの値を、左オペランドとして受け取れるようにするためです。

▶ **!=** 関数の判定では、**==** 関数を呼び出しています（網かけ部）。ほとんどのクラスの **!=** 関数は、このように定義できますし、このように定義すべきです。

これまで学習した内容をもとにして、クラス *Complex* を完成させましょう。そのプログラムを **List 12-9** に示します。

List 12-9 Complex/Complex.h

```
// 複素数クラスComplex

#ifndef ___Class_Complex
#define ___Class_Complex

#include <iostream>

//===== 複素数クラス =====//
class Complex {
    double re;        // 実部
    double im;        // 虚部

public:
    Complex(double r = 0, double i = 0) : re(r), im(i) { }    // コンストラクタ

    double real() const { return re; }       // 実部を返す
    double imag() const { return im; }       // 虚部を返す

    Complex operator+() const { return *this; }              // 単項+演算子
    Complex operator-() const { return Complex(-re, -im); }  // 単項-演算子

    //--- 複合代入演算子+= ---//
    Complex& operator+=(const Complex& x) {
        re += x.re;
        im += x.im;
        return *this;
    }

    //--- 複合代入演算子-= ---//
    Complex& operator-=(const Complex& x) {
        re -= x.re;
        im -= x.im;
        return *this;
    }

    //--- 等価演算子== ---//
    friend bool operator==(const Complex& x, const Complex& y) {
        return x.re == y.re && x.im == y.im;
    }

    //--- 等価演算子!= ---//
    friend bool operator!=(const Complex& x, const Complex& y) {
        return !(x == y);
    }

    //--- 2項+演算子 (Complex + Complex) ---//
    friend Complex operator+(const Complex& x, const Complex& y) {
        return Complex(x.re + y.re, x.im + y.im);
    }

    //--- 2項+演算子 (double + Complex) ---//
    friend Complex operator+(double x, const Complex& y) {
        return Complex(x + y.re, y.im);
    }

    //--- 2項+演算子 (Complex + double) ---//
    friend Complex operator+(const Complex& x, double y) {
        return Complex(x.re + y, x.im);
```

```
    }
};

//--- 出力ストリームsにxを挿入 ---//
inline std::ostream& operator<<(std::ostream& s, const Complex& x)
{
    return s << '(' << x.real() << ", " << x.imag() << ')';
}

#endif
```

クラス *Complex* の利用例を **List 12-10** に示します。

List 12-10 Complex/ComplexTest.cpp

```
// 複素数クラスComplexの利用例

#include <iostream>
#include "Complex.h"

using namespace std;

int main()
{
    double re, im;

    cout << "aの実部：";  cin >> re;
    cout << "aの虚部：";  cin >> im;
    Complex a(re, im);

    cout << "bの実部：";  cin >> re;
    cout << "bの虚部：";  cin >> im;
    Complex b(re, im);

    Complex c = -a + b;

    b += 2.0;                        // bに(2.0, 0.0)を加える
    c -= Complex(1.0, 1.0);          // cから(1.0, 1.0)を減じる
    Complex d(b.imag(), c.real());   // dを(bの虚部, cの実部)とする

    cout << "a = " << a << '\n';
    cout << "b = " << b << '\n';
    cout << "c = " << c << '\n';
    cout << "d = " << d << '\n';
}
```

実行例

```
aの実部：1.2
aの虚部：3.5
bの実部：4.6
bの虚部：7.1
a = (1.2, 3.5)
b = (6.6, 7.1)
c = (2.4, 2.6)
d = (7.1, 2.4)
```

▶ ここに示すクラス *Complex* では、**+** 演算子や **==** 演算子などをフレンド関数として実現しています。もしフレンドでない関数として実装するのであれば、以下の点に注意する必要があります。

- **非公開データメンバにアクセスできない**
  非公開データメンバにアクセスするためには、データメンバの値を返すメンバ関数（ゲッタ）を呼び出さなければなりません。

- **自動的にインライン関数とならない**
  関数の定義をヘッダ部に置くのであれば、インライン関数にして内部結合を与えなければなりません。キーワード **inline** を指定してインライン関数となるように明示的に宣言する必要があります。

演算子関数に関する規則

本章では、三つのクラス *Counter*、*Boolean*、*Complex* に対して、いろいろな演算子関数を定義しました。ここでは、演算子関数に関する規則を学習します。

■ 単項演算子

単項演算子は、引数を受け取らないメンバ関数または引数１個の非メンバ関数として実現します。

一般に、"☆演算子" を適用した式 "☆ a" は、以下のように解釈されます。

- **引数０個のメンバ関数**　　a.operator ☆ ()
- **引数１個の非メンバ関数**　　operator ☆ (a)

ただし、後置形式の増分演算子 ++ と減分演算子 -- だけは、例外的にダミーの int 型引数を受け取ります（p.417）。

■ ２項演算子

２項演算子は、引数１個のメンバ関数または引数２個の非メンバ関数として実現します。

一般に、"☆演算子" を適用した式 "a ☆ *b*" は、以下のように解釈されます。

- **引数１個のメンバ関数**　　a.operator ☆ (*b*)
- **引数２個の非メンバ関数**　　operator ☆ (a, *b*)

＊

すべての演算子を多重定義できるわけではありません。また、単項版と２項版の両方を多重定義できる演算子があります。また、非メンバ関数として定義できる演算子とそうでない演算子とがあります。その規則をまとめたのが、**Fig.12-3** です。

Column 12-3　論理演算子の多重定義と短絡評価

組込み型に対する論理演算子 && と || を用いた論理演算では、短絡評価が行われることを第２章で学習しました。&& 演算子の左オペランドが false であれば右オペランドの評価が省略され、|| 演算子の左オペランドが true であれば右オペランドの評価が省略されます。

クラス型に対して && 演算子と || 演算子を定義することはできますが、それらの演算で**短絡評価が行われるように定義することはできません。**

そのため、&& 演算子の左オペランドが false であっても右オペランドの評価は必ず行われますし、|| 演算子の左オペランドが true であっても右オペランドの評価は必ず行われます。

組込み型に対する論理演算子の挙動と、クラス型に対する論理演算子の挙動とを一致させることはできないわけです。そのため、**クラス型に論理演算子を定義することは推奨されません。**

多重定義できる演算子

new	delete							
+	-	*	/	%	^	&	|	~
!	=	<	>	+=	-=	*=	/=	%=
^=	&=	|=	<<	>>	>>=	<<=	==	!=
<=	>=	&&	||	++	--	,	->	->*
()	[]							

単項版と２項版の両方を多重定義できる演算子

+	-	*	&

非メンバ関数として定義できない演算子

=	()	[]	->

多重定義できない演算子

.	.*	::	? :

Fig.12-3　演算子の多重定義の可否と制限

すべてを覚えなくてもよいので、必要に応じて参照しましょう。ただし、代入演算子 = を非メンバ関数として定義できないことは、必ず覚えておく必要があります。

▶ 代入演算子が非メンバ関数として定義できない理由は、**Column 14-2**（p.475）で学習します。

＊

なお、プログラマが新しい演算子を作り出すことはできません。たとえば、FORTRAN を模して、べき乗を求めるための ** 演算子を定義するといったことは不可能です。

また、優先度や結合規則を変更することもできません。たとえば、加算を行う２項 + 演算子の優先度を、乗算を行う２項 * 演算子よりも高くするようなことは不可能です。

まとめ

- クラスの内部で定義された列挙などの識別子は、そのクラスの有効範囲の中に入れられる。その識別子を外部から利用する場合は、**有効範囲解決演算子 ::** によって明示的に有効範囲を解決しなければならない。

- **フレンド関数**には、そのクラスの非公開メンバにアクセスする特権が与えられる。

- **変換関数**を定義すると、クラス型のオブジェクトの値を任意の型へと変換できるようになる。Type 型に変換するための変換関数の名前は“`operator Type`”である。必要に応じて暗黙裏に呼び出されるだけでなく、キャストによって明示的に呼び出すこともできる。

- 単一の実引数で呼び出せるコンストラクタを、**変換コンストラクタ**と呼ぶ。引数型からそのクラス型への変換を行う働きをもつ。

- 変換関数による変換と、変換コンストラクタによる変換の総称が、**ユーザ定義変換**である。

- **演算子関数**を定義すると、クラス型オブジェクトに対して演算子を適用できるようになる。演算子 @ の関数名は“`operator @`”である。

- 演算子関数は、その演算子の本来の仕様と、可能な限り同一あるいは類似した仕様となるように定義するのが、原則である。

- 増分演算子 `++` と減分演算子 `--` は、前置と後置を区別して定義する。後置形式ではダミーの `int` 型引数を受け取る。

- メンバ関数として実現された２項演算子関数の左オペランドの型は、そのメンバ関数が所属するクラス型でなければならない。左オペランドに対して暗黙の型変換を適用すべき２項演算子は、非メンバ関数として実現すべきである。

- ある演算子 @ 用の演算子関数を定義しても、それに対応する複合代入演算子 @= 用の演算子関数がコンパイラによって自動的に定義されることはない。

- 論理演算子 `&&` と `||` は多重定義すべきでない。短絡評価が行われないからである。

- 異なる型のオブジェクトへの参照と、定数への参照は、**const 参照**でなければならない。その参照の参照先は、自動的に生成される一時オブジェクトである。

- 同一型のオブジェクトの値による**初期化**と**代入**は、まったく異なる。前者は**コピーコンストラクタ**によって行われ、後者は**代入演算子**によって行われる。

- 関数の引数としてクラス型のオブジェクトを値渡しすると、そのオブジェクトのコピーがコピーコンストラクタによって作られる。一方、参照渡しでは、オブジェクトのコピーは作られない。

- クラス型のオブジェクトを引数として受渡しを行う場合、参照渡しでやりとりするのが原則である。関数内で値を書きかえない場合は **const** 参照とする。

- ヘッダ内で定義する非メンバ関数には、内部結合を与えなければならない。

chap12/TinyInt.h

```
#ifndef ___TinyInt
#define ___TinyInt

#include <climits>
#include <iostream>

//--- 豆整数クラス ---//
class TinyInt {
    int v;              // 値

public:
    TinyInt(int value = 0) : v(value) { }          //--- コンストラクタ ---//

    operator int() const { return v; }             //--- intへの変換関数  ---//

    bool operator!() const { return v == 0; }     //--- 論理否定演算子! ---//

    TinyInt& operator++() {             //--- 前置増分演算子++ ---//
        if (v < INT_MAX) v++;                // 値の上限はINT_MAX
        return *this;                        // 自分自身への参照を返却
    }

    TinyInt operator++(int) {           //--- 後置増分演算子++ ---//
        TinyInt x = *this;                   // インクリメント前の値を保存
        ++(*this);                           // 前置増分演算子によってインクリメント
        return x;                            // 保存していた値を返却
    }

    friend TinyInt operator+(const TinyInt& x, const TinyInt& y) {  // x + y
        return TinyInt(x.v + y.v);
    }

    //--- 複合代入演算子 += ---//
    TinyInt& operator+=(const TinyInt& x) { v += x.v; return *this; }

    friend bool operator==(const TinyInt& x, const TinyInt& y) { return x.v == y.v; }
    friend bool operator!=(const TinyInt& x, const TinyInt& y) { return x.v != y.v; }
    friend bool operator> (const TinyInt& x, const TinyInt& y) { return x.v >  y.v; }
    friend bool operator>=(const TinyInt& x, const TinyInt& y) { return x.v >= y.v; }
    friend bool operator< (const TinyInt& x, const TinyInt& y) { return x.v <  y.v; }
    friend bool operator<=(const TinyInt& x, const TinyInt& y) { return x.v <= y.v; }

    friend std::ostream& operator<<(std::ostream& s, const TinyInt& x) {
        return s << x.v;
    }
};

#endif
```

chap12/TinyIntTest.cpp

```
#include <iostream>
#include "TinyInt.h"

using namespace std;

int main()
{
    TinyInt a, b(3), c(6);
    TinyInt d = (++a) + (b++) + (c += 3);

    cout << "a = " << a << '\n';
    cout << "b = " << b << '\n';
    cout << "c = " << c << '\n';
    cout << "d = " << d << '\n';
}
```

実行結果

```
a = 1
b = 4
c = 9
d = 13
```

まとめ

第13章

静的メンバ

個々のオブジェクトではなく、クラス全体に共通するデータや手続きを実現するのが、静的データメンバと静的メンバ関数です。

- static キーワード
- 静的データメンバ
- 静的メンバ関数
- 静的メンバの宣言と定義
- 有効範囲解決演算子による静的メンバのアクセス
- クラスメンバアクセス演算子による静的メンバのアクセス
- 静的データメンバの初期化のタイミング
- 静的データメンバをアクセスするメンバ関数とソースファイルの構成
- 静的メンバ関数と非静的メンバ関数とにまたがる多重定義

13-1 静的データメンバ

前章までのデータメンバは、個々のオブジェクトに所属するデータでした。本節では、同一クラスのオブジェクトで共有する情報を表す静的データメンバについて学習します。

静的データメンバ

クラス型の個々のオブジェクトに《**識別番号**》を与えることを考えましょう。ここで、クラス名は *IdNo* として、そのクラス型のオブジェクトが生成されるたびに、連続する整数値 1, 2, 3 … を識別番号として与えるものとします。

たとえば、**Fig.13-1** に示すように、クラス *IdNo* 型のオブジェクト *a* と *b* を順に生成した場合は、*a* の識別番号を 1 として、*b* の識別番号を 2 とします。

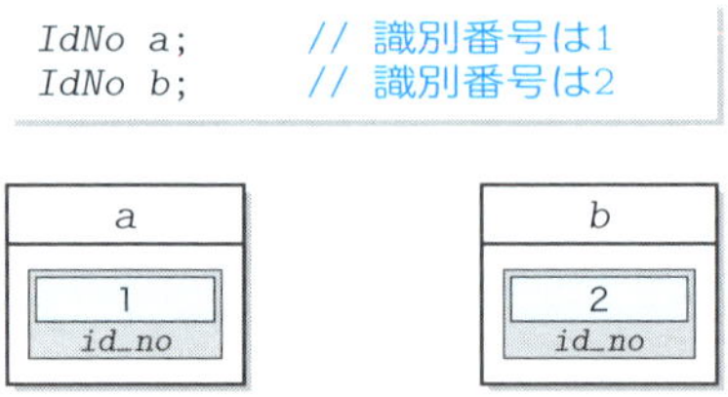

Fig.13-1　クラスオブジェクトに与える識別番号

クラス *IdNo* には、識別番号用のデータメンバが必要です。そこで、型が **int** 型で、名前が *id_no* というデータメンバをもたせます。

しかし、これだけでは不十分であって、もう一つ、以下のデータが必要です。

現時点で何番までの識別番号を与えたのか。

このデータは、*a* がもつべきものではありませんし、*b* がもつべきものでもありません。**個々のオブジェクトがもつ情報ではなく、クラス *IdNo* の全オブジェクトで共有すべき情報です。**

このような情報を表すのに最適なのが、静的データメンバ（*static data member*）です。**static** を付けて宣言されたデータメンバが、静的データメンバとなります。

重要 static付きで宣言されたデータメンバは、そのクラス型の全オブジェクトで共有される静的データメンバとなる。

▶ キーワード **static** は、文脈によって異なる意味をもちます（p.327）。

静的データメンバを導入したクラス*IdNo*と、そこから作られたオブジェクトのイメージを表したのが**Fig.13-2**です。

▶ この図に示しているのは、**Fig.13-1**内のコードにしたがって、二つのオブジェクト*a*と*b*を生成した後の状態です。

```
class IdNo {
    static int counter;      // 何番までの識別番号を与えたのか
    int id_no;               // 識別番号
    //…
};
```

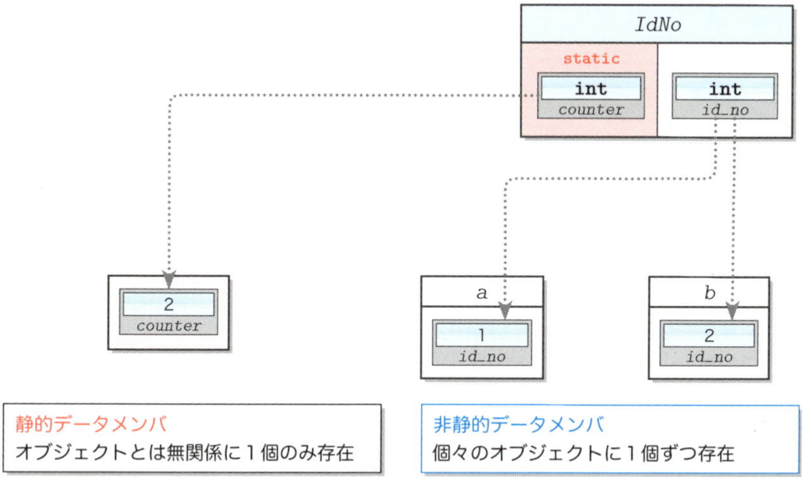

Fig.13-2 静的データメンバとオブジェクト

図を見ながら、二つのデータメンバ*counter*と*id_no*の違いを理解しましょう。

■ 静的データメンバ*counter* … 現時点で何番までの識別番号を与えたのか

現時点で何番までの識別番号を与えたのかを表すのが、**static**付きで宣言された静的データメンバ*counter*です。クラス*IdNo*型を利用するプログラム内で、*IdNo*型のオブジェクトがいくつ生成されても（たとえ1個も生成されなくても）、**そのクラスに所属する静的データメンバの実体は、1個だけ作られます。**

▶ この図で*counter*の値が2となっているのは、二つのオブジェクトが作られた後の状態だからです。

■ 非静的データメンバ*id_no* … 個々のオブジェクトの識別番号

個々のオブジェクトの識別番号を表すのが、**static**を付けずに宣言された非静的データメンバ*id_no*です。このデータメンバは、個々のオブジェクトの一部として存在します。

▶ 二つのオブジェクトが*a*, *b*の順で作られているため、それぞれの*id_no*は1と2です。

ここまでの設計をふまえて、クラス*IdNo*のプログラムを完成させましょう。ヘッダ部を **List 13-1** に、ソース部を **List 13-2** に示します。

List 13-1 IdNo01/IdNo.h

```
// 識別番号クラスIdNo（第１版：ヘッダ部）

#ifndef ___Class_IdNo
#define ___Class_IdNo

//===== 識別番号クラス =====//
class IdNo {
    static int counter;      // 何番までの識別番号を与えたのか    ―1
    int id_no;               // 識別番号                          ―2

public:
    IdNo();                  // コンストラクタ

    int id() const;          // 識別番号を調べる
};

#endif
```

宣言
static を付ける

List 13-2 IdNo01/IdNo.cpp

```
// 識別番号クラスIdNo（第１版：ソース部）

#include "IdNo.h"

int IdNo::counter = 0;       // 何番までの識別番号を与えたのか    ―3

//--- コンストラクタ ---//
IdNo::IdNo()
{                                                                 ―4
    id_no = ++counter;       // 識別番号を与える
}

//--- 識別番号を調べる ---//
int IdNo::id() const
{                                                                 ―5
    return id_no;            // 識別番号を返却
}
```

定義
static を付けない

1 クラス*IdNo*の全オブジェクトで共有する静的データメンバ*counter*の宣言です。この値が外部から書きかえられると、オブジェクトに連続した識別番号を与えられなくなるため、非公開としています。

静的データメンバは、そのクラス型のオブジェクトの個数とは無関係に１個だけ作られるのですが、**この宣言によって実体が作られるのではありません。**

静的データメンバの実体は、宣言とは別に、ファイル有効範囲中（クラス定義や関数定義の外）で定義します。本クラスでの定義は、**3**の箇所です。

2 個々の*IdNo*型オブジェクトがもつ非静的データメンバ*id_no*の宣言です。このデータメンバに対する値の設定は、コンストラクタで行います。

3 この宣言は、**1**で宣言した静的データメンバ *counter* の実体の**定義**です。初期化子として与えているのは Ø です。

静的データメンバの実体は、"**データメンバ名**" ではなく、"**クラス名 :: データメンバ名**" という形式で、クラス定義の外で定義します。

なお、クラス定義の中の静的データメンバの宣言には **static** が必要ですが、クラス定義の外の定義に **static** を付けると、コンパイルエラーとなります。

重要 静的データメンバの実体は、"クラス名 :: データメンバ名" という形式で、クラス定義の外で **static** を付けずに定義する。

▶ なお、*counter* に与える初期化子を変更すれば、識別番号の開始値も変更されます。たとえば、1ØØ にすれば、オブジェクト生成のたびに 1Ø1, 1Ø2, … という識別番号が与えられます。

4 オブジェクト生成時に呼び出されるコンストラクタです。静的データメンバ *counter* の値をインクリメントした値を識別番号 *id_no* に代入することによって、オブジェクト生成のたびに連続した識別番号を与えます。

▶ コンストラクタが初めて呼び出された時点で *counter* の値は Ø ですから、それをインクリメントした値 1 が、そのオブジェクトの *id_no* にセットされます。そして、2番目に作られた *IdNo* 型オブジェクトのデータメンバ *id_no* の値は 2 となります。

5 個々のオブジェクトの識別番号を調べるメンバ関数です。データメンバ *id_no* の値を返します。

*

識別番号クラス *IdNo* を利用するプログラム例を **List 13-3** に示します。

List 13-3 IdNoØ1/IdNoTest.cpp

```
// 識別番号クラスIdNo（第１版）の利用例

#include <iostream>
#include "IdNo.h"

using namespace std;

int main()
{
    IdNo a;      // 識別番号1番
    IdNo b;      // 識別番号2番
    IdNo c[4];   // 識別番号3番～6番

    cout << "aの識別番号：" << a.id() << '\n';
    cout << "bの識別番号：" << b.id() << '\n';
    for (int i = Ø; i < 4; i++)
        cout << "c[" << i << "]の識別番号：" << c[i].id() << '\n';
}
```

実行結果

```
aの識別番号：1
bの識別番号：2
c[Ø]の識別番号：3
c[1]の識別番号：4
c[2]の識別番号：5
c[3]の識別番号：6
```

配列の要素を含めた各オブジェクトに対して、生成された順に識別番号が与えられることが実行結果から確認できます。

静的データメンバのアクセス

静的データメンバの所属先は、個々のオブジェクトではなく、クラスです。そのため、静的データメンバのクラス外部からのアクセスは、以下の式で行います。

クラス名 :: データメンバ名　　※形式A

もっとも、非公開であるデータメンバ名 counter は、外部からアクセスできません。

そこで、このデータメンバを公開メンバに変更したクラスを作成して、静的データメンバのアクセスについて検証してみましょう。データメンバ counter を公開メンバに変更したクラス VerId のヘッダ部を **List 13-4** に、ソース部を **List 13-5** に示します。

List 13-4 VerId/VerId.h

```
// 検証用・識別番号クラスVerId（ヘッダ部）

#ifndef ___Class_VerId
#define ___Class_VerId

//===== 識別番号クラス =====//
class VerId {
    int id_no;                  // 識別番号

public:
    static int counter;         // 何番までの識別番号を与えたのか

    VerId();                    // コンストラクタ

    int id() const;             // 識別番号を調べる
};

#endif
```

List 13-5 VerId/VerId.cpp

```
// 検証用・識別番号クラスVerId（ソース部）

#include "VerId.h"

int VerId::counter = 0;         // 何番までの識別番号を与えたのか

//--- コンストラクタ ---//
VerId::VerId()
{
    id_no = ++counter;          // 識別番号を与える
}

//--- 識別番号を調べる ---//
int VerId::id() const
{
    return id_no;               // 識別番号を返却
}
```

▪ 静的データメンバ counter

静的データメンバ counter は、本来は非公開とすべきですが、本プログラムでは、検証実験のために、公開メンバとしています。

13 静的メンバ

■ 非静的データメンバ *id_no*

データメンバ *id_no* は、クラス *VerId* の個々のオブジェクトがもつデータメンバです。その値が、生成された順に 1, 2, 3, …となるのは、クラス *IdNo* と同じです。

＊

クラス *VerId* の挙動を確認しましょう。そのためのプログラムを **List 13-6** に示します。

List 13-6 VerId/VerIdTest.cpp

```
// 検証用・識別番号クラスIdNoの利用例

#include <iostream>
#include "VerId.h"

using namespace std;

int main()
{
    VerId a;           // 識別番号1番
    VerId b;           // 識別番号2番

    cout << "aの識別番号：" << a.id() << '\n';
    cout << "bの識別番号：" << b.id() << '\n';
1   cout << "生成されたオブジェクトの数：" << VerId::counter << '\n';
2   cout << "生成されたオブジェクトの数：" << a.counter << '\n';
    cout << "生成されたオブジェクトの数：" << b.counter << '\n';
}
```

実行結果

```
aの識別番号：1
bの識別番号：2
生成されたオブジェクトの数：2
生成されたオブジェクトの数：2
生成されたオブジェクトの数：2
```

1では、静的データメンバ *counter* を、式 *VerId::counter* でアクセスしています。

さらに、*a.counter* と *b.counter* でも、この変数がアクセスできることを、2が示しています。

実は、静的データメンバは、以下の式でもアクセス可能です。

オブジェクト名 . データメンバ名	※形式B

『みんなの *counter*』は、『a の *counter*』でもあり『b の *counter*』でもある、といえないこともないため、この形式が許容されています。

ただし、見た目が紛らわしい形式Bの利用は、お勧めできません。形式Aを使うのが原則です。

重要 静的データメンバは、"オブジェクト名 . データメンバ名" でもアクセスできるが、原則として "クラス名 :: データメンバ名" でアクセスすべきである。

クラス *IdNo* とクラス *VerId* の *counter* に対する初期化子がそうですが、静的データメンバの初期化子は、クラス定義の外のデータメンバの定義で与えなければなりません。

ただし、**静的データメンバが、const 付き汎整数型、あるいは const 付き列挙型の場合に限り、汎整数定数式の初期化子を、クラス定義の中のデータメンバの宣言で与えてもよいことになっています。**

13-2 静的メンバ関数

前節では、個々のオブジェクトに所属しない静的データメンバについて学習しました。それと同様に、個々のオブジェクトに所属しないメンバ関数が、静的メンバ関数です。本節では、静的メンバ関数について学習します。

静的メンバ関数

第11章で作成した日付クラスに、“閏年の判定を行う”メンバ関数を追加することを考えましょう。追加するのは、以下に示す2種類のメンバ関数とします。

1 任意の年の判定

ある年（たとえば2017年）が閏年であるかどうかを判定する。

2 任意の日付の年の判定

日付クラスのオブジェクト（たとえば2017年10月15日と設定された日付）の年が閏年であるかどうかを判定する。

オブジェクトに対して起動される2は、個々のオブジェクトに所属するメンバ関数です。第10章からここまでに学習した方法で定義できます。

その一方で、1は特定のオブジェクトに対して起動されるものではありません。特定のオブジェクトに所属しないという点では、静的データメンバと同じです。このような処理の実現に適しているのが、**静的メンバ関数**（*static member function*）です。

重要 特定のオブジェクトではなくクラス全体に関わる手続きや、そのクラスに所属する個々のオブジェクトの状態とは無関係な手続きは、**静的メンバ関数**として実現しよう。

二つのメンバ関数を作っていきましょう。1は静的メンバ関数で、2は通常のメンバ関数（非静的メンバ関数）です。6-4節で学習した《多重定義》によって、両方のメンバ関数の名前を `is_leap` とします。

二つのメンバ関数を多重定義できるのは、以下の規則があるからです。

重要 同一名のメンバ関数を定義する多重定義は、静的メンバ関数と非静的メンバ関数にまたがって行える。

▶ 閏年の判定法は、**Column 11-1**（p.369）で学習しました。

それでは、二つのメンバ関数を作っていきましょう。

1 任意の年の判定（静的メンバ関数）

静的メンバ関数版の *is_leap* は、「**ある年が閏年であるかどうか**」を調べます。

日付クラスのオブジェクトに対して呼び出すものではありませんので、int 型を受け取る《普通の関数》と考えます。すなわち、クラスの学習を開始する前の第 6 章から第 9 章までに作ってきた関数と同様です。

ただし、それらと決定的に違うのは、**クラスのメンバ**であることです。

このようなメンバ関数は、static を付けて宣言して、**静的メンバ関数**とします。以下に示すのが、静的メンバ関数版 *is_leap* の定義です。

```
//--- 静的メンバ関数：year年は閏年か ---//
static Date::bool is_leap(int year) {
    return year % 4 == 0 && year % 100 != 0 || year % 400 == 0;
}
```

仮引数として受け取った *year* 年が閏年であれば true を返却し、そうでなければ false を返却します。

2 任意の日付の年の判定（非静的メンバ関数）

非静的メンバ関数版の *is_leap* は、「**クラスのオブジェクトの日付の年（すなわちデータメンバ y の年）が閏年であるかどうか**」を調べます。

自身の所属するオブジェクトのデータメンバ *y* が判定対象ですから、引数を受け取る必要がありません。そのため、以下のように実現できます。

```
//--- 非静的メンバ関数：所属するオブジェクトの日付の年は閏年か ---//
Date::bool is_leap() const {
    return y % 4 == 0 && y % 100 != 0 || y % 400 == 0;
}
```

▶ 非静的メンバ関数 *is_leap* は、所属するデータメンバの値を更新しないため、宣言に const を付けて const メンバ関数としています。
　一方、静的メンバ関数の宣言には const が付いていません。**静的メンバ関数は const 宣言できないことになっています。**

さて、この関数で行う判定は、静的メンバ関数版と実質的に同じです。同じようなコードがプログラムに散らばることは、保守などの面で好ましくありません。

任意の年が閏年かどうかを判定するための静的メンバ関数があるのですから、それを使わない手はありません。そうすると、以下のように簡潔になります。

```
//--- 非静的メンバ関数：所属するオブジェクトの日付の年は閏年か ---//
Date::bool is_leap() const {
    return is_leap(y);          // 静的メンバ関数版is_leapを呼び出す
}
```

y 年が閏年であるかどうかの判定を、静的メンバ関数版 *is_leap* に委（ゆだ）ねるわけです。そして、得られた判定結果を、そのまま返却します。

非公開の静的メンバ関数

第２版と第３版の日付クラスには、前日の日付を返すメンバ関数 *preceding_day* がありました（p.382 で学習しました）。以下に示すのが、その定義です。

```
//--- 前日の日付を返却（閏年に非対応）---//
Date Date::preceding_day() const
{
    int dmax[] = {31, 28, 31, 30, 31, 30, 31, 31, 30, 31, 30, 31};
    Date temp = *this;      // 同一の日付

    if (temp.d > 1)
        temp.d--;
    else {
        if (--temp.m < 1) {
            temp.y--;
            temp.m = 12;
        }
        temp.d = dmax[temp.m - 1];
    }
    return temp;
}
```


この関数は、**閏年に対応していません**（閏年・平年にかかわらず、３月１日の前日を２月28 日にします）。正しい日付を求めるには、任意の年月の日数（**ある年のある月の日付が、28 日までなのか、29 日までなのか、30 日までなのか、31 日までなのか**）の計算自体を、閏年に対応させる必要があります。

さて、本関数の改良に着手する前に、逆の働きをもつ関数、すなわち、翌日の日付を返すメンバ関数をクラス *Date* に追加することを考えてみましょう。当然、その関数でも、閏年の判定や、任意の年月の日数の計算が必要です。

それだけではありません。たとえば、*n* 日後の日付を求める関数、二つの日付の差（日付が何日離れているのか）を求める関数など、日付の演算には、必ずといってよいほど、任意の年月の日数の計算が必要です。

その処理を個々のメンバ関数内で行うと、同一あるいは類似したコードがクラス中にあふれかえってしまいます。任意の年月の日数の計算を行う手続きは、独立したメンバ関数として実現すべきです。もちろん、特定の日付オブジェクトに所属すべきものではありませんから、**静的メンバ関数**として実現する必要があります。

また、そのメンバ関数に必要なデータ（上記の関数 *preceding_day* 中の配列 *dmax* に相当するデータ）も、特定の日付オブジェクトに所属させないように、**静的データメンバ**とする必要があります。

*

このような点をふまえて、日付クラスを改良しましょう。

日付クラス *Date* 第４版のヘッダ部を **List 13-7** に、ソース部を **List 13-8**（p.456）に示します。追加・改良したのが、赤網部の静的メンバと、青網部の非静的メンバです。

List 13-7 Date04/Date.h

```
// 日付クラスDate（第４版：ヘッダ部）

#ifndef ___Class_Date
#define ___Class_Date

#include <string>
#include <iostream>

//===== 日付クラス =====//
class Date {
    int y;  // 西暦年
    int m;  // 月
    int d;  // 日
    static int dmax[];                                                   ―1
    static int days_of_month(int y, int m);         // y年m月の日数      ―2

public:
    Date();                                         // デフォルトコンストラクタ
    Date(int yy, int mm = 1, int dd = 1);           // コンストラクタ

    // year年は閏年か？
    static bool is_leap(int year) {                                      ―3
        return year % 4 == 0 && year % 100 != 0 || year % 400 == 0;
    }

    int year()  const { return y; }             // 年を返却
    int month() const { return m; }             // 月を返却
    int day()   const { return d; }             // 日を返却
    bool is_leap() const { return is_leap(y); }     // 閏年か？          ―4
    Date preceding_day() const;                 // 前日の日付を返却      ―5
    Date following_day() const;                 // 翌日の日付を返却      ―6

    int day_of_year() const;                    // 年内の経過日数を返却  ―7

    int day_of_week() const;                    // 曜日を返却

    std::string to_string() const;             // 文字列表現を返却
};

std::ostream& operator<<(std::ostream& s, const Date& x);       // 挿入子
std::istream& operator>>(std::istream& s, Date& x);             // 抽出子

#endif
```

まずは、ヘッダ部を理解しましょう。

▶ 改良したメンバ関数は5で、それ以外は新規に追加したものです。

1と2は、任意の年月の日数を求めるための配列とメンバ関数の宣言です（定義はソース部です）。いずれも、クラス内部でのみ利用するため、**非公開**の**静的メンバ**としています。

3と4は、閏年の判定を行う関数の定義です。3が**静的メンバ関数**で、4が**非静的メンバ関数**です。

5は、前日の日付を求めるメンバ関数の宣言です（定義はソース部です）。

6は、翌日の日付を求めるメンバ関数の宣言です（定義はソース部です）。

7は、年内の経過日数を求めるメンバ関数の宣言です（定義はソース部です）。

▶ たとえば、1月1日の経過日数は1で、2月15日の経過日数は46です。なお、3月以降の日付の経過日数は、閏年であるか平年であるかによって異なります。

List 13-8 Date04/Date.cpp

```
// 日付クラスDate（第４版：ソース部）

#include <ctime>
#include <sstream>
#include <iostream>
#include "Date.h"

using namespace std;

// 平年の各月の日数
int Date::dmax[] = {31, 28, 31, 30, 31, 30, 31, 31, 30, 31, 30, 31};

//--- y年m月の日数を求める ---//
int Date::days_of_month(int y, int m)
{
    return dmax[m - 1] + (is_leap(y) && m == 2);
}

//--- Dateのデフォルトコンストラクタ（今日の日付に設定）---//
Date::Date()
{
    time_t current = time(NULL);              // 現在の暦時刻を取得
    struct tm* local = localtime(&current);   // 要素別の時刻に変換

    y = local->tm_year + 1900;      // 年：tm_yearは西暦年-1900
    m = local->tm_mon + 1;          // 月：tm_monは0～11
    d = local->tm_mday;
}

//--- Dateのコンストラクタ（指定された年月日に設定）---//
Date::Date(int yy, int mm, int dd)
{
    y = yy;
    m = mm;
    d = dd;
}

//--- 年内の経過日数を返却 ---//
int Date::day_of_year() const
{
    int days = d;    // 年内の経過日数

    for (int i = 1; i < m; i++)          // 1月～(m-1)月の日数を加える
        days += days_of_month(y, i);
    return days;
}

//--- 前日の日付を返却 ---//
Date Date::preceding_day() const
{
    Date temp = *this;      // 同一の日付

    if (temp.d > 1)
        temp.d--;
    else {
        if (--temp.m < 1) {
            temp.y--;
            temp.m = 12;
        }
        temp.d = days_of_month(temp.y, temp.m);
    }
    return temp;
}

//--- 翌日の日付を返却 ---//
Date Date::following_day() const
{
    Date temp = *this;      // 同一の日付
```

静的データメンバ

静的メンバ関数

```
    if (temp.d < days_of_month(temp.y, temp.m))
        temp.d++;
    else {
        if (++temp.m > 12) {
            temp.y++;
            temp.m = 1;
        }
        temp.d = 1;
    }
    return temp;
}

//--- 文字列表現を返却 ---//
string Date::to_string() const
{
    ostringstream s;
    s << y << "年" << m << "月" << d << "日";
    return s.str();
}

//--- 曜日を返却（日曜～土曜が0～6に対応）---//
int Date::day_of_week() const
{
    int yy = y;
    int mm = m;
    if (mm == 1 || mm == 2) {
        yy--;
        mm += 12;
    }
    return (yy + yy / 4 - yy / 100 + yy / 400 + (13 * mm + 8) / 5 + d) % 7;
}

//--- 出力ストリームsにxを挿入 ---//
ostream& operator<<(ostream& s, const Date& x)
{
    return s << x.to_string();
}

//--- 入力ストリームsから日付を抽出してxに格納 ---//
istream& operator>>(istream& s, Date& x)
{
    int yy, mm, dd;
    char ch;

    s >> yy >> ch >> mm >> ch >> dd;
    x = Date(yy, mm, dd);
    return s;
}
```

任意の年月の日数を求める**静的メンバ関数** days_of_month の定義に着目しましょう。

クラス定義の中の関数宣言には static が必要ですが、クラス定義の外の関数定義には static を付けません（この点は、静的データメンバと同じです）。

重要 静的メンバ関数は、"クラス名 :: データメンバ名" という形式で、クラス定義の外で static を付けずに定義する。

さて、この関数が返却するのは、配列 dmax の要素 dmax[m - 1] の値です。ただし、閏年の２月の場合に限り、その値に１を加えて値を返却します。

前日の日付を求める関数 preceding_day は、その内部で関数 days_of_month を呼び出すことによって、閏年に対応するように改良されています。

▶ 翌日の日付を求める関数 following_day も同様です。

日付クラス第４版を利用するプログラム例を **List 13-9** に示します。まずは、実行してみましょう。

List 13-9 Date04/DateTest.cpp

```
// 日付クラスDate（第４版）の利用例

#include <iostream>
#include "Date.h"

using namespace std;

int main()
{
    Date today;      // 今日

    cout << "今　日の日付：" << today << '\n';

    cout << "昨　日の日付：" << today.preceding_day() << '\n';
    cout << "一昨日の日付：" << today.preceding_day().preceding_day() << '\n';

    cout << "明　日の日付：" << today.following_day() << '\n';
    cout << "明後日の日付：" << today.following_day().following_day() << '\n';

    cout << "元旦から" << today.day_of_year() << "日経過しています。\n";

    cout << "今年は閏年"  ❶
         << (today.is_leap() ? "です。" : "ではありません。") << '\n';

    int y, m, d;

    cout << "西暦年：";
    cin >> y;

    cout << "その年は閏年"  ❷
         << (Date::is_leap(y) ? "です。" : "ではありません。") << '\n';
}
```

実行例

```
今　日の日付：2021年9月2日
昨　日の日付：2021年9月1日
一昨日の日付：2021年8月31日
明　日の日付：2021年9月3日
明後日の日付：2021年9月4日
元旦から245日経過しています。
今年は閏年ではありません。
西暦年：2124⏎
その年は閏年です。
```

まず最初に、今日（プログラム実行時）の日付と、その昨日・一昨日、明日と明後日の日付が表示され、さらに、元旦からの経過日数が表示されます。

閏年かどうかの判定を行っているのが、２箇所の網かけ部です。

❶ クラス Date 型のオブジェクト today の日付の年が閏年かどうかを判定するための、**非静的メンバ関数** *is_leap* の呼出しです。オブジェクト today に対してドット演算子 **.** を適用して、*today.is_leap()* と呼び出しています。

❷ キーボードから読み込んだ *y* 年が閏年かどうかを判定するための、**静的メンバ関数** *is_leap* の呼出しです。特定の日付オブジェクトに対して呼び出すものではないため、有効範囲解決演算子 **::** を利用して、*Date::is_leap(y)* と呼び出しています。

このように、静的メンバ関数の呼出しは、以下の形式で行います。

クラス名 **::** メンバ関数名 **(...)** ※形式A

なお、『みんなの *is_leap*』は、『*today* の *is_leap*』でもある、といえないこともないため、式**2**を以下の式に置きかえても、同じ結果が得られます。

```
today.is_leap(y)
```

すなわち、静的メンバ関数は、以下の形式での呼出しも可能です。

オブジェクト名 . メンバ関数名 (...) ※形式B

もっとも、式 *today.is_leap(y)* を見ても、閏年の判定対象が、日付 *today* の年なのか、*y* 年なのかを理解するのは困難です。

▶ 実行例の場合は、*today* は 2021 年で、*y* は 2124 年です。式 *today.is_leap(y)* はオブジェクト *today* に対してメンバ関数を呼び出しているにもかかわらず、その日付の 2021 年とは無関係の 2124 年（*y* 年）が閏年であるかどうかの判定を行います。

形式Aによって呼び出すのが原則であり、形式Bの使用は、お勧めできません。

重要 静的メンバ関数は、“オブジェクト名 . メンバ関数名 (...)”でも呼び出せるが、原則として“クラス名 :: メンバ関数名 (...)”で呼び出すべきである。

*

日付クラス Date 第４版に対して、以下の演算子関数を追加すると、もう少し実用的になります。

- 二つの日付が等しいかどうかを判定する等価演算子 ==
- 二つの日付が等しくないかどうかを判定する等価演算子 !=
- 二つの日付の大小関係を判定する関係演算子 >, >= , <, <=
  ※より新しい日付のほうを大きいと判定する。
- 二つの日付の減算を行う（何日離れているかを求める）減算演算子 -
  ※左オペランドから右オペランドを引く。左右のオペランドの日付が等しければ 0 を返し、左オペランドのほうが新しい日付であれば、日付の差を正の値として返し、より古い日付であれば、日付の差を負の値として返す。
- 日付を翌日の日付に更新する増分演算子 ++（前置および後置）
- 日付を前日の日付に更新する減分演算子 --（前置および後置）
- 日付を *n* 日進めた日付に更新する複合代入演算子 +=
- 日付を *n* 日戻した日付に更新する複合代入演算子 -=
- 日付の *n* 日後の日付を求める加算演算子 +
- 日付の *n* 日前の日付を求める減算演算子 -

この追加を行ったのが、日付クラス第５版です（プログラムは省略します。ダウンロードファイルに入っています："Date05/Date.h"、"Date05/Date.cpp"）。

静的データメンバと静的メンバ関数

本章の冒頭で作成したクラス *IdNo* に対して、識別番号の最大値（すなわち、これまで何番までの識別番号を与えたのか）を調べる関数を追加します。これは、静的データメンバ *counter* の値を返すゲッタです。個々のオブジェクトに所属させる性質のものではないため、**静的メンバ関数**として実現する必要があります。

そのように作成したクラス *IdNo* 第２版のプログラムを示します。**List 13-10** がヘッダ部で、**List 13-11** がソース部です。赤網部が、新しく追加した箇所です。

List 13-10 IdNo02/IdNo.h

```
// 識別番号クラスIdNo（第２版：ヘッダ部）

#ifndef ___Class_IdNo
#define ___Class_IdNo

//===== 識別番号クラス =====//
class IdNo {
    static int counter;          // 何番までの識別番号を与えたのか
    int id_no;                   // 識別番号

public:
    IdNo();                      // コンストラクタ

    int id() const;              // 識別番号を調べる
    static int get_max_id();     // 識別番号の最大値を調べる
};

#endif
```

List 13-11 IdNo02/IdNo.cpp

```
// 識別番号クラスIdNo（第２版：ソース部）

#include "IdNo.h"

int IdNo::counter = 0;

//--- コンストラクタ ---//
IdNo::IdNo()
{
    id_no = ++counter;        // 識別番号を与える
}

//--- 識別番号を調べる ---//
int IdNo::id() const
{
    return id_no;             // 識別番号を返却
}

//--- 識別番号の最大値を調べる ---//
int IdNo::get_max_id()
{
    return counter;           // 識別番号の最大値を返却
}
```

同一ソースファイル上になければならない

関数 *get_max_id* は、実質的に１行だけの単純なものであるにもかかわらず、クラス定義の中ではなくて、クラス定義の外で定義しています。

このように実現しているのは、以下の規則があるからです。

重要 静的データメンバの初期化は、「それを定義するソースファイル中で初めて利用される時点までに完了する」ことになっている。すなわち、main 関数の実行前に初期化が完了する保証がない。

静的データメンバ *counter* が 0 に初期化されるのは、最も遅い場合で、**List 13-11** 中で定義されているメンバ関数の中で *counter* を**初めてアクセスする時点の直前**です。

▶ メンバ関数 *get_max_id* の定義が、クラス定義（**List 13-10**）の中にあると仮定します。もしクラス *IdNo* 型のオブジェクトを一つも作っていない状態で *IdNo::get_max_id()* を呼び出しても、その返却値が 0 になるという保証はありません。別ファイルで定義されているデータメンバ *counter* が、プログラム実行開始後に一度も利用されておらず、その値が未初期化のままの可能性があるからです。

以上のことから、次の教訓が導かれます。

重要 静的データメンバの定義と、それをアクセスするすべてのメンバ関数の定義は、単一のソースファイルにまとめなければならない。

▶ 非静的メンバ関数 *id* は、静的データメンバ *counter* を利用していないため、定義をヘッダ部に移動しても、問題が生じることはありません。

クラス *IdNo* 第 2 版の利用例を **List 13-12** に示します。実行すると、期待通りの結果が得られます。

List 13-12 IdNo02/IdNoTest.cpp

```
// 識別番号クラスIdNo（第２版）の利用例

#include <iostream>
#include "IdNo.h"

using namespace std;

int main()
{
    IdNo a;     // 識別番号1番
    IdNo b;     // 識別番号2番

    cout << "aの識別番号：" << a.id() << '\n';
    cout << "bの識別番号：" << b.id() << '\n';
    cout << "現在までに与えた識別番号の最大値：" << IdNo::get_max_id() << '\n';
}
```

実行結果

```
aの識別番号：1
bの識別番号：2
現在までに与えた識別番号の最大値：2
```

なお、静的メンバ関数には、以下に示す制限があります。

- 同一クラスの非静的データメンバをアクセスすることはできない。
- 同一クラスの非静的メンバ関数 *f* を、*f*(...) として呼び出すことはできない。
- **this** ポインタをもたない。

まとめ

- クラス定義の中で static を付けて宣言されたデータメンバは、**静的データメンバ**となる。

- クラス定義の中での静的データメンバの宣言は、実体の定義ではない。実体の定義は、クラス定義の外で、static を付けずに行う。

- 個々のオブジェクトに所属する**非静的データメンバ**は、個々のオブジェクトの状態（ステート）を表すのに適している。
  それに対して、**静的データメンバ**は、そのクラスに所属している全オブジェクトで共有するデータを表すのに適している。

- 静的データメンバは、そのクラス型のオブジェクトの個数とは無関係に（たとえオブジェクトが存在しなくても）、１個のみが存在する。

- 静的データメンバのアクセスは、“オブジェクト名 . データメンバ名”によっても行えるが、“クラス名 :: データメンバ名”で行うべきである。

- クラス定義の中で static を付けて宣言されたメンバ関数は、**静的メンバ関数**となる。

- 静的メンバ関数の定義をクラス定義の外に置く場合は、static を付けてはならない。

- 個々のオブジェクトに所属する**非静的メンバ関数**は、個々のオブジェクトの振舞いを表すのに適している。
  それに対して、**静的メンバ関数**は、クラス全体に関わる処理や、クラスのオブジェクトの状態とは無関係な処理を実現するのに適している。

- 静的メンバ関数の呼出しは、“オブジェクト名 . メンバ関数名 (...)”によっても行えるが、“クラス名 :: メンバ関数名 (...)”で行うべきである。

- 静的メンバ関数は、特定のオブジェクトに所属しないため、this ポインタをもたない。

- 静的データメンバの初期化は、それを定義するソースファイルの中で初めて利用される時点までに完了することになっている。main 関数の実行前に初期化が完了するという保証はない。

- 静的データメンバを初めてアクセスする箇所が、静的データメンバの定義を含むソースファイル以外のソースファイルである場合、静的データメンバが未初期化の状態でのアクセスを行う危険性がある。

- 静的データメンバの定義と、それをアクセスするすべてのメンバ関数の定義は、一つのソースファイルにまとめるべきである。

- 同一名のメンバ関数を定義する多重定義は、静的メンバ関数と非静的メンバ関数とにまたがって行える。

chap13/Point2D.h

```
#ifndef ___Point2D
#define ___Point2D

#include <iostream>

//--- 識別番号付き２次元座標クラス ---//
class Point2D {
    int xp, yp;                     // Ｘ座標とＹ座標
    int id_no;                      // 識別番号
    static int counter;             // 何番までの識別番号を与えたか【宣言】

public:
    Point2D(int x = 0, int y = 0);         // コンストラクタ【宣言】

    int id() const { return id_no; }       // 識別番号

    void print() const {                   // 座標の表示
        std::cout << "(" << xp << "," << yp << ")";
    }

    static int get_max_id();               // 識別番号の最大値を返却【宣言】
};

#endif
```

chap13/Point2D.cpp

```
#include "Point2D.h"

int Point2D::counter = 0;          // 何番までの識別番号を与えたか【定義】

//--- コンストラクタ【定義】---//
Point2D::Point2D(int x, int y) : xp(x), yp(y) {
    id_no = ++counter;         // 識別番号を与える
}

//--- 識別番号の最大値を調べる【定義】---//
int Point2D::get_max_id() {
    return counter;            // 識別番号の最大値を返却
}
```

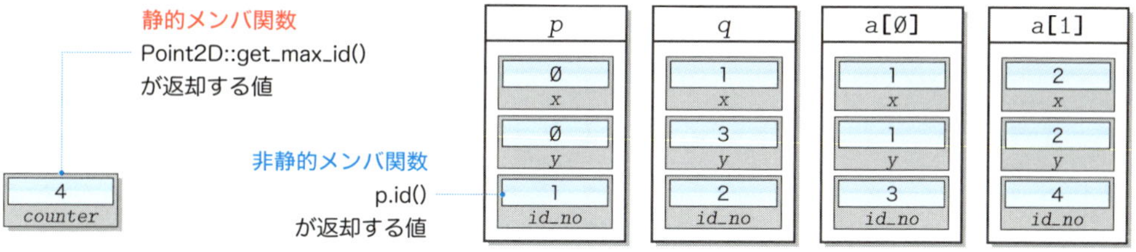

静的データメンバ
オブジェクトとは無関係に１個のみ存在

非静的データメンバ
個々のオブジェクトに１個ずつ存在

chap13/Point2DTest.cpp

```
#include <iostream>
#include "Point2D.h"

using namespace std;

int main()
{
    Point2D p;
    Point2D q(1, 3);
    Point2D a[] = {Point2D(1, 1), Point2D(2, 2)};

    cout << "最後に与えた識別番号：" << Point2D::get_max_id() << '\n';
    cout << "p    = ";  p.print();  cout << "  識別番号：" << p.id() << '\n';
    cout << "q    = ";  q.print();  cout << "  識別番号：" << q.id() << '\n';
    for (int i = 0; i < sizeof(a) / sizeof(a[0]); i++) {
        cout << "a[" << i << "] = ";  a[i].print();
        cout << "  識別番号：" << a[i].id() << '\n';
    }
}
```

実行結果

```
最後に与えた識別番号：4
p    = (0,0)  識別番号：1
q    = (1,3)  識別番号：2
a[0] = (1,1)  識別番号：3
a[1] = (2,2)  識別番号：4
```

第14章

配列クラスで学ぶクラスの設計

記憶域を動的に確保して、その領域を内部で利用するクラスは、コンストラクタ・デストラクタ・代入演算子などを適切に定義する必要があります。本章では、配列クラスの作成を通じて、それらの事項を学習します。

- explicit 関数指定子
- 明示的コンストラクタ
- = 形式と ( ) 形式によるコンストラクタの呼出し
- オブジェクトの生存期間
- 動的記憶域期間のオブジェクトへのポインタをもつクラス
- 資源獲得時初期化（RAII）
- デストラクタ
- デフォルトデストラクタ
- オブジェクトの破棄とデストラクタ呼出しの順序
- 添字演算子の多重定義
- 代入演算子の多重定義
- 自己代入の判定
- コピーコンストラクタの多重定義
- 入れ子クラス
- 例外処理
- throw 式による例外の送出
- try ブロックと例外ハンドラによる例外の補足

14-1 コンストラクタとデストラクタ

本節では、コンストラクタについての学習を深めるとともに、コンストラクタと対照的な役割をもったデストラクタについて学習します。

整数配列クラス

本章では、《**配列クラス**》の作成を通じて、クラスに関して深く学習していきます。
List 14-1 に示すのが、整数型の配列を実現するクラス *IntArray* です。

▶ ヘッダ部のみでの実現です。第３版以降で、ヘッダ部とソース部とに分けて実現します。

List 14-1 IntArray01/IntArray.h

```
// 整数配列クラスIntArray（第１版）

#ifndef ___Class_IntArray
#define ___Class_IntArray

//===== 整数配列クラス ======//
class IntArray {
    int nelem;        // 配列の要素数
    int* vec;         // 先頭要素へのポインタ

public:
    //--- コンストラクタ ---//
    IntArray(int size) : nelem(size) { vec = new int[nelem]; }

    //--- 要素数を返す ---//
    int size() const { return nelem; }

    //--- 添字演算子[] ---//
    int& operator[](int i) { return vec[i]; }
};

#endif
```

クラス *IntArray* のデータメンバは、要素数を表す *nelem* と、配列の先頭要素を指すポインタ *vec* の２個です。要素数 *nelem* の値は、メンバ関数 *size* で調べられます。

それでは、コンストラクタと添字演算子関数を理解していきましょう。

コンストラクタ

コンストラクタ本体では、記憶域を確保して配列本体を動的に生成します。生成する配列の要素数は、仮引数 *size* に受け取った値です。

オブジェクトが次のように定義された場合のコンストラクタの動作を考えましょう。

```
IntArray x(5);          // 要素数5の配列
```

まず、メンバ初期化子 *nelem*(*size*) の働きによって、データメンバ *nelem* が５で初期化されます。その後に実行されるコンストラクタ本体では、**new** 演算子で確保した *nelem* 個分の記憶域の先頭要素へのポインタを *vec* に代入します（**Fig.14-1**）。

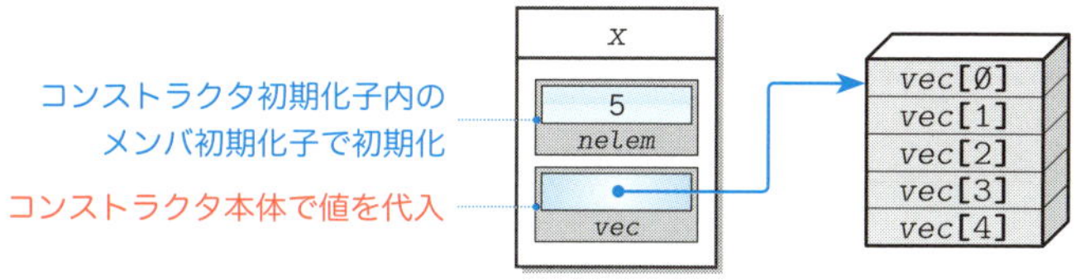

Fig.14-1 コンストラクタによる配列の生成

クラス *IntArray* の内部では、生成した配列の各要素を *vec*[0], *vec*[1], …, *vec*[4] の各式で、先頭から順にアクセスできます。

▶ 配列の先頭要素を指すポインタが、あたかも配列であるかのように振る舞うからです。

添字演算子

配列の各要素を手軽にアクセスできるように定義しているのが、添字演算子 [ ] です。その演算子関数 **operator[]** の返却値型は **int&** です。というのも、

```
a = x[2];          // 代入演算子の右オペランド：intでもint&でも可
```

と代入式の右辺でのみ使うのであれば **int** でも構わないのですが、以下のように、代入式の左辺に置けるようにするには、**int&** でなければならないからです（p.228）。

```
x[3] = 10;         // 代入演算子の左オペランド：intでは不可でint&では可
```

クラス *IntArray* を利用するプログラム例を **List 14-2** に示します。

List 14-2 IntArray01/IntArrayTest.cpp

```
// 整数配列クラスIntArray（第１版）の利用例

#include <iostream>
#include "IntArray.h"

using namespace std;

int main()
{
    int n;

    cout << "要素数を入力せよ：";
    cin >> n;

    IntArray x(n);  // 要素数nの配列

    for (int i = 0; i < x.size(); i++)              // 各要素に値を代入
        x[i] = i;

    for (int i = 0; i < x.size(); i++)              // 各要素の値を表示
        cout << "x[" << i << "] = " << x[i] << '\n';
}
```

実行例

```
要素数を入力せよ：5
x[0] = 0
x[1] = 1
x[2] = 2
x[3] = 3
x[4] = 4
```

要素数 *n* の配列を生成して、全要素に添字と同じ値を代入・表示します。

クラスオブジェクトの生存期間

以下に示す、*IntArray* クラスを使用する関数 *func* を考えましょう。

```
void func()
{
    IntArray x(5);        // xは要素数5の配列
    // …
}
```

IntArray 型オブジェクト *x* は、関数の中で定義されているため、自動記憶域期間が与えられます。そのため、その“生き様”は **Fig.14-2** のようになります。

a 二つのメンバ *nelem* と *vec* をもつオブジェクト *x* が生成されます。

b コンストラクタが起動されて、*x* の初期化が行われます。まず、データメンバ *nelem* が 5 で初期化されます。その後、5 個の整数を格納する配列用の記憶域が **new** 演算子で確保され、その先頭要素へのポインタが *vec* に代入されます。

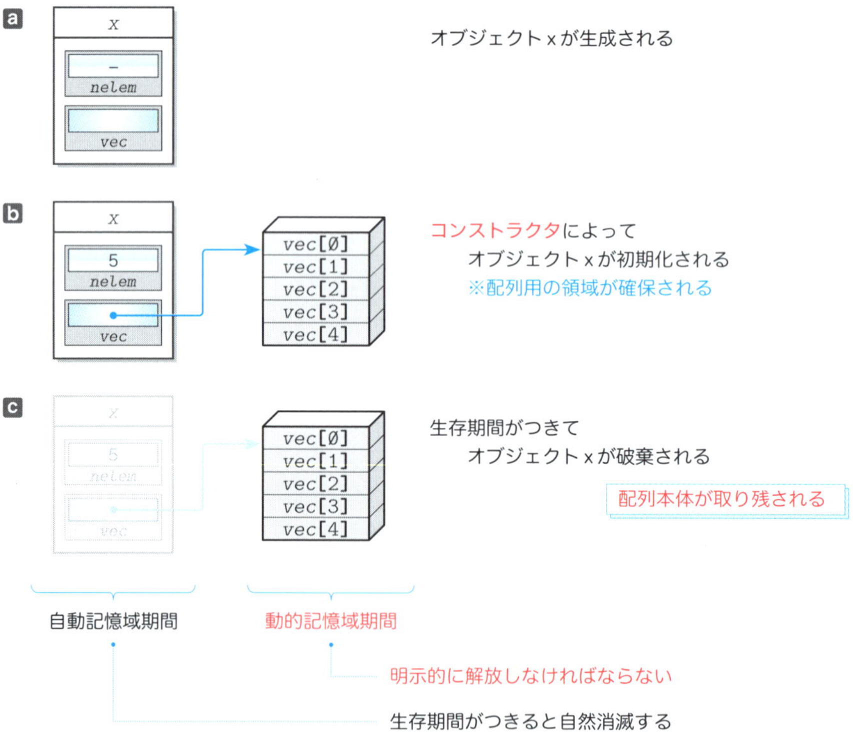

Fig.14-2 オブジェクトの生成と破棄

C 関数 *func* の実行が終了します。このとき、自動記憶域期間をもつオブジェクト *x* は生存期間がつきて破棄されます。その一方で、**new** 演算子によって確保された動的記憶域期間をもつ配列本体用の領域は、解放されることなく記憶域上に取り残されます。

＊

プログラマが自由に生存期間をコントロールできる動的記憶域期間をもつオブジェクトは、いつでも好きなときに生成・破棄できるという柔軟性がある反面、その作業を正しく行うのは**プログラマの責務**です。

重要 コンストラクタで確保した動的記憶域期間をもつ領域が、オブジェクト破棄時に自動的に解放されることはない。

解放されない配列本体は、**どこからも指されない**《**宙ぶらりんな領域**》として記憶域上に取り残されます。そのため、関数 *func* を複数回呼び出すと、そのたびに配列用の領域が新たに確保されていき、ヒープ領域がどんどん減少します。

＊

動的に確保したオブジェクトは、プログラムの指示によって明示的に解放しなければなりません。そのためには、配列本体用の領域を解放する《メンバ関数》を定義するとよさそうです。

以下に示すのが、その関数の定義の一例です。

```
void IntArray::delete_vec()
{
    delete[] vec;              // 配列本体用に確保していた領域を解放
}
```

この関数を呼び出すように関数 *func* を書きかえると、次のようになります。

```
void func()
{
    IntArray x(5);             // 配列本体用の領域を確保
    // …
    x.delete_vec();            // 配列本体用の領域を解放
}
```

これで、オブジェクト *x* の生存期間がつきる前に配列本体用の領域を解放できます。

＊

しかし、この方法はスマートではありません。というのも：

1. メンバ関数 *delete_vec* を**呼び忘れる**。
2. オブジェクトの利用がまだ終了していない時点で、メンバ関数 *delete_vec* を誤って**呼び出してしまう**。

といったことが起こりうるからです。

明示的コンストラクタ

問題点を解決するように配列クラスを改良したのが、**List 14-3** に示す、第２版のプログラムです。

▶ 第１版の《利用例》である **List 14-2** は、第２版でもそのまま動作します。

List 14-3 IntArray02/IntArray.h

```
// 整数配列クラスIntArray（第２版）

#ifndef ___Class_IntArray
#define ___Class_IntArray

//===== 整数配列クラス =====//
class IntArray {
    int nelem;      // 配列の要素数
    int* vec;       // 先頭要素へのポインタ

public:
    //--- 明示的コンストラクタ ---//
    explicit IntArray(int size) : nelem(size) { vec = new int[nelem]; }

    //--- デストラクタ ---//
    ~IntArray() { delete[] vec; }

    //--- 要素数を返す ---//
    int size() const { return nelem; }

    //--- 添字演算子[] ---//
    int& operator[](int i) { return vec[i]; }
};

#endif
```

今回のコンストラクタの定義には、explicit が追加されています。このキーワードは、宣言するコンストラクタを、**明示的コンストラクタ**（*explicit constructor*）にする関数指定子です。

さて、その明示的コンストラクタとは、**暗黙の型変換を抑止するコンストラクタ**です。以下の具体例で考えましょう。

```
1 IntAry a = 5;     // 第１版では可。第２版では不可。
2 IntAry b(5);      // 第１版・第２版の両方とも可。
```

コンストラクタに explicit の指定がないクラス *IntArray* 第１版では、1と2の両方の初期化が可能です。一方、コンストラクタが明示的コンストラクタとなっている第２版では、1はコンパイルエラーとなります。

1の宣言は、**"配列を整数で初期化している"** と誤解されかねません。そのような紛らわしい形式の初期化を、explicit が抑止するわけです。

重要 単一引数のコンストラクタが = 形式で起動されるのを抑止するには、explicit を与えて明示的コンストラクタとして定義しよう。

デストラクタ

次に、第２版で新しく追加された網かけ部に着目しましょう。これは、デストラクタ（*destructor*）と呼ばれる特別なメンバ関数です。

クラス名の前にチルダ～が付いた名前のデストラクタは、その**クラスのオブジェクトの生存期間がつきそうになったときに自動的に呼び出されるメンバ関数**です。ちょうど、コンストラクタと対照的な位置付けのメンバ関数です。

重要 オブジェクトの生成時に呼び出されるメンバ関数であるコンストラクタとは対照的に、オブジェクトが破棄される際に呼び出されるメンバ関数が、デストラクタである。

デストラクタが返却値をもたないのはコンストラクタと同じです。ただし、自動的に呼び出されるという性質上、**引数を受け取らない**点がコンストラクタとは異なります。

クラス *IntArray* 第２版のデストラクタが行うのは、ポインタ *vec* が指す配列領域の解放です。

Column 14-1 明示的コンストラクタ

明示的コンストラクタが利用できるのは、以下の文脈です。

- コンストラクタを ( ) 形式で明示的に呼び出す。
- キャスト演算子によって、コンストラクタを間接的に呼び出す。

なお、引数を与えずに呼び出せるデフォルトコンストラクタを明示的コンストラクタとすることもできます（その場合は、コンストラクタを明示的に呼び出す必要がありません）。

以下にプログラム例を示します。

```
class C {
public:
    explicit C()    { /* …中略… */ }      // デフォルトコンストラクタ
    explicit C(int) { /* …中略… */ }      // 変換コンストラクタではない
    // ...
};
// ...
C a;                            // ＯＫ
C a1 = 1;                       // エラー：暗黙の変換がない。
C a2 = C(1);                    // ＯＫ
C a3(1);                        // ＯＫ
C* p = new C(1);                // ＯＫ
C a4 = (C)1;                    // ＯＫ（キャスト）
C a5 = static_cast<C>(1);       // ＯＫ（キャスト）
```

単一の実引数で呼び出せるコンストラクタが変換コンストラクタと呼ばれることは、第 12 章で学習しました。**explicit** 付きで宣言された場合は例外であり、たとえ単一の実引数で呼び出せるコンストラクタであっても変換コンストラクタとはなりません。

なお、関数指定子 **explicit** をコンストラクタ以外の関数に適用することはできません。

p.468では、以下の関数*func*でのオブジェクト*x*の挙動を検討しました。デストラクタが追加されたクラス*IntArray*第２版では、どうなるでしょうか。

```
void func()
{
    IntArray x(5);        // xは要素数5の配列
    // …
}
```

第２版での関数*func*におけるオブジェクト*x*の“生き様”を示したのが**Fig.14-3**です。コンストラクタの働きを示した、図**a**と図**b**は、第１版と同じです。

図**c**は、デストラクタの働きを表した図です。オブジェクトの生存期間がつきる直前に（自動的に）呼び出されたデストラクタは、*vec*が指す領域を解放します。

関数*func*の実行が終了してオブジェクト*x*の生存期間がつきる図**d**では、オブジェクト*x*そのものが破棄されます。

第２版では、デストラクタが働くため、配列用の領域の取り残しがなくなります。うまく解決できたことが確認できました。

重要 コンストラクタで確保した記憶域などの資源の解放処理は、デストラクタの中で実行しよう。

オブジェクト生成時に、記憶域を始めとする必要な資源を確保して、オブジェクト破棄時に資源を確実に解放する手法は、資源獲得時初期化＝RAII（*Resource Acquisition Is Initialization*）と呼ばれます。

重要 オブジェクトが外部的な資源を必要としているのであれば、資源獲得時初期化を行おう。

▶ Resource Acquisition Is Initializationを直訳すると、『資源獲得とは、すなわち初期化のことである』となります。私が参考文献9)の翻訳の際に、どのような訳語をあてるべきか、随分と悩みました。長たらしくなくて、シンプルな訳語にしたかったからです。『資源獲得則初期化』や『資源獲得是初期化』だと、理解してもらえなくなるため、『資源獲得時初期化』という言葉を作りました。

なお、デストラクタに**static**を付けて宣言して、静的メンバにすることはできません。この点は、コンストラクタと同じです。

また、デストラクタを定義しないクラスには、実質的に何も行わないデフォルトデストラクタ（*default destructor*）がコンパイラによって自動的に定義されます。

自動的に定義されるデストラクタが、**public**かつ**inline**であることも、コンストラクタと同じです。

重要 デストラクタを定義しないクラスには、本体が空で引数を受け取らない**public**で**inline**のデフォルトデストラクタが、コンパイラによって自動的に定義される。

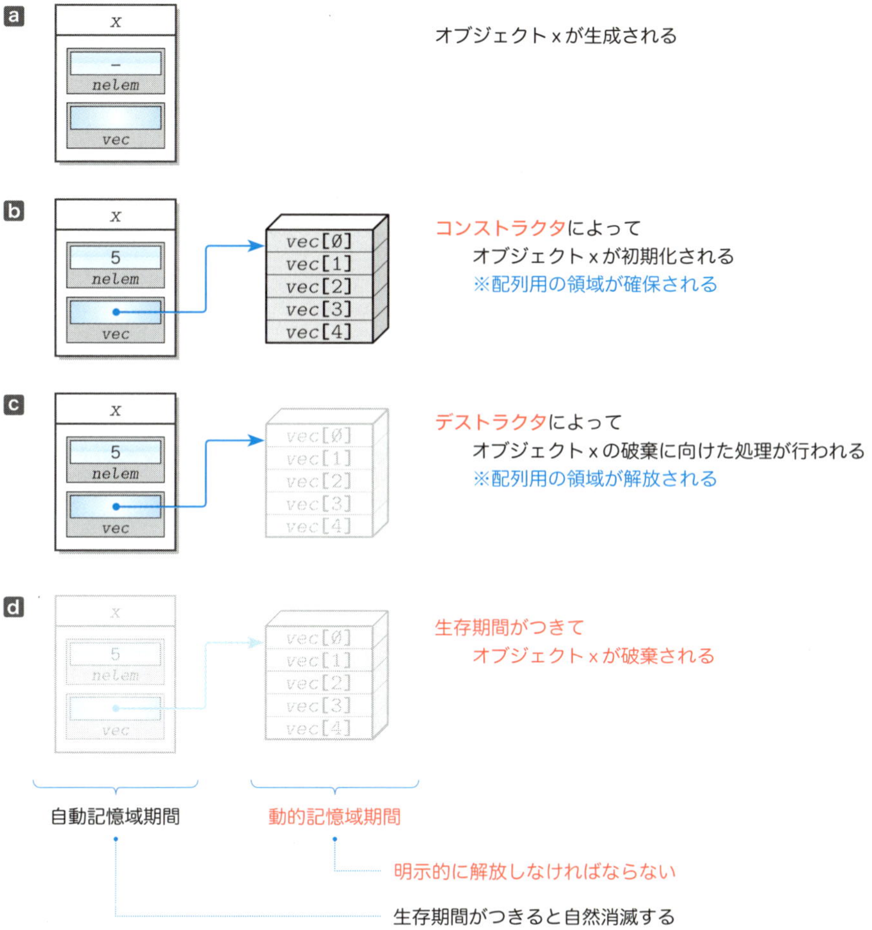

Fig.14-3　オブジェクトの生成とデストラクタによる破棄

コンストラクタとデストラクタを対比した表を、**Table 14-1** に示します。

▶ 本書では、“クラスと同じ名前” や “クラスと同じ名前に ~ が付いたもの” と解説していますが、文法の定義上は、コンストラクタとデストラクタには『名前がない』ことになっています。

Table 14-1　コンストラクタとデストラクタ

	コンストラクタ	デストラクタ
機　能	オブジェクト生成時に呼び出されて、オブジェクトの初期化を行う	オブジェクト破棄時に呼び出されて、オブジェクト利用の後始末を行う
名　前	クラス名	~クラス名
返却値	なし	なし
引　数	任意の引数を受け取れる	受け取れない

14-2 代入演算子とコピーコンストラクタ

コンストラクタで外部の資源を動的に確保するクラスでは、デストラクタに加えて、代入演算子とコピーコンストラクタも定義するのが、一般的です。

代入演算子の多重定義

以下に示すコードを考えましょう。

```
IntArray a(2);        // aは要素数2の配列
IntArray b(5);        // bは要素数5の配列
a = b;
```

Fig.14-4 ⓐに示すのが、二つの *IntArray* 型オブジェクト a, b が生成された状態です。要素数 2 の配列領域Ⓐが a 用に確保され、要素数 5 の配列領域Ⓑが b 用に確保されています。

*

さて、オブジェクト生成後に行われるのが、b から a への代入です。

同一クラス型のオブジェクトの代入では、**全データメンバがコピーされる** (p.374) ため、*b.nelem* の値が *a.nelem* にコピーされて、*b.vec* の値が *a.vec* にコピーされます。

代入後の状態を示した図ⓑをよく見てください。ポインタ *a.vec* と *b.vec* が同じ領域（もともと b 用に確保していたⒷの領域）を指しています。

▶ たとえば b 用に確保された配列のアドレスが 214 番地であれば、*a.vec* と *b.vec* の値がともに 214 になります。

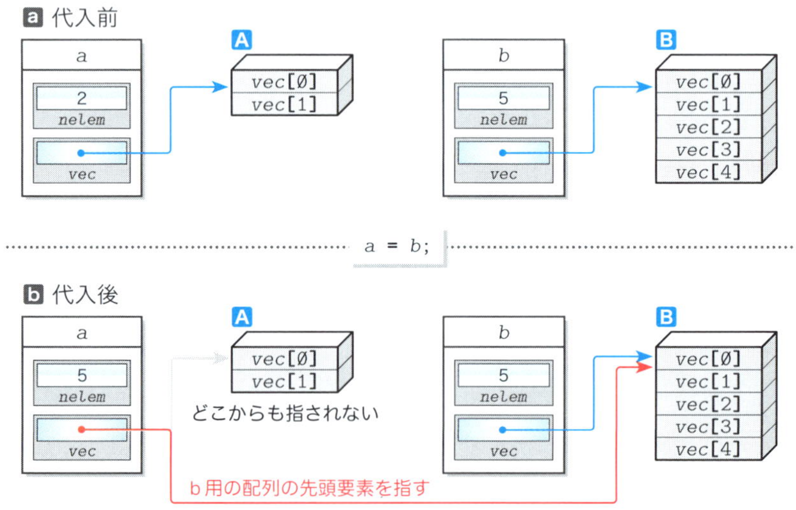

Fig.14-4 代入によるオブジェクトの変化

オブジェクトaに対して添字演算子[]を適用した式a[i]は、Bの配列要素vec[i]をアクセスする式となります。その上、もともとa用に確保していた配列Aが、どこからも指されない“宙ぶらりんな”領域となっています。

この状態で、オブジェクトaとbの生存期間がつきて、それらに対してデストラクタが呼び出されたらどうなるでしょう。

bのデストラクタが呼び出されると、Bの配列領域が解放されます。それからaのデストラクタが呼び出されると、解放ずみの領域Bの（2度目の）解放が試みられます。もちろん、Aの配列領域は解放されないまま残されます。

*

正しい代入を行うには、代入演算子=の多重定義が必要です。

Column 14-2　代入演算子を非メンバ関数として定義できない理由

代入演算子は非メンバ関数としては定義できずメンバ関数としてのみ定義できることを、第12章で学習しました（p.441）。

そのような文法仕様となっている理由を、以下のクラスで考えましょう。

```
class C {
    int x;
public:
    C(int z) : x(z) { }
};
```

もし仮に、このクラスに対して代入演算子を《非メンバ関数》として定義できるとします。そうすると、代入演算子は以下のように実現することになります。

```
friend C& operator=(C& a, const C& b)
{
    a.x = b.x;
}
```

このとき、次の代入が“合法”になります。

```
C a(10);
int b;
b = a;        // int型の整数にクラス型オブジェクトを代入（？）
```

というのも、代入式の左オペランド（代入演算子関数の第1引数）が、単なるint型整数であるにもかかわらず、変換コンストラクタが呼び出されてC型へと変換されるからです。すなわち、以下のように解釈されます。

```
b = a;
  ⇩
operator=(b, a);
  ⇩
operator=(C(b), a);
```

代入演算子がメンバ関数としてのみ定義できることによって、このような不正な代入を防いでいることが分かりました。

なお、初期のC++の処理系には、代入演算子を非メンバ関数として定義できるものもありました。

代入演算子 = を以下のように定義します。

```
void IntArray::operator=(const IntArray& x)
{
  1 delete[] vec;                        // もともと確保していた領域を解放
  2 nelem = x.nelem;                     // 新しい要素数
  3 vec = new int[nelem];                // 新たに領域を確保
  4 for (int i = 0; i < nelem; i++)     // 全要素をコピー
        vec[i] = x.vec[i];
}
```

この代入演算子が与えられると、代入式 a = b は、次のように解釈されます。

```
a.operator=(b)              // オブジェクトaに対してメンバ関数が呼び出される
```

左オペランドであるオブジェクト a に対して、メンバ関数 operator= が呼び出され、その際、オペランドの b が引数として与えられます。

代入は、以下のステップで行われます（**Fig.14-5**）。

1. 現在メンバ vec が指している配列領域 **A** を解放する。
2. 配列の要素数をコピーする（データメンバ nelem の値が 2 から 5 に更新される）。
3. 配列本体用の領域 **C** を新たに確保する。
4. 配列 **B** の全要素の値を **C** にコピーする。

これで、うまくいくように感じられます。

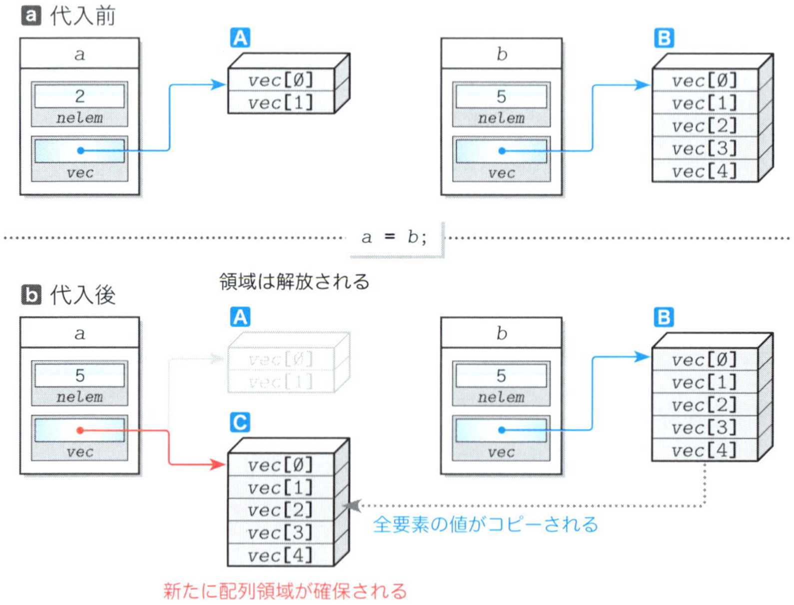

Fig.14-5 代入によるオブジェクトの変化

ところが、ここで定義した代入演算子には、以下に示す三つの問題が含まれています。

■ 記憶域の不要な解放・確保を行うこと

代入元と代入先の配列要素数が一致していれば、代入先である *vec* に確保ずみの配列領域がそのまま流用できます。いったん解放して再確保しているのでは、余分なコストがかかります。

記憶域の解放と再確保を行うのは、代入元と代入先の配列要素数が異なる場合に限定すべきです。

■ 返却値型が void であること

メンバ関数 operator= の返却値型が void であるため、組込み型オペランドに対する代入演算子と同じような使い方ができません。

たとえば、以下に示す代入では、Aはエラーとならないものの、Bがコンパイルエラーとなります。

```
A x = y;          // x.operator=(y);                 ＯＫ
B x = y = z;      // x.operator=(y.operator=(z));    エラー
```

それぞれの代入は、コメントに書かれているように解釈されます。

Bのコメント内の網かけ部の型は void であり、const *IntArray&* を受け取る関数の引数として与えるのは不可能です。

＊

代入式を評価すると、代入後の左オペランドの型と値が得られることを第2章で学習しました（p.45）。また、関数の返却値を参照としておけば、代入式の左辺にも右辺にも置ける左辺値式となることを第6章で学習しました（p.228）。

代入演算子 operator= の返却値型は、そのクラスへの参照型とするのが一般的です。

また、**代入演算子関数が返却するのは、代入後の左オペランド（代入演算子を起動したオブジェクト）への参照とすべきです。**

■ 自己代入に対応していないこと

自分自身の値を代入することを《**自己代入**》といいます。*IntArray* 型オブジェクトの自己代入を行ったらどうなるでしょう。

```
x = x;      // 左辺xの配列を解放した後で右辺xの配列の要素をコピー（？）
```

この代入は、うまくいきません。というのも、関数冒頭の1で配列を解放してしまい、全要素が消滅するからです。4の for 文では、破棄ずみ配列からのコピーを行うことになってしまいます。もちろん、そのようなことは不可能です。

以上の問題点を解決した代入演算子の定義を、以下に示します。

```
IntArray& IntArray::operator=(const IntArray& x)
{
    if (&x != this) {                       // 代入元が自分自身でなければ…
        if (nelem != x.nelem) {             // 代入前後の要素数が異なれば…
            delete[] vec;                   // もともと確保していた領域を解放
            nelem = x.nelem;                // 新しい要素数
            vec = new int[nelem];           // 新たに領域を確保
        }
        for (int i = 0; i < nelem; i++)    // 全要素をコピー
            vec[i] = x.vec[i];
    }
    return *this;
}
```

代入元であるクラス *IntArray* 型オブジェクトを const 参照として受け取って、代入先のオブジェクトへの参照を返却する仕様です。

それでは、関数の中身を理解していきましょう。

1の if 文では、引数として受け取ったオブジェクトへのポインタ &x と、自分自身へのポインタ this の等価性を判定します。

もし &x と this が等しければ《自己代入》ですから、そうでないときにのみ、実質的な代入処理を行います。

2の if 文では、コピー先である自分自身の配列の要素数と、引数として受け取ったコピー元配列 x の要素数の等価性を判定します。

両者が等しくないときにのみ、配列領域の解放・再確保の処理を行います。

3で関数が返却するのは、*this です。メンバ関数が所属するオブジェクトへの参照の返却は、*this の返却によって行えます (p.416)。

まとめると、次のようになります。

重要 同一クラスのオブジェクトの値を代入する際に、全メンバのコピーを行うべきでないクラス *C* には、代入演算子を以下の形式で多重定義するとよい。

```
C& C::operator=(const C&)
{
    // ...
    return *this;
}
```

返却するのは、メンバ関数が所属するオブジェクトへの参照である。

▶ 前ページで検討したように、"x = y = z;" は、以下のように解釈されます。

```
x.operator=(y.operator=(z));
```

本ページに示した代入演算子は *this を返却するため、網かけ部が y への参照となり、うまくいきます。

コピーコンストラクタの多重定義

ここまで同一型の値の《**代入**》について検討しました。《**初期化**》はどうでしょうか。以下のコードで考えましょう。

```
IntArray x(12);
IntArray y = x;            // yをxで初期化
```

y は *x* で初期化されており、*x* のデータメンバ *nelem* と *vec* の値が、*y* のメンバ *nelem* と *vec* にコピーされます。というのも、“全データメンバをメンバ単位でコピーする” コピーコンストラクタが、暗黙のうちに提供されるからです（p.372）。

その結果、二つのポインタ *y.vec* と *x.vec* が同一領域を指すことになり、**代入演算子を明示的に多重定義していない場合と同じ問題が生じます**。

＊

クラス *IntArray* のオブジェクトを、同じ *IntArray* 型の値で初期化できるようにするには、**コピーコンストラクタを多重定義する必要があります**。

以下に示すのが、クラス *IntArray* のコピーコンストラクタの定義です。

```
IntArray::IntArray(const IntArray& x)
{
    if (&x == this) {                       // 初期化子が自分自身であれば…
        nelem = 0;
        vec = NULL;
    } else {
        nelem = x.nelem;                    // 要素数をxと同じにする
        vec = new int[nelem];               // 配列本体を確保
        for (int i = 0; i < nelem; i++)     // 全要素をコピー
            vec[i] = x.vec[i];
    }
}
```

このコピーコンストラクタが**明示的コンストラクタ**ではないことに注意しましょう。その理由は、以下の宣言を検討すると、すぐに理解できます。

```
1 IntArray a(12);
2 IntArray b = a;
```

もしコピーコンストラクタが明示的コンストラクタであれば、2がコンパイルエラーとなってしまいます（もちろん明示的コンストラクタでなければエラーとはなりません）。

> **重要** 同一クラスのオブジェクトの値によって初期化する際に全メンバのコピーを行うべきでないクラス *C* には、以下の形式の**コピーコンストラクタ**を定義するとよい。
>
> `C::C(const C&);`

コピーコンストラクタを明示的に多重定義すれば、“全データメンバをメンバ単位でコピーする” コピーコンストラクタが、コンパイラによって暗黙のうちに提供されるのを抑止できます。

代入演算子とコピーコンストラクタを追加して、整数配列クラスを改良しましょう。

クラス IntArray 第３版のヘッダ部を **List 14-4** に、ソース部を **List 14-5** に示します。

List 14-4 IntArray03/IntArray.h

```
// 整数配列クラスIntArray（第３版：ヘッダ部）

#ifndef ___Class_IntArray
#define ___Class_IntArray

//===== 整数配列クラス ======//
class IntArray {
    int nelem;          // 配列の要素数
    int* vec;           // 先頭要素へのポインタ

public:
    //--- 明示的コンストラクタ ---//
    explicit IntArray(int size) : nelem(size) { vec = new int[nelem]; }

    //--- コピーコンストラクタ ---//
    IntArray(const IntArray& x);

    //--- デストラクタ ---//
    ~IntArray() { delete[] vec; }

    //--- 要素数を返す ---//
    int size() const { return nelem; }

    //--- 代入演算子= ---//
    IntArray& operator=(const IntArray& x);

    //--- 添字演算子[] ---//
    int& operator[](int i) { return vec[i]; }

    //--- const版添字演算子[] ---//
    const int& operator[](int i) const { return vec[i]; }
};

#endif
```

List 14-5 IntArray03/IntArray.cpp

```
// 整数配列クラス（第３版：ソース部）

#include <cstddef>
#include "IntArray.h"

//--- コピーコンストラクタ ---//
IntArray::IntArray(const IntArray& x)
{
    if (&x == this) {                       // 初期化子が自分自身であれば…
        nelem = 0;
        vec = NULL;
    } else {
        nelem = x.nelem;                    // 要素数をxと同じにする
        vec = new int[nelem];               // 配列本体を確保
        for (int i = 0; i < nelem; i++)     // 全要素をコピー
            vec[i] = x.vec[i];
    }
}

//--- 代入演算子 ---//
IntArray& IntArray::operator=(const IntArray& x)
{
    if (&x != this) {                       // 代入元が自分自身でなければ…
        if (nelem != x.nelem) {             // 代入前後の要素数が異なれば…
            delete[] vec;                   // もともと確保していた領域を解放
            nelem = x.nelem;                // 新しい要素数
            vec = new int[nelem];           // 新たに領域を確保
        }
        for (int i = 0; i < nelem; i++)     // 全要素をコピー
            vec[i] = x.vec[i];
    }
    return *this;
}
```

List 14-6 に示すのが、クラス *IntArray* 第３版を利用するプログラム例です。

List 14-6 IntArray03/IntArrayTest.cpp

```
// 整数配列クラスIntArray（第３版）の利用例

#include <iomanip>
#include <iostream>
#include "IntArray.h"

using namespace std;

int main()
{
    int n;
    cout << "aの要素数：";
    cin >> n;

    IntArray a(n);          // 要素数nの配列

    for (int i = 0; i < a.size(); i++)
        a[i] = i;

    IntArray b(128);        // 要素数128の配列
    IntArray c(256);        // 要素数256の配列

    cout << "bとcの要素数は" << b.size() << "と" << c.size();
    c = b = a;                          // 代　入
    cout << "から" << b.size() << "と" << c.size() << "に変わりました。\n";

    IntArray d = b;                     // 初期化

    cout << "    a    b    c    d\n";
    cout << "---------------------\n";
    for (int i = 0; i < n; i++) {
        cout << setw(5) << a[i] << setw(5) << b[i]
             << setw(5) << c[i] << setw(5) << d[i] << '\n';
    }
}
```

実行例

```
aの要素数：8
bとcの要素数は128と256か
ら8と8に変わりました。
    a    b    c    d
---------------------
    0    0    0    0
    1    1    1    1
    2    2    2    2
    3    3    3    3
    4    4    4    4
    5    5    5    5
    6    6    6    6
    7    7    7    7
```

このプログラムでは、三つの *IntArray* 型の配列 a, b, c を使っています。

配列 a の要素数 n はキーボードから読み込みます。一方、配列 b と c の要素数は、定数値 128 と 256 です。配列 a を b に代入し、さらに代入後の b を c に代入する c = b = a によって、配列 b と c の要素数が 128 と 256 から n に変わります。第３版で定義した**代入演算子**が正しく働いていることが確認できます。

また、配列 d は b で初期化されています。やはり第３版で定義した**コピーコンストラクタ**が正しく働いていることが確認できます。

Column 14-3 デストラクタ呼出しの順序

データメンバの初期化は、コンストラクタ初期化子の順序とは無関係に、“クラス定義における**データメンバの宣言順**” に行われます（**Column 11-5**：p.397）。

デストラクタの実行の順は逆です。すなわち、“クラス定義における**データメンバの宣言の逆順**” にデストラクタが呼び出されて破棄されます。

14-3 例外処理

予期せぬ状況に遭遇した際に、柔軟に対処できるようにするための手段の一つが、第７章で簡単に学習した例外処理です。本節では、例外処理の基本的な事項を学習します。

エラーに対する対処

クラス *IntArray* 型の配列要素に対する以下の代入を考えましょう。

```
IntArray x(15);        // xは要素数15の配列
x[24] = 256;           // 実行時エラー：添字がオーバしている!!
```

配列の領域を越えた不正な書込みが行われます。文法的に正しくコンパイルできるプログラムが、必ずしも論理的に正しいとは限りません。

このようなエラーに対する、最も簡単な対処法は、次の方針を採用することです。

何も対処を行わない。

すなわち、クラスの開発者も利用者も、実行時エラーの発生に対して無頓着（むとんちゃく）になります。いわゆる“普通の配列”は、そのように実現されています。

```
int a[15];             // aは要素数15の配列
a[24] = 256;           // 実行時エラー：プログラマが悪いんだよ!?
```

それに準じましょう。… しかし、これだと話が進みません。

配列の範囲を越えるアクセスは、容易にチェックできます。演算子関数 **operator[]** に **if** 文による条件判定を加えるだけです。

```
int& IntArray::operator[](int i)
{
    if (i < 0 || i >= nelem)
        // エラー発生に対する何らかの“対処”
    else
        return vec[i];
}
```

エラー発生の際は、具体的にどのような“対処”を行えばよいでしょうか。たとえば、次のような方策が考えられます。

1. プログラムを強制的に終了する。
2. エラーが発生したことを画面に表示して処理を続行する。
3. エラーの内容をファイルに書き込んでプログラムを終了する。

   ⋮

このような方策の中から対処法を一意に決めたら、どうなるでしょう。

不正な添字によるアクセスの検出時に、①のようにプログラムを強制終了するクラスを作るのは簡単です（標準ライブラリである **exit** 関数を呼び出すだけです）。

もっとも、**すべての利用者が、そのような解決法を望んでいるとは限りません。**

配列に限らず、関数やクラスなどの《部品》を開発する際には、次のような壁にぶつかります。

エラーの発生を見つけるのは容易だが、そのエラーに対してどのように対処すべきであるのかの決定が、困難あるいは不可能である。

というのも、**エラーに対する対処法は、部品の開発者ではなく利用者によって決められるべき場合が多い**からです。部品の利用者が、状況に応じた対処法を決定できるようにすれば、ソフトウェアは柔軟になります。

例外処理

エラー対処のジレンマを解消する手段が、第７章で簡単に学習した例外処理（*exception handling*）です。

組込み型の配列用の記憶域確保に失敗した際に“対処”するコードは、以下のようになっていました（p.274）。

```
try {
    double* a = new double[30000];  // 生成
}

catch (bad_alloc) {
    cout << "配列の生成に失敗しましたのでプログラムを中断します。\n";
    return 1;
}
```

new 演算子が記憶域の確保に失敗した際は、*bad_alloc* という例外が送出されるため、それに対処します。

*

プログラムの部品内で、何かうまく処理できそうにないことに遭遇すると、そのことを例外（*exception*）として送出（*throw*）します。

クラス *IntArray* の添字演算子関数では、以下のメッセージを送出すればよさそうです。

添字が配列の範囲を越えていますよ *!!*

発信されたメッセージに対して、何を行うかを決定するのは、部品を利用する側ですから、柔軟に対応できます。

---

a メッセージを無視する。

b メッセージを積極的に捕捉（*catch*）して、自分の好みの対処を行う。

⋮

例外の捕捉

メッセージを積極的に捕捉する意志を示すのが**try**です。**try**に続くブロック{}である**tryブロック**で例外に出会ったら、続く**catch**によってその例外を捕捉します。

捕捉した例外に対する処置を行う**catch** {}の部分が**例外ハンドラ**（*exception handler*）です。連続して複数置けるため、一般的な構造はFig.14-6のようになります。

▶ 例外ハンドラは、必ず**try**ブロックの直後に置かなければなりません。

例外を積極的に監視して捕捉する

```
try {
    // tryブロック：何か行う（送出された例外を捕捉）
}
catch (ExpA) {      ❶
    // 例外ExpAに対する例外ハンドラ
}
catch (ExpB) {      ❷
    // 例外ExpBに対する例外ハンドラ
}
catch (...) {       ❸
    // ExpA, ExpB以外の例外に対する例外ハンドラ
}
```

Fig.14-6 tryブロックと例外ハンドラの一般的な形式

先頭の例外ハンドラは例外*ExpA*を捕捉し、２番目の例外ハンドラは例外*ExpB*を捕捉します。最後のハンドラの“...”は、**未捕捉のすべての例外**を捕捉するための記号です。

Fig.14-7は、例外の《**送出**》と《**捕捉**》を、ボールを“**投げる**”と“**キャッチする**”にたとえた図です。

図の左端からボールが投げられます。ボールの種類が*ExpA*であるボールだけをキャッチするキャッチャー、*ExpB*だけをキャッチするキャッチャーがいます。それ以外のボールは最後のキャッチャーがキャッチします。

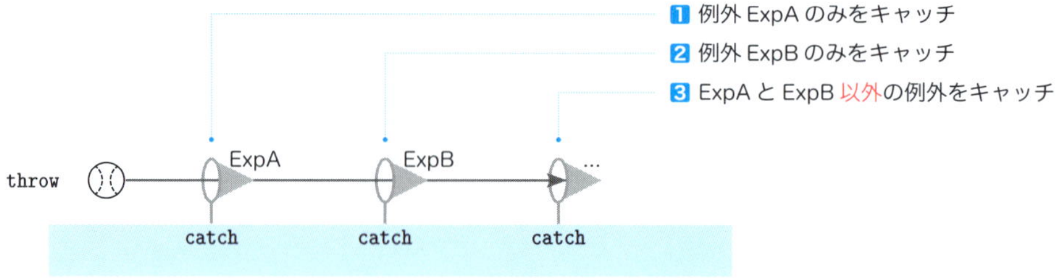

Fig.14-7 送出された例外の捕捉

ここに示したのは、送出された**すべての例外を捕捉**する例でした。例外を捕捉しなかったり、捕捉が漏れたりした場合を含めて、一般的な場合を考えましょう。

例外が送出されると、その例外を捕捉できる最も近い場所にある例外ハンドラに、その例外のコピーが渡されます。そして、プログラムの流れは、例外が発生した場所から、ハンドラへと移ります。

なお、“最も近い場所”とは、ソースプログラム上での距離でなく、プログラムの流れの上での距離です。

*

ここでは、右に示すプログラム部分を例に考えていきましょう。

この図における例外の送出と捕捉を示したのが**Fig.14-8**です。

関数*abc*の実行中に例外*ErrA*が送出されたとします。その例外*ErrA*は、例外ハンドラ**1**で捕捉されて対処されますので、関数*def*内の例外ハンドラ**2**では捕捉されません。

ただし、*ErrA*以外の例外は、すべて**1**を素通りします。

そのため、もし送出された例外が*ErrB*であれば、関数*def*内の例外ハンドラ**3**で捕捉されます。

```
void abc(IntArray& x)
{
    try {
        g(x);
    }
    catch (ErrA) {
1       // 例外ErrAをキャッチ
    }
}

void def(IntArray& x)
{
    try {
        abc(x);
    }
    catch (ErrA) {
2       // 例外ErrAはキャッチできない
    }
    catch (ErrB) {
3       // 例外ErrBはキャッチできる
    }
}
```

もちろん、*ErrA*と*ErrB*以外の例外は、素通りします。もしプログラムの流れが関数*xyz*に移って、そこに*ErrC*に対する例外ハンドラがあれば、例外*ErrC*はそのハンドラで捕捉されます。

▶ なお、例外ハンドラ中で『ここでは例外に対する処理を完結できない。』と判断した場合は、`throw`によって例外を再送出することも可能です。

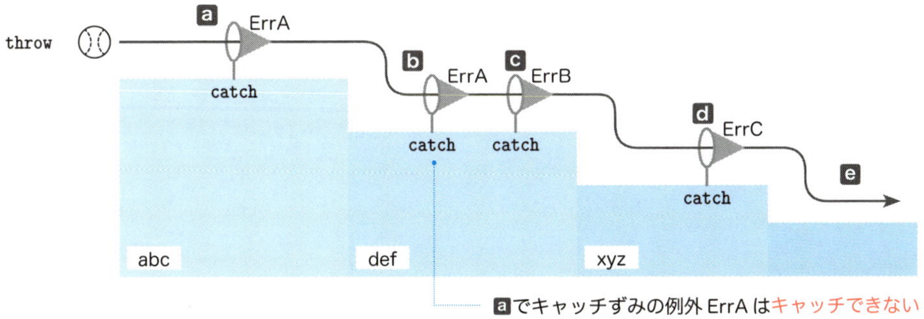

Fig.14-8 関数をまたがる例外の捕捉の様子

例外の送出

ここまでは、例外を捕捉して対処する方法でした。次に学習するのは、例外を**送出**する方法です。例外の送出は **throw 式**（*throw expression*）によって行います。

List 14-7 に示すのが、例外の送出と捕捉を行うプログラム例です。

List 14-7 chap14/throw.cpp

```
// 例外の送出と捕捉

#include <new>
#include <iostream>

using namespace std;

//=== オーバフロークラス ===//
class OverFlow { };

//--- xの２倍を返す ---//
int f(int x)
{
    if (x < 0)
        throw "おかしい。値が負になっています。\n";
    else if (x > 30000)
        throw OverFlow();
    else
        return 2 * x;
}

int main()
{
    int a;
    cout << "整数：";
    cin >> a;

    try {
        int b = f(a);
        cout << "その数の２倍は" << b << "です。\n";
    }
    catch (const char* str) {        // 文字列の例外を捕捉
        cout << "例外発生：" << str;
    }
    catch (OverFlow) {               // OverFlow型の例外はここで捕捉
        cout << "オーバフローしました。プログラムを終了します。\n";
        return 1;
    }
}
```

const char* 型の例外を送出

実行例1
```
整数：-1
例外発生：おかしい。値が負になっています。
```

OverFlow 型の例外を送出

実行例2
```
整数：32767
オーバフローしました。プログラムを終了します。
```

例外は送出されない

実行例3
```
整数：5
その数の２倍は10です。
```

クラス OverFlow は、例外を表すクラスです。このような、発生したことだけを伝えればよい例外は、メンバをもたない“空のクラス”として定義できます。

関数 *f* が行うのは、*x* の２倍の値を求めることです。ただし、求める対象は 0 ～ 30000 に限定します。そして、*x* が 0 より小さければ **const char*** 型の例外を送出し、*x* が 30000 より大きければクラス OverFlow 型の例外を送出します。

関数 *f* で送出された例外は、**main** 関数の中で、型に応じて捕捉されます。**throw** で送出されたオブジェクトの型に応じて、どのハンドラが例外を受け取るかが決定されます。

不正な添字によるアクセスに対して例外を送出するように、整数配列クラスを改良しましょう。**List 14-8** に示すのが、整数配列クラス *IntArray* 第４版のヘッダ部です。

▶　ソース部は第３版から変更ありませんので、省略します。

List 14-8 IntArray04/IntArray.h

```
// 整数配列クラスIntArray（第４版：ヘッダ部）

#ifndef ___Class_IntArray
#define ___Class_IntArray

//===== 整数配列クラス ======//
class IntArray {
    int nelem;        // 配列の要素数
    int* vec;         // 先頭要素へのポインタ

public:
    //----- 添字範囲エラー -----//
    class IdxRngErr {
    private:
        const IntArray* ident;
        int idx;
    public:
        IdxRngErr(const IntArray* p, int i) : ident(p), idx(i) { }
        int index() const { return idx; }
    };

    //--- 明示的コンストラクタ ---//
    explicit IntArray(int size) : nelem(size) { vec = new int[nelem]; }

    //--- コピーコンストラクタ ---//
    IntArray(const IntArray& x);

    //--- デストラクタ ---//
    ~IntArray() { delete[] vec; }

    //--- 要素数を返す ---//
    int size() const { return nelem; }

    //--- 代入演算子= ---//
    IntArray& operator=(const IntArray& x);

    //--- 添字演算子[] ---//
    int& operator[](int i) {
        if (i < 0 || i >= nelem)
            throw IdxRngErr(this, i);                  // 添字範囲エラー送出
        return vec[i];
    }

    //--- const版添字演算子[] ---//
    const int& operator[](int i) const {
        if (i < 0 || i >= nelem)
            throw IdxRngErr(this, i);                  // 添字範囲エラー送出
        return vec[i];
    }
};

#endif
```

入れ子クラス

添字として範囲外の値を受け取った添字演算子関数 `operator[]` が送出するのが、クラス *IdxRngErr* 型の例外です。このクラスは、クラス *IntArray* のみで利用することを前提としているためクラス *IntArray* の中で定義しています。

クラス *IdxRngErr* のように、別のクラス内で定義されたクラスのことを、入れ子クラス（*nested class*）といいます。なお、入れ子クラスの有効範囲は、それを囲んでいるクラスの有効範囲の中に入ります。

クラス *IdxRngErr* には、二つのデータメンバがあります。

- *ident* … 例外を送出したオブジェクトへのポインタ。
- *idx* … 例外を送出するきっかけとなった添字の値。

コンストラクタは、これらの二つのデータメンバに対して、引数として受け取った値をそのまま設定します。

また、メンバ関数 *index* は、データメンバ *idx* のゲッタです。この関数を呼び出すことによって、例外が発生するきっかけとなった添字の値が調べられます。

*

実際に例外を送出するのが、クラス *IntArray* の添字演算子関数 **operator[]** です。

```
int& operator[](int i) {
    if (i < 0 || i >= nelem)
        throw IdxRngErr(this, i);
    return vec[i];
}
```

網かけ部でクラス *IdxRngErr* 型のコンストラクタを呼び出すことによって、クラス *IdxRngErr* 型の一時オブジェクトを生成します。

このとき、一時オブジェクトのデータメンバ *ident* と *idx* には、添字演算子関数の呼出し元オブジェクトへのポインタ **this** と、添字 *i* の値が格納されます。

生成した一時オブジェクトを **throw** するわけですから、クラス *IdxRngErr* 型オブジェクトが、例外として送出されます。

*

List 14-9 に示すのが、整数配列クラス *IntArray* 第４版を利用するプログラム例です。要素数 *size* の配列を作って、先頭 *num* 個の要素に値を代入します。

そのため、*num* の値が *size* より大きければ、配列の領域を越えるアクセスが行われて例外が送出される仕組みとなっています。

クラス *IdxRngErr* のオブジェクトへの参照を捕捉するのが網かけ部です。

▶ クラス *C* 中で定義された、クラス有効範囲をもつ識別子 *id* は、クラスの外部から *C::id* でアクセスできますので、クラス *IntArray* の有効範囲内に入っている *IdxRngErr* を外部からアクセスする式は *IntArray::IdxRngErr* となります。

例外が送出されるきっかけとなった添字は、*x* の参照するオブジェクトに格納されています。その値をメンバ関数 *index* を呼び出すことによって調べた上で表示します。

List 14-9 IntArray04/IntArrayTest.cpp

```
// 整数配列クラスIntArray（第４版）の利用例

#include <new>
#include <iostream>
#include "IntArray.h"

using namespace std;

//--- 要素数sizeの配列にnum個のデータを代入して表示 --//
void f(int size, int num)
{
    try {
        IntArray x(size);
        for (int i = 0; i < num; i++) {
            x[i] = i;
            cout << "x[" << i << "] = " << x[i] << '\n';
        }
    }

    catch (IntArray::IdxRngErr& x) {
        cout << "添字オーバフロー：" << x.index() << '\n';
        return;
    }

    catch (bad_alloc) {
        cout << "メモリの確保に失敗しました。\n";
        exit(1);                    // 強制終了
    }
}

int main()
{
    int size, num;

    cout << "要素数：";
    cin >> size;

    cout << "データ数：";
    cin >> num;

    f(size, num);

    cout << "main関数終了。\n";
}
```

実行例1

```
要素数：5
データ数：5
x[0] = 0
x[1] = 1
x[2] = 2
x[3] = 3
x[4] = 4
main関数終了。
```

実行例2

```
要素数：5
データ数：6
x[0] = 0
x[1] = 1
x[2] = 2
x[3] = 3
x[4] = 4
添字オーバフロー：5
main関数終了。
```

まとめ

- 単一の実引数でのオブジェクトの構築・初期化を ( ) 形式のみに限定するには、コンストラクタの宣言に explicit を付けて、明示的コンストラクタとするとよい。明示的コンストラクタは、= 形式によるオブジェクトの構築・初期化を抑止する。

- コンストラクタやメンバ関数で new 演算子によって確保した動的記憶域期間をもつ領域が、オブジェクトが破棄される際に自動的に解放されることはない。

- デストラクタは、オブジェクトの生存期間がつきて破棄される直前に、自動的に呼び出されるメンバ関数である。引数を受け取らず返却値をもたない。多重定義することもできない。

- コンストラクタやメンバ関数で new 演算子によって確保した動的記憶域期間をもつ領域の解放などの処理は、デストラクタで行うとよい。

- 外部の資源を利用するクラスでは、オブジェクト生成時に必要な資源を確保して、オブジェクト破棄時に資源を確実に解放する資源獲得時初期化＝RAII を実現すべきである。

- デストラクタを定義しないクラスには、本体が空であって引数を受け取らない、public かつ inline のデフォルトデストラクタが、コンパイラによって自動的に定義される。

- 同一型オブジェクトの値によるオブジェクトの構築・初期化において全データメンバをコピーすべきでないクラスに対しては、コピーコンストラクタを定義しなければならない。

- 同一型のクラスオブジェクトどうしの代入において、全データメンバを単純にコピーすべきでないクラスに対しては、代入演算子をメンバ関数として多重定義しなければならない。

- 代入演算子を定義する場合、自己代入に対する対処を行う必要がある。自己代入であるかどうかは、所属するオブジェクトへのポインタ this と、代入元オブジェクトへのポインタとの等価性で判定できる。

- 関数やクラスなどの部品では、エラー発生の際の対処を一意に決めることができない。というのも、エラーに対する対処は、部品を利用する側が決める場合が多いからである。

- 例外処理のメカニズムを導入すると、エラーに対する対処の決定を、部品の利用側で柔軟に決定できるようになる。

- 関数やクラスなどの部品の実行中に、対処できないエラーに遭遇した場合は、throw 式で例外を送出して、部品の呼出し側に知らせることができる。

- 部品の利用側では、送出された例外を、try ブロックと例外ハンドラで捕捉する。

- 別のクラス内で定義されたクラスのことを、入れ子クラスと呼ぶ。入れ子クラスの有効範囲は、それを囲んでいるクラスの有効範囲の中に入る。

chap14/IntStack.h

```
#ifndef ___IntStack
#define ___IntStack

#include <iostream>

//--- 整数スタッククラス ---//
class IntStack {
    int nelem;          // スタックの容量（配列の要素数）
    int* stk;           // 先頭要素へのポインタ
    int ptr;            // スタックポインタ（現在積まれているデータ数）

public:
    //--- 明示的コンストラクタ ---//
    explicit IntStack(int sz) : nelem(sz), ptr(0) { stk = new int[nelem]; }

    IntStack(const IntStack& x) {               //--- コピーコンストラクタ ---//
        nelem = x.nelem;                          // 容量をxと同じにする
        ptr = x.ptr;                              // スタックポインタを初期化
        stk = new int[nelem];                     // 配列本体を確保
        for (int i = 0; i < nelem; i++)           // 全要素をコピー
            stk[i] = x.stk[i];
    }

    ~IntStack() { delete[] stk; }               //--- デストラクタ ---//

    int size() const { return nelem; }          //--- 容量を返す ---//

    bool empty() const { return ptr == 0; }     //--- スタックは空か？ ---//

    IntStack& operator=(const IntStack& x) {    //--- 代入演算子= ---//
        if (&x != this) {                         // 代入元が自分自身でなければ…
            if (nelem != x.nelem) {               // 代入前後の要素数が異なれば…
                delete[] stk;                     // もともと確保していた領域を解放
                nelem = x.nelem;                  // 新しい容量
                ptr = x.ptr;                      // 新しいスタックポインタ
                stk = new int[nelem];             // 新たに領域を確保
            }
            for (int i = 0; i < ptr; i++)         // 積まれている要素をコピー
                stk[i] = x.stk[i];
        }
        return *this;
    }

    //--- プッシュ：末尾にデータを積む ---//
    void push(int x) { if (ptr < nelem) stk[ptr++] = x; }

    //--- ポップ：末尾に積まれているデータを取り出す ---//
    int pop() { if (ptr > 0) return stk[--ptr]; else throw 1; }
};

#endif
```

chap14/IntStackTest.cpp

```
#include <iostream>
#include "IntStack.h"

using namespace std;

int main()
{
    IntStack s1(5);         // 容量5のスタック
    s1.push(15);            // s1 = {15}
    s1.push(31);            // s1 = {15, 31}

    IntStack s2(1);         // 容量1のスタック
    s2 = s1;                // s2にs1がコピーされる（s2の容量は5に変更される）
    s2.push(88);            // s2 = {15, 31, 88}

    IntStack s3 = s2;       // s3はs2のコピー
    s3.push(99);            // s3 = {15, 31, 88, 99}

    cout << "スタックs3に積まれているデータをすべてポップします。\n";
    while (!s3.empty())                 // 空でないあいだ
        cout << s3.pop() << '\n';       // ポップして表示
}
```

実行結果

```
スタックs3に積まれているデータ
をすべてポップします。
99
88
31
15
```

まとめ

おわりに

第1章のmain関数主体のプログラムから始まって、少しずつ学習を進めていき、クラスを利用したプログラミングまで進みました。いかがでしたか。

みなさんは、一つ一つの段階を進んでいく学習の途中で、いろいろなことに気付いたでしょう。たとえば、『決まり文句として丸覚えしていたmain関数は、こういう意味だったのか。』、『この機能を使えば、最初の頃に作ったプログラムは、よりよいものとして作ることができる。』、『なるほど。このような機能もあったのか。』といった具合です。

もちろん、このようなことは、C++の学習に限ることではなく、すべての道に共通です。どんな道であっても、最初から、その道の全体像を知りつくした上で学習することは不可能だからです。

そのため、プログラミング言語C++の全体像を見失うことなく、少しずつC++の道を歩めるような解説を心がけました。したがって、最初の段階では、難しいことや細かいことなどをわざと隠して解説しておき、後から種明かしを行うこともありました。たとえば、main関数の正体や、ヘッダの作成法などは、少しずつ種明かしされていきましたね。

本文を約500ページの分量で収めたこともあって、継承、抽象クラス、クラステンプレート、ファイル処理といった題材は取り上げていません。したがって、種明かしが完了したわけではありません。

▶ これらの題材については、他の書籍で取り上げることになります。

*

これまでに、数え切れないくらいの人数の、学生やプロのプログラマを対象として、プログラミングやプログラミング言語を指導してきました。受講者が100人いれば、100種類のテキストが必要となるのではないか、と感じるくらい、学習の目的・学習の進度・理解の様子など、すべてが個人ごとに大きく異なります。

たとえば、学習の目的もさまざまです。『趣味として勉強したい。』、『プログラミングを専門としない学部学科に所属しているけど、単位取得のために学習しなければならない。』、『情報系を専門とする学生であって、その修得は必須である。』、『プロのゲームプログラマになりたい。』といった感じでしょうか。

本書は幅広い読者層を想定して、簡単になり過ぎないように、かつ、難しくなり過ぎないように配慮しました。それでも、本書を簡単に感じた方もいらっしゃるでしょうし、難しく感じた方もいらっしゃるでしょう。

なお、C++の“やさしい”部分のみを取り出して、読者のみなさんが理解できたと勘違いするようなトリックを使って解説する、といった方法はとっていません。というのも、やさしい部分のみを学習したために、いざ自分でプログラムを作ろうとしても何もできない、あるいは、プロの作った高度で質の高いプログラムを読んでもまったく理解できない、といった人たちを数多く見てきたからです。

本書を読み進める上での、いくつかのポイントを以下に示します。

▪ 専門用語について

本書で利用している専門用語は、原則として JIS C++ と JIS C に準拠しています。ただし、随伴関数や省略時実引数などの用語は、それらを示した上で、より一般的に使われている、フレンド関数やデフォルト実引数に言いかえています。そのため、本書の学習の終了後に、他の C++ の書籍などへと進む際にも、不都合を感じることはないでしょう。

なお、専門用語を示す際は、"キーワード（*keyword*）" といったスタイルで表記して、英語の語句を併記しています。情報系の大学生であれば、英語の専門書を読む必要があります。本書に示す程度の専門用語は、すべて習得しておくべきです（大学院生であれば、なおさらです）。

▪ 構文図について

情報系の学生であれば、本書で示す程度の構文図は、すぐに読み書きできるようになっていなければなりません。というのも、プログラミング言語を習得した後に、構文図の理解が必須である『コンパイラ』などの講義科目へと進むからです。

▪ 章構成について

本書は、クラスを使わない第９章までに、かなりのページを割いています。このようにしたのは、選択文（第２章）や繰返し文（第３章）の段階で挫折する学習者が決して少なくないことを、これまでの教育経験から痛感しているからです。

また、提示ずみプログラムのごく一部を書きかえるだけの演習問題が、まったく解けない学習者が少なくないため、類似したプログラムを数多く示す構成となっています。

理解の早い読者の方は、なかなか先に進まないことをもどかしく感じ、後半の章を物足りなく感じられたかもしれません。

より高度なことに関しては、他の書籍にご期待いただけると幸いです。

参考文献

1) 日本工業規格
『JIS X0001：1994 情報処理用語 － 基本用語』，1994

2) 日本工業規格
『JIS X0121：1986 情報処理用流れ図・プログラム網図・システム資源図記号』，1986

3) 日本工業規格
『JIS X3010：1993 プログラミング言語C』，1993

4) 日本工業規格
『JIS X3010：2003 プログラミング言語C』，2003

5) 日本工業規格
『JIS X3014：2003 プログラム言語 C++』，2003

6) ISO/IEC
“Programming languages — C++ Second Edition”，2003

7) ISO/IEC
“Programming languages — C++ Thirt Edition”，2011

8) Bjarne Stroustrup
“The C++ Programming Language Third Edition”，Addison Wesley，1997

9) Bjarne Stroustrup（柴田 望洋 訳）
『プログラミング言語 C++ 第４版』，ＳＢクリエイティブ，2015

10) マーシャル・クライン、グレッグ・ロモウ、マイク・ギルウ（金澤 典子 訳）
『C++ FAQ 第２版』，ピアソン・エデュケーション，2000

11) レイ・リシュナー（株式会社クイープ 訳）
『C++ ライブラリクイックリファレンス』，オーム社，2004

12) スコット・メイヤーズ（小林 健一郎 訳）
『Effective C++ 第３版』，ピアソン・エデュケーション，2006

13) 柴田 望洋
『新・明解C言語 入門編』，ＳＢクリエイティブ，2014

14) 柴田 望洋
『新・明解C言語 中級編』，ＳＢクリエイティブ，2015

15) 柴田 望洋
『新・明解Java入門』，ＳＢクリエイティブ，2016

16) 柴田 望洋・由梨 かおる
『新・解きながら学ぶJava』，ＳＢクリエイティブ，2017

索引

数字

A

B

C

え

お

索引

く

け

こ

さ

し

す

索引

謝辞

本書をまとめるにあたり、ＳＢクリエイティブ株式会社の野沢喜美男編集長には、随分とお世話になりました。

この場をお借りして感謝の意を表します。

著者紹介

柴田 望洋（しばた ぼうよう）

工学博士

福岡工業大学 情報工学部 情報工学科 准教授

福岡陳氏太極拳研究会 会長

■1963年、福岡県に生まれる。九州大学工学部卒業、同大学院工学研究科修士課程・博士後期課程修了後、九州大学助手、国立特殊教育総合研究所研究員を歴任して、1994 年より現職。2000 年には、分かりやすいＣ言語教科書・参考書の執筆の業績が認められ、㈳日本工学教育協会より著作賞を授与される。大学での教育研究活動だけでなく、プログラミングや武術（1990 年～ 1992 年に全日本武術選手権大会陳式太極拳の部優勝）、健康法の研究や指導に明け暮れる毎日を過ごす。

■**主な著書**（*は共著／★は翻訳書）

『秘伝Ｃ言語問答ポインタ編』，ソフトバンク，1991（第２版：2001）

『Ｃ：98 スーパーライブラリ』，ソフトバンク，1991（新版：1994）

『Ｃプログラマのための C++ 入門』，ソフトバンク，1992（新装版：1999）

『プログラミング講義 C++』，ソフトバンク，1996（新装版：2000）

『C++ への道*』，ソフトバンク，1997（新装版：2000）

『超過去問 基本情報技術者 午前試験』，ソフトバンクパブリッシング，2004

『明解 C++』，ソフトバンククリエイティブ，2006

『新版 明解 C++ 入門編』，ソフトバンククリエイティブ，2009

『解きながら学ぶ C++ 入門編*』，ソフトバンククリエイティブ，2010

『新版 明解 C++ 中級編』，ＳＢクリエイティブ，2014

『新・明解Ｃ言語入門編』，ＳＢクリエイティブ，2014

『プログラミング言語 C++第4版★』，ビャーネ・ストラウストラップ（著），ＳＢクリエイティブ，2015

『新・明解Ｃ言語中級編』，ＳＢクリエイティブ，2015

『C++ のエッセンス★』，ビャーネ・ストラウストラップ（著），ＳＢクリエイティブ，2015

『新・明解Ｃ言語実践編』，ＳＢクリエイティブ，2015

『新・解きながら学ぶＣ言語*』，ＳＢクリエイティブ，2016

『新・明解 Java 入門』，ＳＢクリエイティブ，2016

『新・明解Ｃ言語 ポインタ完全攻略』，ＳＢクリエイティブ，2016

『新・明解Ｃ言語で学ぶアルゴリズムとデータ構造』，ＳＢクリエイティブ，2017

『新・明解 Java で学ぶアルゴリズムとデータ構造』，ＳＢクリエイティブ，2017

『新・解きながら学ぶ Java*』，ＳＢクリエイティブ，2017

本書をお読みいただいたご意見、ご感想を以下の QR コード、URL よりお寄せください。

https://isbn.sbcr.jp/94634/

新・明解C++入門

2017 年 12 月 18 日　初　版発行
2025 年 2 月 13 日　第 10 刷発行

著　者 … 柴田 望洋
編　集 … 野沢 喜美男
発行者 … 出井 貴完
発行所 … ＳＢクリエイティブ株式会社
〒 105-0001　東京都港区虎ノ門 2-2-1
https://www.sbcr.jp/
ＤＴＰ … 柴田 望洋
印　刷 … 昭和情報プロセス株式会社
装　丁 … bookwall

落丁本、乱丁本は小社営業部にてお取り替えいたします。
定価はカバーに記載されております。

Printed In Japan　　ISBN978-4-7973-9463-4

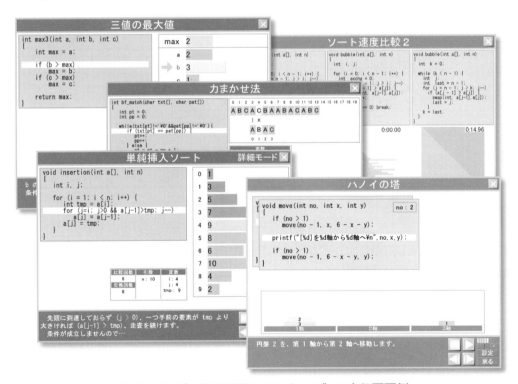

SBクリエイティブの柴田望洋の著作

C言語入門書の最高峰（バイブル）!!

新・明解C言語 入門編 第2版

6色版

C言語の基礎を徹底的に学習するための
プログラムリスト 243 編　図表 245 点

B5 変形判、440 ページ

数多くのプログラムリストと図表を参照しながら、C言語の基礎を学習するための入門書です。6色によるプログラムリスト・図表・解説は、すべてが見開きに収まるようにレイアウトされていますので、『読みやすい。』と大好評です。全編が語り口調ですから、著者の講義を受けているような感じで、読み進められるでしょう。

解説に使う用語なども含め、標準C（ISO ／ ANSI ／ JIS 規格）に完全対応していますので、情報処理技術者試験の学習にも向いています。

独習用としてはもちろん、大学や専門学校の講義テキストとして最適な一冊です。

楽しいプログラムを作りながら、中級者への道を着実に歩もう !!

新・明解C言語 中級編 第2版

2色刷

たのしみながらC言語を学習するための
プログラムリスト 118 編　図表 152 点

B5 変形判、384 ページ

『新人研修で学習したレベルと、実際の仕事で要求されるレベルが違いすぎる。』、『プログラミングの講義で学習したレベルと、卒業研究で要求されるレベルが違いすぎる。』と、多くのプログラマが悲鳴をあげています。

本書は、**作って楽しく、動かして楽しいプログラムを通して**、初心者が次のステップへの道をたどるための技術や知識を伝授します。

『数当てゲーム』、『じゃんけん』、『キーボードタイピング』、『能力開発ソフトウェア』などのプログラムを通じて、配列、ポインタ、ファイル処理、記憶域の動的確保などの各種テクニックをマスターしましょう。

SBクリエイティブの柴田望洋の著作

ポインタのすべてをやさしく楽しく学習しよう！

新・明解C言語 ポインタ完全攻略

3色刷

ポインタを楽しく学習するための
プログラムリスト169編　図表133点

B5変形判、304ページ

『初めてポインタが理解できた。』、『他の入門書とまったく異なるスタイルの解説図がとても分かりやすい。』と各方面で絶賛されたばかりか、なんと情報処理技術者試験のカリキュラム作成の際にも参考にされたという、あの『秘伝C言語問答ポインタ編』をベースにして一から書き直した本です。

ポインタという観点からC言語を広く深く学習できるように工夫されています。ポインタや文字列の基礎から応用までを徹底学習できるようになっています。

ポインタが理解できずC言語に挫折した初心者から、ポインタを確実にマスターしたい上級者まで、すべてのCプログラマに最適の書です。

本書を読破して、ポインタの〔達人〕を目指しましょう。

Javaで学ぶアルゴリズムとデータ構造入門書の決定版!!

新・明解 Javaで学ぶアルゴリズムとデータ構造 第2版

2色刷

基本アルゴリズムとデータ構造を学習するための
プログラムリスト102編　図表217点

B5変形判、376ページ

Javaによるアルゴリズムとデータ構造を学習するためのテキストの決定版です。三値の最大値を求めるアルゴリズムに始まって、探索、ソート、再帰、スタック、キュー、文字列処理、線形リスト、2分木などを、明解かつ詳細に解説します。

本書に示す102編のプログラムは、アルゴリズムやデータ構造を紹介するための単なるサンプルではなく、実際に動作するものばかりです。スキャナクラス・列挙・ジェネリクスなどを多用したプログラムを読破すれば、相当なコーディング力が身につくはずです。

もちろん、情報処理技術者試験対策のための一冊としても最適です。

SBクリエイティブの柴田望洋の著作

実践力まで身につく本格入門書の決定版 !!

新・明解 Python 入門 第2版

Pythonの基礎を徹底的に学習するための
プログラムリスト 327 編　図表 180 点

6色版

B5 変形判、440 ページ

数多くのプログラムリストと図表を参照しながら、プログラミング言語 Python と、Python を用いたプログラミングの基礎を徹底的に学習するための入門書です。６色によるプログラムリスト・図表・解説は、すべてが見開きに収まるようにレイアウトされていますので、『読みやすい。』と大好評です。全編が語り口調ですから、著者の講義を受けているような感じで、読み進められるでしょう。

入門書ではありますが、その内容は本格的であり、中級者や、Java やC言語などの、他のプログラミング言語の経験者にも満足いただける内容です。

独習用としてはもちろん、大学や専門学校の講義テキストとして最適な一冊です。

Python で学ぶアルゴリズムとデータ構造入門書の決定版 !!

新・明解Pythonで学ぶアルゴリズムとデータ構造

基本アルゴリズムとデータ構造を学習するための
プログラムリスト 136 編　図表 213 点

2色刷

B5 変形判、376 ページ

三値の最大値を求めるアルゴリズムに始まって、探索、ソート、再帰、スタック、キュー、文字列処理、線形リスト、２分木などを、明解かつ詳細に解説します。難しい理論や概念を視覚的なイメージで理解できるように、213 点もの図表を提示しています。

本書に示す 136 編のプログラムは、アルゴリズムやデータ構造を紹介するための単なるサンプルではなく、実際に動作するものばかりです。すべてのプログラムを読破すれば、かなりのコーディング力が身につくでしょう。

初心者から中上級者まで、すべての Python プログラマに最良の一冊です。もちろん、情報処理技術者試験対策のための一冊としても最適です。

・・　ホームページのお知らせ　・・・・・・・・・・・・・・・・・・・・・・・・・・・・

ご紹介いたしました、すべての著作について、本文の一部やソースプログラムなどを、インターネット上で閲覧したり、ダウンロードしたりできます。
以下のホームページをご覧ください。

柴田望洋後援会オフィシャルホームページ
http://www.bohyoh.com/